高等学校“十三五”规划教材

概率论与数理统计

第二版

李志强　编

化学工业出版社

·北京·

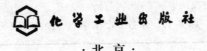

本书共十章，主要内容包括随机事件及其概率、随机变量及其分布、随机变量的数字特征、大数定律和中心极限定理、数理统计的基本概念、参数估计、假设检验、回归分析、方差分析、正交设计。本书注重阐明概率论的基本概念、基本理论以及数理统计常用方法的背景和思想，并通过配套的例题和习题，加强对基本理论和公式的理解和应用。为了丰富工科数学的教学内容，使学生对近代统计学的发展成果有所了解，提高学生的创新能力，本书将贝叶斯统计、逐步回归、岭回归、协方差分析和正交设计等统计方法的基本内容编入教材，为读者运用这些统计方法提供一个入门引导。

为便于学习，书后附有习题参考答案和常用分布表。本书内容阐述简明扼要、层次清晰，例题和习题覆盖面广，既可作为本科生公共数学概率论与数理统计课程的教学用书，也可作为考研复习的指导书，还可以作为相关专业人员和广大教师的参考书。

图书在版编目（CIP）数据

概率论与数理统计/李志强编，—2版.—北京：化学工业出版社，2016.9（2020.1重印）
高等学校“十三五”规划教材
ISBN 978-7-122-27561-5

Ⅰ.①概… Ⅱ.①李… Ⅲ.①概率论-高等学校-教材②数理统计-高等学校-教材 Ⅳ.①O21

中国版本图书馆CIP数据核字（2016）第152895号

责任编辑：唐旭华　郝英华
责任校对：边　涛　　　　装帧设计：张　辉

出版发行：化学工业出版社（北京市东城区青年湖南街13号　邮政编码100011）
印　　刷：北京市振南印刷有限责任公司
装　　订：北京国马印刷厂
710mm×1000mm　1/16　印张17　字数361千字　2020年1月北京第2版第5次印刷

购书咨询：010-64518888　　售后服务：010-64518899
网　　址：http://www.cip.com.cn
凡购买本书，如有缺损质量问题，本社销售中心负责调换。

定　　价：32.00元

前　言

本书是在第一版的基础上，根据教育部高等学校工科数学教学指导委员会制订的高等学校《概率论与数理统计课程教学基本要求》，尤其是近几年理工科院校教学改革要求和考研需求修订而成，以满足理工科和经管类各专业培养应用型人才的概率论与数理统计课程的教学需要。

修订版在保留第一版的系统和风格的基础上，修正了部分记号、公式、定理和习题，保持知识结构条理清晰，同时进一步突出了重点。本次修订，对书中知识点和配套的习题进行了梳理和总结，并以知识点与习题（例题）对照表的形式放在附表中，希望能更好地满足高校教师课堂教学与学生自主学习的需要。

为了丰富工科数学的教学内容，使学生对近代统计学的发展成果有所了解，提高学生的创新能力，本书将贝叶斯统计、逐步回归、岭回归、协方差分析和正交设计等统计方法的基本内容编入教材，为读者运用这些统计方法提供一个入门引导。

全书内容中超出《概率论与数理统计课程教学基本要求》的部分标以“*”号，以供选学。讲完本书前七章（包含了《概率论与数理统计课程教学基本要求》规定的全部内容）约需 48～52 学时；讲完全书约需 64～68 学时。各章配有较多例题和习题，书末附有部分习题参考答案。

本次修订得到化学工业出版社和同行的帮助支持，在此深表感谢！书中存在的不足之处，欢迎广大读者批评指正。

编　者

2016 年 6 月

目　录

第一章　随机事件及其概率

在对自然界的研究中，人们发现有两类现象，一类是在一定条件下必然发生（或不发生）的现象，例如，上抛一个硬币必然下落；在一个大气压下，100℃的水必然沸腾，等等。这类现象称为确定性现象。另一类现象，在一定条件下其结果呈现出不确定性，例如，在相同条件下抛一枚硬币，其结果可能是“币值”面朝上，也可能是“国徽”面朝上，这在每次抛掷之前无法确定抛掷的结果是什么。但是，在大量的重复试验或观察中，它的结果又呈现出某种规律性，如多次重复抛一枚硬币得到“币值”面、“国徽”面朝上的可能性大致各占一半；多次重复掷一颗骰子（正六面体）就会发现各点朝上的可能性大致各占 1/6。这类现象，虽然每次试验或观察结果都具有不确定性，但在大量重复（相同条件下）试验或观察中，它的结果又具有某种数量规律性（统计规律性），称之为随机现象。

概率论与数理统计就是一门从数量和几何形体的角度研究随机现象的学科。

概率论与数理统计的理论和方法有着广泛的应用，几乎遍及所有科学技术领域，工农业生产和国民经济的各个部门。如在近代物理、气象、天文、地震的预报、产品的质量检查、农业试验、实验的数据处理及多因素实验配方的最佳方案、可靠性工程、自动控制等，都显示了概率论与数理统计独特的作用。

§1　随机事件及样本空间

一、随机事件及其有关概念

为了揭示随机现象的规律性，如前所述，需要做有下面三个特点的试验。

(1) 在相同的条件下可以重复地进行；

(2) 每次试验的结果不止一个，但试验的所有可能结果预先是明确的；

(3) 每次试验之前不能预先确定哪一种结果会出现。

这种试验称之为随机试验（random experiment），简称试验，记作 E。

上面提到的投掷一枚硬币，观察哪一面朝上的试验；掷一颗正六面体的骰子，观察出现的点数的试验都是随机试验。又如

E_1：记录电话交换台一分钟内接到的呼唤次数；

E_2：将一枚硬币抛三次，观察“币值”面朝上的次数；

E_3：掷两颗骰子，观察其出现的点数之和。

这些试验都具有随机试验的三个特点。今后，通过随机试验来研究随机现象。

随机试验的每一个可能结果，称为**基本事件**（simple event），通常用小写的希腊字母 ω 表示。在随机试验中，可能发生也可能不发生，而在大量试验中呈现统计规律性的事件统称为随机事件，简称事件。基本事件是随机事件中最简单的一类，由基本事件复合而成的事件称为**复合事件**。在每次随机试验中，一个复合事件发生，当且仅当构成该复合事件的任一基本事件发生。如掷一颗骰子的试验中，其出现的点数，“1 点”、“2 点”……“6 点”都是基本事件。出现偶数点，它是由出现“2 点”或“4 点”或“6 点”三个基本事件组成的，这是个复合事件。

在每次试验中必然发生的事件称为必然事件，用字母 Ω 表示；必然不发生的事件称为不可能事件，用符号 ϕ 表示。如掷一颗骰子，出现的点数“大于或等于 1 而小于或等于 6”，这是必然事件，而出现的点数“等于 7”，这是不可能事件。应当指出，必然事件或不可能事件都具有确定性，但为了今后研究的方便，仍将这两种事件看成特殊的随机事件。

二、随机事件的关系及其运算

在随机现象的研究中，需要考虑不同随机事件之间的相互关系，以及用相对简单的随机事件来表示复杂的随机事件。例如，检验某种圆柱形构件产品的外形尺寸。如果规定只有它的长度与直径都合格时才能成为合格品，那么“产品合格”与“直径合格”、“长度合格”这三个事件之间有着密切的关系。因此，有必要讨论事件之间的相互关系与运算。

(1) 如果事件 A 发生必导致事件 B 发生，则称事件 B 包含事件 A，记为 $A\subset B$ 或 $B\supset A$。例如，“直径不合格”$\subset$“产品不合格”。

若 $A\subset B$ 且 $B\subset A$，则称事件 A 与事件 B 相等，记为 $A=B$。

对任一事件 A，规定 $\phi\subset A$。显然，$A\subset\Omega$。

(2) 两事件 A 与 B 至少有一个发生所构成的事件称为事件 A 与 B 的和事件，记为 $A\cup B$。例如，“直径不合格”$\cup$“长度不合格”$=$“产品不合格”。

类似地，n 个事件 A_1，A_2，…，A_n 中至少有一个发生所构成的事件称为这 n 个事件的和事件，记为 $A_1\cup A_2\cup\cdots\cup A_n$，简记为 $\bigcup\limits_{i=1}^{n}A_i$。同样，$\bigcup\limits_{i=1}^{\infty}A_i$ 表示事件组“A_1，A_2，…，A_n，…”中至少有一个发生所构成的事件。

(3) 两个事件 A 与 B 同时发生所构成的事件称为事件 A 与 B 的积事件，记为 $A\cap B$ 或 AB。例如，“直径合格”$\cap$“长度合格”$=$“产品合格”。

事件组 $A_1,A_2,\cdots,A_n$ 同时发生，记为 $\bigcap\limits_{i=1}^{n}A_i$。事件组 $A_1,A_2,\cdots,A_n,\cdots$ 同时发生，记为 $\bigcap\limits_{i=1}^{\infty}A_i$。

(4) 如果事件 A 与 B 不能同时发生，即 $AB=\phi$，则称事件 A 与 B 互斥（或互不相容）。例如，“直径不合格”与“产品合格”互斥。

(5) 如果事件 A 和 B 满足 $A\cup B=\Omega$ 且 $AB=\phi$，则称事件 A 与 B 互为逆事

件，又称事件 A 与事件 B 互为对立事件。记为 $A=\overline{B}$ 或 $B=\overline{A}$。例如，“直径合格”与“直径不合格”互为逆事件。换言之，事件 A 与事件 B 互为对立事件，指的是在每次试验中，事件 A,B 中必有一个发生，且仅有一个发生。

(6) 由事件 A 发生而事件 B 不发生所构成的事件称为事件 A 与事件 B 的差事件，记为 $A-B$。例如，“直径合格”-“长度不合格”=“产品合格”。

显然，$A-B=A\overline{B}=A-AB$。$\overline{A}=\Omega-A$。

设 A,B,C 表示事件，随机事件之间的上述关系与运算具有如下几条性质。

(1) 若 $A\subset B$，$B\subset C$，则 $A\subset C$。

(2) $A\cup B=B\cup A$。

(3) $(A\cup B)\cup C=A\cup(B\cup C)$；$(A\cap B)\cap C=A\cap(B\cap C)$。

(4) $(A\cup B)\cap C=(A\cap C)\cup(B\cap C)$；$A\cup(B\cap C)=(A\cup B)\cap(A\cup C)$。

(5) $\overline{\overline{A}}=A$，若 $A\subset B$，则 $\overline{A}\supset\overline{B}$。

(6) $\overline{A\cup B}=\overline{A}\cap\overline{B}$；$\overline{A\cap B}=\overline{A}\cup\overline{B}$。

上述性质的证明都很容易，下边只证对偶性质 $\overline{A\cup B}=\overline{A}\cap\overline{B}$，其余留给读者做练习。

按照事件相等的定义，若 $\overline{A\cup B}$ 发生，则 $A\cup B$ 不发生，即 A 与 B 均不发生，换言之，$\overline{A}$ 发生且 $\overline{B}$ 发生，亦即 $\overline{A}\cap\overline{B}$ 发生，于是 $\overline{A\cup B}\subset(\overline{A}\cap\overline{B})$。同理可证 $(\overline{A}\cap\overline{B})\subset\overline{A\cup B}$。所以 $\overline{A\cup B}=\overline{A}\cap\overline{B}$。

三、样本空间

为了使概率论建立在严密的理论基础上，须引进样本空间的概念。

随机试验 E 的所有可能结果，即基本事件全体组成的集合称为试验 E 的**样本空间**，记作 Ω。样本空间的每一个元素，即每一个基本事件，称为样本空间的**样本点**。

例如，在前面列举的 E_1 中，若用 e_i 表示电话总机在一分钟内接到 i 次呼唤，则 E_1 的样本空间为 $\Omega_1=\{e_0,e_1,e_2,\cdots,e_n,\cdots\}$；在 E_2 中，若用 i 表示“币值”面朝上的次数，则 E_2 的样本空间为 $\Omega_2=\{0,1,2,3\}$；在 E_3 中，若用 i 表示掷两颗骰子出现的点数之和，则 E_3 的样本空间为 $\Omega_3=\{2,3,4,5,6,\cdots,12\}$。

样本空间的元素是由试验目的确定的，例如，掷两颗骰子，观察一点朝上的个数 i，此时，样本空间 $\Omega=\{i\,|\,i=0,1,2\}$。这与 E_3 的样本点的意义不同，样本空间也不同。

样本空间是概率论最基本的一个概念，它把事件与集合联系起来，用集合表示事件；由一个样本点组成的单点集就是基本事件，试验 E 的样本空间 Ω 的子集为 E 的**随机事件**。在每次试验中，当且仅当这一子集中的一个样本点出现时，称这一事件发生。于是事件间的关系和运算就可以用集合论的知识来解释。

随机事件之间的关系与运算可以表示为一个示意图，称为随机事件的 Venn 图 (Venn diagram)。在 Venn 图中，用平面上的矩形表示样本空间（即必然事件），矩形内的任一子区域表示一个随机事件，如图 1-1 所示，图中的两个圆形表示事件

A 和事件 B。

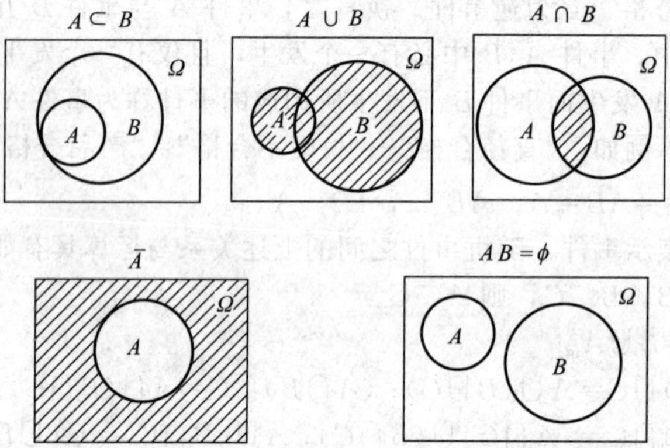

图 1-1

【例 1】 从一批产品中每次取出一个产品进行检验（每次取出的产品不放回），事件 A_i 表示第 i 次取到合格品（$i=1,2,3$）。试用事件的运算符号表示下列事件：三次都取到了合格品；三次中至少有一次取到合格品；三次中恰有两次取到合格品；三次中最多有一次取到合格品；三次中不多于两次取到合格品。

解 三次都取到了合格品：$A_1A_2A_3$；

三次中至少有一次取到了合格品：$A_1 \cup A_2 \cup A_3$；

三次中恰有两次取到合格品：$A_1A_2\overline{A}_3 \cup A_1\overline{A}_2A_3 \cup \overline{A}_1A_2A_3$；

三次中最多有一次取到合格品：$\overline{A}_1\overline{A}_2 \cup \overline{A}_1\overline{A}_3 \cup \overline{A}_2\overline{A}_3$；

三次中都不多于两次取到合格品：$\overline{A}_1 \cup \overline{A}_2 \cup \overline{A}_3$。

§2　频率与概率

随机事件在一次试验中是否发生是不确定的，人们常常希望知道某些事件在一次试验中发生的可能性究竟有多大，并希望用一个数来表示事件在一次试验中发生的可能性大小。为此首先引入频率，它描述了事件发生的频繁程度，进而引出表征事件在一次试验中发生的可能性大小的数——概率。

一、频率

定义 2.1 在相同的条件下，做 n 次重复试验，若事件 A 发生了 m 次，则称比值 m/n 为这 n 次试验中事件 A 发生的频率，记为 $f_n(A)$，即 $f_n(A)=\dfrac{m}{n}$。

易证，频率具有下列基本性质。

(1) 对任一事件 A 有 $0 \leqslant f_n(A) \leqslant 1$。

(2) $f_n(\Omega)=1, f_n(\phi)=0$。

(3) 若 A_1，A_2，…，A_k 是两两互斥的事件，则

$$f_n\left(\bigcup_{i=1}^{k} A_i\right)=\sum_{i=1}^{k} f_n(A_i)$$

由于事件 A 发生的频率是它发生的次数与试验次数之比，其大小表示 A 发生的频繁程度，频率越大，事件 A 发生越频繁，这就意味着 A 在一次试验中发生的可能性愈大，直观的想法是用频率来表示 A 在一次试验中发生的可能性大小。但是否能用频率作为概率的定义呢？请看下面具体事例。

历史上有人作过成千上万次掷硬币的试验，表 1-1 列出了他们的试验记录。

表 1-1

实验者	实验次数 n	正面朝上的次数 m	频率 $f_n(A)$
德·摩根	2048	1061	0.5181
蒲丰	4040	2048	0.5069
皮尔逊	12000	6019	0.5016
皮尔逊	24000	12012	0.5005

由上述数据可以看出：

(1) 频率随着掷硬币次数 n 的变化而不同，还可用试验说明对于相同的掷硬币次数 n，频率也具有随机波动性；

(2) 掷硬币次数 n 较小时，频率随机波动的幅度较大，但随着 n 的增大，频率呈现出稳定性，即当 n 逐渐增大时，频率总是在数 0.5 附近摆动，而逐渐稳定于 0.5。

由此可以看出，当 n 较小时用频率来表达事件发生的可能性的大小显然是不合适的，而当 n 逐渐增大时，频率逐渐稳定于某一个常数。对于每一个随机事件 A 都有这样一个客观存在的常数与之对应。这种“频率稳定性”就是通常所说的统计规律性，它不断地为人们的实践所证实，它揭示了隐藏在随机现象中的规律性。用这个频率的稳定值来表示事件发生的可能性大小是合适的。

二、概率的古典定义

概率的古典定义源自于概率的古典模型，这种模型的核心思想来自于对只包含有限个等可能基本事件的随机试验的研究。这种随机试验是人们最早注意到的一类随机现象，它与排列、组合问题有着密切的联系。

如果随机试验，具有如下两个特征：

(1) 试验的样本空间的基本事件只有有限个；

(2) 试验中每个基本事件发生的可能性相同。

具有这两个特征的随机试验所对应的数学模型称为**古典概型**（或称**等可能概型**）。

定义 2.2 在古典概型中，如果基本事件的总数为 n，事件 A 包含 m 个基本事件，则称 $\frac{m}{n}$ 为事件 A 的概率，记为 $P(A)=\frac{m}{n}$。

关于概率论的产生，目前公认的是始于 17 世纪，帕斯卡尔（B. Pascal）与费尔马（P. de Fermat）在来往信件中关于掷骰子游戏中的数学问题的讨论。此后，经多位数学家的工作，概率论的内容得到了不断的丰富，到了 1812 年，法国数学家拉普拉斯（P. S. Laplace）完成了他的集大成之作《Théorie analytique des probabilities》。在该著作中，拉普拉斯提出了概率的上述定义。现在将此定义称为概率的古典定义，因为它只适用于古典概型。

【例1】 号码锁上有6个拨盘，每个拨盘上有 0～9 共 10 个数字，当这 6 个拨盘上的数字组成原确定打开号码锁的 6 位数时（第一位可以是 0），锁才能打开，如果不知道锁的号码，一次就把锁打开的概率是多少？

解 原确定打开号码锁的六位数字只有一个，设 A 表示“一次就把锁打开”事件，由题知，号码锁所有可能组成的六位号码共有 10^6 个。因此

$$P(A)=\frac{1}{10^6}=0.000001$$

这说明一次就把锁打开的可能性只为百万分之一，因此，在不知锁号码的情况下，一次就把锁打开几乎是不可能的。

【例2】 设一口袋中有 m 件产品，其中有 k 件正品，$m-k$ 件次品。现从中一次任意取出 n（$n\leqslant m$）件产品，问其中恰有 j（$j\leqslant k$）件正品的概率。

解 从 m 件产品中任取 n 件，所有可能的取法共有 C_m^n 种，即基本事件总数为 C_m^n。在 k 件正品中任取 j 件，所有可能的取法为 C_k^j 种；其余 $n-j$ 件只能从 $m-k$ 件次品中取出，所有可能的取法为 C_{m-k}^{n-j} 种。于是，所求事件 A 的概率为

$$P(A)=\frac{C_k^j\cdot C_{m-k}^{n-j}}{C_m^n}$$

定理 **2.1** 古典概率具有下列性质：

(1) 对任意事件 A，有 $0\leqslant P(A)\leqslant 1$。

(2) $P(\Omega)=1$, $P(\phi)=0$。

(3) 如果事件 A 与 B 互斥，则

$$P(A\cup B)=P(A)+P(B)$$

证 性质 (1)、(2) 显然。

对于性质 (3)，设样本空间共有 n 个基本事件，事件 A 中包含 m_1 个，事件 B 中包含 m_2 个，已知 $AB=\phi$，则 $A\cup B$ 中包含 m_1+m_2 个两两互斥的基本事件，因而

$$P(A\cup B)=\frac{m_1+m_2}{n}=\frac{m_1}{n}+\frac{m_2}{n}=P(A)+P(B)$$

利用数学归纳法可证：若事件 $A_1, A_2, \cdots, A_n$ 两两互斥，则有

$$P\left(\bigcup_{k=1}^{n} A_k\right)=\sum_{k=1}^{n} P(A_k)$$

此性质称为概率的有限可加性。

由性质 (3) 可证，$P(A)+P(\bar{A})=1$，即 $P(A)=1-P(\bar{A})$。

【例3】 将一枚硬币抛掷三次。

(1) 设事件 A_1 为“恰有一次出现正面”，求 $P(A_1)$。

(2) 设事件 A_2 为“至多有一次出现正面”，求 $P(A_2)$。

(3) 设事件 A_3 为“至少有一次出现正面”，求 $P(A_3)$。

解　(1) 一枚硬币抛掷三次，所有可能的结果为 $2^3=8$。"恰有一次出现正面"，可能只是第一次出现正面，可能只是第二次出现正面，可能只是第三次出现正面。所有可能为 3 种，因而

$$P(A_1)=\frac{3}{8}$$

(2)"至多有一次出现正面"意味着"三次无一次正面"或"三次恰有一次正面"，因而

$$P(A_2)=\frac{1+3}{8}=\frac{1}{2}$$

(3)"至少有一次出现正面"与"无一次出现正面"为对立事件，则

$$P(A_3)=1-P(\text{无一次出现正面})=1-\frac{1}{2^3}=\frac{7}{8}$$

【例 4】　产品放在一箱内，其中正品 46 件，废品 4 件，从箱中取产品两次，每次随机地取一件。考虑两种取产品方式：第一次取一件观察结果后放回箱中，搅匀后再取一件，这种取产品方式叫做有放回抽样；第一次取一件不放回箱中，第二次从剩余的产品中再取一件，这种取产品方式叫做不放回抽样。试分别就上面两种情况，求

(1) 取到的两件产品都是正品的概率；

(2) 取到的两件产品为同质量的概率；

(3) 取到的两件产品中至少有一件是正品的概率。

解　设 A，B，C 分别表示事件"取到的两件都是正品"、"取到的两件都是废品"、"取到两件中至少有一件是正品"。易知，"取到的两件为同质量"事件为 $A\cup B$，而 $C=\overline{B}$。

有放回抽样的情况：

(1) $P(A)=\dfrac{46\times 46}{50\times 50}=0.8464$

(2) $P(B)=\dfrac{4\times 4}{50\times 50}=0.0064$

且 $AB=\phi$，所以　$P(A\cup B)=P(A)+P(B)=0.8528$

(3) $P(C)=P(\overline{B})=1-P(B)=0.9936$

不放回抽样的情况：

(1) $P(A)=\dfrac{46\times 45}{50\times 49}=0.8449$

(2) $P(B)=\dfrac{4\times 3}{50\times 49}=0.0049$

又 $AB=\phi$，所以　$P(A\cup B)=P(A)+P(B)=0.8498$

(3) $P(C)=P(\overline{B})=1-P(B)=0.9951$

【例 5】　设有 n 个球，每个都能以同样的概率 $\dfrac{1}{N}$ 落到 N 个盒子 $(N\geqslant n)$ 的每一

个盒子中（设盒子的容量不限），试求：

(1) 每个盒子至多有一个球的概率 p_1；

(2) 某指定的 n 个盒子中各有一个球的概率 p_2；

(3) 任何 n 个盒子中各有一个球的概率 p_3。

解 对于每一个球，它可落入 N 个盒子中的任一个，因而它有 N 种落入法，于是 n 个球落入 N 个盒子中共有 $\underbrace{N\cdot N\cdot\cdots\cdot N}_{n}=N^n$ 种落入法。

(1) 每个盒子至多有一个球，于是第一个球有 N 种落入法，第二个球有 $N-1$ 种落入法，类似地做下去，可知放法共有 $N(N-1)\cdots[N-(n-1)]$种，则

$$p_1=\frac{N(N-1)\cdots[N-(n-1)]}{N^n}=\frac{P_N^n}{N^n}$$

(2) 已指定 n 个盒子中各有一个球的落入法共有 $n(n-1)\cdots3\cdot2\cdot1=n!$ 种，则

$$p_2=\frac{n!}{N^n}$$

(3) 任何 n 个盒子中各有一个球，完成这件事需分两步。首先从 N 个盒子任取 n 个盒子，这有 C_N^n 种方法；再把 n 个球放入某指定的 n 个盒子中（每盒放入一球），这有 $n!$ 种方法，则

$$p_3=\frac{C_N^n\cdot n!}{N^n}=\frac{N!}{N^n\cdot(N-n)!}$$

三、几何概率

当随机试验样本空间中的基本事件个数为无穷多个时，便产生了一种新的概率模型。如果随机试验具有下列两个特征：

(1) 随机试验样本空间中的基本事件有无穷多个；

(2) 每一个基本事件在样本空间中是“均匀分布”的。

具有这样两个特征的随机试验所对应的数学模型称为**几何概型**。

在几何概型中，对样本空间及其子集的度量，是采用几何的手段。直观地说，在一维空间是区间长度，二维空间是区域面积，三维空间是区域体积……。空集的几何度量为零。需要特别指出的是，“基本事件在样本空间中是均匀分布的”具体含意是：由样本点构成的子集所对应的随机事件发生的可能性大小与子集的几何度量结果成正比，而与该子集的几何形状及其在样本空间中的位置无关。

定义 2.3 在几何概型中，以 $L(\Omega)$和 $L(A)$分别表示样本空间和随机事件 A 所对应的子集的几何度量值，则称$\frac{L(A)}{L(\Omega)}$为事件 A 的概率，记作

$$P(A)=\frac{L(A)}{L(\Omega)}$$

【例 6】（会面问题）两人相约 7 点到 8 点在某地会面，先到者等候另一人 20 分钟，过时就可离去，试求这两人能会面的概率。

解　以 x,y 分别表示两人到达的时刻，则会面的充要条件为 $|x-y|\leqslant 20$。这是一个几何概率问题，可能的结果全体是边长为 60 的正方形里的点，能会面的点的区域用阴影标出（如图 1-2），所求概率为 $p=\dfrac{60^2-40^2}{60^2}=\dfrac{5}{9}$。

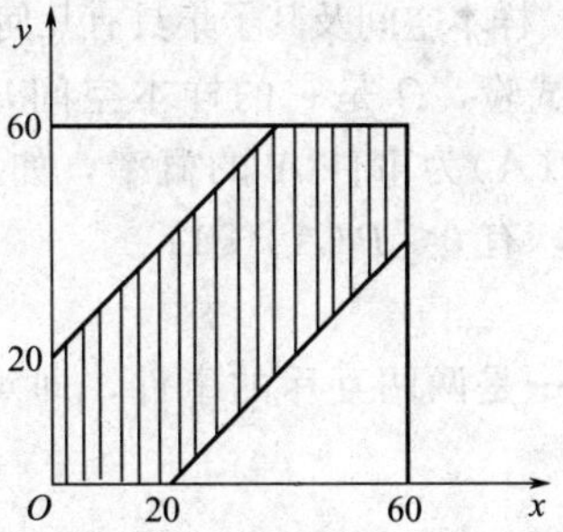

图 1-2

【例 7】　在线段 AD 上任取两点 B,C，在 B,C 处折断而得三个线段，求“这三个线段能构成三角形”的概率。

解　设 A 表示事件“三个线段能构成三角形”，三个线段的长度分别为 x,y,z，线段 AD 长度为 a，则有

$$x+y+z=a$$
$$x>0,\ y>0,\ z>0,\ a>0$$

把 x,y,z 看成空间点的坐标，则所有基本事件可用平面 $x+y+z=a$ 在第一卦限内的部分上$\triangle PQR$ 上的所有点表示。要使三条线段构成三角形，需满足条件

$$0<x<y+z,\ 0<y<x+z,\ 0<z<x+y$$

满足上述三个不等式点的集合为平面 $x+y+z=a$ 上$\triangle PQR$ 的三边中点连线所构成的$\triangle EFG$ 上的所有点组成（如图 1-3 所示）。则

$$P(A)=\frac{\triangle EFG\text{ 的面积}}{\triangle PQR\text{ 的面积}}=\frac{1}{4}$$

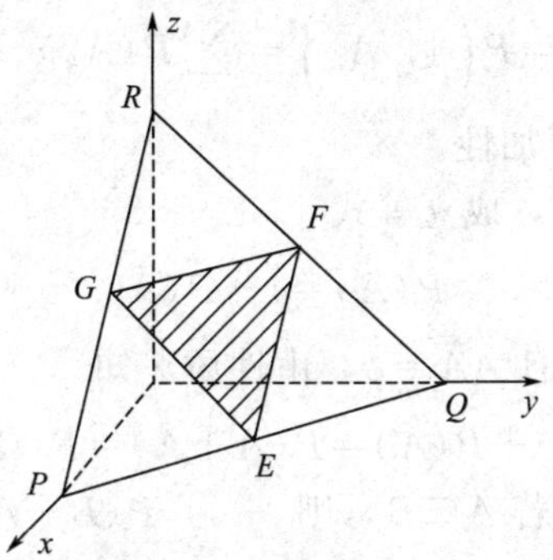

图 1-3

四、概率的公理化定义

两个互斥事件的和的概率等于这两个事件的概率之和，是古典概率与几何概率的一条核心性质，概率的公理化模型就是将这一性质加以推广。与古典概型和几何概型不同，在公理化模型中，所涉及的随机试验，不再局限于基本事件的总数有限、基本事件具有等可能性或在样本空间中均匀分布、样本空间及其子集具有几何度量值。

定义 2.4 设 E 是随机试验，Ω 是它的样本空间，对于 E 的每一事件 A 赋予一个实数，记为 $P(A)$，称 $P(A)$ 为事件 A 的概率，如果它满足下列三个条件：

(1) 对于每一个事件 A，有 $0\leqslant P(A)\leqslant 1$；

(2) $P(\Omega)=1$；

(3) 若 $A_1,A_2,\cdots,A_n,\cdots$ 是两两互斥的事件，即对于 $i\neq j$，$A_iA_j=\phi$，$i,j=1,2,\cdots$，则有

$$P\left(\bigcup_{n=1}^{\infty}A_n\right)=\sum_{n=1}^{\infty}P(A_n)$$

并称此为概率的可列可加性。

显然，概率的古典定义和几何定义是公理化定义的特殊情形。

由概率的公理化定义可以推得概率的一些重要性质。

性质 1 $P(\phi)=0$

证 $\Omega=\Omega\cup\phi\cup\phi\cup\cdots$

由条件(3) 知 $P(\Omega)=P(\Omega)+P(\phi)+P(\phi)+\cdots$

又 $P(\Omega)=1$，故 $1=1+P(\phi)+P(\phi)+\cdots$

所以 $0=P(\phi)+P(\phi)+\cdots$

由条件(1)知 $P(\phi)\geqslant 0$

所以 $P(\phi)=0$

性质 2 如果 $A_1,A_2,\cdots,A_n$ 两两互斥，则有

$$P\left(\bigcup_{k=1}^{n}A_k\right)=\sum_{k=1}^{n}P(A_k)$$

证 在条件 (3) 中，令 $A_{n+1}=A_{n+2}=\cdots=\phi$，并利用性质 1 推得

$$P\left(\bigcup_{k=1}^{n}A_k\right)=P\left(\bigcup_{k=1}^{\infty}A_k\right)=\sum_{k=1}^{\infty}P(A_k)=\sum_{k=1}^{n}P(A_k)$$

此性质也称为概率的有限可加性。

性质 3 对任一事件 A，成立等式

$$P(A)=1-P(\overline{A})$$

证 因为 $A\cup\overline{A}=\Omega$，且 $A\overline{A}=\phi$，由性质 2 知

$$P(A)+P(\overline{A})=P(A+\overline{A})=P(\Omega)=1$$

性质 4 （减法公式）若 $A\subset B$，则 $P(B-A)=P(B)-P(A)$

证 因为当 $A\subset B$ 时，$B=A\cup(B-A)$，且 $A(B-A)=\phi$，由性质 2 知

$$P(B)=P(A)+P(B-A)$$

即
$$P(B-A)=P(B)-P(A)$$

推论　若 $A\subset B$，则 $P(A)\leqslant P(B)$。

性质 5（加法公式）　设 A,B 为任意两个事件，则有
$$P(A\cup B)=P(A)+P(B)-P(AB)$$

证　因为 $A\cup B=A\cup(B-AB)$，且 $A(B-AB)=\phi$，$AB\subset B$，由可加性和性质 4 知
$$P(A\cup B)=P(A)+P(B-AB)=P(A)+P(B)-P(AB)$$

推论　$P(A\cup B)\leqslant P(A)+P(B)$

性质 5 还可推广到多个事件的情况，例如，设 A_1,A_2,A_3 为任意三个事件，则有
$$P(A_1\cup A_2\cup A_3)=P(A_1)+P(A_2)+P(A_3)-P(A_1A_2)-P(A_1A_3)-P(A_2A_3)+P(A_1A_2A_3)$$

一般，对于任意 n 个事件 $A_1,A_2,\cdots,A_n$，可以用归纳法证得
$$P(A_1\cup A_2\cup\cdots\cup A_n)=\sum_{i=1}^{n}P(A_i)-\sum_{1\leqslant i<j\leqslant n}P(A_iA_j)+\sum_{1\leqslant i<j<k\leqslant n}P(A_iA_jA_k)+\cdots+(-1)^{n-1}P(A_1A_2\cdots A_n)$$

【例 8】　设 $P(A)=\frac{1}{3}$，$P(B)=\frac{1}{2}$，在下列三种情况下求 $P(B\overline{A})$的值。

(1) A 与 B 互斥；

(2) $A\subset B$；

(3) $P(AB)=\frac{1}{8}$。

解　(1) 由于 $AB=\phi$，故 $B\subset\overline{A}$，则 $B\overline{A}=B$，因此
$$P(B\overline{A})=P(B)=\frac{1}{2}$$

(2) 当 $A\subset B$ 时
$$P(B\overline{A})=P(B-A)=P(B)-P(A)=\frac{1}{2}-\frac{1}{3}=\frac{1}{6}$$

(3) 当 $P(AB)=\frac{1}{8}$时，因为 $B\overline{A}=B-A=B-AB$，又 $AB\subset B$，则
$$P(B\overline{A})=P(B-A)=P(B-AB)=P(B)-P(AB)=\frac{1}{2}-\frac{1}{8}=\frac{3}{8}$$

【例 9】　在1～2000的整数中随机地取一个数，问取到的整数不能被 6 整除，又不能被 8 整除的概率是多少？

解　设 A 为事件“取到的数能被 6 整除”，B 为事件“取到的数能被 8 整除”，

则所求概率为

$$P(\bar{A}\bar{B})=P(\overline{A\cup B})=1-P(A\cup B)=1-[P(A)+P(B)-P(AB)]$$

由于

$$333<\frac{2000}{6}<334,\quad \frac{2000}{8}=250$$

所以

$$P(A)=\frac{333}{2000},\quad P(B)=\frac{250}{2000}$$

又因为一个数同时能被 6 与 8 整除，就相当于能被 24 整除，由于

$$83<\frac{2000}{24}<84$$

故

$$P(AB)=\frac{83}{2000}$$

于是所求概率为

$$P=1-\left(\frac{333}{2000}+\frac{250}{2000}-\frac{83}{2000}\right)=\frac{3}{4}$$

§3　条件概率与贝努利概型

一、条件概率

在实际问题中，有时除了要考虑事件 A 发生的概率外，还需要考虑在某事件 B 发生的条件下，事件 A 发生的概率，将这种概率记为 $P(A|B)$。

例如，某工厂生产 100 个产品，其中 50 个一等品，40 个二等品，10 个废品。规定一、二等品都为合格品。从产品中任取一件，设事件 A、B 分别表示取出的产品为一等品、合格品。则

$$P(A)=\frac{50}{100},\quad P(B)=\frac{90}{100}$$

若任取一件为合格品，求该件为一等品的概率；这实际上是求 $P(A|B)$，由题意知 $P(A|B)=\frac{50}{90}$。

因为 $A\subset B$，故 $AB=A$，则 $P(AB)=\frac{50}{100}$。

从此例看出，一般情况 $P(A)\neq P(A|B)$，而

$$P(A|B)=\frac{50}{90}=\frac{50/100}{90/100}=\frac{P(AB)}{P(B)}$$

这是在古典概型中用普通概率（即无条件概率）来表示条件概率 $P(A|B)$ 的公式。在概率的公理化定义中，也自然将这个公式作为条件概率的定义。

定义 3.1　设 A，B 为两个事件，若 $P(B)>0$，则称

$$P(A|B)=\frac{P(AB)}{P(B)}$$

为在事件 B 发生的条件下事件 A 发生的条件概率。

条件概率 $P(\cdot|B)$ 之所以可称为概率，不难验证，它满足概率公理化定义中的三个条件，即

(1) 当 $P(B)>0$ 时，对任一事件 A，有 $P(A|B)\geqslant 0$；

(2) 当 $P(B)>0$ 时，$P(\Omega|B)=1$；

(3) 当 $P(B)>0$ 时，若 A_1，A_2，…是两两互斥的事件，则有

$$P\left(\bigcup_{i=1}^{\infty} A_i \middle| B\right)=\sum_{i=1}^{\infty} P(A_i \mid B)$$

既然条件概率满足上述三个条件，那么概率具有的一些重要性质（§2 中所列出的性质）都适用于条件概率。例如，对于任意事件 A_1 和 A_2，当 $P(B)>0$ 时，成立等式

$$P(A_1\cup A_2|B)=P(A_1|B)+P(A_2|B)-P(A_1A_2|B)$$

【例 1】 当掷五枚相同硬币时，已知至少出现两个正面的情况下，问正面数刚好是三个的条件概率？

解 设至少出现两个正面的事件为 A，刚好三个正面的事件为 B。此时 $AB=B$，则

$$P(B|A)=\frac{P(AB)}{P(A)}=\frac{P(B)}{P(A)}=\frac{P(B)}{1-P(\overline{A})}$$

此时 $\overline{A}$ 表示掷五枚相同硬币至多有一个正面的事件，即一个正面或无一个正面。则

$$P(B|A)=\frac{P(B)}{1-P\{\text{无一个正面}\}-P\{\text{一个正面}\}}=\frac{\frac{C_5^3}{2^5}}{1-\frac{1}{2^5}-\frac{5}{2^5}}=\frac{5}{13}$$

【例 2】 设 A、B 为两个事件，且 $0<P(A)<1$，$P(B)>0$，$P(B|A)=P(B|\overline{A})$，证明 $P(AB)=P(A)P(B)$。

证 由条件知：

$$P(B|A)=\frac{P(AB)}{P(A)}=P(B|\overline{A})=\frac{P(B\overline{A})}{P(\overline{A})}=\frac{P(B-A)}{1-P(A)}$$

$$=\frac{P(B-AB)}{1-P(A)}=\frac{P(B)-P(AB)}{1-P(A)}$$

则 $$P(AB)[1-P(A)]=P(A)[P(B)-P(AB)]$$

故 $$P(AB)=P(A)P(B)$$

前面介绍了计算随机事件和的概率的公式（见概率公理化定义性质 5），对于随机事件积的概率，也有相应的公式：乘法法则。

乘法法则 设 A,B 为两事件

(1) 若 $P(A)>0$，则有 $P(AB)=P(B|A)P(A)$；

(2) 若 $P(B)>0$，则有 $P(AB)=P(A|B)P(B)$。

此法则容易推广到多个事件的积事件的情况。例如，设 A，B，C 为事件，且 $P(AB)>0$，则

$$P(ABC)=P(C|AB)P(B|A)P(A)$$

一般，设 $A_1,A_2,\cdots,A_n$ 为 n 个事件，$n\geqslant 2$，且

$$P(A_1A_2\cdots A_{n-1})>0$$

则 $P(A_1A_2\cdots A_n)$

$=P(A_n|A_1A_2\cdots A_{n-1})P(A_{n-1}|A_1A_2\cdots A_{n-2})\cdots P(A_2|A_1)P(A_1)$

【例 3】 市场上供应的灯泡中，甲厂产品占 60%，乙厂占 40%，甲厂产品的合格率是 90%，乙厂的合格率是 80%。若用 A 表示甲厂的产品，B 表示产品为合格品，求

(1) 已知买到的是甲厂的一个产品，合格率是多少？

(2) 买到一个产品是甲厂生产的合格灯泡的概率？

解 (1) 这是求条件概率，即 $P(B|A)=90\%$。

(2) 这实际是要求出既是甲厂的产品，且又是合格品，即

$$P(AB)=P(B|A)P(A)=\frac{90}{100}\times\frac{60}{100}=0.54$$

【例 4】 对含有5%废品的 100 件产品进行抽样检查，整批产品被拒绝接收的条件是在被抽查的 5 件产品（不放回抽样）中至少有一件是废品，试问该批产品被拒收的概率是多少？

解 设 A_i 表示事件“第 i $(i=1,2,3,4,5)$ 次被抽查的产品为合格品”，令 $A=A_1A_2A_3A_4A_5$，则被拒收的概率为 $P(\overline{A})=1-P(A)$，而

$P(A)=P(A_1A_2A_3A_4A_5)$

$=P(A_1)P(A_2|A_1)P(A_3|A_1A_2)P(A_4|A_1A_2A_3)P(A_5|A_1A_2A_3A_4)$

$P(A_1)=95\%$， $P(A_2|A_1)=94/99$， $P(A_3|A_1A_2)=93/98$

$P(A_4|A_1A_2A_3)=92/97$， $P(A_5|A_1A_2A_3A_4)=91/96$

所以 $P(A)\approx 0.77$，$P(\overline{A})=1-P(A)=0.23$

二、全概率公式

全概率公式的基本思想是，将一个随机事件 A 分成若干个互不相容事件，使每一个事件的概率可以比较容易地用条件概率求得。为此，需要建立样本空间划分的概念。

定义 3.2 设 Ω 是随机试验 E 的样本空间，$B_1,B_2,\cdots,B_n$ 为 E 的一组事件，若

(1) $B_iB_j=\phi$ $(i\neq j;\ i,j=1,2,\cdots,n)$；

(2) $P(B_i)>0, i=1,2,\cdots,n$；

(3) $B_1\cup B_2\cup\cdots\cup B_n=\Omega$。

则称 $B_1,B_2,\cdots,B_n$ 是样本空间 Ω 的一个划分。

若 $B_1,B_2,\cdots,B_n$ 是样本空间的一个划分，那么，对每次试验，事件 B_1，$B_2,\cdots,B_n$ 中必有一个且仅有一个发生。

定理 3.1（全概率公式）　设随机试验 E 的样本空间为 Ω，A 为 E 的事件，$B_1,B_2,\cdots,B_n$ 为 Ω 的一个划分，且 $P(B_i)>0(i=1,2,\cdots,n)$，则

$$P(A)=P(A|B_1)P(B_1)+P(A|B_2)P(B_2)+\cdots+P(A|B_n)P(B_n)$$

证　因为 $B_1\cup B_2\cup\cdots\cup B_n=\Omega$，所以

$$A=AU=A(B_1\cup B_2\cup\cdots\cup B_n)=AB_1\cup AB_2\cup\cdots\cup AB_n$$

又因为 $B_iB_j=\phi$，所以

$$(AB_i)(AB_j)=\phi \quad (i\neq j;\ i,j=1,2,\cdots,n)$$

则　$P(A)=P(AB_1)+P(AB_2)+\cdots+P(AB_n)$

$=P(A|B_1)P(B_1)+P(A|B_2)P(B_2)+\cdots+P(A|B_n)P(B_n)$

或写成形式

$$P(A)=\sum_{i=1}^{n}P(A|B_i)P(B_i)$$

使用全概率公式计算事件 A 的概率，必须对试验的样本空间作出划分。划分 $B_i(i=1,2,\cdots,n)$ 可以看成是导致事件 A 发生的所有不同的可能原因或情况。因此，全概率公式说明，事件 A 发生的概率是事件 A 在每一种原因或情况下发生的条件概率的加权平均，而权重恰好是 $P(B_i)(i=1,2,\cdots,n)$。

【例 5】　某工厂有甲、乙、丙三个车间生产同一种产品，其产量分别占全厂产量的 25%，35%，40%，其次品率分别为 5%，4%，2%。从全厂产品中任取一件产品，求取得次品的概率。

解　以 A 表示事件“取一件产品为次品”，以 B_1,B_2,B_3 分别表示事件“取得甲、乙、丙车间生产的产品”，很明显，B_1,B_2,B_3 是事件 A 发生的三种不同情况，故构成该种试验的样本空间 Ω 的一个划分。于是

$$P(A)=P(A|B_1)P(B_1)+P(A|B_2)P(B_2)+P(A|B_3)P(B_3)$$

$$=\frac{5}{100}\times\frac{25}{100}+\frac{4}{100}\times\frac{35}{100}+\frac{2}{100}\times\frac{40}{100}=3.45\%$$

全概率公式的一种典型应用是，若前后试验的结果密切相关，那么前面试验的全部可能结果就构成了后面试验的样本空间的一个划分。

【例 6】（无放回抽样，drawing without replacement）

设袋中有 r 个红球，s 个白球，现有 $n(n\leqslant r+s)$ 个人，依次随机地从袋中抽取一个球，每次取出后不放回，令随机事件

A_n：第 n 次取到白球，$n\leqslant r+s$

显然，由古典概型可得：$P(A_1)=\dfrac{s}{r+s}$。为了求 $P(A_2)$，需要考虑第一次取球的

结果，因此，A_1和$\overline{A}_1$构成了第二次取球试验的样本空间的划分，由全概率公式有

$$P(A_2)=P(A_1)P(A_2|A_1)+P(\overline{A}_1)P(A_2|\overline{A}_1)$$
$$=\frac{s}{s+r}\cdot\frac{s-1}{s+r-1}+\frac{r}{s+r}\cdot\frac{s}{s+r-1}=\frac{s}{s+r}$$

为了求$P(A_3)$，需要考虑前两次试验的结果，因此，$A_1A_2, A_1\overline{A}_2, \overline{A}_1A_2$和$\overline{A}_1\overline{A}_2$就构成了第三次取球试验的样本空间的划分，由乘法法则，得

$$P(A_1A_2)=P(A_1)P(A_2|A_1)=\frac{s}{s+r}\cdot\frac{s-1}{s+r-1}$$

$$P(A_1\overline{A}_2)=P(A_1)P(\overline{A}_2|A_1)=\frac{s}{s+r}\cdot\frac{r}{s+r-1}$$

$$P(\overline{A}_1A_2)=P(\overline{A}_1)P(A_2|\overline{A}_1)=\frac{r}{s+r}\cdot\frac{s}{s+r-1}$$

$$P(\overline{A}_1\overline{A}_2)=P(\overline{A}_1)P(\overline{A}_2|\overline{A}_1)=\frac{r}{s+r}\cdot\frac{r-1}{s+r-1}$$

所以

$$P(A_3)=P(A_1A_2)P(A_3|A_1A_2)+P(A_1\overline{A}_2)P(A_3|A_1\overline{A}_2)+$$
$$P(\overline{A}_1A_2)P(A_3|\overline{A}_1A_2)+P(\overline{A}_1\overline{A}_2)P(A_3|\overline{A}_1\overline{A}_2)$$
$$=\frac{s}{s+r}$$

值得注意的是$P(A_1)=P(A_2)=P(A_3)=\frac{s}{s+r}$，依此类推，对于任意的$n(n\leqslant r+s)$，均有$P(A_n)=P(A_1)=\frac{s}{s+r}$，这一结果的内涵表明了抽签的公平性。显然，如果作有放回的抽样，无论抽样的先后次序，任何时候抽得白球的概率都为$\frac{s}{s+r}$。然而本例的结果说明，作无放回抽样时，抽得白球的概率始终为$\frac{s}{s+r}$，与抽样的先后次序无关。

三、贝叶斯公式

贝叶斯（Bayes）公式也称为逆概率（inverse probability）公式，它用于根据随机试验已经出现的某种结果，反过来推算造成这种结果的各种原因的可能性大小。

定理 3.2 设$B_1, B_2, \cdots, B_n$为随机试验E的样本空间Ω的一个划分，A为E的事件，且$P(A)>0$，$P(B_i)>0(i=1,2,\cdots,n)$，则

$$P(B_j \mid A)=\frac{P(A \mid B_j)P(B_j)}{\sum_{i=1}^{n}P(A \mid B_i)P(B_i)} \quad (j=1,2,\cdots,n)$$

证 由条件概率定义及全概率公式推得

$$P(B_j \mid A)=\frac{P(AB_j)}{P(A)}=\frac{P(A \mid B_j)P(B_j)}{P(A)}$$
$$=\frac{P(A \mid B_j)P(B_j)}{\sum_{i=1}^{n}P(A \mid B_i)P(B_i)} \quad (j=1,2,\cdots,n)$$

【例 7】 设某工厂甲、乙、丙三个车间生产同一种仪表，产量依次占全厂的40%，50%，10%。如果各车间的一级品率依次为90%，80%，98%。现在从待出厂产品中抽查出一个结果为一级品，试判断它是丙车间生产的概率。

解 设 A 表示事件"抽查一个产品为一级品"，B_1,B_2,B_3 分别表示事件"产品为甲、乙、丙车间生产的"。很明显，B_1,B_2,B_3 构成一个划分。利用贝叶斯公式

$$P(B_3|A)=\frac{P(A \mid B_3)P(B_3)}{\sum_{i=1}^{3}P(A \mid B_i)P(B_i)}=\frac{\frac{98}{100}\times\frac{10}{100}}{\frac{90}{100}\times\frac{40}{100}+\frac{80}{100}\times\frac{50}{100}+\frac{98}{100}\times\frac{10}{100}}$$
$$=11.4\%$$

$P(B_j)$和 $P(B_j|A)(j=1,2,\cdots,n)$的含意是不同的，前者是在做试验之前，对样本空间划分的每一个事件的概率的估算，故将 $P(B_j)$称为**先验概率**；而后者是在试验之后，已经有了明确的结果，即事件 A 发生了，再来推算引起事件 A 发生的每一种原因，即样本空间划分的每一个事件的概率，故将 $P(B_j|A)$称为**后验概率**。实际上，后验概率是对先验概率的一种修正，在应用中，人们往往更加注重后验概率。

四、随机事件的独立性

随机事件的独立性是概率论中最重要的概念之一。

在 $P(B)>0$ 时，条件概率 $P(A \mid B)$ 和概率 $P(A)$ 一般情况下是不等的，这说明事件 B 的发生对事件 A 发生的概率是有影响的。若 $P(A|B)>P(A)$，则表明事件 B 的发生使事件 A 发生的可能性增大；反之，若 $P(A|B)<P(A)$，则表明事件 B 的发生使事件 A 发生的可能性减小了。

如果 $P(A|B)=P(A)$，那么事件 B 的发生并不影响事件 A 发生的概率，此时乘法公式变为

$$P(AB)=P(A|B)P(B)=P(A)P(B)$$

而且 $$P(A|\overline{B})=\frac{P(A\overline{B})}{P(\overline{B})}=\frac{P(A)-P(AB)}{1-P(B)}=\frac{P(A)-P(A)P(B)}{1-P(B)}=P(A)$$

这说明，事件 B 发生与否对事件 A 发生的概率都没有影响。

定义 3.3 如果事件 A 与 B 满足关系式

$$P(AB)=P(A)P(B)$$

则称 ***A* 与 *B* 相互独立** (independence)，简称 A 与 B 独立。

这里并没有对 $P(A),P(B)$作任何限制。虽然，当 $P(A)$或 $P(B)$等于 0 时，条件概率没有定义，而独立性仍有意义。容易验证，任何事件 A 与不可能事件 ϕ

或必然事件 U 都是独立的。

显然，若事件 A 与 B 相互独立，且 $P(A)P(B)>0$，则有

$$P(A|B)=P(A),\quad P(B|A)=P(B)$$

定理 3.3 若四对事件 A,B；$A,\bar{B}$；$\bar{A},B$；$\bar{A},\bar{B}$ 中有一对是相互独立的事件，则另外三对也是相互独立的事件。

证 不妨设 A 与 B 相互独立，只证 $\bar{A}$ 与 $\bar{B}$ 相互独立：

$$\begin{aligned}P(\bar{A}\,\bar{B})&=P(\overline{A\cup B})=1-P(A\cup B)=1-[P(A)+P(B)-P(AB)]\\&=1-[P(A)+P(B)-P(A)P(B)]\\&=[1-P(A)][1-P(B)]=P(\bar{A})P(\bar{B})\end{aligned}$$

类似地，可以证明其余结论。

当条件概率有意义时，显然有下面的结论。

定理 3.4 设 A,B 为两个事件，且 $P(B)>0$，若 A 与 B 相互独立，则 $P(A|B)=P(A)$，反之亦然。

两个事件的相互独立与两个事件的互不相容，是从两个不同的角度来刻划两个事件之间的关系，因此是完全不同的两个概念，但是，两者之间有一定的联系。当 $P(A)>0$，$P(B)>0$ 时，若事件 A 与事件 B 相互独立，那么事件 A 与 B 不可能互不相容。其等价论述为：如果两个具有正概率的事件 A 与 B 互不相容，则 A 与 B 一定不是独立的。因为如果事件 A 与 B 互不相容而且相互独立，那么就有 $0=P(AB)=P(A)P(B)$，从而 $P(A),P(B)$之一必为 0。

下面将独立性的概念推广到三个事件的情况。

定义 3.4 设 A,B,C 是三事件，如果成立等式

$$\begin{cases}P(AB)=P(A)P(B)\\P(BC)=P(B)P(C)\\P(AC)=P(A)P(C)\end{cases}$$

则称三事件 A,B,C 两两独立。

一般，当事件 A,B,C 两两独立时，不一定成立等式

$$P(ABC)=P(A)P(B)P(C)$$

【例 8】 设袋中有4个球，一个涂白色，一个涂红色，一个涂蓝色，另一个涂白、红、蓝三种颜色。今从袋中任取一球，设事件 A,B,C 分别表示“取出的是涂有白色的球”、“取出的是涂有红色的球”、“取出的是涂有蓝色的球”。试证 A,B,C 两两独立，但 $P(ABC)\neq P(A)P(B)P(C)$。

证 $P(A)=P(B)=P(C)=\dfrac{1}{2}$

$$P(AB)=P(BC)=P(AC)=\frac{1}{4},\quad P(ABC)=\frac{1}{4}$$

所以 $P(AB)=P(A)P(B)$，$P(BC)=P(B)P(C)$

$P(AC)=P(A)P(C)$

而 $$P(A)P(B)P(C)=\frac{1}{8}\neq P(ABC)=\frac{1}{4}$$

定义 3.5　设 A,B,C 是三事件，如果同时成立等式

$$\begin{cases}P(AB)=P(A)P(B)\\P(BC)=P(B)P(C)\\P(AC)=P(A)P(C)\\P(ABC)=P(A)P(B)P(C)\end{cases}$$

则称 A,B,C 为相互独立的事件。

一般，设 $A_1,A_2,\cdots,A_n$ 是 n 个事件，如果对于任意 $k(1<k\leqslant n)$，任意 $1\leqslant i_1<i_2<\cdots<i_k\leqslant n$，成立等式

$$P(A_{i_1}A_{i_2}\cdots A_{i_k})=P(A_{i_1})P(A_{i_2})\cdots P(A_{i_k})$$

则称 $A_1,A_2,\cdots,A_n$ 为相互独立的事件。

n 个事件的相互独立是一种总体上成立的关系，因此要求任取其中的任意大小部分都是独立的。而 n 个事件两两独立是一种局部关系，它仅要求任意的两个事件独立即可。显然，n 个事件相互独立可以保证它们是两两独立的，而 n 个两两独立的事件，并不能保证它们是相互独立的。

在实际问题中，往往不是根据定义来判断事件的独立性，而是根据实际意义给予判断。

【例 9】　设有电路如图1-4，其中 1,2,3,4 为继电器接点。设各继电器独立工作，其接点闭合的概率均为 p，求 L 至 R 为通路的概率。

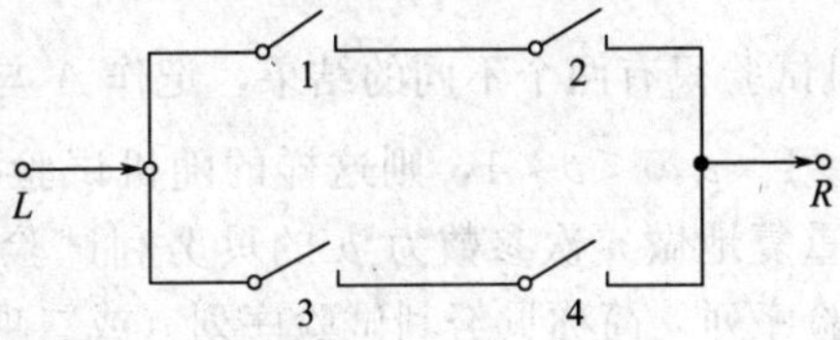

图 1-4

解　设事件 $A_i(i=1,2,3,4)$ 为“第 i 个继电器接点闭合”。于是“L 至 R 为通路”的事件 A 的概率为

$$P(A)=P(A_1A_2\cup A_3A_4)=P(A_1A_2)+P(A_3A_4)-P(A_1A_2A_3A_4)$$

从实际问题可知，A_1,A_2,A_3,A_4 是相互独立的，于是

$$\begin{aligned}P(A)&=P(A_1)P(A_2)+P(A_3)P(A_4)-P(A_1)P(A_2)P(A_3)P(A_4)\\&=2p^2-p^4\end{aligned}$$

【例 10】　一工人照看三台相互独立工作的机床，在一小时内甲、乙、丙三台机床需工人照看的概率分别是 0.9,0.8 和 0.7，求在一小时中

(1) 没有机床需要照看的概率？

(2) 至少有一台机床不要照看的概率？

(3) 至多只有一台机床需要照看的概率？

解　设 A_i 分别表示事件"甲、乙、丙机床需要照看"($i=1,2,3$)。

(1) 甲、乙、丙三台机床是否要工人照看是相互独立的。所以，事件 A_1，A_2，A_3 是相互独立的，则

$$P(\overline{A}_1\overline{A}_2\overline{A}_3)=P(\overline{A}_1)P(\overline{A}_2)P(\overline{A}_3)=(1-0.9)(1-0.8)(1-0.7)=0.006$$

(2) 设 B 为事件"至少有一台机床不需要照看"，那么 $\overline{B}$ 为事件"每一台都需要照看"。则

$$P(B)=1-P(\overline{B})=1-P(A_1A_2A_3)=1-P(A_1)P(A_2)P(A_3)=1-0.9\times0.8\times0.7=0.496$$

(3) 设 C 为"至多只有一台机床需要照看"事件，则

$P(C)=P\{$没有一台需要照看或恰有一台需要照看$\}$

$$=P(\overline{A}_1\overline{A}_2\overline{A}_3)+P(\overline{A}_1A_2\overline{A}_3+A_1\overline{A}_2\overline{A}_3+\overline{A}_1\overline{A}_2A_3)$$
$$=0.006+0.1\times0.8\times0.3+0.9\times0.2\times0.3+0.1\times0.2\times0.7$$
$$=0.098$$

将定理 3.3 的结果推广到 n 个相互独立事件的情况，可以得到下列结果：若随机事件 $A_1,A_2,\cdots,A_n$ 相互独立，则其逆事件 $\overline{A}_1,\overline{A}_2,\cdots,\overline{A}_n$ 也相互独立。由此可以得到相互独立事件和的概率的计算公式：

$$P\left(\bigcup_{i=1}^{n}A_i\right)=1-P\left(\bigcap_{i=1}^{n}\overline{A}_i\right)=1-P(\overline{A}_1)P(\overline{A}_2)\cdots P(\overline{A}_n)$$

五、贝努利概型

定义 3.6　假定随机试验只有两个不同的结果，记作 A 与 $\overline{A}$，它们出现的概率分别是 $P(A)=p$，$P(\overline{A})=1-p$，$0<p<1$，则这样的随机试验称为参数为 p 的贝努利 (Bernoulli) 试验。独立重复地做 n 次参数为 p 的贝努利试验，这样的随机试验序列称为 n 次贝努利随机试验序列，简称贝努利试验序列（或二项随机试验序列）。

贝努利随机试验序列是在讨论频率与概率的关系时提出来的，人们关注的是，在 n 次贝努利随机试验序列中事件 A 所发生的累计次数，这就是贝努利概型。贝努利概型是一种重要而常见的概型，在实际问题中有着广泛的应用。

定理 3.5（二项概率公式）　设事件 A 在一次试验中发生的概率为 p，则在 n 次贝努利试验序列中事件 A 恰好发生 k 次的概率为

$$P_n(k)=C_n^k p^k(1-p)^{n-k}\quad(k=0,1,2,\cdots,n)$$

证　首先，事件 A 在指定的某 k 次试验中发生，而在其余的 $(n-k)$ 次试验中不发生的概率等于 $p^k(1-p)^{n-k}$。另外，在 n 次试验中，事件 A 被指定某 k 次发生的方法为 C_n^k 种。显然，所指定的某 k 次事件 A 发生与另一种某 k 次事件 A 发生是互斥的，由概率的可加性推得

$$P_n(k)=C_n^k p^k(1-p)^{n-k}\quad(k=0,1,2,\cdots,n)$$

由于 $C_n^k p^k(1-p)^{n-k}$ 恰好是二项式 $(p+q)^n=[p+(1-p)]^n$ 展开式中出现 p^k 的一项 $(k=0,1,2,\cdots,n)$，所以上述公式称为二项概率公式。

【例 11】　一批产品的废品率为0.2，每次抽取 1 个，观察后放回去，下次再任取 1 个，共重复 3 次，求 3 次中恰有两次取到废品的概率。

解　这可看成 3 重贝努利试验，废品发生记为事件 A，即$P(A)=0.2$。则

$$P_3(2)=C_3^2(0.2)^2(1-0.2)^1=3\times0.04\times0.8=0.096$$

【例 12】　一大批电器元件的一级品率为0.8，现任取 8 件检验，求至少有两件一级品的概率。

解　由于这批元件的总数很大，且抽取的元件的数量相对于元件的总数较少，这种不放回抽样可作为放回抽样处理，造成的误差不大。所以，此题可看成 8 重贝努利试验。

设“至少有两件一级品”为事件 A，那么 $\overline{A}$ 表示事件“无一件一级品”或“恰有一件一级品”，则

$$P(A)=1-P(\overline{A})=1-P\{无一件一级品\}-P\{恰有一件为一级品\}$$
$$=1-(0.2)^8-C_8^1(0.8)^1(0.2)^7\approx0.9999$$

习 题 一

1. 设 A,B,C 表示三个事件，利用 A,B,C 表示下列事件：

(1) A 出现，B,C 都不出现；　(2) A,B 都出现，C 不出现；

(3) 三个事件都出现；　(4) 三个事件中至少有一个出现；

(5) 不多于一个事件出现；　(6) 三个事件都不出现；

(7) 不多于两个事件出现；　(8) 三个事件中至少有两个出现。

2. 下面两式分别表示 A,B 两个事件之间有什么关系？

(1) $A\cap B=A$；(2) $A\cup B=A$。

3. 设 $U=\{1,2,\cdots,10\}$，$A=\{2,3,4\}$，$B=\{3,4,5\}$，$C=\{5,6,7\}$。具体写出下列各式表示的集合：

(1) $\overline{A}B$；(2) $\overline{A}\cup B$；(3) $\overline{\overline{A}\,\overline{B}}$；(4) $\overline{A\,\overline{BC}}$；(5) $\overline{A\ (B\cup C)}$。

4. 设一个工人生产了 4 个零件，又 A_i 表示事件“他生产的第 i 个零件是正品”（$i=1,2,3,4$）。试用 A_i 表示下列各事件：

(1) 没有一个产品是次品；　(2) 至少有一个产品是次品；

(3) 只有一个产品是次品；　(4) 至少有三个产品不是次品。

5. 设 A,B,C 表示三个事件，指出下列各题中哪些成立，哪些不成立。

(1) $A\cup B=A\overline{B}\cup B$；(2) $\overline{A}B=A\cup B$；(3) $\overline{A\cup BC}=\overline{A}\,\overline{B}\,\overline{C}$；

(4) $(AB)(A\overline{B})=\Phi$；(5) 若 $A\subset B$ 则 $A=AB$；(6) 若 $AB=\Phi$ 和 $C\subset A$，则 $BC=\Phi$；(7) 若 $B\subset A$，则 $A\cup B=A$。

6. 从一批由 45 件正品、5 件次品组成的产品中任取 3 件产品，求其中恰有 1 件次品的概率。

7. 一口袋中有 5 个红球及 2 个白球。从这袋中任取一球，看过它的颜色后就放回袋中，然后再从袋中任取一球，设每次取球时口袋中各个球被取得的可能性相同，求

(1) 第一次、第二次都取得红球的概率；

(2) 第一次取得红球、第二次取得白球的概率；

（3）两次取得的球为红、白各一的概率；

（4）第二次取得红球的概率。

8. 从 0，1，2，3 四个数字中任取三个进行排列，求"取得的三个数字排成的数是三位数且是偶数"的概率。

9. 问某宿舍的 4 个学生中至少有 2 个人的生日是在同一个月的概率是多少？

10. 某城市有 50%住户订日报，有 65%住户订晚报，有 85%住户至少订这两种报纸中的一种，求同时订这两种报纸的住户的百分比。

11. 对于任意三个事件 A，B，C，证明

$$P(A\cup B\cup C)=P(A)+P(B)+P(C)-P(AB)-P(AC)-P(BC)+P(ABC)$$

12. 设 A,B,C 是三事件，且 $P(A)=P(B)=P(C)=\frac{1}{4}$，$P(AB)=P(BC)=0$，$P(AC)=\frac{1}{8}$，求

（1）A,B,C 至少有一个发生的概率；

（2）A,B,C 都不发生的概率。

13. 在电话号码簿中任取一个电话号码，求后面四个数全不相同的概率（设后面四个数中的每一个数都是等可能地取自 $0,1,\cdots,9$）。

14. 两封信随机地投入四个邮筒，求前两个邮筒内没有信的概率以及第一个邮筒内只有一封信的概率。

15. 设一个口袋中有四个红球及三个白球。从这口袋中任取一个球后，不放回去，再从口袋中任取一个球。设 A= "第一次取得白球"，B= "第二次取得红球"，求 $P(B)$ 及 $P(B|A)$。

16. 一批零件共 100 个，次品率为 10%。每次从其中任取一个零件，取出的零件不再放回去，求第三次才取得正品的概率。

17. 在一个盒子中装有 15 个乒乓球，其中有 9 个新球，在第一次比赛时任取 3 个球，赛后放回盒中，在第二次比赛时同样地任取出 3 个球，求第二次取出的 3 个球均为新球的概率。

18. 设甲袋中有三个红球及一个白球，乙袋中有四个红球及两个白球，从甲袋中任取一个球（不看颜色）放到乙袋中后，再从乙袋中任取一球。用全概率公式求最后取得红球的概率。

19. 两台车床加工同样的零件，第一台加工后的废品率为 0.03，第二台加工后的废品率为 0.02。加工出来的零件放在一起，已知这批加工后的零件中由第一台车床加工的占 $\frac{2}{3}$。求从这批零件中任取一件得到合格品的概率。

20. 发报台分别以 0.6 和 0.4 发出信号"·"和"—"，由于通讯系统的干扰，当发出信号"·"时，收报台分别以概率 0.8 和 0.2 收到"·"和"—"；同样，当发报台发出信号"—"时，收报台分别以概率 0.9 和 0.1 收到信号"—"和"·"，求

（1）收报台收到信号"·"的概率；

（2）当收报台收到信号"·"时，发报台确是发出信号"·"的概率。

21. 为了防止意外，在矿内同时设有两个报警系统 A 与 B，每个系统单独使用时，其有效的概率系统 A 为 0.92，系统 B 为 0.93，在 A 失灵的条件下，B 有效的概率为 0.85，求

（1）发生意外时，这两个报警系统至少有一个有效的概率；

（2）B 失灵的条件下，A 有效的概率。

22. 10 个考签中有 4 个难签。3 人参加抽签考试，不重复地抽取，每人一次，甲先，乙次，丙最后，证明 3 人抽到难签的概率相等。

23. 三人独立地去破译一份密码，已知各人能译出的概率分别为 1/5，1/4，1/3。问三人中至少有一人能将此密码译出的概率是多少？

24. 设甲、乙、丙三人同时各自独立地对飞机进行射击，三人击中的概率分别为 0.4，0.5，0.7。飞机被一人击中而被击落的概率为 0.2，被两人击中而被击落的概率为 0.6，若三人都击中，飞机必定击落。求飞机被击落的概率。

25. 设三台机器相互独立地运转着，第一台、第二台、第三台机器不发生故障的概率依次为 0.9，0.8，0.7。求这三台机器全不发生故障及它们中至少有一台发生故障的概率。

26. 对以往数据分析结果表明，当机器调整得良好时，产品的合格率为 90%，而当机器发生某一故障时，其合格率为 30%，每天早上机器开动时，机器调整良好的概率为 75%。试求已知某日早上第一件产品是合格品时，机器调整得良好的概率是多少？

27. 设每次射击命中率为 0.2，问至少必须进行多少次独立射击才能使至少击中一次的概率不小于 0.9？

28. 设电灯泡的耐用时数为 1000 小时以上的概率为 0.2，求三个电灯泡在使用 1000 小时以后最多只有一个损坏的概率，设这三个电灯泡是相互独立地使用的。

29. 现有外包装完全相同的优、良、中 3 个等级的产品，其数量完全相同，每次取一件，有放回地连续取 3 次，计算下列各事件的概率：$A=$“3 件都是优质品”；$B=$“3 件都是同一等级”；$C=$“3 件等级全不相同”；$D=$“3 件等级不全相同”；$E=$“3 件中无优质品”；$F=$“3 件中既无优质品也无中级品”；$G=$“无优质品或无中级品”。

30. 某牌灯泡使用到 1000 小时的概率为 0.8，使用到 1500 小时的概率为 0.3，现有该牌灯泡已使用了 1000 小时，求该灯泡能使用 1500 小时的概率。

31. 设 A，B，C 是三个相互独立的事件，且 $0<P(A)<1$，试证 $\overline{A\cup B}$ 与 C 相互独立。

32. 假设一家生产的每台仪器以概率 0.70 可以直接出厂，以概率 0.30 需进一步调试，经调试后，以概率 0.80 可以出厂，以概率 0.2 定为不合格不能出厂，现该厂生产了 n（$n\geqslant 2$）台仪器（假设每台仪器的生产过程相互独立），求

（1）全部能出厂的概率 α；

（2）其中恰有两台不能出厂的概率 β；

（3）其中至少有两台不能出厂的概率 θ。

第二章　随机变量及其分布

为深入研究随机试验的各种结果的不确定性，揭示随机现象的统计规律性，从本章开始，引入概率论中最重要的概念——随机变量及其分布。

§1　离散型随机变量及其分布

一、离散型随机变量

在 n 次贝努利随机试验序列中，将事件 A 所发生的累计次数记作 X，那么 X 的取值依赖于 n 次贝努利随机试验序列的结果 ω（基本事件）。需要指出的是，这里所谓的"基本事件 ω"是指，完整地独立重复做完 n 次贝努利随机试验以后得到的结果，所以，X 是 ω 的函数：$X=X(\omega)$，在不至于混淆的情况下，简记作 X。

n 次贝努利随机试验序列的样本空间：$\Omega=\{\omega:0,1,2,3,\cdots,n\}$，$X=X(\omega)$ 的取值可以定义为：$0,1,2,3,\cdots,n$。像这种依赖于随机试验的结果取不同值的变量，称之为随机变量。

随机变量是概率论中最重要的基本概念之一，其描述性定义可作如下表述。

定义 1.1　设随机试验 E 的样本空间是 Ω，如果对每一个 $\omega\in\Omega$，都有唯一确定的实数 $X(\omega)$ 与之对应，这种定义在样本空间上的单值实值函数 $X=X(\omega)$，称为**随机变量**（random variable）。

随机变量的严格数学定义是测度论中的可测函数，因此，随机变量与微积分理论中的函数有本质的区别。在微积分理论中，依赖于自变量的函数的取值是百分之百确定的；概率论中的随机变量，是定义在样本空间上的函数，其取值依赖于随机试验的结果，由于随机试验结果的发生具有一定的概率，所以，随机变量的取值也具有一定的概率。

定义 1.2　如果随机变量 X 的全部可能取值的个数，或者有限，或者可列无穷多个，则随机变量 X 称为**离散型随机变量**（discrete random variable）。

【例 1】　n 次贝努利随机试验序列中，随机变量 X 表示事件 A 发生的累计次数，X 全部可能取值：$0,1,2,3,\cdots,n$。这里的随机变量 X 就是取有限个值的离散型随机变量。

【例 2】　设随机变量 X 表示，在某段时间内，服务系统的服务台接到要求服务的次数，X 全部可能取值：$0,1,2,3,\cdots,n,\cdots$。这种随机变量就是取可列无穷多个值的离散型随机变量。

实际上，许多随机试验的结果本身就是一个数，例如射手打靶命中的环数；开车出行时遇到红灯的次数。而也有一些随机试验的结果并不是数，例如产品检验，其结果为“合格品”与“废品”，但可以为每一个结果赋予一个数值，例如令 $X=1$ 表示结果为“合格品”，$X=0$ 表示结果为“废品”。所以，随机变量的不同取值可以表示随机试验的不同结果（即基本事件），由基本事件构成的一般随机事件就可以用随机变量的某种取值形式来表示。

二、离散型随机变量的概率分布律

设随机变量 X 表示 n 次贝努利随机试验序列中事件 A 发生的累计次数，那么随机事件 $\{X=k\}$ 就表示 n 次贝努利随机试验序列中，事件 A 恰好发生了 k 次。第一章第三节的定理 3.5（二项概率公式）给出了随机事件 $\{X=k\}$ 的概率

$$P\{X=k\}=C_n^k p^k(1-p)^{n-k}=\frac{n!}{k!(n-k)!}p^k q^{n-k} \tag{1.1}$$

其中　$k=0,1,\cdots,n$；$0<p<1$，　$q=1-p$

因为式(1.1）中的表达式是 $(p+q)^n$ 的二项展开式中的一项，所以 n 次贝努利随机试验序列也称为二项随机试验序列，相应的随机变量称为二项随机变量（binomial random variable）。

定义 1.3　表示离散型随机变量 X 的所有不同取值 $x_i(i=1,2,\cdots,n,\cdots)$ 与相应概率的关系式

$$P\{X=x_i\}=p_i \quad (i=1,2,\cdots,n,\cdots) \tag{1.2}$$

或

$$X\sim\begin{pmatrix} x_1\cdots x_i\cdots \\ p_1\cdots p_i\cdots \end{pmatrix}$$

称为离散型随机变量的**概率分布律**。

式(1.1）是二项随机变量的概率分布律（probability distribution），简称为二项分布（binomial distribution），二项分布是最重要的分布律之一，可以作为描述很多随机试验的概率模型。

【例 3】　某射手命中目标的概率为 P，假定在同样条件下（即各次射击互不影响，相互独立）重复射击了 n 次，随机变量 X 表示击中目标的次数，那么 X 服从二项分布。

【例 4】　设生产某种产品的生产线的废品率为 P，检验该生产线的 100 件产品，令随机变量 X 表示其中废品的个数，那么 X 服从二项分布。

【例 5】　一个 120 人组成的旅游团进入商店购物，假定每个成员的购物概率大致相等，而且购物行为相互独立，令随机变量 X 表示旅游团离开商店时已经购物的人数，那么 X 服从二项分布。

上述三个例子中的随机试验内容是完全不同的，但是，可以用具有相同分布律的随机变量来描述人们感兴趣的随机事件，这就是随机变量在随机现象的研究中所具有的独特作用。

由概率定义可知，离散型随机变量的分布律应满足两条性质。

(1) $0\leqslant p_i\leqslant 1$　$(i=1,2,\cdots,n,\cdots)$；

(2) $\sum_{i=1}^{\infty} p_i = 1$。

凡满足上述两条性质的关系式或表格均可作为离散型随机变量的分布律。

实际上，离散型随机变量是给每一个基本事件对应一个实数，将基本事件发生的概率作为离散随机变量取得相应值的概率，从而构成了离散型随机变量的分布律。

【例 6】 设

X	-2	-1	0	1
p_k	α	$\frac{3}{8}$	$\frac{1}{8}$	α

为某个离散型随机变量 X 的分布律，求

(1) 常数 α；

(2) $P\{-2 \leqslant X < 0\}$。

解 由分布律的性质 (2) 知

$$\alpha + 3/8 + 1/8 + \alpha = 1$$

从而解得
$$\alpha = 1/4$$

故
$$P\{-2 \leqslant X < 0\} = \alpha + 3/8 = 5/8$$

三、常用离散型随机变量及其分布律

1. (0—1) 分布（又称两点分布）

若随机变量的分布律为

$$P\{X=k\} = p^k (1-p)^{1-k} \quad (k=0,1;\ 0<p<1)$$

则称 X 服从 (0—1) 分布。

贝努利试验是产生 (0—1) 分布的现实源泉，所以，服从 (0—1) 分布的随机变量也称为贝努利随机变量或二值随机变量。(0—1) 分布是用来描述只具有两种结果的随机试验，如“掷硬币”、“只考虑成品与废品的产品检验”、“通讯线路的畅通与间断”等。

2. 二项分布

若随机变量 X 的分布律可表作式(1.1)，即

$$P\{X=k\} = C_n^k p^k (1-p)^{n-k} = \frac{n!}{k!\,(n-k)!} p^k q^{n-k}$$

其中 $k=0,1,\cdots,n$ ；$0<p<1$，$q=1-p$

则称 X 服从参数为 n,p 的二项分布，记作 $X \sim B(n,\ p)$。

如前所述，二项分布源自 n 次贝努利试验序列，它在理论与实践中都有着广泛的应用。由于 $p+q=1$，所以不难验证，二项分布满足分布律的两条性质。

当二项分布的参数 $n=1$ 时，二项分布就成为 (0—1) 分布。

3. 泊松 (Poisson) 分布

若随机变量 X 的分布律为

$$P\{X=k\}=e^{-\lambda}\lambda^k/k! \quad (k=0,1,2,\cdots)(\lambda>0)$$

则称 X 服从参数为 λ 的**泊松分布**，记为 $P(\lambda)$。

$P\{X=k\}$满足分布律的两条性质（留给读者自证）。

泊松分布与二项分布有着密切的关系。

定理 1.1（泊松定理）　设随机变量 X_n （$n=1,2,\cdots$）服从二项分布，其分布律为

$$P\{X_n=k\}=C_n^k p_n^k(1-p_n)^{n-k} \quad (k=0,1,\cdots,n)$$

p_n 与 n 有关，且 $np_n=\lambda>0$，λ 为常数，$n=1,2,\cdots$，则有

$$\lim_{n\to\infty}P\{X_n=k\}=\frac{\lambda^k}{k!}e^{-\lambda}$$

证明　由 $p_n=\lambda/n$ 可知

$$P\{X_n=k\}=\frac{n(n-1)\cdots(n-k+1)}{k!}\left(\frac{\lambda}{n}\right)^k\left(1-\frac{\lambda}{n}\right)^{n-k}$$

$$=\frac{\lambda^k}{k!}\left[1\left(1-\frac{1}{n}\right)\cdots\left(1-\frac{k-1}{n}\right)\right]\left(1-\frac{\lambda}{n}\right)^n\left(1-\frac{\lambda}{n}\right)^{-k}$$

对于任意固定的 k （$k=0,1,\cdots,n$）

$$\lim_{n\to\infty}\left[1\left(1-\frac{1}{n}\right)\cdots\left(1-\frac{k-1}{n}\right)\right]=1$$

$$\lim_{n\to\infty}\left(1-\frac{\lambda}{n}\right)^n=\lim_{n\to\infty}\left[\left(1-\frac{\lambda}{n}\right)^{-\frac{n}{\lambda}}\right]^{-\lambda}=e^{-\lambda}$$

$$\lim_{n\to\infty}\left(1-\frac{\lambda}{n}\right)^{-k}=1$$

故有

$$\lim_{n\to\infty}P\{X_n=k\}=\frac{\lambda^k}{k!}e^{-\lambda}$$

注　定理中的条件"$np_n=\lambda>0$,λ 为常数"的一般化情况"$\lim\limits_{n\to\infty}np_n=\lambda>0$,$\lambda$ 为常数"，证明过程略有不同。一般化的条件说明，泊松定理要求：n 很大而 p_n （$0<p_n<1$）很小。

泊松定理表明，既可以用二项分布来逼近泊松分布，也可以用泊松分布来近似二项分布。若给定泊松分布 $P(\lambda)$，可以用参数 n 比较大的二项分布 $B(n,\frac{\lambda}{n})$ 来逼近；若给定参数 n 比较大的二项分布 $B(n,p)$，可以用泊松分布 $P(np)$ 来近似，即

$$C_n^k p^k(1-p)^{n-k}\approx\frac{\lambda^k}{k!}e^{-\lambda}$$

成立。其中 $\lambda=np$。

前边所介绍的（0—1）分布、二项分布、泊松分布是三种重要的离散型随机变量的分布。它们都有广泛的应用。下边举例说明。

【例 7】　某射手独立射击400次。设每次射击的命中率为 0.02，试求命中次数大于或等于 2 的概率。

解 将每次射击看成是一次试验，设击中的次数为 X，则 $X\sim B$（400，0.02）。于是所求的概率为

$$P\{X\geqslant 2\}=1-[P\{X=0\}+P\{X=1\}]$$
$$=1-[0.98^{400}+400(0.02)(0.98)^{399}]$$

直接计算上式显然是很麻烦的，下面用泊松分布作近似计算。

$$\lambda=np=400\times 0.02=8$$

于是
$$P\{X=0\}\approx\frac{8^0}{0!}\mathrm{e}^{-8}=\mathrm{e}^{-8}$$
$$P\{X=1\}\approx\frac{8^1}{1!}\mathrm{e}^{-8}=8\mathrm{e}^{-8}$$

因此
$$P\{X\geqslant 2\}\approx 1-\mathrm{e}^{-8}-8\mathrm{e}^{-8}=1-9\mathrm{e}^{-8}=0.997$$

这个概率很接近于1。这一结果告诉人们：尽管在每次试验中，事件 A 发生的概率很小，但是在大量、重复的独立试验中，事件 A 的发生几乎是肯定的。因此决不能轻视小概率事件！

【例 8】 为了保证设备正常工作，需要配备适量的维修工人（维修工配备多了是个浪费，配备少了又要影响生产），现有同类设备 300 台，各台设备工作是相互独立的，每台设备发生故障的概率都是 0.01，每台设备的故障只需一人来处理。问至少配备多少维修工人，才能保证当设备发生故障但不能及时维修的概率小于 0.01？

解 设需要配备 N 名维修工人，记同一时刻发生故障的设备台数为 X，那么，$X\sim B(300,\ 0.01)$。要保证当设备发生故障但不能及时维修的概率小于 0.01，则 N 应满足

$$P\{X>N\}\leqslant 0.01$$

令 $\lambda=np=300\times 0.01=3$，由泊松定理知

$$P\{X>N\}=1-P\{X\leqslant N\}=1-\sum_{k=0}^{N}P\{X=k\}\approx 1-\sum_{k=0}^{N}\frac{3^k}{k\,!}\mathrm{e}^{-3}$$
$$=\sum_{k=N+1}^{\infty}\frac{3^k\mathrm{e}^{-3}}{k\,!}\leqslant 0.01$$

查附表 2 知，N 至少应该是 8。因此，要达到题中要求需配备 8 名维修工人。

下边再举两个常用的离散型分布的例子。

【例 9】 进行重复独立试验，每次试验事件 A 发生的概率为 p（$0<p<1$），设 X 表示事件 A 首次发生时的试验次数，则称 X 服从**几何分布**。其分布律为

$$P\{X=k\}=p(1-p)^{k-1}\quad(k=1,2,\cdots,n,\cdots)$$

【例 10】 一个口袋里装有 a 个红球、b 个白球，从中任取 m 个球（$1\leqslant m\leqslant a+b$），设 X 表示从中取出的红球个数，则称 X 服从**超几何分布**。其分布律为

$$P\{X=k\}=\frac{\mathrm{C}_a^k\mathrm{C}_b^{m-k}}{\mathrm{C}_{a+b}^m}\quad(1\leqslant k\leqslant\min\{m,a\})$$

四、随机变量的分布函数

定义 1.4　对任意实数 x，随机变量 X 取值不超过 x 的累积概率 $P\{X\leqslant x\}$ 是实数 x 的函数，称为随机变量 X 的累积分布函数（cumulative distribution function）或累积概率，简称 X 的**分布函数**，记作 $F_X(x)$ 或简记作 $F(x)$，即

$$F(x)=P\{X\leqslant x\} \tag{1.3}$$

若 $F(x)$ 是随机变量 X 分布函数，对任意实数 $x_1,x_2(x_1<x_2)$，有

$$\begin{aligned}P\{x_1<X\leqslant x_2\}&=P\{X\leqslant x_2\}-P\{X\leqslant x_1\}\\&=F(x_2)-F(x_1)\end{aligned}$$

即分布函数 $F(x)$ 可以表示随机变量 X 落在任一区间 $(x_1,x_2]$ 上的概率，所以分布函数可以完整地描述随机变量概率分布的规律性。

随机变量的分布函数是定义在实数轴上，以闭区间 $[0,1]$ 为值域的普通函数（即微积分理论中定义的函数）。所以，有了分布函数，就可以用微积分理论来研究随机变量。

分布函数具有下列性质：

(1) $0\leqslant F(x)\leqslant 1\quad(-\infty<x<+\infty)$；

(2) 若 $x_1<x_2$，则 $F(x_1)\leqslant F(x_2)$，即任一分布函数都是单调不减的；

(3) $F(-\infty)=\lim\limits_{x\to-\infty}F(x)=0$，$F(+\infty)=\lim\limits_{x\to+\infty}F(x)=1$；

(4) 右连续，即

$$\lim_{x\to x_0+0}F(x)=F(x_0)$$

反之，凡具有上述性质的实函数都是某个随机变量的分布函数。

对于具有式(1.2) 分布律的离散型随机变量 X，其分布函数

$$F(x)=P(X\leqslant x)=\sum_{x_i\leqslant x}P(X=x_i)=\sum_{x_i\leqslant x}p_i \tag{1.4}$$

其中和式是对所有满足“$x_i\leqslant x$”的 $P\{X=x_i\}=p_i$ 求和。

【例 11】　设 X 服从（0—1）分布。求

(1) X 的分布函数；

(2) $P\{X\leqslant 1/2\}$；

(3) $P\{1<X\leqslant 3/2\}$。

解　X 的分布律为

$$P\{X=k\}=p^k(1-p)^{1-k}\quad(k=0,1)$$

当 $x<0$ 时，　$\{X\leqslant x\}=\phi$

故　$F(x)=P\{X\leqslant x\}=0$

当 $0\leqslant x<1$ 时，　$\{X\leqslant x\}=\{X=0\}$

所以　$P\{X\leqslant x\}=1-p$

此时　$F(x)=1-p$

当 $x\geqslant 1$ 时，　$\{X\leqslant x\}=\{X=0\}\cup\{X=1\}$

因而 $$F(x)=P\{X\leqslant x\}=P\{X=0\}+P\{X=1\}=1$$

总之

(1) $F(x)=\begin{cases}0, & x<0\\ 1-p, & 0\leqslant x<1\\ 1, & x\geqslant 1\end{cases}$

(2) $P\left\{X\leqslant\frac{1}{2}\right\}=F\left(\frac{1}{2}\right)=1-p$

(3) $P\left\{1<X\leqslant\frac{3}{2}\right\}=F\left(\frac{3}{2}\right)-F(1)=0$

§2　连续型随机变量及其分布

一、连续型随机变量

在实际问题中，存在着与离散型随机变量取值形式不同的另外一类随机变量，它们可以在整个实数轴，或实数轴的区间上取值。因此，这类随机变量的概率分布规律，就不可能用离散型随机变量的概率分布律来描述。

定义 2.1　设 $F(x)$ 是随机变量 X 的分布函数，若对任意的实数 x，存在 $f(x)\geqslant 0$，使

$$F(x)=\int_{-\infty}^{x}f(t)\mathrm{d}t \tag{2.1}$$

则称 X 为**连续型随机变量**，称 $f(x)$ 为 X 的**密度函数**（也称为**分布密度**或**概率密度**），并称 X 的分布为连续型分布。

密度函数具有下列性质：

(1)　$f(x)\geqslant 0$　$(-\infty<x<+\infty)$；

(2)　$\int_{-\infty}^{+\infty}f(x)\mathrm{d}x=1$；

(3)　$P\{a<x\leqslant b\}=\int_{a}^{b}f(x)\mathrm{d}x=F(b)-F(a)$；

(4)　若 $f(x)$ 在 x 处连续，则

$$F'(x)=f(x)$$

由性质（2）知，介于曲线 $y=f(x)$ 与 x 轴之间的面积为 1。如图2-1所示。

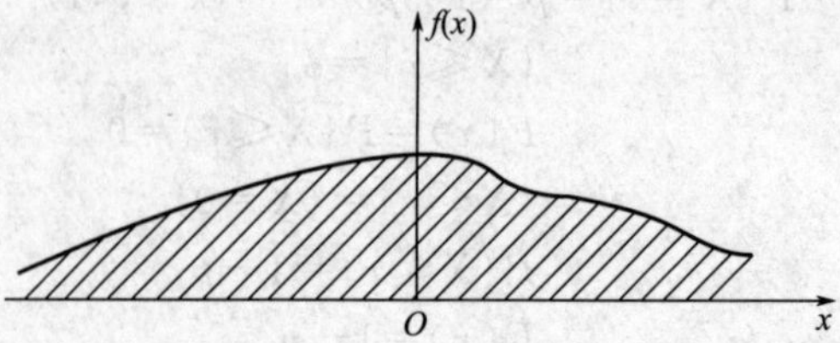

图 2-1

注 凡满足性质（1）、（2）的函数都可作为某个连续型随机变量的密度函数。

（5）连续型随机变量 X 取任一指定实数值 a 的概率都等于 0。即

$$P\{X=a\}=0$$

证明 任给 $\Delta x>0$，有

$$0\leqslant P\{X=a\}\leqslant P\{a-\Delta x<X\leqslant a\}=F(a)-F(a-\Delta x)$$

由 $F(x)$ 的连续性可知 $$\lim_{\Delta x\to 0}F(a-\Delta x)=F(a)$$

故 $$0\leqslant P\{X=a\}\leqslant 0$$

因而 $$P\{X=a\}=0$$

由此可知，对于连续型随机变量 X，求其落在某一区间的概率时，无论区间是开的、闭的或半开半闭的，其概率值均相等。即

$$P\{x_1<X<x_2\}=P\{x_1\leqslant X\leqslant x_2\}=P\{x_1<X\leqslant x_2\}$$

$$=P\{x_1\leqslant X<x_2\}=\int_{x_1}^{x_2}f(x)\mathrm{d}x$$

（6）若 $f(x)$ 在 x 处连续，连续型随机变量 X 在 x 附近取值的概率，利用微积分中的微元法可表作

$$P(x<X\leqslant x+\mathrm{d}x)\approx f(x)\mathrm{d}x$$

【例 1】 若 $f(x)=A\mathrm{e}^{-|x|}(-\infty<x<+\infty)$ 为某个连续型随机变量 X 的密度函数，求

（1）常数 A；

（2）X 的分布函数；

（3）$P\left\{-\frac{1}{2}<X\leqslant\frac{1}{2}\right\}$。

解 （1）由 $\int_{-\infty}^{+\infty}A\mathrm{e}^{-|x|}\mathrm{d}x=1$，有 $2\int_{0}^{+\infty}A\mathrm{e}^{-x}\mathrm{d}x=2A=1$，得 $A=\frac{1}{2}$。

（2）当 $x<0$ 时

$$F(x)=\int_{-\infty}^{x}f(x)\mathrm{d}x=\int_{-\infty}^{x}\frac{1}{2}\mathrm{e}^{x}\mathrm{d}x=\frac{1}{2}\mathrm{e}^{x}$$

当 $x\geqslant 0$ 时

$$F(x)=\int_{-\infty}^{x}f(x)\mathrm{d}x=\int_{-\infty}^{0}\frac{1}{2}\mathrm{e}^{x}\mathrm{d}x+\int_{0}^{x}\frac{1}{2}\mathrm{e}^{-x}\mathrm{d}x$$

$$=1-\frac{1}{2}\mathrm{e}^{-x}$$

总之

$$F(x)=\begin{cases}\frac{1}{2}\mathrm{e}^{x}, & x<0\\ 1-\frac{1}{2}\mathrm{e}^{-x}, & x\geqslant 0\end{cases}$$

(3) $P\left\{-\frac{1}{2}<X\leqslant\frac{1}{2}\right\}=\int_{-\frac{1}{2}}^{\frac{1}{2}}\frac{1}{2}e^{-|x|}dx=F(\frac{1}{2})-F(-\frac{1}{2})=1-e^{-\frac{1}{2}}$

二、几种常用的连续型随机变量的分布

1. 均匀分布

若 X 的密度函数为

$$f(x)=\begin{cases}\frac{1}{b-a}, & x\in[a,b]\\ 0, & x<a \text{ 或 } x>b\end{cases} \tag{2.2}$$

则称 X 服从区间 $[a,b]$ 上的**均匀分布**（uniform distribution），记作 $X\sim U[a,b]$。X 的分布函数为

$$F(x)=\begin{cases}0, & x<a\\ \frac{x-a}{b-a}, & a\leqslant x<b\\ 1, & x\geqslant b\end{cases} \tag{2.3}$$

均匀分布的密度函数 $f(x)$与分布函数图形如图 2-2 所示。

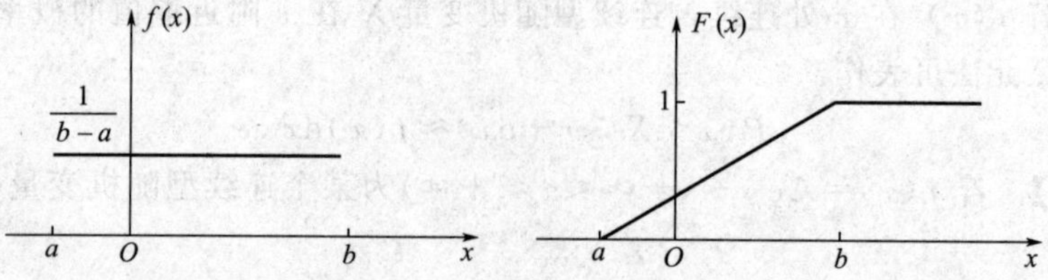

图 2-2

对于 $[a,b]$ 的任一子区间 $[c,d]$ 有

$$P(c\leqslant x\leqslant d)=\int_c^d\frac{1}{b-a}dx=\frac{d-c}{b-a}$$

这说明 X 落在 $[a,b]$ 中的任一子区间的概率与该子区间的长度成正比，而与该子区间在 $[a,b]$ 中的具体位置无关，即 X 在 $[a,b]$ 中的取值具有等可能性。所以，均匀分布是连续情形下的等可能概率模型。

【例 2】 公共汽车每 10 分钟一趟，每位乘客在任意时刻到达汽车站的可能性相同，求乘客候车时间 X 的密度函数和分布函数。

解 由已知条件可知，乘客候车时间 $X\in[0,10]$。

当 $x<0$ 时，$P(X\leqslant x)=P(\phi)=0$

当 $0\leqslant x<10$ 时，$P(X\leqslant x)=P(0\leqslant X\leqslant x)$，由几何概型知

$$P(0\leqslant X\leqslant x)=\frac{x-0}{10-0}=\frac{x}{10}$$

当 $x\geqslant 10$ 时，$P(X\leqslant x)=P(\Omega)=1$

所以 X 的分布函数

$$F(x)=\begin{cases}0, & x<0\\ \frac{x}{10}, & 0\leqslant x<10\\ 1, & x\geqslant 10\end{cases}$$

X 的密度函数

$$f(x)=F'(x)=\begin{cases}\frac{1}{10}, & 0\leqslant x\leqslant 10\\ 0, & 其他\end{cases}$$

注 1 实际上，由于乘客到达汽车站的时刻具有等可能性，而公共汽车每 10 分钟一趟，所以，乘客的候车时间 X 服从区间 [0,10] 上的均匀分布。

注 2 $F'_{(x)}$ 在 0 和 10 处分别取右、左极限。

【例 3】 设 X 服从区间 [1, 6] 上的均匀分布，求方程 $x^2+Xx+1=0$ 有实根的概率。

解 由已知条件可得 X 的密度函数为

$$f(x)=\begin{cases}\frac{1}{5}, & x\in[1,6]\\ 0, & 其他\end{cases}$$

$x^2+Xx+1=0$ 有实根$\Leftrightarrow\Delta=X^2-4\geqslant 0\Leftrightarrow|X|\geqslant 2\Leftrightarrow X\geqslant 2$ 或$X\leqslant -2$

$$P\{X\geqslant 2\}+P\{X\leqslant -2\}=\int_2^6\frac{1}{5}\mathrm{d}x+0=\frac{4}{5}$$

即方程 $x^2+Xx+1=0$ 有实根的概率为 4/5。

2. 指数分布

若 X 的密度函数为

$$f(x)=\begin{cases}\lambda \mathrm{e}^{-\lambda x}, & x>0,\ \lambda>0\\ 0, & 其他\end{cases}\tag{2.4}$$

则称 X 服从参数为 λ 的**指数分布，记作 $X\sim E(\lambda)$**。其分布函数为

$$F(x)=\begin{cases}0, & x<0\\ 1-\mathrm{e}^{-\lambda x}, & x\geqslant 0\end{cases}\tag{2.5}$$

指数分布常用于描述设备或元器件的寿命，需要指出的是，由于指数分布具有无记忆性，而实际中的元件寿命绝不会是无记忆的，所以，指数分布只能粗略近似地描述寿命问题。尽管如此，指数分布还是为寿命问题的讨论提供了一个简单而完整的数学模型，因此它是可靠性领域中最基本、最常用的分布。

【例 4】 一种电子元件的失效时间 T 服从 $\lambda=\frac{1}{5}$ 的指数分布，问该电子元件至少能工作 5 小时的概率。

解 失效时间 T 的分布密度函数

$$f(t)=\begin{cases}\frac{1}{5}\mathrm{e}^{-\frac{t}{5}}, & t\geqslant 0\\ 0, & 其他\end{cases}$$

若 $T\geqslant 5$，元件至少能工作 5 小时。

所以 $$P(T\geqslant 5)=\int_5^{+\infty}f(t)\mathrm{d}t=\int_5^{+\infty}\frac{1}{5}\mathrm{e}^{-\frac{t}{5}}\mathrm{d}t=\mathrm{e}^{-\frac{t}{5}}\Big|_{+\infty}^{5}=\frac{1}{\mathrm{e}}$$

3. 正态分布

若 X 的密度函数为

$$f(x)=\frac{1}{\sigma\sqrt{2\pi}}e^{-\frac{(x-\mu)^2}{2\sigma^2}},\quad \mu\in R,\sigma>0,-\infty<x<+\infty \tag{2.6}$$

则称 X 服从参数为 μ,σ 的**正态分布**。记为 $X\sim N(\mu,\sigma^2)$。当 $\mu=0$，$\sigma=1$ 时，则称 X 服从**标准正态分布**，记为 $N(0,1)$。

正态分布也称为高斯(Gauss) 分布、误差分布。这是因为正态分布是高斯在研究误差分布时所得到的。测量误差服从正态分布。在数理统计中，正态分布也有极其广泛的应用。下边，我们对正态分布作进一步介绍。

正态分布的密度函数 $f(x)$满足密度函数的两条性质：

性质(1) $f(x)\geqslant 0$ 显然成立。性质(2) $\int_{-\infty}^{+\infty}f(x)\mathrm{d}x=1$ 证明如下

$$\int_{-\infty}^{+\infty}f(x)\mathrm{d}x=\int_{-\infty}^{+\infty}\frac{1}{\sigma\sqrt{2\pi}}e^{-\frac{(x-\mu)^2}{2\sigma^2}}\mathrm{d}x$$

令 $t=\frac{x-\mu}{\sigma}$，则上式变为

$$\int_{-\infty}^{+\infty}\frac{1}{\sqrt{2\pi}}e^{-\frac{t^2}{2}}\mathrm{d}t=\frac{1}{\sqrt{2\pi}}\cdot\sqrt{2\pi}=1$$ ❶

$y=f(x)$的图形关于直线 $x=\mu$ 对称，且在 $x=\mu$ 时，$f(x)$达到最大值；在 $(-\infty,\mu)$ 内 $y=f(x)$单调增加，在 $(\mu,+\infty)$ 内 $y=f(x)$单调减少；在区间 $(\mu-\sigma,\mu+\sigma)$ 内，$y=f(x)$的图形是凸的，在$(-\infty,\mu-\sigma)$与 $(\mu+\sigma,+\infty)$ 内，曲线 $y=f(x)$都是凹的；$\mu-\sigma$ 与 $\mu+\sigma$ 是曲线 $y=f(x)$的两个拐点。对于标准正态分布，曲线 $y=f(x)$关于 y 轴对称。

如果固定 μ，改变 σ，则当 σ 较大时，$y=f(x)$的图形矮、胖；当 σ 较小时，$y=f(x)$的图形高、瘦。如果 σ 固定，μ 改变，$y=f(x)$的图沿 x 轴平行移动，而不改变形状，如图 2-3 所示。

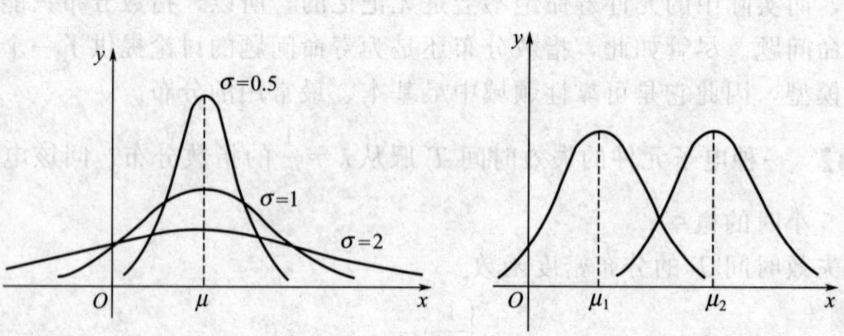

图 2-3

在概率论的发展史上，人们通过对大量事实的研究发现，如果一个随机变量的

❶ 因为 $\left(\int_{-\infty}^{+\infty}e^{-\frac{t^2}{2}}\mathrm{d}t\right)^2=\int_{-\infty}^{+\infty}e^{-\frac{x^2}{2}}\mathrm{d}x\cdot\int_{-\infty}^{+\infty}e^{-\frac{y^2}{2}}\mathrm{d}y=\int_{-\infty}^{+\infty}\int_{-\infty}^{+\infty}e^{-\frac{1}{2}(x^2+y^2)}\mathrm{d}x\mathrm{d}y=\int_0^{2\pi}\mathrm{d}\theta\int_0^{+\infty}re^{-\frac{r^2}{2}}\mathrm{d}r=2\pi$，所以 $\int_{-\infty}^{+\infty}e^{-\frac{t^2}{2}}\mathrm{d}t=\sqrt{2\pi}$。

取值受到大量彼此独立而且作用微小的随机因素的共同作用，这些随机因素中没有一种因素起显著作用，那么，这个随机变量就服从正态分布。例如测量误差，各种质量指标（如产品的厚度，强度等）的测量值都可认为是服从正态分布。这一结论将在第四章的中心极限定理中给予理论上的解释。

有关参数为 μ,σ 的正态分布 $N(\mu,\sigma^2)$ 的计算，可以归结为标准正态分布 $N(0,1)$的计算。

定理 2.1　若随机变量 $X\sim N(\mu,\sigma^2)$，则 $X^*=\dfrac{X-\mu}{\sigma}$服从标准正态分布 $N(0,1)$。

证明　计算 $X^*=\dfrac{X-\mu}{\sigma}$的分布函数

$$\Phi(x)=P(X^*\leqslant x)=P(X\leqslant \mu+\sigma x)=\int_{-\infty}^{\mu+\sigma x}\frac{1}{\sqrt{2\pi}\sigma}\mathrm{e}^{-\frac{(t-\mu)^2}{2\sigma^2}}\mathrm{d}t$$

令 $u=\dfrac{t-\mu}{\sigma}$，则

$$\Phi(x)=\int_{-\infty}^{x}\frac{1}{\sqrt{2\pi}}\mathrm{e}^{-\frac{u^2}{2}}\mathrm{d}u$$

即 X^*的密度函数为 $f(x)=\dfrac{1}{\sqrt{2\pi}}\mathrm{e}^{-\frac{x^2}{2}}(-\infty<x<+\infty)$，故 $X^*\sim N(0,1)$。

人们习惯将标准正态随机变量的密度函数与分布函数分别记作 $\varphi(x)$和 $\Phi(x)$，即

$$\Phi(x)=\frac{1}{\sqrt{2\pi}}\mathrm{e}^{-\frac{x^2}{2}},\quad -\infty<x<+\infty$$

$$\Phi(x)=\int_{-\infty}^{x}\frac{1}{\sqrt{2\pi}}\mathrm{e}^{-\frac{t^2}{2}}\mathrm{d}t,\quad -\infty<x<+\infty$$

图形如图 2-4 所示。

对于 $\Phi(x)$，鉴于被积函数为偶函数，不难推出如下结果：

$$\Phi(0)=\frac{1}{2},\quad \Phi(-x)=1-\Phi(x)$$

为了便于计算，构造了函数 $\Phi(x)$的数值表，由于 $\Phi(4)\geqslant 0.9999$，所以数值表中自变量的取值范围是（0，3.9），$\Phi(x)$的数值表见本书附表。

【例 5】　设 $X\sim N(0,1)$，计算(1) $P\{X<-1.23\}$；(2) $P\{X>1.23\}$；(3) $P\{|X|<1.23\}$；(4) $P\{|X|>1.23\}$。

解　(1) $P\{X<-1.23\}=1-\Phi(1.23)=1-0.8907=0.1093$

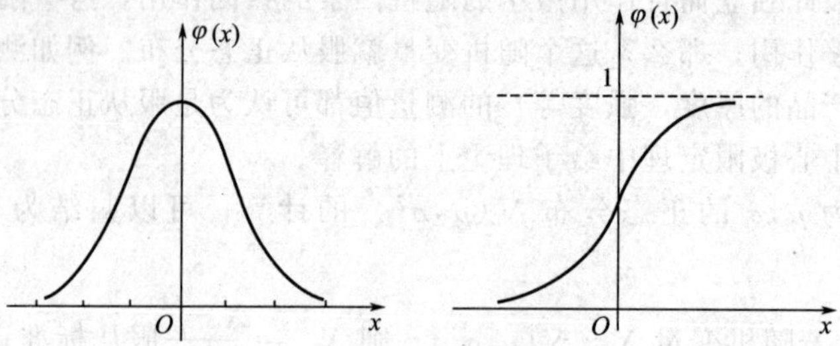

图 2-4

(2) $P\{X>1.23\}=1-\Phi(1.23)=0.1093$

(3) $P\{|X|<1.23\}=P\{-1.23<X<1.23\}=\Phi(1.23)-\Phi(-1.23)$

$$=2\Phi(1.23)-1=2\times0.8907-1=0.7814$$

(4) $P\{|X|>1.23\}=1-P\{|X|\leqslant1.23\}=1-[2\Phi(1.23)-1]$

$$=2-2\Phi(1.23)=2-2\times0.8907=0.2186$$

【例 6】 设 $X\sim N(-1,4)$，计算(1) $P\{X\leqslant1.23\}$；(2) $P\{X<-1.23\}$；(3) $P\{|X|<1.23\}$。

解 因为 $X\sim N(-1,4)$，所以$\dfrac{X-(-1)}{2}=\dfrac{X+1}{2}\sim N(0,1)$。

(1) $P\{X\leqslant1.23\}=P\left\{\dfrac{X+1}{2}\leqslant\dfrac{2.23}{2}\right\}=\Phi(1.115)$

查$\Phi(x)$数值表可得$\Phi(1.11)=0.8665,\Phi(1.12)=0.8686$ 利用线性插值

$$P\{X\leqslant1.23\}=\Phi(1.115)\approx\frac{1}{2}[\Phi(1.11)+\Phi(1.12)]$$

$$=\frac{1}{2}(0.8665+0.8686)=0.86755\approx0.8676$$

(2) $P\{X<-1.23\}=\Phi\left(\dfrac{-1.23+1}{2}\right)=\Phi(-0.115)$

$$=1-\Phi(0.115)\approx1-\frac{1}{2}[\Phi(0.11)+\Phi(0.12)]$$

$$=0.4542$$

(3) $P\{|X|<1.23\}=P\{-1.23<X<1.23\}=\Phi\left(\dfrac{1.23+1}{2}\right)-\Phi\left(\dfrac{-1.23+1}{2}\right)$

$$=\Phi(1.115)-[1-\Phi(0.115)]=0.4134$$

【例 7】 设 $X\sim N(\mu,\sigma^2)$，求 $P\{|X-\mu|\leqslant k\sigma\}$的值($k=1,2,3$)。

解 $P\{|X-\mu|\leqslant k\sigma\}=P\left\{\left|\dfrac{X-\mu}{\sigma}\right|\leqslant k\right\}=2\Phi(k)-1$

查标准正态分布表得：

当 $k=1$ 时，$P\{|X-\mu|\leqslant k\sigma\}=0.6826$；

当 $k=2$ 时，$P\{|X-\mu|\leqslant k\sigma\}=0.9544$；

当 $k=3$ 时，$P\{|X-\mu|\leqslant k\sigma\}=0.9974$。

由上述结果可知，当 $X\sim N(\mu,\sigma^2)$ 时，X 落在区间 $[\mu-3\sigma,\mu+3\sigma]$ 上的概率为 0.9974，几乎是必然的，而 X 落在该区间外的概率为 0.0026，几乎是不可能的。正因为如此，工程技术中常常把 X 落在 $[\mu-3\sigma,\ \mu+3\sigma]$ 外的情况忽略不计。这就是数据处理中常用的 3σ 准则。

【例 8】 设 $X\sim N(160,\sigma^2)$，若 X 落在区间 (120,200) 之间的概率不小于 0.8，则允许 σ 最大为多少？

解

$$P\{120<X<200\}=\Phi\left(\frac{200-160}{\sigma}\right)-\Phi\left(\frac{120-160}{\sigma}\right)$$

$$=\Phi\left(\frac{40}{\sigma}\right)-\Phi\left(-\frac{40}{\sigma}\right)$$

$$=2\Phi\left(\frac{40}{\sigma}\right)-1\geqslant 0.8$$

即　$\Phi\left(\frac{40}{\sigma}\right)\geqslant 0.9$。查附表 1 得 $\Phi(1.28)=0.9$

$$\frac{40}{\sigma}\geqslant 1.28$$

所以

$$\sigma\leqslant 31.25$$

要满足题中条件，允许 σ 最大为 31.25。

【例 9】 轴的长度 $X\sim N(10,\ 0.01)$，如果轴的长度在 $(10-0.2,\ 10+0.2)$ 范围内算合格。今有四根轴，求 (1) 恰有三根轴长度合格的概率；(2) 至少有三根轴长度合格的概率。

解 轴的长度 X 合格，即 X 应满足

$$10-0.2<X<10+0.2$$

$$P\{10-0.2<X<10+0.2\}=P\left\{\left|\frac{X-10}{0.1}\right|<2\right\}=2\Phi(2)-1$$

查附表 1 得

$$P\{10-0.2<X<10+0.2\}=0.9544$$

(1) 恰有三根轴长度合格的概率为

$$C_4^3 0.9544^3\times 0.0456\approx 0.1586$$

(2) 至少有三根轴长度合格的概率为

$$C_4^3 0.9544^3\times 0.0456+0.9544^4\approx 0.9883$$

【例 10】 若 $X\sim N(2,\ \sigma^2)$，且 $P\{2<X\leqslant 4\}=0.3$，求 $P\{X<0\}$。

解 由于参数为 μ，σ^2 的正态分布的密度函数关于 $X=\mu$ 对称，则对任意实数 $x>0$，有

$$P\{\mu<X\leqslant\mu+x\}=P\{\mu-x\leqslant X<\mu\}$$

$$P\{X>\mu\}=P\{X<\mu\}=\frac{1}{2}$$

据此

$$P\{X<0\}=P\{X<2\}-P\{0\leqslant X<2\}$$

$$=P\{X<2\}-P\{2<X\leqslant 4\}=\frac{1}{2}-0.3=0.2$$

§3 二维随机变量及其分布

在实际问题中，有很多随机现象往往需要引进两个或更多个随机变量来描述。为此，有必要研究多维随机变量及其分布。本节主要介绍二维随机变量及其分布。

一、二维随机变量及其联合分布

要考查一个圆柱形工件尺寸是否合格，需要考查径向尺寸 X 与轴向尺寸 Y，X 与 Y 都是随机变量，要考查圆柱形工件尺寸的合格率就需要研究二维随机变量及其概率分布。

定义 3.1 设 Ω 为随机试验 E 的样本空间，X,Y 是定义在 Ω 上的一对有序的随机变量，则称 (X,Y) 为**二维随机变量**。

对于任意一对实数 x,y，称二元函数

$$F(x,y)=P\{X\leqslant x,Y\leqslant y\} \tag{3.1}$$

为 (X,Y) 的**联合分布函数** (joint distribution function)，简称为 (X,Y) 的**分布函数**。

(X,Y) 的分布函数 $F(x,y)$ 实际上是 (X,Y) 取值落在区域 $G=\{(x,y)|-\infty<X\leqslant x,-\infty<Y\leqslant y\}$ 内的概率。如图 2-5(左)所示。

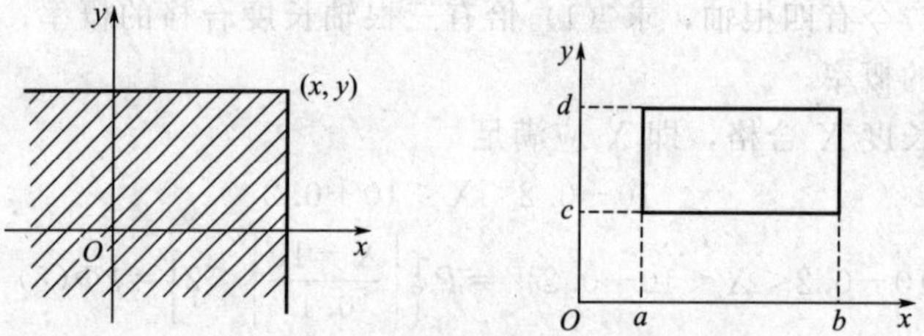

图 2-5

由图 2-5(右)可知

$$P\{a<X\leqslant b,c<Y\leqslant d\}=F(b,d)-F(b,c)-F(a,d)+F(a,c) \tag{3.2}$$

二维随机变量的分布函数有下列性质：

(1) $0\leqslant F(x,y)\leqslant 1$；

(2) $F(x,y)$ 对于 x,y 都是单调不减的；

(3) $F(-\infty,y)=F(x,-\infty)=F(-\infty,-\infty)=0$，

$$F(+\infty,+\infty)=1; \tag{3.3}$$

(4) $F(x,y)$ 对于 x,y 均右连续；

(5) 对于任意的 x_1,x_2,y_1,y_2，且 $x_1\leqslant x_2$，$y_1\leqslant y_2$，均有

$$P\{x_1<X\leqslant x_2,y_1<Y\leqslant y_2\}=F(x_2,y_2)-F(x_2,y_1)-F(x_1,y_2)+F(x_1,y_1)\geqslant 0$$

成立。

前4条性质与一维随机变量分布函数性质相似，性质（5）由概率的非负性和 $F(x,y)$ 的单调性可知是正确的。

1. 二维离散型随机变量及其联合分布

定义 3.2　如果二维随机变量（X,Y）中的 X 与 Y 分别都是离散型随机变量，即（X,Y）可能的取值为有限对或可列无限对，则称（X,Y）为二维离散型随机变量。称随机事件 $\{X=x_i,Y=y_j\}$（即事件 $\{X=x_i\}\cap\{Y=y_j\}$）的概率 $P\{X=x_i,Y=y_j\}=p_{ij}(i,j=1,2,\cdots)$ 为（X,Y）的**联合分布律**或**联合分布**（joint distribution）。

联合分布率常用下面表格形式表达

X \ Y	y_1	y_2	$\cdots$	y_n	$\cdots$
x_1	p_{11}	p_{12}	$\cdots$	p_{1n}	$\cdots$
x_2	p_{21}	p_{22}	$\cdots$	p_{2n}	$\cdots$
$\vdots$	$\vdots$	$\vdots$		$\vdots$	
x_m	p_{m1}	p_{m2}	$\cdots$	p_{mn}	$\cdots$
$\vdots$	$\vdots$	$\vdots$			

（X,Y）的联合分布律有下列性质：

(1)　$0\leqslant p_{ij}\leqslant 1$（$i=1,2,\cdots,m,\cdots$；$j=1,2,\cdots,n,\cdots$）；

(2)　$\sum\limits_{i,\ j}p_{ij}=1$；

（X,Y）的联合分布函数为

$$F(x,\ y)=\sum_{x_i\leqslant x,\ y_j\leqslant y}p_{ij}\tag{3.4}$$

其中和号是对满足条件"$x_i\leqslant x$ 且 $y_j\leqslant y$"的所有 p_{ij} 求和。

【例 1】　一个口袋里装有三个球，分别标有号码1,1,2，从中先后任取两个球，第一次取出球的标号为 X，第二次取出球的标号为 Y，求（X,Y）的联合分布律。

解　(1)（不放回抽样）由概率的乘法公式可得（X,Y）的联合分布律：

$$P_{11}=P\{X=1,Y=1\}=\frac{2}{3}\times\frac{1}{2}=\frac{1}{3}$$

$$P_{12}=P\{X=1,Y=2\}=\frac{2}{3}\times\frac{1}{2}=\frac{1}{3}$$

$$P_{21}=P\{X=2,Y=1\}=\frac{1}{3}\times 1=\frac{1}{3}$$

$$P_{22}=P\{X=2,Y=2\}=\frac{1}{3}\times 0=0$$

或用表格形式

X \ Y	1	2
1	1/3	1/3
2	1/3	0

表示。

(2)（放回抽样）由概率的乘法公式可得(X,Y)的联合分布律为

X \ Y	1	2
1	4/9	2/9
2	2/9	1/9

2. 二维连续型随机变量及其联合分布

定义 3.3 若二维随机变量(X,Y)的分布函数$F(x,y)$对任意x,y有

$$F(x,y)=\int_{-\infty}^{x}\mathrm{d}x\int_{-\infty}^{y}f(x,y)\mathrm{d}y \tag{3.5}$$

$$(-\infty<x<+\infty,-\infty<y<+\infty)$$

其中$f(x,y)\geqslant 0$。则称(X,Y)为**二维连续型随机变量**，称$f(x,y)$为(X,Y)的联合密度函数，简称**联合密度**。

(X,Y)的联合密度具有下列性质：

(1) $f(x,y)\geqslant 0$；

(2) $\int_{-\infty}^{+\infty}\mathrm{d}x\int_{-\infty}^{+\infty}f(x,y)\mathrm{d}y=1$；

(3) 在$f(x,y)$的连续点处，有

$$\frac{\partial^2 F(x,y)}{\partial x\partial y}=f(x,y)$$

(4) 若G是xOy平面上的任一区域，则

$$P\{(X,Y)\in G\}=\iint_G f(x,y)\mathrm{d}\sigma \tag{3.6}$$

凡满足前两条性质的函数$f(x,y)$均可作为二维连续型随机变量的联合密度。

【例 2】 设(X,Y)的联合密度函数为

$$f(x,y)=\begin{cases}\mathrm{e}^{-y}, & x>0\text{ 且 }y>x\\ 0, & \text{其他}\end{cases}$$

求(1) (X,Y)的分布函数；(2) 求$P\{0<X<1,X<Y<1\}$。

解 (1) $F(x,y)=\int_{-\infty}^{x}\mathrm{d}s\int_{-\infty}^{y}f(s,t)\mathrm{d}t$

当$x\leqslant 0$或$y\leqslant 0$时，$f(s,t)=0$

故
$$F(x,y)=0$$

当$x>0$，$0<y\leqslant x$时

$$F(x,y)=\int_{0}^{y}\mathrm{d}t\int_{0}^{t}\mathrm{e}^{-t}\mathrm{d}s=\int_{0}^{y}t\mathrm{e}^{-t}\mathrm{d}t=1-y\mathrm{e}^{-y}-\mathrm{e}^{-y}$$

（积分限的确定如图 2-6 所示）

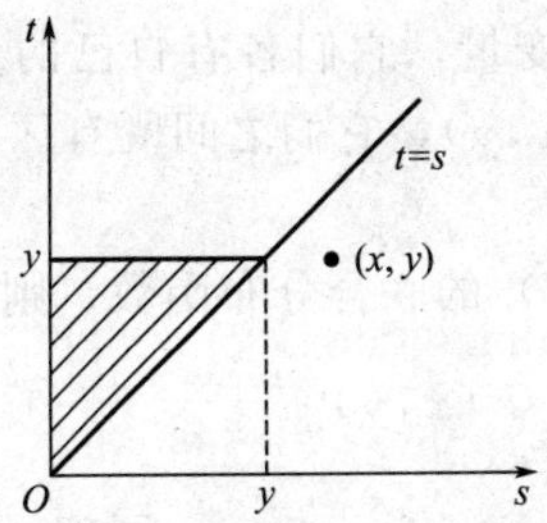

图 2-6

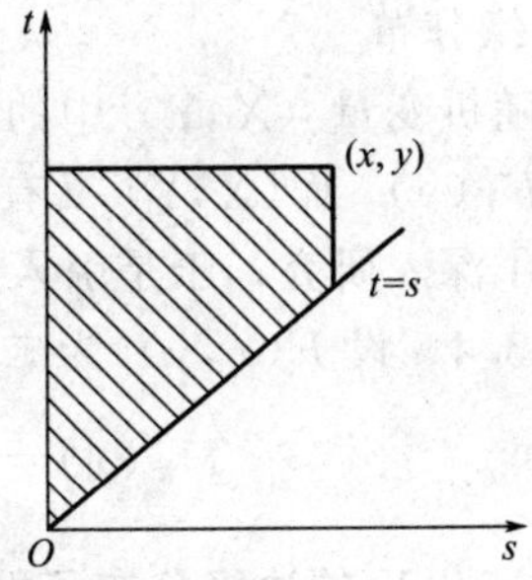

图 2-7

当 $x>0,y>x$ 时，

$$F(x,y)=\int_0^x \mathrm{d}s\int_s^y \mathrm{e}^{-t}\,\mathrm{d}t=\int_0^x(\mathrm{e}^{-s}-\mathrm{e}^{-y})\mathrm{d}s=1-\mathrm{e}^{-x}-x\mathrm{e}^{-y}$$

（积分限的确定如图 2-7 所示）

(2) $P\{0<X<1,X<Y<1\}=\int_0^1\mathrm{d}x\int_x^1\mathrm{e}^{-y}\,\mathrm{d}y=1-2\mathrm{e}^{-1}$

几种常用的二维连续型随机变量的分布：

(1) 均匀分布　若(X,Y)的联合密度为

$$f(x,y)=\begin{cases}\dfrac{1}{s}, & (x,y)\in G\\ 0, & \text{其他}\end{cases}\tag{3.7}$$

式中，G 为 xOy 平面上的有界区域；s 为区域 G 的面积。则称 (X,Y) 服从区域 G 上的**均匀分布**。

(2) 二维正态分布　若(X,Y)的联合密度为

$$f(x,y)=\frac{1}{2\pi\sigma_1\sigma_2\sqrt{1-\rho^2}}\mathrm{e}^{\frac{-1}{2(1-\rho^2)}\left[\frac{(x-\mu_1)^2}{\sigma_1^2}-2\rho\frac{(x-\mu_1)(y-\mu_2)}{\sigma_1\sigma_2}+\frac{(y-\mu_2)^2}{\sigma_2^2}\right]}\tag{3.8}$$

其中 μ_1，μ_2，σ_1，σ_2，ρ 均为实常数，且 $\sigma_1>0$，$\sigma_2>0$，$-1<\rho<1$ $(-\infty<x<+\infty,-\infty<y<+\infty)$。

则称 (X,Y) 服从**二维正态分布**。记为

$$N(\mu_1,\sigma_1^2;\mu_2,\sigma_2^2;\rho)$$

对于二维随机变量的讨论可以推广到 n $(n>2)$ 维随机变量的情形。

设 $X_1,X_2,\cdots,X_n$ 是建立在随机试验 E 的样本空间 Ω 上的一组 n 个有序随机变量，则称$(X_1,X_2,\cdots,X_n)$为 n 维随机变量（或 n 维随机向量）。对于任意的$(x_1,x_2,\cdots,x_n)\in R^n$，称 $F(x_1,x_2,\cdots,x_n)=P\{X_1\leqslant x_1,X_2\leqslant x_2,\cdots,X_n\leqslant x_n\}$为$(X_1,X_2,\cdots,X_n)$的联合分布函数（或简称分布函数）。它具有类似于二维随机变量分布函数的性质。

二、边缘分布与*条件分布

1. 边缘分布

二维随机变量（X,Y）中的 X 和 Y 都是随机变量，它们各有自己的分布函数 $F_X(x)$，$F_Y(y)$，而(X,Y)又有联合分布函数 $F(x,y)$，它们之间既有区别，又有联系。为了深入研究，于是引入边缘分布的概念。

定义 3.4 设 $F(x,y)$ 为二维随机变量（X,Y）的联合分布函数，则称

$$F_X(x)=F(x,+\infty)=\lim_{y\to+\infty}F(x,y)$$

为(X,Y)关于 X 的**边缘分布函数**(marginal distribution function)。同理，称

$$F_Y(y)=F(+\infty,y)=\lim_{x\to+\infty}F(x,y) \tag{3.9}$$

为(X,Y)关于 Y 的**边缘分布函数**。

对于离散型的情形，(X,Y)的两个边缘分布函数分别为

$$F_X(x)=\sum_{x_i\leqslant x}\sum_{j=1}^{\infty}p_{ij};\quad F_Y(y)=\sum_{y_j\leqslant y}\sum_{i=1}^{\infty}p_{ij}$$

(X,Y) 的两个边缘分布律分别为

$$\begin{aligned} p_{i\cdot}&=P\{X=x_i\}=\sum_{j=1}^{\infty}p_{ij}\quad(i=1,2,\cdots)\\ p_{\cdot j}&=P\{Y=y_j\}=\sum_{i=1}^{\infty}p_{ij}\quad(j=1,2,\cdots)\end{aligned} \tag{3.10}$$

对于连续型的情形，(X,Y) 关于 X,Y 的两个边缘分布函数分别为

$$F_X(x)=\int_{-\infty}^{x}\mathrm{d}x\int_{-\infty}^{+\infty}f(x,y)\mathrm{d}y,\quad F_Y(y)=\int_{-\infty}^{y}\mathrm{d}y\int_{-\infty}^{+\infty}f(x,y)\mathrm{d}x$$

(X,Y) 的两个边缘密度函数分别为

$$f_X(x)=\int_{-\infty}^{+\infty}f(x,y)\mathrm{d}y,\quad f_Y(y)=\int_{-\infty}^{+\infty}f(x,y)\mathrm{d}x \tag{3.11}$$

【例 3】 设(X,Y)的联合分布律为

X \ Y	0	1	2
1	1/18	1/9	1/18
2	1/18	1/18	1/9
3	1/9	2/9	2/9

求(X,Y)的边缘分布律。

解 (X,Y)关于 X,Y 的边缘分布律分别为：

X	1	2	3
$p_{i\cdot}$	2/9	2/9	5/9

Y	0	1	2
$p_{\cdot j}$	2/9	7/18	7/18

边缘分布律与联合分布律可用同一表格表示，如例 3 可表示为

$X \backslash Y$	0	1	2	$p_{i\cdot}$
1	1/18	1/9	1/18	2/9
2	1/18	1/18	1/9	2/9
3	1/9	2/9	2/9	5/9
$p_{\cdot j}$	2/9	7/18	7/18	

一般情形如下表所示

$X \backslash Y$	y_1	y_2	$\cdots$	y_n	$\cdots$	$p_{i\cdot}$
x_1	p_{11}	p_{12}	$\cdots$	p_{1n}	$\cdots$	$\sum_{j=1}^{\infty} p_{1j}$
x_2	p_{21}	p_{22}	$\cdots$	p_{2n}	$\cdots$	$\sum_{j=1}^{\infty} p_{2j}$
$\vdots$	$\vdots$	$\vdots$		$\vdots$		$\vdots$
x_m	p_{m1}	p_{m2}	$\cdots$	p_{mn}	$\cdots$	$\sum_{j=1}^{\infty} p_{mj}$
$\vdots$	$\vdots$	$\vdots$		$\vdots$		$\vdots$
$p_{\cdot j}$	$\sum_{i=1}^{\infty} p_{i1}$	$\sum_{i=1}^{\infty} p_{i2}$	$\cdots$	$\sum_{i=1}^{\infty} p_{in}$	$\cdots$	

【例 4】 设(X,Y)的联合密度为

$$f(x,y)=\begin{cases}Ce^{-(2x+3y)}, & x\geqslant 0, y\geqslant 0\\ 0, & \text{其他}\end{cases}$$

求(1) 常数C；(2) $f_X(x)$，$f_Y(y)$。

解 (1) 由$f(x,y)$的性质(2)可知

$$\int_{-\infty}^{+\infty}dx\int_{-\infty}^{+\infty}f(x,y)dy=\int_0^{+\infty}dx\int_0^{+\infty}Ce^{-(2x+3y)}dy=1$$

即$\dfrac{C}{6}=1$，故$C=6$。

(2) $f_X(x)=\int_{-\infty}^{+\infty}f(x,y)dy$

当$x<0$时，$f(x,y)=0$，因而$f_X(x)=0$；

当$x\geqslant 0$时，$f_X(x)=\int_0^{+\infty}6e^{-(2x+3y)}dy=2e^{-2x}$；

故

$$f_X(x)=\begin{cases}0, & x<0\\ 2e^{-2x}, & x\geqslant 0\end{cases}$$

同理可得

$$f_Y(y)=\begin{cases}0, & y<0\\ 3e^{-3y}, & y\geqslant 0\end{cases}$$

【例 5】 设（X，Y）在区域G内服从均匀分布，其中G由$y=x$，$y=\sqrt{x}$所围成（如图 2-8 所示），求边缘概率密度$f_X(x)$，$f_Y(y)$。

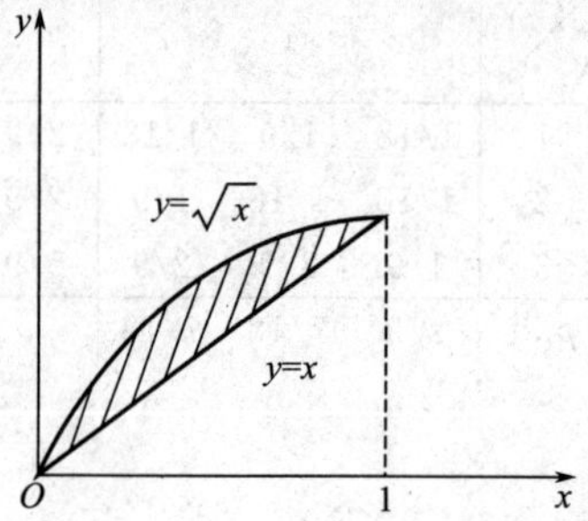

图 2-8

解 G 的面积

$$S=\int_0^1 \mathrm{d}x\int_x^{\sqrt{x}} \mathrm{d}y=\frac{1}{6}$$

所以

$$f(x, y)=\begin{cases}6, & 0\leqslant x<1,\ x\leqslant y<\sqrt{x}\\ 0, & \text{其他}\end{cases}$$

$$f_X(x)=\int_{-\infty}^{+\infty} f(x, y)\mathrm{d}y=\begin{cases}\int_x^{\sqrt{x}} 6\mathrm{d}y=6(\sqrt{x}-x), & 0\leqslant x\leqslant 1\\ 0, & \text{其他}\end{cases}$$

同理

$$f_Y(y)=\begin{cases}\int_{y^2}^{y} 6\mathrm{d}x=6(y-y^2), & 0\leqslant y\leqslant 1\\ 0, & \text{其他}\end{cases}$$

【例 6】 设$(X,Y)\sim N(\mu_1,\sigma_1^2;\mu_2,\sigma_2^2;\rho)$，求 $f_X(x)$，$f_Y(y)$。

解 由式(3.11) 知

$$f_X(x)=\int_{-\infty}^{+\infty} f(x, y)\mathrm{d}y,\quad f_Y(y)=\int_{-\infty}^{+\infty} f(x, y)\mathrm{d}x$$

由式(3.8) 知

$$f(x, y)=\frac{1}{2\pi\sigma_1\sigma_2\sqrt{1-\rho^2}}\mathrm{e}^{\frac{-1}{2(1-\rho^2)}\left[\frac{(x-\mu_1)^2}{\sigma_1^2}-2\rho\frac{(x-\mu_1)(y-\mu_2)}{\sigma_1\sigma_2}+\frac{(y-\mu_2)^2}{\sigma_2^2}\right]}$$

令

$$u=\frac{x-\mu_1}{\sigma_1},\quad v=\frac{y-\mu_2}{\sigma_2}$$

则

$$\begin{aligned}f_X(x)&=\frac{1}{2\pi\sigma_1\sqrt{1-\rho^2}}\int_{-\infty}^{+\infty}\mathrm{e}^{-\frac{(u^2-2\rho uv+v^2)}{2(1-\rho^2)}}\mathrm{d}v\\&=\frac{1}{\sqrt{2\pi}\sigma_1}\mathrm{e}^{-\frac{u^2}{2}}\int_{-\infty}^{+\infty}\frac{1}{\sqrt{2\pi(1-\rho^2)}}\mathrm{e}^{\frac{-(v-\rho u)^2}{2(1-\rho^2)}}\mathrm{d}v\\&=\frac{1}{\sqrt{2\pi}\sigma_1}\mathrm{e}^{-\frac{(x-\mu_1)^2}{2\sigma_1^2}}\end{aligned}$$

同理可得
$$f_Y(y)=\frac{1}{\sqrt{2\pi}\sigma_2}e^{-\frac{(y-\mu_2)^2}{2\sigma_2^2}}$$

由上述结果可知：(X, Y) 关于 X 的边缘分布为 $N(\mu_1, \sigma_1^2)$，关于 Y 的边缘分布为 $N(\mu_1, \sigma_1^2)$，它们都与 ρ 无关。由联合分布可唯一确定边缘分布。反过来，一般由边缘分布不能确定联合分布。

*2. 条件分布

由条件概率很自然地引出条件分布。

设二维离散型随机变量 (X, Y) 的联合分布律为
$$p_{ij}=P\{X=x_i, Y=y_j\} \quad (i, j=1, 2, \cdots)$$
(X, Y) 关于 X 和 Y 的边缘分布律分别为
$$p_{i\cdot}=P\{X=x_i\}=\sum_{j=1}^{\infty}p_{ij} \quad (i=1, 2, \cdots)$$
$$p_{\cdot j}=P\{Y=y_j\}=\sum_{i=1}^{\infty}p_{ij} \quad (j=1, 2, \cdots)$$
设 $p_{i\cdot}>0$，$p_{\cdot j}>0$，我们考虑在事件"$Y=y_j$"发生条件下事件"$X=x_i$"发生的概率。也就是要研究 $P\{X=x_i \mid Y=y_j\}$。

令 $A=\{X=x_i\}$，$B=\{Y=y_j\}$

因 $P(A)=p_{i\cdot}>0$，$P(B)=p_{\cdot j}>0$

由条件概率定义
$$P(A \mid B)=\frac{P(AB)}{P(B)}$$
即
$$P\{X=x_i \mid Y=y_i\}=\frac{P\{X=x_i, Y=y_j\}}{P\{Y=y_j\}} \tag{3.12}$$
同理可得
$$P\{Y=y_j \mid X=x_i\}=\frac{P\{X=x_i, Y=y_j\}}{P\{X=x_i\}} \tag{3.13}$$
不难验证

(1) $P\{X=x_i \mid Y=y_j\}\geqslant 0$；

(2) $\sum_{i=1}^{\infty}P\{X=x_i \mid Y=y_j\}=1$。

于是我们引出下列定义：

定义 3.5 设 (X,Y) 是二维离散型随机变量，对于固定的 j，若 $P\{Y=y_j\}>0$，则称
$$P\{X=x_i|Y=y_j\}=\frac{P\{X=x_i,Y=y_j\}}{P\{Y=y_j\}}=\frac{p_{ij}}{p_{\cdot j}} \quad (i=1,2,\cdots)$$
为在 $Y=y_j$ 条件下随机变量 X 的**条件分布律**。

同样，对于固定的 i，若 $P\{X=x_i\}>0$，则称
$$P\{Y=y_j|X=x_i\}=\frac{P\{X=x_i,Y=y_j\}}{P\{X=x_i\}}=\frac{p_{ij}}{p_{i\cdot}} \quad (j=1,2,\cdots)$$

为在 $X=x_i$ 条件下随机变量 Y 的**条件分布律**。

值得指出的是式(3.12)和式(3.13)可分别改作

$$P\{X=x_i,Y=y_j\}=P\{Y=y_j\}\cdot P\{X=x_i|Y=y_j\}$$

$$P\{X=x_i,Y=y_j\}=P\{X=x_i\}\cdot P\{Y=y_j|X=x_i\}$$

这两个式子与事件概率的乘法公式是十分相似的。

【例 7】 一射手进行射击，击中目标的概率为 p $(0<p<1)$，射击到击中目标两次为止。设 X 表示第一次击中目标时的射击次数，Y 表示射击的总次数，试求 (X, Y) 的联合分布律及条件分布律。

解 设第一次击中目标为第 m 次，总的射击次数为 n 次，则

$$P\{X=m,Y=n\}=p^2(1-p)^{n-2} \quad (n=2,3,\cdots;m=1,2,\cdots,n-1)$$

$$P\{X=m\}=\sum_{n=m+1}^{\infty}p^2(1-p)^{n-2}=p^2(1-p)^{m-1}/[1-(1-p)]$$
$$=p(1-p)^{m-1} \quad (m=1,2,\cdots)$$

$$P\{Y=n\}=\sum_{m=1}^{n-1}p^2(1-p)^{n-2}$$
$$=(n-1)p^2(1-p)^{n-2} \quad (n=2,3,\cdots)$$

当 $m=1,2,\cdots$ 时

$$P\{Y=n|X=m\}=\frac{p^2(1-p)^{n-2}}{p(1-p)^{m-1}}$$
$$=p(1-p)^{n-m-1} \quad (n=m+1,m+2,\cdots)$$

当 $n=2,3,\cdots$ 时

$$P\{X=m|Y=n\}=\frac{p^2(1-p)^{n-2}}{(n-1)p^2(1-p)^{n-2}}$$
$$=\frac{1}{n-1} \quad (m=1,2,\cdots,n-1)$$

【例 8】 设袋中有白球 3 个，黑球 3 个，红球 2 个。现从中任取 2 球，其中白球与红球的个数分别记作 X 与 Y，求 (1) $P\{X+Y=1\}$；(2) $Y=1$ 条件下，随机变量 X 的条件分布。

解 由古典概型可得 (X,Y) 的联合分布律

$$P\{X=x,Y=y\}=\frac{C_3^x\cdot C_2^y\cdot C_3^{2-x-y}}{C_8^2}$$

这是二维超几何分布，其分布律的表格形式如下

X \ Y	0	1	2	$P_{i\cdot}$
0	3/28	3/14	1/28	5/14
1	9/28	3/14	0	15/28
2	3/28	0	0	3/28
$P_{\cdot j}$	15/28	3/7	1/28	—

(1) $P\{X+Y=1\}=P\{X=1,Y=0\}+P\{X=0,Y=1\}=\dfrac{9}{28}+\dfrac{3}{14}=\dfrac{15}{28}$

(2) $$P\{X=x \mid Y=1\}=\frac{P\{X=x,Y=1\}}{P\{Y=1\}}=\begin{cases}\dfrac{3/14}{3/7}=\dfrac{1}{2}, & x=0\\[2mm] \dfrac{3/14}{3/7}=\dfrac{1}{2}, & x=1\\[2mm] \dfrac{0}{3/7}=0, & x=2\end{cases}$$

设 (X,Y) 是二维连续型随机变量。这时，由于对任意的 x,y 都有 $P\{X=x\}=0,P\{Y=y\}=0$，因此就不能用条件概率公式引入条件分布了。下面，用极限的方法来处理。

给定 y，设对于任意给定的正数 ε，$P\{y-\varepsilon<Y\leqslant y+\varepsilon\}>0$，于是对于任意实数 x 有

$$P\{X\leqslant x \mid y-\varepsilon<Y\leqslant y+\varepsilon\}=\frac{P\{X\leqslant x,y-\varepsilon<Y\leqslant y+\varepsilon\}}{P\{y-\varepsilon<Y\leqslant y+\varepsilon\}}$$

上式给出了在条件 $y-\varepsilon<Y\leqslant y+\varepsilon$ 下 X 的条件分布函数。现在我们引入以下定义。

定义 3.6　给定 y，设对于任意给定的正数 ε，$P\{y-\varepsilon<Y\leqslant y+\varepsilon\}>0$。若极限

$$\lim_{\varepsilon\to 0+}\frac{P\{X\leqslant x,y-\varepsilon<Y\leqslant y+\varepsilon\}}{P\{y-\varepsilon<Y\leqslant y+\varepsilon\}}$$

存在，则称此极限为在条件 $Y=y$ 下 X 的**条件分布函数**。记为

$$F_{X|Y}(x|y) \quad \text{或} \quad P\{X\leqslant x|Y=y\}$$

设 (X,Y) 的联合分布函数为 $F(x,y)$，联合密度为 $f(x,y)$，而 $f(x,y)$ 在点 (x,y) 处连续，边缘密度函数 $f_Y(y)$ 连续，且 $f_Y(y)>0$，则有

$$\begin{aligned}F_{X|Y}(x|y)&=\lim_{\varepsilon\to 0+}\frac{P\{X\leqslant x,y-\varepsilon<Y\leqslant y+\varepsilon\}}{P\{y-\varepsilon<Y\leqslant y+\varepsilon\}}\\&=\lim_{\varepsilon\to 0+}\frac{[F(x,y+\varepsilon)-F(x,y-\varepsilon)]/2\varepsilon}{[F_Y(y+\varepsilon)-F_Y(y-\varepsilon)]/2\varepsilon}\\&=\frac{\partial F(x,y)}{\partial y}\Big/F_Y'(y)\end{aligned}$$

即

$$F_{X|Y}(x \mid y)=\frac{\int_{-\infty}^{x} f(u,y)\mathrm{d}u}{f_Y(y)}=\int_{-\infty}^{x}\frac{f(u,y)}{f_Y(y)}\mathrm{d}u \tag{3.14}$$

若记 $f_{X|Y}(x|y)$ 为在条件 $Y=y$ 下 X 的条件概率密度，则由上式知

$$f_{X|Y}(x|y)=\frac{f(x,y)}{f_Y(y)} \tag{3.15}$$

同理可推出，若 $f(x,y)$ 在 (x,y) 处连续，$f_X(x)$ 连续且 $f_X(x)>0$，则

$$F_{Y|X}(y|x)=\int_{-\infty}^{y}\frac{f(x,v)\mathrm{d}v}{f_X(x)} \tag{3.16}$$

$$f_{Y|X}(y|x)=\frac{f(x,y)}{f_X(x)} \tag{3.17}$$

【例9】 设（X,Y）在区域G：$\{(x,y)/0\leqslant x<1$，且$x\leqslant y\leqslant\sqrt{x}\}$ 内服从均匀分布，求$f_{Y|X}(y|x)$；$f_{X|Y}(x|y)$。

解 由例5可知 $f(x,y)=\begin{cases}6, & (x,y)\in G\\0, & 其他\end{cases}$

$$f_X(x)=\begin{cases}6(\sqrt{x}-x), & 0<x<1\\0, & 其他\end{cases}$$

$$f_Y(y)=\begin{cases}6(y-y^2), & 0<y<1\\0, & 其他\end{cases}$$

由式(3.15)、式(3.17)可得，

当$0<x<1$时

$$f_{Y|X}(y|x)=\begin{cases}\dfrac{1}{\sqrt{x}-x}, & x<y<\sqrt{x}\\0, & 其他\end{cases}$$

当$0<y<1$时

$$f_{X|Y}(x|y)=\begin{cases}\dfrac{1}{y-y^2}, & y^2<x<y\\0, & 其他\end{cases}$$

【例10】 设$(X,Y)\sim N(\mu_1,\sigma_1^2;\mu_2,\sigma_2^2;\rho)$，求$f_{X|Y}(x|y)$；$f_{Y|X}(y|x)$。

解 由例6知

$$f_X(x)=\frac{1}{\sqrt{2\pi}\sigma_1}e^{\frac{-(x-\mu_1)^2}{2\sigma_1^2}}$$

$$f_Y(y)=\frac{1}{\sqrt{2\pi}\sigma_2}e^{\frac{-(y-\mu_2)^2}{2\sigma_2^2}}$$

$$f(x,y)=\frac{1}{2\pi\sigma_1\sigma_2\sqrt{1-\rho^2}}e^{\frac{-1}{2(1-\rho^2)}\left[\frac{(x-\mu_1)^2}{\sigma_1^2}-2\rho\frac{(x-\mu_1)(y-\mu_2)}{\sigma_1\sigma_2}+\frac{(y-\mu_2)^2}{\sigma_2^2}\right]}$$

又由式(3.15)、式(3.17)可得

$$f_{Y|X}(y|x)=\frac{1}{\sqrt{2\pi}\sigma_2\sqrt{1-\rho^2}}e^{\frac{-1}{2\sigma_2^2(1-\rho^2)}\left\{y-\left[\mu_2+\frac{\rho\sigma_2}{\sigma_1}(x-\mu_1)\right]\right\}^2}$$

$$f_{X|Y}(x|y)=\frac{1}{\sqrt{2\pi}\sigma_1\sqrt{1-\rho^2}}e^{\frac{-1}{2\sigma_1^2(1-\rho^2)}\left\{x-\left[\mu_1+\frac{\rho\sigma_1}{\sigma_2}(y-\mu_2)\right]\right\}^2}$$

由此可知，二维正态分布的条件分布仍为正态分布。

三、随机变量的独立性

由随机事件的独立性不难引出随机变量的独立性。设$F(x,y)$，$F_X(x)$，$F_Y(y)$分别为（X，Y）的联合分布函数和边缘分布函数，$\{X\leqslant x\}$为随机事件A，$\{Y\leqslant y\}$为随机事件B。若随机事件A，B独立，则

$$P(AB)=P(A)P(B)$$

即 $$P\{X\leqslant x,Y\leqslant y\}=P\{X\leqslant x\}\cdot P\{Y\leqslant y\}$$

也就是 $$F(x,y)=F_X(x)F_Y(y)$$

从而，我们可以引入两个随机变量独立的定义。

定义 3.7 设 $F(x,y)$，$F_X(x)$，$F_Y(y)$分别是（X,Y）的联合分布函数和边缘分布函数，若对任意实数 x 和 y 都有

$$F(x,y)=F_X(x)F_Y(y) \tag{3.18}$$

则称随机变量 **X 与 Y 相互独立，简称独立**。

前边已经讲过，由（X,Y）的两个边缘分布一般不能确定（X,Y）的联合分布。但是，当 X，Y 相互独立时，(X,Y) 的联合分布可由其边缘分布唯一确定

$$F(x,y)=F_X(x)F_Y(y)$$

随机变量的独立性有如下等价形式：

(1) 若（X,Y）是离散型随机变量，X 与 Y 相互独立的充分必要条件是，对（X,Y）所有可能取值（x_i,y_j）都有

$$P\{X=x_i,Y=y_j\}=P\{X=x_i\}\cdot P\{Y=y_j\}$$

(2) 若（X,Y）是连续型随机变量，则 X 与 Y 相互独立的充分必要条件是，在 $f(x,y)$的连续点(x,y)处都有

$$f(x,y)=f_X(x)f_Y(y)$$

下边的定理以后常常用到。

定理 3.1 若随机变量 X 与 Y 相互独立，$g_1(x)$与 $g_2(x)$是任意两个连续函数，则 $g_1(X)$与 $g_2(Y)$也相互独立。

【例 11】 设随机变量 X,Y 相互独立且具有二维分布律：

X \ Y	3	4
1	1/8	a
2	3/8	b

试求 a,b 的值。

解

$$P_{1}.=P\{X=1\}=1/8+a,\quad P_{2}.=P\{X=2\}=3/8+b$$

$$P._{1}=P\{Y=3\}=1/8+3/8=1/2,\quad P._{2}=P\{Y=4\}=a+b$$

又因 X,Y 相互独立，所以 $p_{11}=p_{1}.\,p._{1}$，即

$$\frac{1}{8}=\left(\frac{1}{8}+a\right)\frac{1}{2},\quad a=\frac{1}{8}$$

又$\frac{1}{8}+a+\frac{3}{8}+b=1$，所以

$$b=1-\frac{1}{2}-a=\frac{3}{8}$$

【例 12】 已知(X,Y) 服从区域 G:$\{(x,y)/0\leqslant x<2,\ 0\leqslant y<\sqrt{2x-x^2}\}$上的

均匀分布，求关于 X 和 Y 的边缘分布密度，并判定 X 和 Y 是否独立？

解 由式(3.7) 知，(X,Y) 的联合密度为

$$f(x,y)=\begin{cases}\dfrac{2}{\pi}, & 0\leqslant x<2 \text{ 且 } 0\leqslant y<\sqrt{2x-x^2}\\ 0, & \text{其他}\end{cases}$$

$$f_X(x)=\int_{-\infty}^{+\infty}f(x,y)\mathrm{d}y=\begin{cases}\displaystyle\int_0^{\sqrt{2x-x^2}}\frac{2}{\pi}\mathrm{d}y=\frac{2}{\pi}\sqrt{2x-x^2}, & 0<x<2\\ 0, & \text{其他}\end{cases}$$

$$f_Y(y)=\int_{-\infty}^{+\infty}f(x,y)\mathrm{d}x=\begin{cases}\displaystyle\int_{1-\sqrt{1-y^2}}^{1+\sqrt{1-y^2}}\frac{2}{\pi}\mathrm{d}x=\frac{4}{\pi}\sqrt{1-y^2}, & 0<y<1\\ 0, & \text{其他}\end{cases}$$

因 $f(x,y)\neq f_X(x)f_Y(y)\left[\text{如在}\left(1,\dfrac{1}{2}\right)\text{处}\right]$，故 X,Y 不独立。

【例 13】 若(X,Y)服从二维正态分布 $N(\mu_1,\sigma_1^2;\ \mu_2,\sigma_2^2;\ \rho)$。试证：$X,Y$ 相互独立的充分必要条件是 $\rho=0$。

证明 由例 6 知

$$f(x,y)=\frac{1}{2\pi\sigma_1\sigma_2\sqrt{1-\rho^2}}\mathrm{e}^{-\frac{1}{2(1-\rho^2)}\left[\frac{(x-\mu_1)^2}{\sigma_1^2}-2\rho\frac{(x-\mu_1)}{\sigma_1}\cdot\frac{(y-\mu_2)}{\sigma_2}+\frac{(y-\mu_2)^2}{\sigma_2^2}\right]}$$

$$f_X(x)=\frac{1}{\sqrt{2\pi}\sigma_1}\mathrm{e}^{-\frac{(x-\mu_1)^2}{2\sigma_1^2}},\quad f_Y(y)=\frac{1}{\sqrt{2\pi}\sigma_2}\mathrm{e}^{-\frac{(y-\mu_2)^2}{2\sigma_2^2}}$$

若 X 与 Y 独立，则 $f(x,y)=f_X(x)f_Y(y)$对任意 x 与 y 均成立，在 (μ_1,μ_2) 点当然也成立。即

$$\frac{1}{2\pi\sigma_1\sigma_2\sqrt{1-\rho^2}}=\frac{1}{\sqrt{2\pi}\sigma_1}\cdot\frac{1}{\sqrt{2\pi}\sigma_2}$$

所以$\dfrac{1}{\sqrt{1-\rho^2}}=1$，故 $\rho=0$。

若 $\rho=0$，显然有 $f(x,y)=f_X(x)f_Y(y)$恒成立。故 X 与 Y 独立。

随机变量的独立性可以推广到 $n(n>2)$个随机变量的情形。即若 n 个随机变量 $X_1,X_2,\cdots,X_n$ 均定义在同一样本空间 Ω 上，对任一组实数$(x_1,x_2,\cdots,x_n)\in R^n$，均有

$$P\{X_1\leqslant x_1,X_2\leqslant x_2,\cdots,X_n\leqslant x_n\}=P\{X_1\leqslant x_1\}P\{X_2\leqslant x_2\}\cdots P\{X_n\leqslant x_n\}$$

即
$$F(x_1,x_2,\cdots,x_n)=F_{X_1}(x_1)F_{X_2}(x_2)\cdots F_{X_n}(x_n)$$

则称 $X_1,X_2,\cdots,X_n$ 相互独立，简称独立。

n 个随机变量 $X_1,X_2,\cdots,X_n$ 独立的含义是随机向量$(X_1,X_2,\cdots,X_n)$的联合分布函数是各个 X_i 的边缘分布函数的乘积。

特别地，当$(X_1,X_2,\cdots,X_n)$是连续型随机向量时，则 n 个随机变量 $X_1,X_2,\cdots,X_n$

独立的充要条件是：随机向量$(X_1,X_2,\cdots,X_n)$的联合分布密度是各个X_i的边缘分布密度的乘积，即

$$f(x_1,x_2,\cdots,x_n)=f_{X_1}(x_1)\cdots f_{X_n}(x_n)$$

下面阐述随机向量间的独立性概念。

设两个随机向量$(X_1,X_2,\cdots,X_n)$与$(Y_1,Y_2,\cdots,Y_m)$，若对任意的实数x_1，$x_2,\cdots,x_n,y_1,y_2,\cdots,y_m$，随机事件$\{X_1\leqslant x_1,\cdots,X_n\leqslant x_n\}$与随机事件$\{Y_1\leqslant Y_1,\cdots,Y_m\leqslant y_m\}$总是独立的，即

$$P\{X_1\leqslant x_1,\cdots,X_n\leqslant x_n,Y_1\leqslant y_1,\cdots,Y_m\leqslant y_m\}$$
$$=P\{X_1\leqslant x_1,\cdots,X_n\leqslant x_n\}\cdot P\{Y_1\leqslant y_1,\cdots,Y_m\leqslant y_m\} \tag{3.19}$$

用联合分布函数可表作：

$$F(x_1,x_2,\cdots,x_n,y_1,y_2,\cdots,y_m)$$
$$=F_{X_1\cdots X_n}(x_1,x_2,\cdots,x_n)\cdot F_{Y_1\cdots Y_n}(y_1,y_2,\cdots,y_m) \tag{3.20}$$

则称$(X_1,X_2,\cdots,X_n)$与$(Y_1,Y_2,\cdots,Y_n)$相互独立，简称独立。

关于随机向量间的独立性，以后会常用到以下结论。设$(X_1,X_2,\cdots,X_m)$和$(Y_1,Y_2,\cdots,Y_n)$相互独立，则$X_i(i=1,2,\cdots,m)$和$Y_j(j=1,2,\cdots,n)$相互独立，又若h,g是连续函数，则$h(X_1,X_2,\cdots,X_m)$和$g(Y_1,Y_2,\cdots,Y_n)$相互独立。

§4　随机变量函数的分布

学习了随机变量及其分布，可以帮助人们解决许多实际问题。但是，在工作实践中，还常常遇到用随机变量函数的分布才能解决的问题。例如：圆的直径X是随机变量，需要研究圆面积$S=\pi X^2/4$的概率分布问题；又如：商品的价格X、成本Y都是随机变量，需要研究盈利$Z=X-Y$的概率分布，等等。下边介绍随机变量的函数及其概率分布。

一、一维随机变量的函数及其分布

设X是一维随机变量，$y=g(x)$是连续实函数，则$Y=g(X)$也是一维随机变量。称$g(X)$为随机变量X的函数。下面，讨论如何从X的分布导出$Y=g(X)$的分布。

1. 离散型的情形

设X的分布律为

$$P\{X=x_i\}=p_i\quad(i=1,2,\cdots,n,\cdots)$$

$y=g(x)$为连续实函数，则$Y=g(X)$的分布律可按下述方法求得：

$$P\{g(X)=g(x_i)\}=p_i\quad(i=1,2,\cdots,n,\cdots) \tag{4.1}$$

若函数值$g(x_1),g(x_2),\cdots,g(x_n),\cdots$均不相同，则(4.1)即为$Y=g(X)$的分布律。

若函数值$g(x_1),g(x_2),\cdots,g(x_n),\cdots$有些相同，相同的只写一个，对应概

率相加，其余的照抄，即可得到$Y=g(X)$的分布律。

下边举例说明。

【例 1】 设X的分布律为$P\{X=i\}=1/3$，$(i=1,2,3)$，求（1）$Y=X^2-1$的分布律；（2）$Y=\sin\left(\frac{\pi}{4}X\right)$的分布律。

解 （1）$Y=X^2-1$的分布律为

$$P\{Y=i^2-1\}=1/3 \quad (i=1,2,3)$$

或用表格形式表示

X^2-1	0	3	8
p_i	1/3	1/3	1/3

（2）$Y=\sin\left(\frac{\pi}{4}X\right)$，$P\left\{Y=\sin\left(\frac{\pi}{4}i\right)\right\}=1/3 \quad (i=1,2,3)$

因$i=1$和$i=3$时 $\sin\frac{\pi}{4}=\sin\frac{3\pi}{4}=\sqrt{2}/2$

$i=2$时 $\sin\left(\frac{2\pi}{4}\right)=1$

故$Y=\sin\left(\frac{\pi}{4}X\right)$的分布律为

$$P\{Y=\sqrt{2}/2\}=2/3, \quad P\{Y=1\}=1/3$$

或用表格形式表示

$\sin\left(\frac{\pi}{4}X\right)$	$\sqrt{2}/2$	1
p_i	2/3	1/3

2. 连续型情形

设X为一维连续型随机变量，其概率密度为$f(x)$，$y=g(x)$为连续实函数，可求得随机变量函数$Y=g(X)$的概率分布，下边举例说明。

【例 2】 设随机变量X有分布函数$F_X(x)$，随机变量$Y=aX+b(a\neq 0)$。这是两个随机变量之间的一种最简单也是最常用的函数关系，称为线性函数关系。令$F_Y(y)$表示随机变量Y的分布函数，则

$$F_Y(y)=P\{Y\leqslant y\}=P\{aX+b\leqslant y\}=P\{aX\leqslant y-b\}$$

当$a>0$时 $F_Y(y)=P\left\{X\leqslant\frac{y-b}{a}\right\}=F_X\left(\frac{y-b}{a}\right)$

当$a<0$时 $F_Y(y)=P\left\{X\geqslant\frac{y-b}{a}\right\}=1-P\left\{X<\frac{y-b}{a}\right\}$

$$=1-F_X\left(\frac{y-b}{a}-0\right)$$

其中$F_X\left(\frac{y-b}{a}-0\right)$表示$X$的分布函数$F_X(x)$在点$\frac{y-b}{a}$处左极限。当$X$为连续型

随机变量时，由 $F_X(x)$ 的连续性可知，$F_X\left(\frac{y-b}{a}-0\right)=F_X\left(\frac{y-b}{a}\right)$。此时有

$$F_Y(y)=\begin{cases}F_X\left(\dfrac{y-b}{a}\right), & a>0\\ 1-F_X\left(\dfrac{y-b}{a}\right), & a<0\end{cases}$$

由此可得，对连续型随机变量，若 X 有密度函数 $f_X(x)$，令 $f_Y(y)$ 表示 Y 的密度函数，根据密度函数与分布函数之间的关系，有

$$f_Y(y)=\frac{1}{|a|}f_X\left(\frac{y-b}{a}\right)$$

【例 3】 设 $X\sim N(0,1)$，求 $Y=X^2$ 的密度函数。

解 $F_Y(y)=P\{Y\leqslant y\}=P\{X^2\leqslant y\}$

当 $y<0$ 时　$F_Y(y)=0$

当 $y\geqslant 0$ 时

$$\begin{aligned}F_Y(y)&=P\{-\sqrt{y}\leqslant X\leqslant\sqrt{y}\}\\&=\int_{-\sqrt{y}}^{\sqrt{y}}\frac{1}{\sqrt{2\pi}}e^{-\frac{x^2}{2}}dx\\&=2\int_0^{\sqrt{y}}\frac{1}{\sqrt{2\pi}}e^{-\frac{x^2}{2}}dx\end{aligned}$$

故

$$f_Y(y)=\begin{cases}\dfrac{1}{\sqrt{2\pi y}}e^{-\frac{y}{2}}, & y>0\\ 0, & y\leqslant 0\end{cases}$$

例 3 的方法具有代表性。求随机变量函数 $Y=g(X)$ 的分布，往往先求 Y 的分布函数 $F_Y(y)$，其关键一步是解不等式“$g(X)\leqslant y$”得到与之等价的 X 的变化范围，并以后者代替“$g(X)\leqslant y$”。如例 3 中当 $y\geqslant 0$ 时以“$-\sqrt{y}\leqslant X\leqslant\sqrt{y}$”代替“$X^2\leqslant y$”。一般来说，都可以用这样的方法求连续型随机变量函数的分布函数和密度函数。

当 $y=g(x)$ 为单调函数，且 $g'(x)\neq 0$，$x=\varphi(y)$ 为 $y=g(x)$ 的反函数时，则 $Y=g(X)$ 的密度函数为

$$f_Y(y)=\begin{cases}f[\varphi(y)]\,|\varphi'(y)|, & y\in(\alpha,\beta)\\ 0, & \text{其他}\end{cases}\tag{4.2}$$

其中

$$\alpha=\min\{g(-\infty),\ g(+\infty)\}$$
$$\beta=\max\{g(-\infty),\ g(+\infty)\}$$

下边举例说明。

【例 4】 设 $X\sim N(\mu,\sigma^2)$，求 $Y=aX+b\ (a\neq 0)$ 的密度函数。

解 $y=ax+b$ 是单调函数，$y'=a\neq 0$，$x=\dfrac{y-b}{a}$。由式(4.2) 可得

$$f_Y(y)=\frac{1}{\sqrt{2\pi}\,|a|\sigma}\mathrm{e}^{-\frac{(y-a\mu-b)2}{2a^2\sigma^2}}\quad(-\infty<y<+\infty)$$

即
$$Y=aX+b\sim N(a\mu+b,a^2\sigma^2)$$

上述结果说明：若 $X\sim N(\mu,\ \sigma^2)$，则 X 的线性函数 $Y=aX+b(a\neq 0)$仍服从正态分布，且$Y\sim N(a\mu+b,\ a^2\sigma^2)$。

当$a=\dfrac{1}{\sigma}$，$b=\dfrac{-\mu}{\sigma}$时，$Y=\dfrac{X-\mu}{\sigma}$。上述结果化为：若 $X\sim N(\mu,\sigma^2)$，则 $Y=\dfrac{X-\mu}{\sigma}\sim N(0,1)$。这又一次说明了，为什么可以用变换$Y=\dfrac{X-\mu}{\sigma}$把一般正态分布化为标准正态分布的道理。

二、二维随机变量的函数及其分布

设（X,Y）是二维随机变量，$z=g(x,y)$是二元连续实函数，则 $Z=g(X,Y)$也是随机变量。下边介绍由（X,Y）的分布导出 $Z=g(X,Y)$的分布的方法。

1. 离散型的情形

设（X,Y）的联合分布律 $P\{X=x_i,Y=y_j\}=p_{ij}(i=1,2,\cdots;j=1,2,\cdots)$，则 $Z=g(X,Y)$的分布律可用下述方法求得：

$$P\{Z=g(x_i,\ y_j)\}=p_{ij}\quad(i=1,2,\cdots;\ j=1,\ 2,\ \cdots)\tag{4.3}$$

当函数值 $g(x_i,\ y_j)(i=1,2,\cdots;\ j=1,2,\cdots)$均不相同时，式(4.3) 即为 $Z=g(X,Y)$的分布律。

当函数值 $g(x_i,y_j)(i=1,2,\cdots;\ j=1,2,\cdots)$中有相同值时，相同值只写一个，对应概率相加，其余不变，即可得到 $Z=g(X,Y)$的分布律。

下边举例说明。

【例 5】 设 X,Y 相互独立且服从同一分布，其分布律为 $P\{X=i\}=1/3(i=1,2,3)$。求(1) $Z=X+Y$ 的分布律；(2) $Z=\max\{X,\ Y\}$的分布律；(3) $Z=\min\{X,\ Y\}$的分布律。

解 由已知条件（X,Y）的联合分布律为

$$P\{X=i,Y=j\}=\frac{1}{3}\times\frac{1}{3}=\frac{1}{9}\quad(i=1,2,3;\ j=1,\ 2,\ 3)$$

(1) $Z=X+Y$ 的分布律

$P\{Z=2\}=P\{X=1,Y=1\}=1/9$

$P\{Z=3\}=P\{X=2,Y=1\}+P\{X=1,Y=2\}=2/9$

$P\{Z=4\}=P\{X=3,Y=1\}+P\{X=2,Y=2\}+P\{X=1,Y=3\}$
$=3/9=1/3$

类似可求得

$$P\{Z=5\}=2/9,\quad P\{Z=6\}=1/9$$

或用表格形式表示：

$X+Y$	2	3	4	5	6
p_k	1/9	2/9	1/3	2/9	1/9

（2）$Z=\max\{X,Y\}$的分配律

$$P\{Z=1\}=P\{X=1,Y=1\}=1/9$$

$$P\{Z=2\}=P\{X=1,Y=2\}+P\{X=2,Y=1\}+P\{X=2,Y=2\}=1/3$$

类似可求出　　$P\{Z=3\}=5/9$

或用表格形式表示

Z	1	2	3
p_k	1/9	1/3	5/9

（3）用类似于(2)的方法可求得 $Z=\min\{X,Y\}$的分布律

Z	1	2	3
p_k	5/9	1/3	1/9

【例 6】 若 $X_1,X_2,\cdots,X_n$独立且服从同一分布，其分布律为

$$P\{X=k\}=p^k(1-p)^{1-k}\quad (k=0,1;\ 0<p<1)$$

试证：$\sum_{k=1}^{n} X_k$ 服从二项分布 $B(n,p)$。

注　本例的结论说明，n 个相互独立的参数为 p 的(0—1)分布之和，是参数为 n 与 p 的二项分布 $B(n,p)$。

证　用数学归纳法证明。

当 $n=2$ 时，则 $Z=X_1+X_2$ 的分布律为

$$P\{X_1+X_2=0\}=P\{X_1=0,X_2=0\}=P\{X_1=0\}P\{X_2=0\}=(1-p)^2$$

$$P\{X_1+X_2=1\}=P\{X_1=0,X_2=1\}+P\{X_1=1,X_2=0\}=P\{X_1=0\}P\{X_2=1\}+P\{X_1=1\}P\{X_2=0\}=2p(1-p)$$

$$P\{X_1+X_2=2\}=P\{X_1=1,X_2=1\}=P\{X_1=1\}P\{X_2=1\}=p^2$$

即　$$X_1+X_2\sim B(2,p)$$

假设 $n=m$ 时结论正确，即 $\sum_{k=1}^{m} X_k\sim B(m,p)$ 成立。

当 $n=m+1$ 时

$$P\Big\{\sum_{k=1}^{m+1} X_k=0\Big\}=P\Big\{\sum_{k=1}^{m} X_k=0,X_{m+1}=0\Big\}$$

$$=P\left\{\sum_{k=1}^{m}X_k=0\right\}P\{X_{m+1}=0\}=(1-p)^{m+1}$$

$$\begin{aligned}P\left\{\sum_{k=1}^{m+1}X_k=s\right\}&=P\left\{\sum_{k=1}^{m}X_k=s,X_{m+1}=0\right\}+P\left\{\sum_{k=1}^{m}X_k=s-1,X_{m+1}=1\right\}\\&=P\left\{\sum_{k=1}^{m}X_k=s\right\}P\{X_{m+1}=0\}+P\left\{\sum_{k=1}^{m}X_k=s-1\right\}P\{X_{m+1}=1\}\\&=C_m^s p^s(1-p)^{m+1-s}+C_m^{s-1}p^s(1-p)^{m+1-s}\\&=(C_m^s+C_m^{s-1})p^s(1-p)^{m+1-s}\\&=C_{m+1}^s p^s(1-p)^{m+1-s}\end{aligned}$$

故
$$\sum_{k=1}^{m+1}X_k\sim B(m+1,p)$$

对于二项分布，如果 $X_1,X_2,\cdots,X_n$ 独立，且 $X_i\sim B(k_i,p)(i=1,2,\cdots,n)$，则 $\sum\limits_{i=1}^{n}X_i\sim B\left(\sum\limits_{i=1}^{n}k_i,p\right)$ 可用数学归纳法证明。

对于泊松分布，也有类似结果：

若 $X_1,X_2,\cdots,X_n$ 独立，且 $X_i\sim P(\lambda_i)(i=1,2,\cdots,n)$，则 $\sum\limits_{i=1}^{n}X_i\sim P\left(\sum\limits_{i=1}^{n}\lambda_i\right)$ 也可用数学归纳法证明。

2. 连续型的情形

设 (X,Y) 为二维连续型随机变量，$f(x,y)$ 为 (X,Y) 的联合密度，$z=g(x,y)$ 为二元连续实函数，则 $Z=g(X,Y)$ 的密度函数常常用下述方法求得：

先求 Z 的分布函数 $F_Z(z)=P\{g(X,Y)\leqslant z\}$，则 Z 的密度函数 $f_Z(z)=F'_Z(z)$。[在 $f_Z(z)$ 的连续点处]

(1) $Z=X+Y$ 的分布

$$F_Z(z)=P\{X+Y\leqslant z\}=\int_{-\infty}^{+\infty}\mathrm{d}x\int_{-\infty}^{z-x}f(x,y)\mathrm{d}y$$

令 $y=v-x$，则

$$\int_{-\infty}^{z-x}f(x,y)\mathrm{d}y=\int_{-\infty}^{z}f(x,v-x)\mathrm{d}v$$

所以
$$\begin{aligned}F_Z(z)&=\int_{-\infty}^{+\infty}\mathrm{d}x\int_{-\infty}^{z}f(x,v-x)\mathrm{d}v\\&=\int_{-\infty}^{z}\left[\int_{-\infty}^{+\infty}f(x,v-x)\mathrm{d}x\right]\mathrm{d}v\end{aligned}$$

$$f_Z(z)=F'_Z(z)=\int_{-\infty}^{+\infty}f(x,z-x)\mathrm{d}x \tag{4.4}$$

当 X,Y 独立时

$$f_Z(z)=\int_{-\infty}^{+\infty}f_X(x)f_Y(z-x)\mathrm{d}x \tag{4.5}$$

用类似的方法可得：

$$f_Z(z)=\int_{-\infty}^{+\infty} f_X(z-y)f_Y(y)\mathrm{d}y \tag{4.6}$$

式(4.5)、式(4.6)称为卷积公式。

注　关于二维离散型随机变量也有类似的结果。

设(X,Y)为二维离散型随机变量，X与Y独立。

$$P\{X=x_i,Y=y_j\}=P\{X=x_i\}\cdot P\{Y=y_j\}\quad (i,j=1,2,3,\cdots)$$

令$Z=X+Y$，Z的取值也是离散型的

$$Z=z_k=x_i+y_j\quad (i,j,k=1,2,\cdots)$$

$$\begin{aligned}P\{Z=z_k\}&=P\{X+Y=z_k\}\\&=\sum_{i=1}^{\infty}P\{X=x_i,Y=z_k-x_i\}\\&=\sum_{i=1}^{\infty}P\{X=x_i\}\cdot P\{Y=z_k-x_i\},\quad k=1,2,\cdots\end{aligned} \tag{4.7}$$

同理也有

$$P\{Z=z_k\}=\sum_{j=1}^{\infty}P\{X=z_k-y_j\}\cdot P\{Y=y_j\},\quad k=1,2,\cdots \tag{4.8}$$

另外，$X-Y$的分布可转化成$X+(-Y)$，详细讨论从略。

【例 7】　设X与Y相互独立，且均服从标准正态分布，求$Z=X+Y$的密度函数。

解　因X，Y独立，且

$$f_X(x)=\frac{1}{\sqrt{2\pi}}\mathrm{e}^{-\frac{x^2}{2}},\quad f_Y(y)=\frac{1}{\sqrt{2\pi}}\mathrm{e}^{-\frac{y^2}{2}}$$

由式(4.6) 可得

$$\begin{aligned}f_Z(z)&=\int_{-\infty}^{+\infty}f_X(x)f_Y(z-x)\mathrm{d}x=\int_{-\infty}^{+\infty}\frac{1}{2\pi}\mathrm{e}^{-\frac{x^2}{2}-\frac{(z-x)^2}{2}}\mathrm{d}x\\&=\frac{1}{2\pi}\mathrm{e}^{-\frac{z^2}{4}}\int_{-\infty}^{+\infty}\mathrm{e}^{-\left(x-\frac{z}{2}\right)^2}\mathrm{d}x\end{aligned}$$

令　$\dfrac{u}{\sqrt{2}}=x-\dfrac{z}{2}$，则

$$f_Z(z)=\frac{1}{\sqrt{2}\sqrt{2\pi}}\mathrm{e}^{-\frac{z^2}{4}}\int_{-\infty}^{+\infty}\frac{1}{\sqrt{2\pi}}\mathrm{e}^{-\frac{u^2}{2}}\mathrm{d}u=\frac{1}{\sqrt{2\pi}\sqrt{2}}\mathrm{e}^{-\frac{z^2}{2(\sqrt{2})^2}}$$

即　$X+Y\sim N(0,2)$。

此例说明，两个相互独立的均服从标准正态分布的随机变量之和的分布仍为正态分布。这个结论还可以推广到更一般的情形：若X_1，X_2，…，X_n相互独立且分别服从$N(\mu_i,\sigma_i^2)(i=1,2,\cdots,n)$，则$\sum\limits_{i=1}^{n}X_i\sim N\left(\sum\limits_{i=1}^{n}\mu_i,\sum\limits_{i=1}^{n}\sigma_i^2\right)$。可用数学归纳法证明。

【例 8】 设 X,Y 相互独立，均服从区间 $[1,3]$ 上的均匀分布，求 $Z=X+Y$ 的密度函数。

解 由式(2.2) 可知

$$f_X(x)=\begin{cases}\frac{1}{2}, & x\in[1,3]\\ 0, & 其他\end{cases};\quad f_Y(y)=\begin{cases}\frac{1}{2}, & y\in[1,3]\\ 0, & 其他\end{cases}$$

又因 X,Y 独立，由式(4.6) 可知

$$f_Z(z)=\int_{-\infty}^{+\infty}f_X(x)f_Y(z-x)\mathrm{d}x$$

要使 $f_X(x)f_Y(z-x)\neq 0$，当且仅当

$$\begin{cases}1\leqslant x\leqslant 3\\ 1\leqslant z-x\leqslant 3\end{cases} \quad 即 \quad \begin{cases}1\leqslant x\leqslant 3\\ z-3\leqslant x\leqslant z-1\end{cases} \qquad (图 2\text{-}9)$$

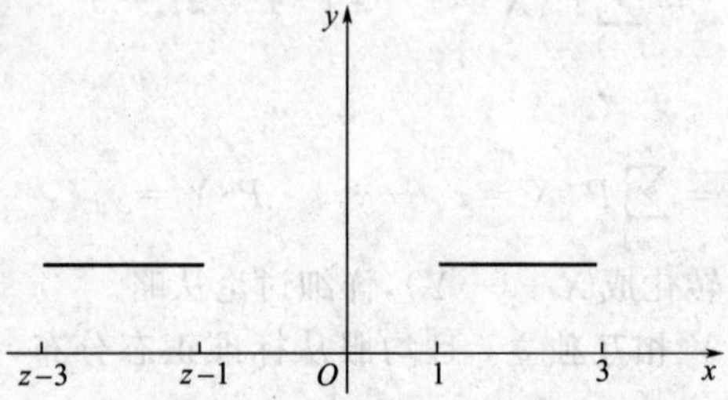

图 2-9

当 $z-1<1$ 或 $z-3\geqslant 3$，即 $z<2$ 或 $z\geqslant 6$ 时

$$f_X(x)f_Y(z-x)=0$$
$$f_Z(z)=0$$

当 $1\leqslant z-1<3$，即 $2\leqslant z<4$ 时

$$f_Z(z)=\int_1^{z-1}\frac{1}{4}\mathrm{d}x=\frac{z-2}{4}$$

当 $1\leqslant z-3<3$，即 $4\leqslant z<6$ 时

$$f_Z(z)=\int_{z-3}^{3}\frac{1}{4}\mathrm{d}z=\frac{6-z}{4}$$

总之
$$f_Z(z)=\begin{cases}0, & z<2 或 z\geqslant 6\\ \frac{z-2}{4}, & 2\leqslant z<4\\ \frac{6-z}{4}, & 4\leqslant z<6\end{cases}$$

(2) 距离分布（$Z=\sqrt{X^2+Y^2}$ 的分布）

【例 9】 设 X,Y 相互独立，均服从正态分布 $N(0,\sigma^2)$，求 $Z=\sqrt{X^2+Y^2}$ 的密度函数。

解　$$F_Z(z)=P\{\sqrt{X^2+Y^2}\leqslant z\}$$

当 $z<0$ 时，$P\{\sqrt{X^2+Y^2}\leqslant z\}=0$，故

$$F_Z(z)=0$$

当 $z\geqslant 0$ 时

$$F_Z(z)=\iint\limits_{\sqrt{x^2+y^2}\leqslant z}\frac{1}{2\pi\sigma^2}e^{\frac{-(x2+y2)}{2\sigma2}}dx\,dy=\int_0^{2\pi}d\theta\int_0^z\frac{1}{2\pi\sigma^2}e^{-\frac{r2}{2\sigma2}}r\,dr$$

$$=\frac{1}{\sigma^2}\int_0^z e^{-\frac{r2}{2\sigma2}}r\,dr=1-e^{-\frac{z2}{2\sigma2}}$$

而　$f_Z(z)=F'(z)$，所以

$$f_Z(z)=\begin{cases}\frac{z}{\sigma^2}e^{-\frac{z2}{2\sigma2}}, & z\geqslant 0\\ 0, & z<0\end{cases}$$

(3) max(X,Y)与min(X,Y)的分布

设　$M=\max(X,Y)$，　$N=\min(X,Y)$

则　$$F_M(z)=P\{\max(X,Y)\leqslant z\}=P\{X\leqslant z,Y\leqslant z\}=F(z,z)\quad(4.9)$$

$$F_N(z)=P\{\min(X,Y)\leqslant z\}=1-P\{\min(X,Y)>z\}=1-P\{X>z,Y>z\}=P\{(X\leqslant z)\cup(Y\leqslant z)\}=F_X(z)+F_Y(z)-F(z,z)\quad(4.10)$$

当 X,Y 相互独立时

$$F_M(z)=F_X(z)F_Y(z)\quad(4.11)$$

$$F_N(z)=1-[1-F_X(z)][1-F_Y(z)]=F_X(z)+F_Y(z)-F_X(z)F_Y(z)\quad(4.12)$$

此结论可推广到一般的情形：

若 $X_1,X_2,\cdots,X_n$ 相互独立，其分布函数分别为 $F_1(x),F_2(x),\cdots,F_n(x)$，则 $Z=\max(X_1,X_2,\cdots,X_n)$的分布函数为

$$F_Z(z)=F_1(z)\cdot F_2(z)\cdots F_n(z)\quad(4.13)$$

$Z=\min(X_1,X_2,\cdots,X_n)$的分布函数为

$$F_Z(z)=1-[1-F_1(z)]\cdot[1-F_2(z)]\cdots[1-F_n(z)]\quad(4.14)$$

【例 10】　设系统 L 由相互独立的两个子系统 L_1,L_2 连接而成，联接的方式分别为 (1) 串联；(2) 并联；(3) 备用（当系统 L_1 损坏时，系统 L_2 开始工作），如图 2-10 所示，设 L_1,L_2 的寿命分别为 X,Y，已知它们的密度函数分别为

$$f_X(x)=\begin{cases}\alpha e^{-\alpha x}, & x\geqslant 0,\alpha>0\\ 0, & 其他\end{cases}$$

$$f_Y(y)=\begin{cases}\beta e^{-\beta y}, & y\geqslant 0,\beta>0\\ 0, & 其他\end{cases}$$

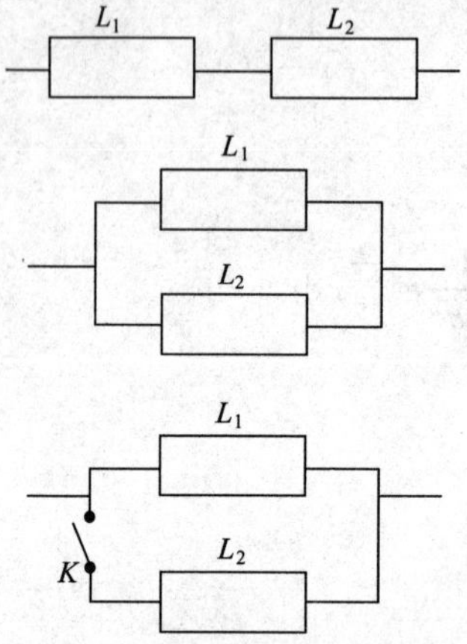

图 2-10

试分别就以上三种联接方式求出系统 L 的寿命 Z 的密度。

解 (1) 串联 L_1 与 L_2 有一个损坏，则整个系统 L 就不能正常工作。故 L 的寿命

$$Z=\min(X,Y)$$

又因 X,Y 独立，由式 (4.11) 知

$$F_Z(z)=F_X(z)+F_Y(z)-F_X(z)F_Y(z)$$

由已知条件可得

$$F_Y(z)=\begin{cases}1-\mathrm{e}^{-\beta z}, & z\geqslant 0,\ \beta>0\\ 0, & \text{其他}\end{cases}$$

$$F_X(z)=\begin{cases}1-\mathrm{e}^{-\alpha z}, & z\geqslant 0,\ \alpha>0\\ 0, & \text{其他}\end{cases}$$

故

$$F_Z(z)=\begin{cases}1-\mathrm{e}^{-(\alpha+\beta)z}, & z\geqslant 0\\ 0, & z<0\end{cases}$$

$$f_Z(z)=F'_Z(z)=\begin{cases}(\alpha+\beta)\mathrm{e}^{-(\alpha+\beta)z}, & z>0\\ 0, & z<0\end{cases}$$

(2) 并联 L_1,L_2 只要有一个不损坏，整个系统 L 就能正常工作。故 L 的寿命

$$Z=\max\{X,Y\}$$

又因 X,Y 独立，由式(4.10)知

$$F_Z(z)=F_X(z)\cdot F_Y(z)$$

所以

$$F_Z(z)=\begin{cases}1-\mathrm{e}^{-\alpha z}-\mathrm{e}^{-\beta z}+\mathrm{e}^{-(\alpha+\beta)z}, & z\geqslant 0\\ 0, & z<0\end{cases}$$

$$f_Z(z)=F'_Z(z)=\begin{cases}\alpha\mathrm{e}^{-\alpha z}+\beta\mathrm{e}^{-\beta z}-(\alpha+\beta)\mathrm{e}^{-(\alpha+\beta)z}, & z>0\\ 0, & z\leqslant 0\end{cases}$$

(3) 备用 L 的寿命 $Z=X+Y$

由式(4.6)知：

当 $z\leqslant 0$ 时，$f_X(x)f_Y(z-x)=0$，故 $f_Z(z)=0$

当 $z>0$ 时

$$f_Z(z)=\int_0^z \alpha\mathrm{e}^{-\alpha x}\beta\mathrm{e}^{-\beta(z-x)}\mathrm{d}x=\frac{\alpha\beta}{\alpha-\beta}(\mathrm{e}^{-\beta z}-\mathrm{e}^{-\alpha z})$$

总之

$$f_Z(z)=\begin{cases}\dfrac{\alpha\beta}{(\alpha-\beta)}(\mathrm{e}^{-\beta z}-\mathrm{e}^{-\alpha z}), & z>0\\ 0, & z\leqslant 0\end{cases}$$

(4) 二维联合密度函数的变量代换公式

从前面例子可以看出，在求随机向量 (X,Y) 的函数 $Z=g(X,Y)$ 的分布时，关键是设法将其转化为 (X,Y) 在一定范围内取值的形式，从而利用已知的分布求出 $Z=g(X,Y)$ 的分布。

若每一个问题都这样求，是很麻烦的。下面我们介绍一个用来求随机向量（X,Y）的函数的分布的定理。对二维情形，表述如下。

定理 4.1　设（X_1,X_2）是具有密度函数 $f(x_1,x_2)$ 的连续型二维随机变量。

① 设 $Y_1=g_1(X_1,X_2)$，$Y_2=g_2(X_1,X_2)$是 R^2 到自身的一对一的映射，即存在定义在该变换的值域上的逆变换 $X_1=h_1(Y_1,Y_2)$，$X_2=h_2(Y_1,Y_2)$；

② 假定变换和它的逆都是连续的；

③ 假定偏导数 $\partial h_i/\partial y_j$，$i=1,2$，$j=1,2$ 存在且连续；

④ 假定逆变换的雅可比行列式

$$J(y_1,y_2)=\begin{vmatrix}\partial h_1/\partial y_1 & \partial h_1/\partial y_2\\ \partial h_2/\partial y_1 & \partial h_2/\partial y_2\end{vmatrix}\neq 0$$

则 Y_1,Y_2 具有联合密度

$$w(y_1,y_2)=f(h_1(y_1,y_2),h_2(y_1,y_2))\,|J| \tag{4.15}$$

【例 11】　设（X_1，X_2）具有密度函数 f（x_1，x_2），令 $Y_1=X_1+X_2$，$Y_2=X_1-X_2$。试用 f 表示 Y_1 和 Y_2 的联合密度函数。

解　令 $y_1=x_1+x_2$，$y_2=x_1-x_2$，则逆变换为

$$x_1=\frac{y_1+y_2}{2},\ x_2=\frac{y_1-y_2}{2}$$

$$J(y_1,y_2)=\begin{vmatrix}1/2 & 1/2\\ 1/2 & -1/2\end{vmatrix}=-1/2\neq 0$$

故由式（4.15），所求密度函数为

$$w(y_1,y_2)=\frac{1}{2}f\left(\frac{y_1+y_2}{2},\ \frac{y_1-y_2}{2}\right)$$

有时，我们所求的只是一个函数 $Y_1=g_1(X_1,X_2)$ 的分布。一个办法是：引入另一个函数 $Y_2=g_2(X_1,X_2)$，使(X_1，X_2)到(Y_1，Y_2)成一一对应变换。根据定理 4.1，由式(4.14)得到(Y_1，Y_2)的联合密度函数 $w(y_1,y_2)=f(h_1(y_1,y_2),h_2(y_1,y_2))\,|J|$，最后，$Y_1$ 的密度函数由对 $w(y_1,y_2)$求边缘密度得到

$$f_{Y_1}(y_1)=\int_{-\infty}^{\infty}W(y_1,y_2)\mathrm{d}y_2$$

下面我们通过求 $Z=\dfrac{X}{Y}$来说明。

令 $Y=Y$，它们构成(x，y)到(y，z)的一对一的变换，逆变换为：$x=yz$，$y=y$，雅可比行列式为

$$J(y,z)=\begin{vmatrix}z & y\\ 1 & 0\end{vmatrix}=-y\neq 0$$

按式（4.15）得 Y 和 Z 的联合密度为 $w(y,z)=f(yz,y)\,|y|$，根据边缘

密度的公式可得

$$f_Z(z)=\int_{-\infty}^{+\infty}|y|f(yz,y)\,\mathrm{d}y$$

特别，当 X 与 Y 独立时，因为 $f(x,y)=f_X(x)\cdot f_Y(y)$，所以有

$$f_Z(z)=\int_{-\infty}^{+\infty}|y|f_X(yz)\cdot f_Y(y)\mathrm{d}y \tag{4.16}$$

【例 12】 设随机变量 X，Y 相互独立，分别有概率密度函数

$$f_X(x)=\begin{cases}\mathrm{e}^{-x}, & x>0\\ 0, & 其他\end{cases},\quad f_Y(y)=\begin{cases}2\mathrm{e}^{-2y}, & y>0\\ 0, & 其他\end{cases}$$

试求 $Z=\dfrac{X}{Y}$ 的概率密度函数。

解　将 $f_X(x)$ 与 $f_Y(y)$ 的表达式代入式(4.15)，有

当 $z>0$ 时　$f_Z(z)=\int_0^{+\infty}y\mathrm{e}^{-yz}\cdot z\mathrm{e}^{-2y}\mathrm{d}y=\int_0^{+\infty}2y\mathrm{e}^{-y(z+2)}\mathrm{d}y$

$$=\frac{2}{(2+z)^2}$$

当 $z\leqslant 0$ 时　$f_Z(z)=0$

所以　$$f_Z(z)=\begin{cases}\dfrac{2}{(2+z)^2}, & z>0\\ 0, & z\leqslant 0\end{cases}$$

习 题 二

1. 判别下列表格是否可作为某个离散型随机变量的分布律，并说明理由。

(1)

X	-1	0	1
p_k	$-1/6$	$1/2$	$2/3$

；(2)

X	-1	0	1
p_k	$1/2$	$1/3$	$1/4$

；

(3)

X	-1	0	1
p_k	$1/6$	$1/3$	$1/2$

；

(4)

X	1	2	…	n	…
p_k	$1/3$	$1/3\cdot(2/3)$	…	$\frac{1}{3}(2/3)^{n-1}$	…

(5)

X	1	2	…	n	…
p_k	$1/10$	$1/10^2$	…	$1/10^n$	…

(6)

X	0	1	…	n
p_k	$\mathrm{e}^{-\lambda}$	$\lambda\mathrm{e}^{-\lambda}$	…	$\frac{\lambda^n}{n!}\mathrm{e}^{-\lambda}$

$(\lambda>0)$

2. 一个口袋里装有七个红球，三个白球，从中任取五个球，每个球被取到的可能性相同，设 X 表示取得白球的个数，求 X 的分布律。

3. 设随机变量 $X\sim B(n,p)$，问 k 取何值时，$P\{X=k\}$ 取得最大值？

4. 设 $X\sim P(\lambda)$，且 $P\{X=2\}=P\{X=4\}$，求 λ 值。

5. 设 X 的分布律为

$$P\{X=k\}=\frac{a}{k!}\lambda^k \qquad (k=0,1,2,\cdots;\ \lambda>0)$$

(1) 求常数 a；(2) 当 k 为何值时，$P\{X=k\}$ 达到最大值？

6. 设某批电子管正品率为 3/4，次品率为 1/4，现对该批电子管进行测试。设第 X 次首次测得正品，求 X 的分布律。

7. 袋中有五个同样大小的球，编号分别为 1,2,3,4,5，从中同时任取三个球，以 X 表示取出球的最大号码，求 X 的分布律。

8. 有一繁忙的汽车站有大量汽车通过，每辆汽车在一天内出故障的概率为 0.0001，在一天内有 1000 辆汽车通过，问出事故的次数不小于 2 的概率是多少？(用泊松定理计算)

9. 设连续型随机变量 X 的密度函数为

$$f(x)=\begin{cases}a\cos x, & -\frac{\pi}{2}<x<\frac{\pi}{2}\\ 0, & \text{其他}\end{cases}$$

求常数 a，并求 X 的分布函数。

10. 设随机变量 $X\sim P(2)$，求方程 $x^2+Xx+1=0$ 有实根的概率。

11. 设连续型随机变量 X 的分布函数为

$$F(x)=\begin{cases}0, & x\leqslant 0\\ Ax^2, & 0<x\leqslant 1\\ 1, & x>1\end{cases}$$

求(1) 常数 A；(2) $P\left\{-\frac{1}{2}\leqslant X\leqslant\frac{1}{2}\right\}$；(3) X 的密度函数。

12. 判别下列函数是否可作某个连续型随机变量的密度函数，并说明理由。

(1) $f(x)=\begin{cases}e^{-3x}, & x\geqslant 0\\ 0, & \text{其他}\end{cases}$；　(2) $f(x)=\begin{cases}1/3, & 1\leqslant x\leqslant 3\\ 0, & \text{其他}\end{cases}$；

(3) $f(x)=\begin{cases}e^{x}, & x\leqslant 0\\ 0, & \text{其他}\end{cases}$；　(4) $f(x)=\frac{x}{c}e^{-\frac{x^2}{2c}}$　$(c>0,-\infty<x<+\infty)$；

(5) $f(x)=\frac{1}{\sqrt{\pi}}e^{-x^2}$　$(-\infty<x<+\infty)$；

(6) $f(x)=\frac{1}{2\sqrt{\pi}}e^{-\frac{(x+1)^2}{4}}$　$(-\infty<x<+\infty)$。

13. 判别是非，并说明理由。

(1) 若 $X\sim N(1,4)$，则 $P\{X<1\}=0.5$；

(2) 若 $X\sim N(-1,3)$，则 $P\{X\leqslant 2\}=\Phi(2)$；

(3) 若 $X\sim N(-1,3)$，则 $P\{X\leqslant 2\}=\Phi(1)$；

(4) 若 $X\sim N(-1,3)$，则 $P\{X\leqslant 2\}=\Phi(\sqrt{3})$；

(5) 若 $X\sim N(0,1)$，则 $P\{|X|\leqslant 2\}=2\Phi(2)-1$；

(6) 若 $X\sim N(-1,3)$，则 $P\{|X|\leqslant 2\}=2\Phi(2)-1$。

14. 设 X 的密度函数为

$$f(x)=a\mathrm{e}^{-(x+1)^2}\qquad(-\infty<x<+\infty)$$

（1）求常数 a；（2）$X\sim N(\mu,\sigma^2)$，μ，σ 各取什么值？

15. 设 $X\sim N(3,\ 2^2)$，求（1）$P\{2<X\leqslant5\}$；（2）$P\{-4<X\leqslant10\}$；（3）$P\{|X|>2\}$；（4）$P\{|X|<3\}$；（5）确定 c 值，使 $P\{X\geqslant c\}=P\{X<c\}$ 成立。

16. 测量误差 X 的密度函数为

$$f(x)=\frac{1}{40\sqrt{2\pi}}\mathrm{e}^{\frac{-(x-20)^2}{3200}}\qquad(-\infty<x<+\infty)$$

求（1）测量误差的绝对值不超过 30 的概率；（2）进行三次独立测量，至少有一次误差绝对值不超过 30 的概率是多少？（3）进行三次独立测量，恰有一次误差绝对值不超过 30 的概率是多少？

17. 设中国男人身高 $X\sim N(170,6^2)$，问公共汽车门高度至少为多少才能保证 99.87% 的人不碰头？(单位：cm)

18. 设 $x>0$，则对于随机变量 X，$P\left\{X>\frac{1}{x}\right\}-P\left\{\frac{1}{X}<x\right\}$ 应等于什么？

19. 一个口袋中装有四个球，标号分别为 1,2,2,3，从中先后任取两个球，第一次、第二次取出球的标号分别为 X,Y，试就放回抽样与不放回抽样两种情形分别求出（X,Y）的联合分布律、边缘分布律、条件分布律 $P\{Y=k|X=2\}$。

20. 甲、乙两人投篮，投中的概率分别为 0.6，0.7，今各投一次，投中与否是相互独立的。X,Y 分别表示甲、乙投中次数。求(1)（X,Y）的联合分布律；(2) $P\{X=Y\}$；(3) $P\{X>Y\}$。

21. 设 X,Y 相互独立，它们均服从区间 $[0,b]$ 上的均匀分布，试求方程 $x^2+Xx+Y=0$ 有实根的概率。

22.（蒲丰投针问题）横格稿纸相邻横线距为 l，针长为 a（$a<l$），任意将针投在稿纸上，试用均匀分布求针与横线相交的概率。

提示：设针中心与最近横格线距离为 X，针与横线夹角为 Φ，X,Φ 均为随机变量，（X,Φ）服从区域 $G=\{(x,\varphi)|0\leqslant x\leqslant l/2,0\leqslant\varphi\leqslant\pi\}$ 上的均匀分布，针与横线相交条件：$X\leqslant\frac{a}{2}\sin\Phi$。

23. 设（X,Y）服从区域 D 上的均匀分布，D 是由 $y=x+1$，x 轴，y 轴围成的区域，求（X,Y）的联合分布函数；边缘密度函数；* 条件密度函数；并判定 X，Y 是否独立？

24. 将一枚均匀硬币抛掷三次，以 X 表示出现正面次数，Y 表示出现正面次数与反面次数差的绝对值。求（X,Y）的联合分布律，边缘分布律。

25. 设（X,Y）的分布函数为

$$F(x,y)=A\left(B+\arctan\frac{x}{2}\right)\left(C+\arctan\frac{y}{3}\right)$$

求常数 A,B,C 及（X,Y）的密度函数。

26. 设（X,Y）在区域 $D=\{(x,y)|0<x<1,-x<y<x\}$ 内服从均匀分布，求(1) 边缘分布；* (2) 条件分布；(3) $P\left\{X>\frac{1}{2}\middle|Y>0\right\}$。

27. 设（X,Y）服从二维正态分布，其联合密度函数为 $f(x,y)=\frac{1}{200\pi}\mathrm{e}^{\frac{-(x^2+y^2)}{200}}$（$-\infty<x<+\infty,-\infty<y<+\infty$），求 $P\{X<Y\}$。

28. 一整数 n 等可能地取 $1,2,\cdots,10$ 十个数值，设 $d=d(n)$ 是能整除 n 的正整数个数，$F=F(n)$ 是能整除 n 的素数（1 不含在内）个数。试写出 d 和 F 的联合分布律、边缘分布律及

$P\{F=y|d=2\}$。

29. 已知 (X,Y) 的联合分布律为

X \ Y	1	2	3
1	1/6	1/9	1/18
2	1/3	1/a	1/b

问当 a,b 为何值时，X 与 Y 独立？并求出边缘分布律。

30. 设 (X,Y) 在单位圆内服从均匀分布，试问 X 与 Y 是否独立？* 并求其条件分布。

31. 设 (X,Y) 的密度函数为

$$f(x,y)=\begin{cases}cxy^2, & 0<x<1,\ 0<y<1\\ 0, & \text{其他}\end{cases}$$

(1) 求常数 c；(2) 证明 X 与 Y 相互独立。

32. 设 (X,Y) 在区域 D 内服从均匀分布，D 由曲线 $y=1/x$，直线 $y=0$，$x=1,x=e^2$ 所围成，求 (X,Y) 关于 X 的边缘密度在 $x=2$ 处的值。

33. 设 (X,Y) 的联合分布律为

$$P\{X=n,Y=m\}=\frac{e^{-14}7.14^m 6.86^{n-m}}{m!\,(n-m)!}\quad (m=0,1,2,\cdots,n;n=0,1,2,\cdots)$$

求(1) 边缘分布律；*(2) 条件分布律；*(3) 当 $X=20$ 时，Y 的条件分布律。

34. 设 X 的分布律为

X	-2	-1	0	1	2
p_k	1/5	1/6	1/5	1/15	11/30

求(1) $Y=1-X$ 的分布律；(2) $Y=X^2$ 的分布律。

35. 设 X 的密度函数为

$$f(x)=\begin{cases}2x, & 0<x<1\\ 0, & \text{其他}\end{cases}$$

求(1) $Y=1-X$ 的密度函数；(2) $Y=X^2$ 的密度函数。

36. 设 X 在区间(0,1)内服从均匀分布，求(1) $Y=e^X$ 的密度函数；(2) $Y=-2\ln X$的密度函数。

37. 设 $X\sim N(0,1)$，求(1) $Y=e^X$ 的密度函数；(2) $Y=|X|$的密度函数。

38. 设 X 的密度函数为

$$f(x)=\begin{cases}e^{-x}, & x\geqslant 0\\ 0, & \text{其他}\end{cases}$$

求 $Y=X^2$ 的密度函数。

39. 设 X 的密度函数为

$$f(x)=\begin{cases}\dfrac{2x}{\pi^2}, & 0<x<\pi\\ 0, & \text{其他}\end{cases}$$

求 $Y=\sin X$ 的密度函数。

40. 设(X,Y)的联合密度函数为

$$f(x,y)=\begin{cases}e^{-(x+y)}, & x\geqslant 0,y\geqslant 0\\ 0, & \text{其他}\end{cases}$$

求 $Z=X+Y$ 的密度函数。

41. 设 $X\sim N(\mu,\sigma^2)$，Y 服从 $(-\pi,\pi)$ 内的均匀分布，且 X,Y 独立，求 $Z=X+Y$ 的密度函数。

42. 设 X,Y 相互独立，其密度函数分别为

$$f_X(x)=\begin{cases}1, & 0<x<1\\ 0, & \text{其他}\end{cases}\qquad f_Y(y)=\begin{cases}e^{-y}, & y>0\\ 0, & \text{其他}\end{cases}$$

求 $Z=X-Y$ 的密度函数。

43. 设 X,Y 相互独立，分别服从参数为 λ_1,λ_2 的泊松分布，求 $Z=X+Y$ 的分布律。

44. 设 X,Y 相互独立，$X\sim B(n_1,p)$，$Y\sim B(n_2,p)$，求 $Z=X+Y$ 的分布律。

45. 设 X 与 Y 相互独立，其密度函数均为

$$f(x)=\begin{cases}\dfrac{2}{\sqrt{\pi}}e^{-x^2}, & 0<x<+\infty\\ 0, & \text{其他}\end{cases}$$

求 $Z=\sqrt{X^2+Y^2}$ 的密度函数。

46. 设 X 与 Y 相互独立，且服从同一分布，其密度函数为

$$f(x)=\begin{cases}\dfrac{1000}{x^2}, & x>1000\\ 0, & \text{其他}\end{cases}$$

求 $Z=X/Y$ 的密度函数。

47. 设 X 与 Y 相互独立且服从同一分布，其分布律为 $P\{X=k\}=p^k(1-p)^{1-k}(k=0,1)$，求(1) $Z=\max(X,Y)$的分布律；(2) $Z=\min(X,Y)$的分布律。

48. 设 X_1,X_2 相互独立，且服从同一分布，其分布律为 $P\{X_i=k\}=1/3\,(k=1,2,3;i=1,2)$。设 $X=\max(X_1,X_2)$；$Y=\min(X_1,X_2)$。求(X,Y)的联合分布律。

49. 设 X,Y 相互独立，$X\sim N(\mu_1,\sigma_1^2)$，$Y\sim N(\mu_2,\sigma_2^2)$，试证：$aX+bY\sim N(a\mu_1+b\mu_2,a^2\sigma^2+b^2\sigma^2)$（$a,b$ 不全为 0）。

50. 已知 X,Y 相互独立，且均服从同一分布，其分布律为$P\{X=k\}=p^k(1-p)^{1-k}(k=0,1;\ 0<p<1)$，问 $Z=2X$ 的分布律与 $Z=X+Y$ 的分布律是否相同？为什么？

第三章　随机变量的数字特征

随机变量的分布函数可以完整地描述随机变量的概率分布性质，但是，在许多实际问题中，很难精确地求出随机变量的分布函数；另外，有时也不需要全面掌握随机变量的概率分布，只需要知道随机变量在分布上的某些特征。例如，在评定某一地区粮食产量的水平时，在许多场合只需要知道该地区的平均亩产量；又如，在研究水稻品种优劣时，时常是关注稻穗的平均稻谷粒数；再如，当检查一批棉花的质量时，关心的不仅是棉花纤维的平均长度，而且还关心纤维长度与平均长度之差，在棉花纤维平均长度一定的情况下，这个差值越小，表示棉花质量越好。从以上这些例子可以看出，存在着一些可以表征随机变量分布特点的数值，它们虽然不能完整地刻画随机变量的概率分布，但能够描述随机变量在分布上的某些重要特征，人们将这些与随机变量的分布特点密切相关的数值统称为数字特征。

数字特征由随机变量的分布函数所确定，是分布函数某些运算的结果，它们在理论和实践上都具有重要的意义。本章将介绍随机变量常用的数字特征：数学期望、方差、相关系数和矩。

§1　数学期望

随机变量是定义在样本空间上的函数，对应于不同的样本点，随机变量的值可能不同。有时，人们希望知道随机变量的大多数取值集中在哪里，能够粗略满足这一要求的是随机变量的平均值。例如，一射手进行打靶练习，规定射入区域 e_2（图 3-1）得 2 分，射入区域 e_1 得 1 分，脱靶，即射入区域 e_0，得 0 分。射手每次射击的得分数 X 是一个随机变量，设 X 的分布律为

$$P\{X=k\}=p_k \quad (k=0,1,2)$$

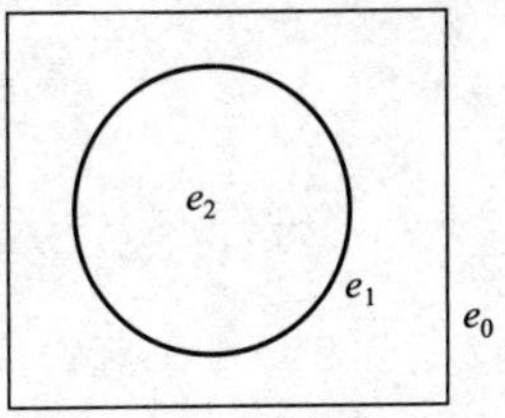

图 3-1

现在射击 X 次，其中得 k 分的有 a_k 次（$k=0,1,2$），$a_0+a_1+a_2=N$。他射击 N 次得分总和为 $a_0\times 0+a_1\times 1+a_2\times 2$。于是每次射击的平均得分数为

$$\frac{a_0\times 0+a_1\times 1+a_2\times 2}{N}=\sum_{k=0}^{2}k\cdot\frac{a_k}{N}$$

这个数值是表示得分数 X 的大多数取值的集中位置。这里的 a_k/N 是事件 $\{X=k\}$ 的频率，当 N 很大时，a_k/N 接近于事件 $\{X=k\}$ 的概率 p_k，由此引出随机变量数学期望或均值的概念。

一、离散型随机变量的数学期望

定义 1.1 设离散型随机变量 X 的分布律为

$$P\{X=x_k\}=p_k \quad (k=1,2,\cdots)$$

若级数 $\sum_{k=1}^{\infty}x_k p_k$ 绝对收敛❶，则称级数 $\sum_{k=1}^{\infty}x_k p_k$ 的和为随机变量 X 的**数学期望**（expectation），也称为 X 的分布的数学期望，记为 $E(X)$，即

$$E(X)=\sum_{k=1}^{\infty}x_k p_k \tag{1.1}$$

在不致引起误会时，可把 $E(X)$ 简写成 EX。

数学期望简称**期望**，又称为均值。

期望是随机变量取值的一个代表性位置，它表示随机变量的大多数取值都集中在期望周围。

下面推导几种重要随机变量的数学期望。

【例 1】 设 $X\sim$（0—1）分布，求 EX。

解 X 的分布律：$P\{X=k\}=p^k(1-p)^{1-k}(k=0,\ 1;\ 0<p<1)$

所以 $$EX=\sum_{k=0}^{1}k\cdot P\{X=k\}=0\cdot(1-p)+1\cdot p=p$$

【例 2】 设 $X\sim B(n,p)$，求 $E(X)$。

解 由于 $P\{X=k\}=C_n^k p^k(1-p)^{n-k} \quad (k=0,1,2,\cdots,n)$

所以
$$\begin{aligned}E(X)&=\sum_{k=0}^{n}kP\{X=k\}=\sum_{k=0}^{n}kC_n^k p^k(1-p)^{n-k}\\&=\sum_{k=1}^{n}\frac{k\cdot n!}{k!\ (n-k)!}p^k(1-p)^{n-k}\\&=\sum_{k=1}^{n}\frac{n!}{(k-1)!\ (n-k)!}p^k(1-p)^{n-k}\\&\xlongequal{\text{令 }k-1=k'}\sum_{k'=0}^{n-1}\frac{n(n-1)!\ p}{k'!\ [(n-1)-k']!}p^{k'}(1-p)^{[(n-1)-k']}\\&=np\sum_{k'=0}^{n-1}C_{n-1}^{k'}p^{k'}(1-p)^{n-1-k'}\\&=np[p+(1-p)]^{n-1}=np\end{aligned}$$

【例 3】 设 $X\sim P(\lambda)$，求 $E(X)$。

解 $$P\{X=k\}=\frac{\lambda^k e^{-\lambda}}{k!} \quad (k=0,1,2,\cdots)$$

$$E(X)=\sum_{k=0}^{\infty}kp\{X=k\}=\sum_{k=0}^{\infty}k\frac{\lambda^k e^{-\lambda}}{k!}=\sum_{k=1}^{\infty}\frac{\lambda^k e^{-\lambda}}{(k-1)!}$$

❶ $\sum_{k=1}^{\infty}x_k p_k$ 绝对收敛是为了保证 $E(X)$ 与求和的顺序无关。

$$=\lambda e^{-\lambda}\sum_{k=1}^{\infty}\frac{\lambda^{k-1}}{(k-1)!}=\lambda e^{-\lambda}e^{\lambda}=\lambda$$

可见泊松分布的参数 λ 就是 X 的数学期望。

【例 4】 设随机变量 X 服从参数为 p 的几何分布，求 EX。

解　X 的分布律：$P\{X=k\}=p(1-p)^{k-1}\quad(k=1,2,3,\cdots)$

所以
$$EX=\sum_{k=1}^{\infty}k\cdot p(1-p)^{k-1}=p\left[\frac{d}{dz}\left(\sum_{k=0}^{\infty}z^k\right)\right]_{z=1-p}$$
$$=p\left(\frac{1}{1-z}\right)'_{z=1-p}=\frac{1}{p}$$

二、连续型随机变量的数学期望

定义 1.2 设连续型随机变量 X 的密度函数为 $f(x)$，如果积分 $\int_{-\infty}^{+\infty}xf(x)dx$ 绝对收敛，则称其值为 X 的**数学期望**，记作 $E(X)$，即

$$E(X)=\int_{-\infty}^{+\infty}xf(x)dx \tag{1.2}$$

【例 5】 设 X 服从 $[a,b]$ 上的均匀分布，求 $E(X)$。

解　X 的概率密度函数为

$$f(x)=\begin{cases}\dfrac{1}{b-a}, & a\leqslant x\leqslant b\\ 0, & 其他\end{cases}$$

$$E(X)=\int_{-\infty}^{+\infty}xf(x)dx=\int_a^b\frac{x}{b-a}dx=\frac{a+b}{2}$$

它恰是区间 $[a,b]$ 的中点。

【例 6】 设 $X\sim N(\mu,\sigma^2)$，求 $E(X)$。

解　X 的分布密度为 $f(x)=\dfrac{1}{\sqrt{2\pi}\sigma}e^{-\frac{(x-\mu)^2}{2\sigma^2}}$

$$E(X)=\int_{-\infty}^{+\infty}xf(x)dx=\int_{-\infty}^{+\infty}\frac{1}{\sqrt{2\pi}\sigma}xe^{-\frac{(x-\mu)^2}{2\sigma^2}}dx$$

令 $\dfrac{x-\mu}{\sigma}=t$，则得

$$E(X)=\frac{1}{\sqrt{2\pi}}\int_{-\infty}^{+\infty}(\sigma t+\mu)e^{-\frac{t^2}{2}}dt=\frac{\mu}{\sqrt{2\pi}}\int_{-\infty}^{+\infty}e^{-\frac{t^2}{2}}dt$$
$$=\frac{\mu}{\sqrt{2\pi}}\sqrt{2\pi}=\mu$$

可见，正态分布的参数 μ 就是相应随机变量 X 的数学期望。

【例 7】 有5个相互独立工作的电子装置，它们的寿命 $X_k\,(k=1,2,3,4,5)$ 服从同一指数分布，其分布密度为

$$f(x)=\begin{cases}\dfrac{1}{\theta}e^{-x/\theta}, & x\geqslant 0\\ 0, & x<0\end{cases}\quad(\theta>0)$$

(1) 若将这 5 个电子装置串联工作组成整机，求整机寿命 N 的数学期望；

(2) 若将这 5 个电子装置并联工作组成整机，求整机寿命 M 的数学期望。

解 (1) 为求整机寿命 N 的数学期望，应先求出其分布密度。为此，要求出 N 的分布函数。由于整机是串联的，那么

$$F_N(z)=P\{N\leqslant z\}=P\{\min\{X_1,X_2,\cdots,X_5\}\leqslant z\}$$

由第二章 § 4 式(4.12)

$$F_N(z)=1-[1-F_{X_1}(z)]^5$$

又

$$F_{X_1}(x)=\begin{cases}1-e^{-\frac{x}{\theta}}, & x>0\\ 0, & x\leqslant 0\end{cases}$$

所以

$$f_N(x)=\begin{cases}\dfrac{5}{\theta}e^{-5x/\theta}, & x>0\\ 0, & x\leqslant 0\end{cases}$$

$$E(N)=\int_{-\infty}^{+\infty}xf_N(x)\mathrm{d}x=\int_0^{+\infty}\frac{5x}{\theta}e^{-5x/\theta}\mathrm{d}x=\frac{\theta}{5}$$

(2) 由于整机是并联时，整机 M 的寿命应为

$$M=\max\{X_1,X_2,X_3,X_4,X_5\}$$

$$\begin{aligned}F_M(z)&=P\{M\leqslant z\}=P\{X_1\leqslant z,X_2\leqslant z,X_3\leqslant z,X_4\leqslant z,X_5\leqslant z\}\\&=[P\{X_1\leqslant z\}]^5\quad(z>0)\end{aligned}$$

$$f_M(x)=\begin{cases}\dfrac{5}{\theta}(1-e^{-x/\theta})^4e^{-x/\theta}, & x>0\\ 0, & x\geqslant 0\end{cases}$$

$$E(M)=\int_{-\infty}^{+\infty}xf_M(x)\mathrm{d}x=\int_0^{+\infty}\frac{5x}{\theta}(1-e^{-x/\theta})^4e^{-x/\theta}\mathrm{d}x=\frac{137}{60}\theta$$

由此可知

$$\frac{E(M)}{E(N)}=\frac{137\theta/60}{\theta/5}\approx 11.4$$

这就是说，5 个电子装置并联联接工作的平均寿命是串联联接工作平均寿命的 11.4 倍。

【例 8】 按规定，某车站每天 8：00～9：00，9：00～10：00 都恰有一辆客车到站，但到站的时刻是随机的，且两者到站的时间相互独立。其规律为

到站时刻	8：10 9：10	8：30 9：30	8：50 9：50
概率	1/6	3/6	2/6

(1) 一旅客 8：00 到车站，求他候车时间的数学期望；

(2) 一旅客 8：20 到车站，求他候车时间的数学期望。

解 设旅客的候车时间为 X（以分计）。

(1) X 的分布律为

X	10	30	50
p_k	1/6	3/6	2/6

候车时间的数学期望为

$$E(X)=10\times\frac{1}{6}+30\times\frac{3}{6}+50\times\frac{2}{6}=33.33(\text{分})$$

(2) X 的分布律为

X	10	30	50	70	90
p_k	3/6	2/6	$\frac{1}{6}\times\frac{1}{6}$	$\frac{3}{6}\times\frac{1}{6}$	$\frac{2}{6}\times\frac{1}{6}$

在上表中，例如，设 A 为事件"第一班车在 8：10 到站"，设 B 为事件"第二班车在 9：30 到站"

$$P\{X=70\}=P(AB)=P(A)P(B)=\frac{3}{6}\times\frac{1}{6}$$

则候车时间的数学期望为

$$E(X)=10\times\frac{3}{6}+30\times\frac{2}{6}+50\times\frac{1}{36}+70\times\frac{3}{36}+90\times\frac{2}{36}=27.22(\text{分})$$

需要指出的是，有的随机变量的数学期望就不存在，如以

$$f(x)=\frac{1}{\pi(1+x^2)}\quad(-\infty<x<+\infty)$$

为分布密度的随机变量 X 的数学期望就不存在，这是因为积分 $\int_{-\infty}^{+\infty}xf(x)\mathrm{d}x$ 发散的缘故。

数学期望有一个力学解释：设质量为 1 的物质分布在 Ox 轴上，其线密度为 $f(x)$，由于

$$\int_{-\infty}^{+\infty}xf(x)\mathrm{d}x=\frac{\int_{-\infty}^{+\infty}xf(x)\mathrm{d}x}{\int_{-\infty}^{+\infty}f(x)\mathrm{d}x}$$

所以，数学期望 $E(X)$ 表示质量中心的坐标，它是质量系统的集中位置。

三、随机变量函数的数学期望的计算公式

实际问题中也往往需要求随机变量的函数的数学期望。

定理 1.1 设 Y 是随机变量 X 的函数：$Y=g(X)$（g 是连续函数）。

(1) 若 X 是离散型随机变量，它的分布律为 $p_k=P\{X=x_k\}$ $(k=1,2,\cdots)$，且 $\sum_{k=1}^{\infty}g(x_k)p_k$ 绝对收敛，则有

$$E(Y)=E[g(X)]=\sum_{k=1}^{\infty}g(x_k)p_k \tag{1.3}$$

(2) 若 X 是连续型随机变量，它的分布密度为 $f(x)$，且 $\int_{-\infty}^{+\infty} g(x)f(x)\mathrm{d}x$ 绝对收敛，则有

$$E(Y)=E[g(X)]=\int_{-\infty}^{+\infty} g(x)f(x)\mathrm{d}x \tag{1.4}$$

定理的重要意义在于求 $E(Y)$时，不必先求 Y 的分布而只需知道 X 的分布就可以了。定理的证明超出了本书的范围。

上述定理还可以推广到两个或两个以上随机变量的函数的情况。例如，设 Z 是随机变量 X,Y 的函数 $Z=g(X,Y)$ （g 是连续函数），那么，Z 也是一个随机变量。

(1) 设(X,Y)为二维离散型随机变量，且 $P\{X=x_i,Y=y_j\}=p_{ij}\,(i,j=1,2,\cdots)$，如果 $\sum\limits_{i,j} g(x_i,y_j)p_{ij}$ 绝对收敛，则有

$$E(Z)=E[g(X,Y)]=\sum_{j=1}^{\infty}\sum_{i=1}^{\infty} g(x_i,y_j)p_{ij} \tag{1.5}$$

(2) 设二维连续型随机变量(X,Y)的分布密度为 $f(x,y)$，如果

$$\int_{-\infty}^{+\infty}\int_{-\infty}^{+\infty} g(x,y)f(x,y)\mathrm{d}x\mathrm{d}y$$

绝对收敛，则有

$$E(Z)=E[g(X,Y)]=\int_{-\infty}^{+\infty}\int_{-\infty}^{+\infty} g(x,y)f(x,y)\mathrm{d}x\mathrm{d}y \tag{1.6}$$

【例 9】 设随机变量 X 的分布律为

X	-1	0	3
p_k	0.2	0.7	0.1

求 $E(X)$，$E(X^2)$，$E(3X-1)$。

解 列出下表

X	-1	0	3
p_k	0.2	0.7	0.1
X^2	1	0	9
$3X-1$	-4	-1	8

显然
$$E(X)=-1\times0.2+0\times0.7+3\times0.1=0.1$$
$$E(X^2)=1\times0.2+0\times0.7+9\times0.1=1.1$$
$$E(3X-1)=-4\times(0.2)+(-1)\times0.7+8\times0.1=-0.7$$

【例 10】 设随机变量的分布密度为

$$f(x)=\begin{cases}\dfrac{3}{8}x^2, & 0<x<2\\ 0, & \text{其他}\end{cases}$$

求 $E\left(\dfrac{1}{X^2}\right)$。

解 $E\left(\dfrac{1}{X^2}\right)=\int_{-\infty}^{+\infty}\dfrac{1}{x^2}f(x)\mathrm{d}x=\int_0^2\dfrac{1}{x^2}\cdot\dfrac{3}{8}x^2\mathrm{d}x=\dfrac{3}{4}$

【例 11】 设(X,Y)的联合分布为

X \ Y	1	2	3
−1	0.2	0.1	0
0	0.1	0	0.3
1	0.1	0.1	0.1

当 $Z=(X-Y)^2$ 时，求 $E(Z)$。

解 先列出下表

(X,Y)	$(-1,1)$	$(-1,2)$	$(-1,3)$	$(0,1)$	$(0,2)$	$(0,3)$	$(1,1)$	$(1,2)$	$(1,3)$
p	0.2	0.1	0	0.1	0	0.3	0.1	0.1	0.1
$(X-Y)^2$	4	9	16	1	4	9	0	1	4

$$E(Z)=E(X-Y)^2$$
$$=4\times0.2+9\times0.1+16\times0+1\times0.1+4\times0+9\times0.3+0\times0.1+1\times0.1+4\times0.1$$
$$=5$$

【例 12】 设(X,Y)的分布密度为

$$f(x,y)=\begin{cases}12y^2, & 0\leqslant y\leqslant x\leqslant 1\\ 0, & \text{其他}\end{cases}$$

求 $E(X^2+Y^2)$。

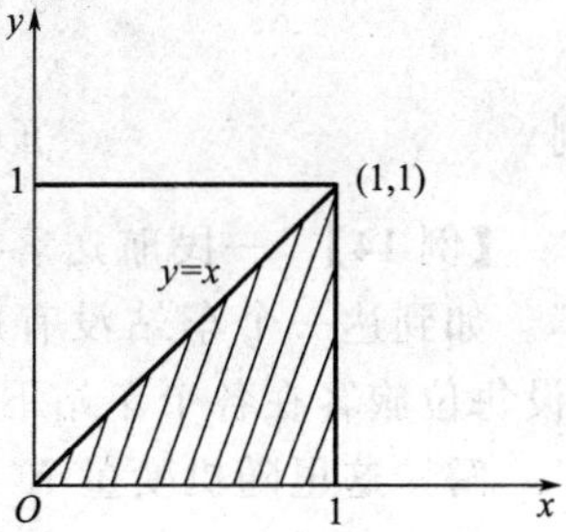

图 3-2

解 $f(x,y)$不等于 0 的区域为右图 3-2 划虚线的三角域，则

$$E(X^2+Y^2)=\int_{-\infty}^{+\infty}\int_{-\infty}^{+\infty}(x^2+y^2)f(x,y)\mathrm{d}x\mathrm{d}y$$
$$=\int_0^1\mathrm{d}x\int_0^x(x^2+y^2)12y^2\mathrm{d}y=\frac{16}{15}$$

四、数学期望的性质

下面介绍数学期望的几个重要性质（以下都假设数学期望存在）。

(1) 设C是常数，则有 $E(C)=C$。

(2) 设 X 是一个随机变量，C 是常数，则有

$$E(CX)=CE(X)$$

(3) 设 X、Y 是两个随机变量，则有

$$E(X+Y)=E(X)+E(Y)$$

(4) 设 X,Y 是相互独立的随机变量，则有

$$E(XY)=E(X)E(Y)$$

性质（3）（4）可以推广到有限个相互独立的随机变量的情况。

证 仅对连续型随机变量情况，证明(3)和(4)[1]：设二维随机变量(X,Y)的联合概率密度函数为$f(x,y)$，其边缘密度为$f_X(x)$，$f_Y(y)$，由本节式(1.6)可知

$$\begin{aligned}E(X+Y)&=\int_{-\infty}^{+\infty}\int_{-\infty}^{+\infty}(x+y)f(x,y)\mathrm{d}x\mathrm{d}y\\&=\int_{-\infty}^{+\infty}\int_{-\infty}^{+\infty}xf(x,y)\mathrm{d}x\mathrm{d}y+\int_{-\infty}^{+\infty}\int_{-\infty}^{+\infty}yf(x,y)\mathrm{d}x\mathrm{d}y\\&=E(X)+E(Y)\end{aligned}$$

又若X和Y相互独立，此时

$$f(x,y)=f_X(x)f_Y(y)$$

则

$$\begin{aligned}E(XY)&=\int_{-\infty}^{+\infty}\int_{-\infty}^{+\infty}xyf_X(x)f_Y(y)\mathrm{d}x\mathrm{d}y\\&=\left[\int_{-\infty}^{+\infty}xf_X(x)\mathrm{d}x\right]\left[\int_{-\infty}^{+\infty}yf_Y(y)\mathrm{d}y\right]\\&=E(X)E(Y)\end{aligned}$$

【例 13】 两台同样自动记录仪，每台无故障工作的时间服从参数为 5 的指数分布，首先开动其中一台，当其发生故障时停用而另一台自行开动，试求两台记录仪无故障工作的总时间T的数学期望。

解 设第一、二台无故障工作的时间分别为T_1,T_2，总的无故障工作时间为T，则$T=T_1+T_2$，且$E(T)=E(T_1+T_2)=E(T_1)+E(T_2)$。我们知道

$$f_{T_1}(t)=f_{T_2}(t)=\begin{cases}5\mathrm{e}^{-5t}, & t\geqslant 0,\\0, & t<0,\end{cases}$$

则

$$E(T)=2\int_0^{+\infty}t5\mathrm{e}^{-5t}\mathrm{d}t=\frac{2}{5}$$

【例 14】 一民航送客车载有20位旅客自机场开出，旅客有 10 个车站可以下车。如到达一个车站没有旅客下车就不停车。以X表示停车的次数，求$E(X)$（设每位旅客在各个车站下车是等可能的，并设各旅客是否下车相互独立）。

解 这里随机变量X较复杂。引入随机变量

$$X_i=\begin{cases}0, & \text{在第 } i \text{ 站没有人下车}\\1, & \text{在第 } i \text{ 站有人下车}\end{cases}\quad(i=1,2,\cdots,10)$$

则有

$$X=X_1+X_2+\cdots+X_{10}$$

按题意，任一旅客在第i站不下车的概率为 9/10，因此 20 位旅客都不在第i站下车的概率为$\left(\frac{9}{10}\right)^{20}$，在第$i$站有人下车的概率为$1-\left(\frac{9}{10}\right)^{20}$，也就是

$$P\{X_i=0\}=\left(\frac{9}{10}\right)^{20},\ P\{X_i=1\}=1-\left(\frac{9}{10}\right)^{20}\quad(i=1,2,\cdots,10)$$

所以

$$E(X_i)=1-\left(\frac{9}{10}\right)^{20}\quad(i=1,2,\cdots,10)$$

---

[1] 离散型随机变量的情况的证明，只需将“积分”换用“和式”。

则 $$E(X)=E(X_1+X_2+\cdots+X_{10})=E(X_1)+E(X_2)+\cdots+E(X_{10})$$
$$=10\left[1-\left(\frac{9}{10}\right)^{20}\right]=8.784\ (\text{次})$$

§2 方　差

一、方差的定义

有两批钢筋，每批各 10 根，它们的抗拉强度指标如下：

第一批　115，120，120，120，120，125，130，130，135，135；

第二批　90，100，105，120，125，135，135，135，145，160。

它们的平均抗拉强度都是 125。但是，质量要求抗拉强度指标不低于 115。那么，第二批钢筋的抗拉强度指标较差：其一取值较分散，抗拉强度指标有的较大，有的较小，与其均值偏差较大；其二，不合格的根数较多，实用价值差。

可见，只靠期望值（平均值）还不足以说明随机变量的分布特征，还必须研究随机变量取值与其平均值的偏离程度。

定义 2.1　设 X 是一个随机变量，若 $E[X-E(X)]^2$ 存在，则称 $E[X-E(X)]^2$ 为 X 的**方差**（variance，dispersion），记为 $\mathrm{var}(X)$（或 $\sigma^2(X)$），即

$$\mathrm{var}(X)=E[X-E(X)]^2 \tag{2.1}$$

在应用上还需要引入与随机变量 X 具有相同量纲的量 $\sqrt{\mathrm{var}(X)}$（或 $\sigma(X)$），称其为**标准差**。

关于随机变量的数学期望（平均值）有一重要结果：设 k 为任一实数，随机变量 X 关于 k 的平方误差的均值 $E(X-k)^2$ 可视为 k 的函数，记作 $f(k)$，即 $f(k)=E(X-k)^2$，可以证明，当 $k=EX$ 时，$f(k)$ 达到最小值 $f(EX)=E(X-EX)^2$，这个最小值恰好是 X 的方差，证明过程由读者自行完成。

这个极值等式的概率意义是，若欲用一个实数集中代表一个随机变量，则随机变量的数学期望是最理想的。这再一次说明了数学期望表示了随机变量取值的集中位置，而方差，则表示了随机变量的取值相对于它的数学期望的集中程度。具体而言，若随机变量的取值比较集中在其数学期望附近，则它的方差较小；反之，若取值相对于数学期望比较分散，则方差较大。

二、方差的计算公式

由定义知，方差实际上就是随机变量 X 的函数 $g(X)=[X-E(X)]^2$ 的数学期望，于是对于离散型随机变量 X，设其分布律为

$$P\{X=x_k\}=p_k\quad(k=1,2,3,\cdots)$$

则
$$\mathrm{var}(X)=\sum_{k=1}^{\infty}[x_k-E(X)]^2p_k \tag{2.2}$$

对于连续型随机变量 X，设其分布密度为 $f(x)$，则

$$\operatorname{var}(X)=\int_{-\infty}^{+\infty}[x-E(X)]^2 f(x)\mathrm{d}x \tag{2.3}$$

计算方差，往往使用下面公式

$$\operatorname{var}(X)=E(X^2)-[E(X)]^2 \tag{2.4}$$

证明　由方差的定义及数学期望的性质有

$$\begin{aligned}\operatorname{var}(X)&=E[X-E(X)]^2=E\{X^2-2XE(X)+[E(X)]^2\}\\&=E(X^2)-2E(X)E(X)+[E(X)]^2\\&=E(X^2)-[E(X)]^2\end{aligned}$$

下面推导几种重要的随机变量的方差。

【例 1】　设 $X\sim P(\lambda)$，求 $\operatorname{var}(X)$。

解　$P\{X=k\}=\dfrac{\lambda^k e^{-\lambda}}{k!}\quad(k=0,1,2,\cdots;\lambda>0)$

我们已知 $E(X)=\lambda$，下面计算 $E(X^2)$

$$\begin{aligned}E(X^2)&=E[X(X-1)+X]=E[X(X-1)]+E(X)\\&=\sum_{k=0}^{\infty}k(k-1)\frac{\lambda^k}{k!}e^{-\lambda}+\lambda=\lambda^2 e^{-\lambda}\sum_{k=2}^{\infty}\frac{\lambda_{k-2}}{(k-2)!}+\lambda\\&=\lambda^2 e^{\lambda}e^{-\lambda}+\lambda=\lambda^2+\lambda\end{aligned}$$

$$\operatorname{var}(X)=E(X^2)-[E(X)]^2=\lambda^2+\lambda-\lambda^2=\lambda$$

由此可知，对于服从泊松分布的随机变量的期望与方差都等于参数 λ，因为泊松分布只含有一个参数 λ，因此只要知道它的数学期望或方差就能完全确定它的分布了。

【例 2】　设 X 在 (a,b) 上服从均匀分布，求 $\operatorname{var}(X)$。

解　因为 X 的分布密度为

$$f(x)=\begin{cases}\dfrac{1}{b-a}, & a<x<b\\ 0, & \text{其他}\end{cases}$$

我们已知 $E(X)=\dfrac{a+b}{2}$，利用方差的计算公式，则有

$$\begin{aligned}\operatorname{var}(X)&=E(X^2)-[E(X)]^2=\int_a^b x^2\frac{1}{b-a}\mathrm{d}x-\left(\frac{a+b}{2}\right)^2\\&=\frac{(b-a)^2}{12}\end{aligned}$$

【例 3】　设 $X\sim N(\mu,\sigma^2)$，求 $\operatorname{var}(X)$。

解　X 的概率密度为

$$f(x)=\frac{1}{\sqrt{2\pi}\sigma}e^{-\frac{(x-\mu)2}{2\sigma2}}\quad(\sigma>0;-\infty<x<+\infty)$$

$$\operatorname{var}(X)=\int_{-\infty}^{+\infty}(x-\mu)^2 f(x)\mathrm{d}x=\frac{1}{\sqrt{2\pi}\sigma}\int_{-\infty}^{+\infty}(x-\mu)^2 e^{-\frac{(x-\mu)2}{2\sigma2}}\mathrm{d}x$$

令$\frac{x-\mu}{\sigma}=t$，得

$$\operatorname{var}(X)=\frac{\sigma^2}{\sqrt{2\pi}}\int_{-\infty}^{+\infty}t^2\mathrm{e}^{-\frac{t^2}{2}}\mathrm{d}t=\frac{\sigma^2}{\sqrt{2\pi}}\left(\left[-\ t\mathrm{e}^{-\frac{t^2}{2}}\right]_{-\infty}^{+\infty}+\int_{-\infty}^{+\infty}\mathrm{e}^{-\frac{t^2}{2}}\mathrm{d}t\right)$$

$$=0+\frac{\sigma^2}{\sqrt{2\pi}}\sqrt{2\pi}=\sigma^2$$

由本章§1例4知，若$X\sim N(\mu,\sigma^2)$，则$E(X)=\mu$，现又推得$\operatorname{var}(X)=\sigma^2$，这说明正态分布的随机变量完全由它的数学期望和方差所确定。

设随机变量X存在数学期望$E(X)$与方差$\operatorname{var}(X)$，则随机变量

$$X^*=\frac{X-E(X)}{\sqrt{\operatorname{var}(X)}} \tag{2.5}$$

称为随机变量X的标准化，显然它满足

$$E(X^*)=0,\ \operatorname{var}(X^*)=1$$

例如，若$X\sim N(\mu,\sigma^2)$，则$X^*=\frac{X-\mu}{\sigma}\sim N(0,1)$。

在实际应用中，一般随机变量都具有度量的单位，为了摆脱度量单位对处理过程及其结果的影响，可以通过式(2.5)标准化，得到无量纲的标准化随机变量X^*。

为了使方差能够更准确地描述随机变量的取值相对于它的数学期望（均值）的分散程度（集中程度的对立面），应该考虑单位均值上的标准差，即$\frac{\sqrt{\operatorname{var}(X)}}{E(X)}$，它与随机变量$X$的单位无关。

定义 2.2　设X是一个随机变量，若$E(X)$和$\operatorname{var}(X)$存在，则称$\frac{\sqrt{\operatorname{var}(X)}}{E(X)}$为$X$的变异系数（coefficient of variation），记作$CV(X)$，即

$$CV(X)=\frac{\sqrt{\operatorname{var}(X)}}{E(X)} \tag{2.6}$$

三、方差的性质

下面介绍方差的几个重要性质（以下假设随机变量方差存在）。

(1) 设C是常数，则$\operatorname{var}(C)=0$。

(2) 设X是随机变量，C是常数，则有$\operatorname{var}(CX)=C^2\operatorname{var}(X)$。

(3) 设X，Y是两个相互独立的随机变量，则

$$\operatorname{var}(X+Y)=\operatorname{var}(X)+\operatorname{var}(Y)$$

(4) $\operatorname{var}(X)=0$的充分必要条件是X以概率1取常数C，即

$$P\{X=C\}=1$$

显然，这里$C=E(X)$。证略。

下面只证明(3)。

$$\begin{aligned}\operatorname{var}(X+Y)&=E\{[(X+Y)-E(X+Y)]^2\}\\&=E\{[(X-E(X))+(Y-E(Y))]^2\}\\&=E\{[X-E(X)]\}^2+E\{[Y-E(Y)]\}^2\\&\quad+2E\{[X-E(X)][Y-E(Y)]\}\end{aligned}$$

由于 X,Y 相互独立，$X-E(X)$与$Y-E(Y)$也相互独立，由数学期望的性质知

$$\begin{aligned}E\{[X-E(X)][Y-E(Y)]\}&=E[X-E(X)]E[Y-E(Y)]\\&=[E(X)-E(X)][E(Y)-E(Y)]\\&=0\end{aligned}$$

所以
$$\operatorname{var}(X+Y)=\operatorname{var}(X)+\operatorname{var}(Y)$$

这一性质可以推广到有限个相互独立的随机变量的情况。

需要指出的是，相互独立的随机变量之和的方差，等于各随机变量方差之和这一结论，是方差的一条极为重要的性质，称为方差的可加性。与均值的可加性(随机变量之和的均值，等于各随机变量均值之和)相比较，方差的可加性要求各随机变量相互独立，而均值的可加性不需要任何独立性条件。

【例 4】 设 $X\sim B(n,p)$，求 $\operatorname{var}(X)$

解 设 X_i 的分布律为

X_i	1	0
p_k	p	$1-p$

$(0<p<1,\ i=1,2,\cdots,n)$

且 $X_1,X_2,\cdots,X_n$ 相互独立。由第二章§4 例 5 知，二项分布可看成 n 个相互独立的且服从同一(0—1)分布的随机变量之和，即 $X=\sum_{i=1}^{n}X_i$，则

$$\begin{aligned}\operatorname{var}(X)&=\operatorname{var}\left(\sum_{i=1}^{n}X_i\right)=\sum_{i=1}^{n}\operatorname{var}(X_i)\\&=\sum_{i=1}^{n}[E(X_i^2)-(E(X_i))^2]=\sum_{i=1}^{n}(p-p^2)=np(1-p)\end{aligned}$$

§3 矩、协方差和相关系数

一、矩

矩是随机变量重要的数字特征之一，前面讨论的数学期望和方差都是矩的特例。在数理统计中，将会看到矩的应用。

定义 3.1 设 X 为一随机变量，若 $E(X^k)(k=1,2,\cdots)$存在，称它为 X 的 **k 阶原点矩**，记为 α_k(简称 **k 阶矩**)，即 $\alpha_k=E(X^k)(k=1,2,\cdots)$。

显然，X 的数学期望就是 X 的一阶原点矩。

定义 3.2 设 X 为一随机变量，若

$$\mu_k=E[X-E(X)]^k\quad(k=1,2,\cdots)$$

存在，则称 μ_k 为 X 的 **k 阶中心矩。**

显然，X 的方差就是 X 的二阶中心矩。

定义 3.3　设 X 为一随机变量，若 μ_k $(k=1,2,3,4)$ 存在，

$$\frac{\mu_3}{\mu_2^{\frac{3}{2}}}=\frac{E[X-E(X)]^3}{[\mathrm{var}(X)]^{\frac{3}{2}}}$$

称为随机变量 X 的偏度系数（skewness），记为 $\gamma(X)$，即

$$\gamma(X)=\frac{E[X-E(X)]^3}{[\mathrm{var}(X)]^{\frac{3}{2}}}$$

$$\frac{\mu_4}{\mu_2^2}-3=\frac{E[X-E(X)]^4}{[\mathrm{var}(X)]^2}-3$$

称为随机变量 X 的峰度系数（kurtosis），记为 κ (X)，即

$$\kappa(X)=\frac{E[X-E(X)]^4}{[\mathrm{var}(X)]^2}-3$$

$\gamma(X)$ 与 $\kappa(X)$ 均为无量纲的量。偏度系数 $\gamma(X)$ 度量了随机变量 X 的分布关于其均值 $E(X)$ 的不对称程度；峰度系数 $\kappa(X)$ 度量了随机变量 X 的分布与正态分布相比较的平坦程度。不难求得，对于正态随机变量 X，有 $\gamma(X)=0$，$\kappa(X)=0$。

二、协方差与相关系数

对于二维随机变量 (X,Y)，除了讨论 X 与 Y 的数学期望和方差外，还需要讨论描述 X 与 Y 之间相互关系的数字特征。

在证明方差性质（3）中，如果两个随机变量 X 和 Y 相互独立时，则有

$$E\{[X-E(X)][Y-E(Y)]\}=0$$

反之，若 $E\{[X-E(X)][Y-E(Y)]\}\neq 0$，则 X 与 Y 不相互独立，这意味着 X 与 Y 之间存在着一定的关系。

定义 3.4　设 (X,Y) 为二维随机变量，若 $E\{[X-E(X)][Y-E(Y)]\}$ 存在，则称它为 X 与 Y 的**协方差**，记为 $\mathrm{Cov}(X,Y)$，即

$$\mathrm{Cov}(X,Y)=E\{[X-E(X)][Y-E(Y)]\}$$

而

$$\rho_{XY}=\frac{\mathrm{Cov}(X,Y)}{\sqrt{\mathrm{var}(X)}\sqrt{\mathrm{var}(Y)}}$$

称为随机变量 X 与 Y 的**相关系数。**

ρ_{XY} 是一个无量纲的量，通常简记为 ρ。

对协方差我们有下列两个常用公式

$$\mathrm{var}(X+Y)=\mathrm{var}(X)+\mathrm{var}(Y)+2\mathrm{Cov}(X,Y) \tag{3.1}$$

$$\mathrm{Cov}(X,Y)=E(XY)-E(X)E(Y) \tag{3.2}$$

协方差具有下列性质：

(1) $\mathrm{Cov}(X,Y)=\mathrm{Cov}(Y,X)$；

(2) $\mathrm{Cov}(aX,bY)=ab\mathrm{Cov}(X,Y)$　(a,b 为常数)；

(3) $\mathrm{Cov}(X_1+X_2,Y)=\mathrm{Cov}(X_1,Y)+\mathrm{Cov}(X_2,Y)$。

下面推导 ρ_{XY} 的两条重要性质，并说明 ρ_{XY} 的意义。

(1) $|\rho_{XY}|\leqslant 1$；

(2) 若 X 与 Y 相互独立，则 $\rho_{XY}=0$；

(3) $|\rho_{XY}|=1$ 的充分必要条件是 X 与 Y 依概率 1 线性相关，即存在两个常数 a 和 b，且 $b\neq 0$，使 $P\{Y=bX+a\}=1$。

证 (1) $E\left\{\left[\dfrac{X-E(X)}{\sqrt{\mathrm{var}(X)}}\pm\dfrac{Y-E(Y)}{\sqrt{\mathrm{var}(Y)}}\right]^2\right\}=1\pm 2\rho(X,Y)+1\geqslant 0$

即得 $-1\leqslant\rho(X,Y)\leqslant 1$，所以 $|\rho(X,Y)|\leqslant 1$。

(2) 当 X 与 Y 相互独立时，$\mathrm{Cov}(X,Y)=0$，则 $\rho_{XY}=0$。

(3) 如证(3)先分析均方误差

$$\mathrm{e}=E[Y-(bX+a)]^2=E(Y^2)+b^2E(X^2)+a^2-2bE(XY)+2abE(X)-2aE(Y) \tag{3.3}$$

若 $|\rho_{XY}|=1$，欲证存在 a 和 b 使成立 $P\{Y=aX+b\}=1$，先选择 a 和 b 使 e 取到最小。由

$$\begin{cases}\dfrac{\partial e}{\partial a}=2a+2bE(X)-2E(Y)=0\\[2ex]\dfrac{\partial e}{\partial b}=2bE(X^2)-2E(XY)+2aE(X)=0\end{cases}$$

解得驻点 $\qquad b_0=\dfrac{\mathrm{Cov}(X,Y)}{\mathrm{var}(X)}$

$$a_0=E(Y)-b_0E(X)=E(Y)-E(X)\frac{\mathrm{Cov}(X,\ Y)}{\mathrm{var}(X)}$$

将 a_0，b_0 代入式(3.3)得

$$\begin{aligned}\min_{a,\ b}E\{[Y-(a+bX)]^2\}&=E\{[Y-(a_0+b_0X)]^2\}\\&=(1-\rho_{XY}^2)\mathrm{var}(Y)\end{aligned}$$

由假设 $\rho_{XY}=1$ 知

$$E\{[Y-(a_0+b_0X)]^2\}=0$$

由方差的计算公式(2.4)，得

$$\begin{aligned}0&=E\{[Y-(a_0+b_0X)]^2\}\\&=\mathrm{var}[Y-(a_0+b_0X)]+\{E[Y-(a_0+b_0X)]\}^2\end{aligned}$$

因此有

$$\mathrm{var}[Y-(a_0+b_0X)]=0$$

$$E[Y-(a_0+b_0X)]=0$$

由方差的性质(4)可知：$P\{Y-(a_0+b_0X)=0\}=1$，即

$$P\{Y=a_0+b_0X\}=1$$

反之，若存在 a^* 和 b^* 使

$$P\{Y=a^*+b^*X\}=1$$

也即

$$P\{Y-(a^*+b^*X)=0\}=1$$

那么

$$P\{[Y-(a^*+b^*X)]^2=0\}=1$$

由方差性质(4)可知(其中 $C=0$)

$$E\{[Y-(a^*+b^*X)]^2\}=0$$

于是 $$0=E\{[Y-(a^*+b^*X)]^2\}\geqslant\min_{a,b}E\{[Y-(a+bX)]^2\}$$

$$=E\{[Y-(a_0+b_0X)]^2\}=(1-\rho_{XY}^2)\mathrm{var}(Y)$$

则得 $$|\rho_{XY}|=1$$

从以上的讨论中可以看出，当 $|\rho_{XY}|$ 较大时 e 较小，表明 X,Y 线性关系较密切，特别当 $|\rho_{XY}|=1$ 时，X 与 Y 之间以概率 1 存在着线性关系。于是 ρ_{XY} 是一个可以用来描述 X 与 Y 之间线性关系密切程度的量。换而言之，当 $|\rho_{XY}|$ 较大时，通常说 X,Y 线性相关的程度较好；当 $|\rho_{XY}|$ 较小时，反映 X 与 Y 线性相关的程度较差。特别当 $\rho_{XY}=0$ 时，称 X 和 Y **不相关**。

应当指出，在 ρ_{XY} 存在的条件下，若 X 和 Y 相互独立，则 X 与 Y 必不相关，因为此时 $\mathrm{Cov}(X,Y)=0$，$\rho_{XY}=0$；但是 X 与 Y 不相关，X 和 Y 却不一定相互独立，这是因为随机变量 X 与 Y 不存在线性关系，并不说明 X 与 Y 不存在其他关系。

【例 1】 设二维随机变量(X,Y)的概率密度为

$$f(x,y)=\begin{cases}\dfrac{1}{\pi}, & x^2+y^2\leqslant 1\\ 0, & 其他\end{cases}$$

试验证 X 和 Y 不相关，但 X 和 Y 不是相互独立的。

证 由图 3-3 知除在闭单位圆上 $f(x,y)=\dfrac{1}{\pi}$，其他处 $f(x,y)\equiv 0$，那么

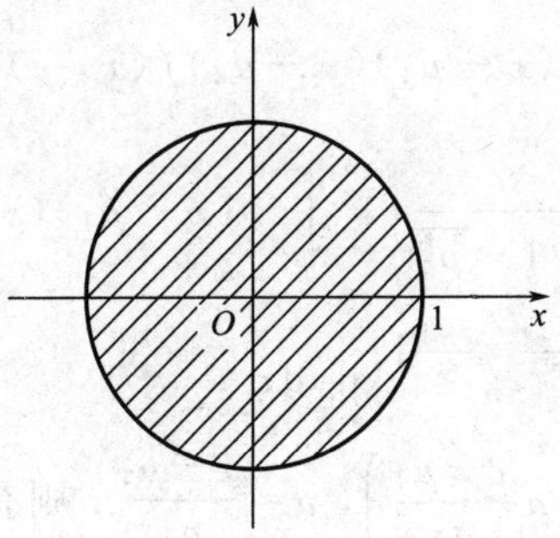

图 3-3

$$f_X(x)=\int_{-\infty}^{+\infty}f(x,y)\mathrm{d}y=\int_{-\sqrt{1-x^2}}^{\sqrt{1-x^2}}\frac{1}{\pi}\mathrm{d}x=\frac{2}{\pi}\sqrt{1-x^2}\qquad(|x|\leqslant 1)$$

同理 $$f_Y(y)=\frac{2}{\pi}\sqrt{1-y^2}\quad(|y|\leqslant 1)$$

$$E(X)=\int_{-\infty}^{+\infty}xf_X(x)\mathrm{d}x=\int_{-1}^{1}\frac{2x}{\pi}\sqrt{1-x^2}\,\mathrm{d}x=0$$

同理 $$E(Y)=0$$

另外
$$E(XY)=\int_{-\infty}^{+\infty}\int_{-\infty}^{+\infty}xyf(x,\ y)\mathrm{d}x\mathrm{d}y$$
$$=\int_{-1}^{1}x\mathrm{d}x\int_{\sqrt{1-x^2}}^{\sqrt{1-x^2}}y\ \frac{1}{\pi}\mathrm{d}y=0$$
所以
$$\mathrm{Cov}(X,Y)=E(XY)-E(X)E(Y)=0$$
即
$$\rho_{XY}=0$$

这说明随机变量 X 与 Y 不相关，显然 $f(x,\ y)\neq f_X(x)f_Y(y)$，这说明 X 和 Y 不相互独立。

但是当(X,Y)服从二维正态分布时，X 和 Y 相互独立与 X 和 Y 互不相关是等价的。

【例 2】 设(X,Y)服从二维正态分布，它的分布密度为

$$f(x,y)=\frac{1}{2\pi\sigma_1\sigma_2\sqrt{1-\rho^2}}\mathrm{e}^{\left\{\frac{-1}{2(1-\rho^2)}\left[\frac{(x-\mu_1)^2}{\sigma_1^2}-2\rho\frac{(x-\mu_1)(x-\mu_2)}{\sigma_1\sigma_2}+\frac{(y-\mu_2)^2}{\sigma_2^2}\right]\right\}}$$

求 $\rho(X,Y)$。

解 由第二章§3 例 6 知(X,Y)的边缘概率密度为

$$f_X(x)=\frac{1}{\sqrt{2\pi}\sigma_1}\mathrm{e}^{-\frac{(x-\mu_1)^2}{2\sigma_1^2}}\quad(-\infty<x<+\infty)$$

$$f_Y(y)=\frac{1}{\sqrt{2\pi}\sigma_2}\mathrm{e}^{-\frac{(y-\mu_2)^2}{2\sigma_2^2}}\quad(-\infty<y<+\infty)$$

故得 $E(X)=\mu_1$，$\mathrm{var}(X)=\sigma_1^2$；$E(Y)=\mu_2$，$\mathrm{var}(Y)=\sigma_2^2$。另外

$$\mathrm{Cov}(X,Y)=\int_{-\infty}^{+\infty}\int_{-\infty}^{+\infty}(x-\mu_1)(y-\mu_2)f(x,\ y)\mathrm{d}x\mathrm{d}y$$
$$=\frac{1}{2\pi\sigma_1\sigma_2\sqrt{1-\rho^2}}\int_{-\infty}^{+\infty}\int_{-\infty}^{+\infty}(x-\mu_1)(y-\mu_2)\mathrm{e}^{-\frac{(x-\mu_1)^2}{2\sigma_1^2}}$$
$$\mathrm{e}^{\frac{-1}{2(1-\rho^2)}\left[\frac{y-\mu_2}{\sigma_2}-\rho\frac{x-\mu_1}{\sigma_1}\right]^2}\mathrm{d}y\mathrm{d}x$$

令 $t=\frac{1}{\sqrt{1-\rho^2}}\left(\frac{y-\mu_2}{\sigma_2}-\rho\frac{x-\mu_1}{\sigma_1}\right)$，$u=\frac{x-\mu_1}{\sigma_1}$，则有

$$\mathrm{Cov}(X,Y)=\frac{1}{2\pi}\int_{-\infty}^{+\infty}\int_{-\infty}^{+\infty}(\sigma_1\sigma_2\sqrt{1-\rho^2}\,tu+\rho\sigma_1\sigma_2u^2)\mathrm{e}^{-\frac{u^2}{2}-\frac{t^2}{2}}\mathrm{d}t\mathrm{d}u$$
$$=\frac{\rho\sigma_1\sigma_2}{2\pi}\left(\int_{-\infty}^{+\infty}u^2\mathrm{e}^{-\frac{u^2}{2}}\mathrm{d}u\right)\left(\int_{-\infty}^{+\infty}\mathrm{e}^{-\frac{t^2}{2}}\mathrm{d}t\right)+$$
$$\frac{\sigma_1\sigma_2\sqrt{1-\rho^2}}{2\pi}\left(\int_{-\infty}^{+\infty}u\mathrm{e}^{-\frac{u^2}{2}}\mathrm{d}u\right)\left(\int_{-\infty}^{+\infty}t\mathrm{e}^{-\frac{t^2}{2}}\mathrm{d}t\right)$$
$$=\frac{\rho\sigma_1\sigma_2}{2\pi}\sqrt{2\pi}\sqrt{2\pi}=\rho\sigma_1\sigma_2$$

则
$$\rho_{XY}=\frac{\mathrm{Cov}(X,Y)}{\sqrt{\mathrm{var}(X)}\sqrt{\mathrm{var}(Y)}}=\rho$$

这个事实说明，若 X 与 Y 相互独立，X 与 Y 必不相关；反之亦然，即若 X 与 Y 不相关时，那么 $\rho=\rho_{XY}=0$，此时成立算式 $f(x,y)=f_X(x)f_Y(y)$，故知对于二维正态随机变量(X,Y)来说，X 和 Y 不相关与 X 和 Y 相互独立是等价的。

【例 3】 设(X,Y)具有概率密度 $f(x,y)=\begin{cases}1, & |y|<x,\ 0<x<1\\ 0, & \text{其他}\end{cases}$，求$\mathrm{Cov}(X,Y)$。

解 由于 $\mathrm{Cov}(X,Y)=E(XY)-E(X)E(Y)$

又
$$E(X)=\int_{-\infty}^{+\infty}xf_X(x)\mathrm{d}x$$

而
$$f_X(x)=\int_{-\infty}^{+\infty}f(x,y)\mathrm{d}y=\int_{-x}^{x}1\mathrm{d}y=2x\quad(0<x<1)\text{(见图 3-4)}$$

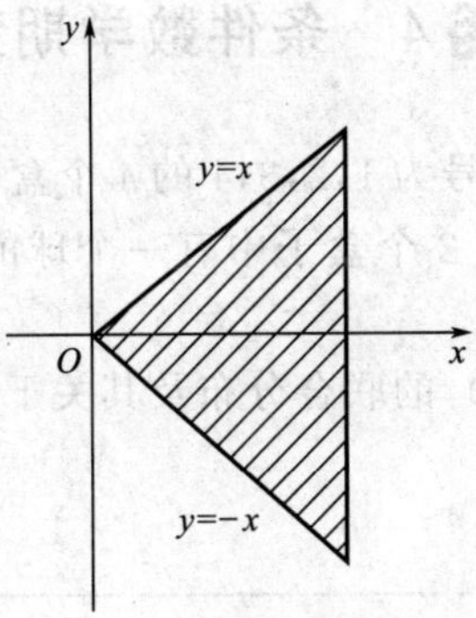

图 3-4

所以
$$E(X)=\int_0^1 2x^2\mathrm{d}x=\frac{2}{3}$$

又
$$f_Y(y)=\int_{-\infty}^{+\infty}f(x,y)\mathrm{d}x\xlongequal{|y|<1}\begin{cases}\int_y^1\mathrm{d}x=1-y, & 0<y<1\\ \int_{-y}^1\mathrm{d}x=1+y, & -1<y\leqslant 0\end{cases}$$

所以
$$E(Y)=\int_{-\infty}^{+\infty}yf_Y(y)\mathrm{d}y$$
$$=\int_{-1}^{0}y(1+y)\mathrm{d}y+\int_0^1 y(1-y)\mathrm{d}y=0$$

而
$$E(XY)=\int_{-\infty}^{+\infty}\int_{-\infty}^{+\infty}xyf(x,y)\mathrm{d}x\mathrm{d}y=\int_0^1x\mathrm{d}x\int_{-x}^{x}y\mathrm{d}y=0$$

则
$$\mathrm{Cov}(X,Y)=0$$

【例 4】 已知三个随机变量 X,Y,Z 中，$E(X)=E(Y)=1$，$E(Z)=-1$，

$\text{var}(X)=\text{var}(Y)=\text{var}(Z)=1$，$\rho_{XY}=0$，$\rho_{XZ}=\frac{1}{2}$，$\rho_{YZ}=-\frac{1}{2}$，求 $E(X+Y+Z)$，$\text{var}(X+Y+Z)$。

解 $E(X+Y+Z)=E(X)+E(Y)+E(Z)=1+1-1=1$

$$\begin{aligned}\text{var}(X+Y+Z)&=\text{var}(X+Y)+\text{var}(Z)+2\text{Cov}(X+Y,Z)\\&=\text{var}(X)+\text{var}(Y)+2\text{Cov}(X,Y)+\text{var}(Z)+\\&\quad 2\text{Cov}(X,Z)+2\text{Cov}(Y,Z)\end{aligned}$$

又
$$\text{Cov}(X,Y)=\rho_{XY}\sqrt{\text{var}(X)}\sqrt{\text{var}(Y)}=0$$
$$\text{Cov}(X,Z)=\rho_{XZ}\sqrt{\text{var}(X)}\sqrt{\text{var}(Z)}=\frac{1}{2}$$
$$\text{Cov}(Y,Z)=\rho_{YZ}\sqrt{\text{var}(Y)}\sqrt{\text{var}(Z)}=\frac{-1}{2}$$

则
$$\text{var}(X+Y+Z)=3$$

*§4 条件数学期望

现将两个球随机地投入编号为1,2,3,4的4个盒子中，X_i 表示第 i 个盒子内球的个数（$i=1,2$）。试求，在第2个盒子中有一个球的条件下第1个盒子内球的个数的平均值。

首先，可以求出（X_1,X_2）的联合分布及其关于 X_2 的边缘分布，见下表

X_1 \ X_2	0	1	2
0	4/16	4/16	1/16
1	4/16	2/16	0
2	1/16	0	0
$p_{\cdot j}$	9/16	6/16	1/16

再者，求出在 $X_2=1$ 条件下关于 X_1 的条件分布

$$P\{X_1=i|X_2=1\}=\frac{p_{i1}}{p_{\cdot 1}}\quad(i=0,1,2)$$

$$P\{X_1=0|X_2=1\}=\frac{2}{3},\ P\{X_1=1|X_2=1\}=\frac{1}{3},\ P\{X_1=2|X_2=1\}=0$$

这样，可以求出在 $X_2=1$ 条件下，关于 X_1 的平均值，记为 $E(X_1|X_2=1)$，即

$$E(X_1|X_2=1)=0\times\frac{2}{3}+1\times\frac{1}{3}+2\times 0=\frac{1}{3}$$

一般地，设(X,Y)是二维离散型随机变量，$P\{X=x_k|Y=y\}$是在 $Y=y$ 条件下随机变量 X 的条件分布律，X 在条件分布律 $P\{X=x_k|Y=y\}$下的数学期望，称为随机变量 X 在条件 $Y=y$ 下的期望，记作 $E(X|Y=y)$，即

$$E(X\mid Y=y)=\sum_{k=1}^{\infty}x_k\cdot P\{X=x_k\mid Y=y\}$$

同样，对二维连续型随机变量(X,Y)，若$f_{X|Y}(x|y)$是在$Y=y$条件下随机变量X的条件概率密度，X在条件密度$f_{X|Y}(x|y)$下的数学期望，称为随机变量X在条件$Y=y$下的期望，记作$E(X|y)$，即

$$E(X\mid Y=y)=\int_{-\infty}^{+\infty}xf_{X|Y}(x\mid y)\mathrm{d}x$$

显然，无论是离散型还是连续型随机变量，$E(X|Y=y)$是Y的函数，记作$\psi(Y)$，它是随机变量Y的函数。所以，$\psi(Y)$也是随机变量。

定义 4.1　设(X,Y)是二维离散型随机变量，$P\{X=x_k|Y=y\}(k=1,2,\cdots)$是在$Y=y$条件下随机变量$X$的条件分布律，若级数$\sum\limits_{k=1}^{\infty}x_kP\{X=x_k\mid Y=y\}$绝对收敛，则称随机变量$\psi(Y)$是$X$关于$Y$的条件期望，记作$E(X|Y)$，即

$$E(X\mid Y=y)=\psi(y)=\sum_{k=1}^{\infty}x_kP\{X=x_k\mid Y=y\}\tag{4.1}$$

定义 4.1′　设(X,Y)是二维连续型随机变量，$f_{X\mid Y}(x\mid y)$是在$Y=y$条件下随机变量X的条件概率密度，若积分$\int_{-\infty}^{+\infty}xf_{X|Y}(x\mid y)\mathrm{d}x$绝对收敛，则称随机变量$\psi(Y)$是$X$关于$Y$的条件期望，记作$E(X\mid Y)$，即

$$E(X\mid Y=y)=\psi(y)=\int_{-\infty}^{+\infty}xf_{X|Y}(x\mid y)\mathrm{d}x\tag{4.2}$$

注　当$Y=y$时，$\psi(y)$是X在$Y=y$条件下的条件期望值，是X关于Y的条件期望这一随机变量$\psi(Y)$的取值。

同样可以定义Y关于X的条件期望$\varphi(X)$，记作$E(Y\mid X)$，其中$\varphi(x)=E(Y|X=x)$。

【例 1】　设$X\sim P(\lambda_1)$，$Y\sim P(\lambda_2)$，且X与Y相互独立，求在$X+Y=k$（k为非负整数）下X的条件数学期望。

解　因为

$$\begin{aligned}P\{X=i\mid X+Y=k\}&=P\{X=i,Y=k-i\}/P\{X+Y=k\}\\&=P\{X=i\}\cdot P\{Y=k-i\}/P\{X+Y=k\}\\&=\left[\frac{\lambda_1^i}{i!}\mathrm{e}^{-\lambda_1}\cdot\frac{\lambda_2^{k-i}}{(k-i)!}\mathrm{e}^{-\lambda_2}\right]\Big/\left[\frac{(\lambda_1+\lambda_2)^k}{k!}\mathrm{e}^{-(\lambda_1+\lambda_2)}\right]\\&=\mathrm{C}_k^i\lambda_1^i\lambda_2^{k-i}(\lambda_1+\lambda_2)^{-k}\end{aligned}$$

所以

$$\begin{aligned}E(X\mid X+Y=k)&=\sum_{i=0}^{k}iP\{X=i\mid X+Y=k\}=\sum_{i=1}^{k}i\mathrm{C}_k^i\lambda_1^i\lambda_2^{k-i}(\lambda_1+\lambda_2)^{-k}\\&=\frac{k\lambda_1}{(\lambda_1+\lambda_2)^k}\sum_{i=1}^{k}\mathrm{C}_{k-1}^{i-1}\lambda_1^{i-1}\lambda_2^{k-i}=\frac{k\lambda_1}{(\lambda_1+\lambda_2)^k}(\lambda_1+\lambda_2)^{k-1}\\&=\frac{k\lambda_1}{\lambda_1+\lambda_2}\end{aligned}$$

【例 2】　设$(X,Y)\sim N(\mu_1,\sigma_1^2,\mu_2,\sigma_2^2,\rho)$，求$E(Y\mid X)$。

解 由第二章§3例9知，在 $X=x$ 下 Y 的条件密度函数为

$$f(y\mid x)=\frac{1}{\sqrt{2\pi}\sigma_2\sqrt{1-\rho^2}}\mathrm{e}^{\left\{\frac{-1}{2\sigma_2^2(1-\rho)^2}\left[y-\left(\mu_2+\frac{\rho\sigma_2}{\sigma_1}x-\frac{\rho\sigma_2}{\sigma_1}\mu_1\right)\right]^2\right\}}$$

所以 $$E(Y\mid x)=\int_{-\infty}^{+\infty}yf(y\mid x)\mathrm{d}y=\mu_2+\frac{\rho\sigma_2}{\sigma_1}(x-\mu_1)$$

从而 $E(Y\mid X)=\mu_2+\frac{\rho\sigma_2}{\sigma_1}(X-\mu_1)$，这是 X 的线性函数，故 $E(Y\mid X)$ 是随机变量，类似可得

$$E(X\mid Y)=\mu_1+\frac{\rho\sigma_1}{\sigma_2}(Y-\mu_2)$$

条件数学期望有下列性质：

设 X，Y，Z 均为同一样本空间上的随机变量，$g(x)$ 为连续函数，且 $E(X)$，$E(Y)$，$E(Z)$ 与 $E[g(Y)X]$ 均存在，则

(1) 当 X 与 Y 相互独立时，$E(X|Y)=E(X)$；

(2) $E[E(X|Y)]=E(X)$；

(3) $E[g(Y)\cdot X|Y]=g(Y)\cdot E(X|Y)$；

(4) $E[g(Y)\cdot X]=E[g(Y)\cdot E(X|Y)]$；

(5) $E(C|Y)=C$，C 为常数；

(6) $E[g(Y)|Y]=g(Y)$；

(7) $E[aX+bY|Z]=aE(X|Z)+bE(Y|Z)$；

(8) $E[X-E(X|Y)]^2\leqslant E[X-g(Y)]^2$。

证 (1) 仅就 (X,Y) 为连续型时给以证明。

由于 X 与 Y 相互独立，故 $f_{X|Y}(x|y)=\frac{f(x,y)}{f_Y(y)}=\frac{f_X(x)f_Y(y)}{f_Y(y)}=f_X(x)$，所以对任意实数 y

$$E(X\mid Y)=\int_{-\infty}^{+\infty}xf_{X|Y}(x\mid y)\mathrm{d}x=\int_{-\infty}^{+\infty}xf_X(x)\mathrm{d}x=E(X)$$

(2) 当 (X,Y) 为连续型随机变量时

$$E[E(X\mid Y)]=\int_{-\infty}^{+\infty}E(X\mid Y)f_Y(y)\mathrm{d}y=\int_{-\infty}^{+\infty}\left(\int_{-\infty}^{+\infty}xf_{X|Y}(x\mid y)\mathrm{d}x\right)f_Y(y)\mathrm{d}y$$

$$=\int_{-\infty}^{+\infty}\int_{-\infty}^{+\infty}xf(xy)\mathrm{d}x\mathrm{d}y=\int_{-\infty}^{+\infty}xf_X(x)\mathrm{d}x=E(X)$$

即 $$E(X)=\int_{-\infty}^{+\infty}E(X\mid Y)f_Y(y)\mathrm{d}y \tag{4.3}$$

当 (X,Y) 为离散型随机变量且 Y 只取有限个值 $y_j\,(j=1,2,\cdots,n)$ 时

$$E[E(X\mid Y)]=\sum_{j=1}^{n}E(X\mid Y)p_{\cdot j}=\sum_{j=1}^{n}\left(\sum_{i=1}^{\infty}x_i\frac{p_{ij}}{p_{\cdot j}}\right)p_{\cdot j}$$

$$=\sum_{j=1}^{n}\sum_{i=1}^{\infty}x_i p_{ij}=\sum_{i=1}^{\infty}x_i p_{i\cdot}=E(X)$$

如果记事件$\{Y=y_j\}$为A_j，则

$$E(X)=\sum_{i=1}^{n}E(X\mid A_i)P(A_i) \tag{4.4}$$

称式(4.3)、式(4.4)为全数学期望公式(类似于全概率公式)。

(3) 只需证，对任意固定的y，有

$$E[g(y)\cdot X|y]=g(y)E(X|y)$$

成立即可。仅就(X,Y)为连续型随机变量时给以证明。事实上，由定义有

$$\begin{aligned}E[g(y)\cdot X\mid y]&=\int_{-\infty}^{+\infty}g(y)xf_{X|Y}(x\mid y)\mathrm{d}x\\&=g(y)\int_{-\infty}^{+\infty}xf_{X|Y}(x\mid y)\mathrm{d}x\\&=g(y)E(X\mid Y)\end{aligned}$$

(4) 由(2)和(3)得

$$E[g(Y)\cdot X]=E\{E[g(Y)\cdot X|Y]\}=E[g(Y)E(X|Y)]$$

(5) 由 (1) 即得。

(6) 由 (3) 和 (5) 即得。

(7) 由定义直接可得。

(8) 即要证，对任意固定的y，当$g(y)=E(X|y)$时，$E[X-g(y)]^2$为最小。今就连续型的情形证明如下

$$\begin{aligned}E[X-g(Y)]^2&=\int_{-\infty}^{+\infty}\int_{-\infty}^{+\infty}[x-g(y)]^2f(x,y)\mathrm{d}x\mathrm{d}y\\&=\int_{-\infty}^{+\infty}f_Y(y)\left\{\int_{-\infty}^{+\infty}[x-g(y)]^2f_{X|Y}(x\mid y)\mathrm{d}x\right\}\mathrm{d}y\end{aligned}$$

由第三章习题第10题知，当$g(y)=E(X|Y=y)$时，积分$\int_{-\infty}^{+\infty}[x-g(y)]^2 f_{X|Y}(x\mid y)\mathrm{d}x$达到最小，因而$E[x-g(Y)]^2$为最小。

【例3】 (矿工脱险问题) 一矿工在有三扇门的矿井中迷了路，第一扇门通到一坑道走3小时可使他到达安全地点；第二扇门通向使他走5小时后又回到原地点的坑道；第三扇门通向使他走了7小时后又回到原地点的坑道。如果他在任何时刻都等可能地选定其中一扇门。试问他到达安全地点平均要花多少时间?

解 设X表示他到达安全地点所需要的时数，Y表示他最初选定门的号数，则

$$P\{Y=1\}=P\{Y=2\}=P\{Y=3\}=\frac{1}{3}$$

由全数学期望公式，所求平均时数为

$$E(X)=E(X|Y=1)P\{Y=1\}+E(X|Y=2)P\{Y=2\}+E(X|Y=3)P\{Y=3\}$$
$$=\frac{1}{3}[E(X|Y=1)+E(X|Y=2)+E(X|Y=3)]$$

而 $E(X|Y=1)=3$，$E(X|Y=2)=5+E(X)$，$E(X|Y=3)=7+E(X)$，所以

$$E(X)=\frac{1}{3}[3+5+E(X)+7+E(X)]$$

解之得 $$E(X)=15(\text{小时})$$

习 题 三

1. 设 X 的分布律为

X	-1	0	$\frac{1}{2}$	1	2
p_k	$\frac{1}{3}$	$\frac{1}{6}$	$\frac{1}{6}$	$\frac{1}{12}$	$\frac{1}{4}$

求 EX，$E(-X+1)$，$E(X^2)$。

2. 银行抽奖共有三种奖，头奖 250 元，二奖 100 元，三奖 50 元；头奖 1 个，二奖 2 个，三奖 5 个。共有 1000 个储户，每户各有一个号码。问每户得到奖金的数学期望是多少？

3. 设 X 表示 10 次重复独立射击命中目标的次数，每次射中目标的概率为 0.4，求 $E(X^2)$。

4. 已知随机变量 X 服从二项分布 $B(n, p)$，且 $E(X)=1.6$，$\mathrm{var}(X)=1.28$，求 n 和 p。

5. 设 X 的分布密度为 $f(x)=\frac{1}{2}\mathrm{e}^{-|x|}$，求 $E(X)$，$E(X^2)$，$\mathrm{var}(X)$。

6. 对球的直径作近似测量，设其值均匀地分布在区间 $[a, b]$ 内，求球的体积的平均值。

7. 某产品的次品率为 0.1，检验员每天检验 4 次，每次随机地取 10 件产品进行检验，如发现其中的次品数多于 1，就去调整设备。以 X 表示一天中调整设备的次数，试求 $E(X)$（设产品是否为次品是相互独立的）。

8. 轮船横向摇摆的随机振幅 X 的分布密度为

$$f(x)=\begin{cases}Ax\mathrm{e}^{-\frac{x^2}{2\sigma^2}}, & x>0\\ 0, & \text{其他}\end{cases}$$

求 (1) A；(2) $E(X)$；(3) 遇到大于其振幅均值的概率；(4) $\mathrm{var}(X)$。

9. 对某一目标进行射击，直到击中为止，如果每次命中率为 p，求 (1) 射击次数的分布律；(2) 射击次数的期望与方差。

10. 证明：当 $k=E(X)$时，$E(X-k)^2$ 的值最小，最小值为 $\mathrm{var}(X)$。

11. 设随机变量 X 的密度函数为

$$f(x)=\begin{cases}\mathrm{e}^{-x}, & x>0\\ 0, & x\leqslant 0\end{cases}$$

求 $E(2X)$，$E(\mathrm{e}^{-2X})$。

12. 设(X,Y)服从在A上的均匀分布，其中A为x轴、y轴及直线$x+y+1=0$所围成的区域，求$E(X)$，$E(-3X+2Y)$，$E(XY)$。

13. 设(X,Y)的密度函数

$$f(x,y)=\begin{cases}4xye^{-(x^2+y^2)}, & 当\ x>0,\ y>0\\ 0, & 其他\end{cases}$$

求$Z=\sqrt{X^2+Y^2}$的均值。

14. 设X，Y相互独立，分布密度分别为

$$f_X(x)=\begin{cases}2x, & 0\leqslant x\leqslant 1\\ 0, & 其他\end{cases};\quad f_Y(y)=\begin{cases}e^{-(y-5)}, & y>5\\ 0, & 其他\end{cases}$$

求$E(XY)$。

15. 若随机变量X和Y不相关，证明$\mathrm{var}(X+Y)=\mathrm{var}(X)+\mathrm{var}(Y)$。

16. 设(X,Y)的密度函数为

$$f(x,y)=\begin{cases}\frac{1}{8}(x+y), & 0\leqslant x\leqslant 2,\ 0\leqslant y\leqslant 2\\ 0, & 其他\end{cases}$$

求$E(X)$，$E(Y)$，$\mathrm{var}(X)$，$\mathrm{var}(Y)$及协方差$\mathrm{Cov}(X,Y)$和相关系数ρ_{XY}。

17. 设(X,Y)服从区域$D=\{(x,y)\mid 0\leqslant x\leqslant 1,\ 0\leqslant y\leqslant x\}$上的均匀分布，求协方差$\mathrm{Cov}(X,Y)$和相关系数$\rho_{XY}$。

18. 设(X,Y)的联合分布律为

Y \ X	1	2	3
−1	0.2	0.1	0
0	0.1	0	0.3
1	0.1	0.1	0.1

(1) 求$E(X)$，$E(Y)$；(2) 设$Z=Y/X$，求$E(Z)$；(3) 设$Z=(X-Y)^2$，求$E(Z)$；(4) 讨论X和Y的独立性。

19. 假设(X,Y)在闭圆域$x^2+y^2\leqslant r^2$上服从均匀分布，(1) 求X和Y的相关系数ρ_{XY}；(2) 问X和Y是否独立？

20. 假设一部机器在一天内发生故障的概率为0.2，机器发生故障时全天停止工作，若一周内5个工作日无故障，可获利润10万元；发生一次故障仍可获利润5万元；发生两次故障所获利润0元；发生三次以上（包括三次）故障就要亏损2万元。求一周内期望利润是多少？

第四章　大数定律和中心极限定理

§1　大数定律

第一章介绍了频率的稳定性，即当随机试验次数 n 充分大时，随机事件 A 发生的频率总是在一个常数 p（$0\leqslant p\leqslant 1$）附近摆动；另外，在进行测量时，为了提高测量精度，往往进行多次测量，用测量的实测值的平均值近似代替真值。这正是大数定律的实际背景。

一、契比晓夫（Chebyshev）**不等式**

设随机变量 X 的数学期望为 $E(X)$，方差为 $\mathrm{var}(X)$，则对于任意给定的正数 ε，有

$$P\{|X-E(X)|\geqslant\varepsilon\}\leqslant \mathrm{var}(X)/\varepsilon^2 \tag{1.1}$$

或

$$P\{|X-E(X)|<\varepsilon\}\geqslant 1-\mathrm{var}(X)/\varepsilon^2 \tag{1.2}$$

上面两个不等式称为**契比晓夫不等式**。

仅就连续型随机变量的情形予以证明。

证　$$P\{|X-E(X)|\geqslant\varepsilon\}=\int_{|x-E(X)|\geqslant\varepsilon} f(x)\mathrm{d}x$$

$$\leqslant\int_{-\infty}^{+\infty}\frac{[x-E(X)]^2}{\varepsilon^2}f(x)\mathrm{d}x=\mathrm{var}(X)/\varepsilon^2$$

契比晓夫不等式给出了随机变量 X 的取值落在以其均值 $E(X)$ 为中心，以 ε 为半径的区间之外的概率的一个上界估计，通常称此估计为双侧尾概率估计。契比晓夫不等式的长处是它并不依赖于随机变量 X 的具体概率分布，有宽泛的适用面，但是估计的精度不高。

【例 1】　设 $E(X)=\mu$，$\mathrm{var}(X)=\sigma^2$，由契比晓夫不等式可得

$$P\{|X-\mu|<2\sigma\}\geqslant 1-\frac{\sigma^2}{4\sigma^2}=0.75$$

$$P\{|X-\mu|<3\sigma\}\geqslant 1-\frac{\sigma^2}{9\sigma^2}=0.89$$

如果 $X\sim N(\mu,\sigma^2)$，那么

$$P\{|X-\mu|<2\sigma\}=P\left\{\left|\frac{X-\mu}{\sigma}\right|<2\right\}=\Phi(2)-\Phi(-2)=0.955$$

$$P\{|X-\mu|<3\sigma\}=P\left\{\left|\frac{X-\mu}{\sigma}\right|<3\right\}=\Phi(3)-\Phi(-3)=0.997$$

可见，知道了随机变量 X 的具体分布后，双侧尾概率估计将会精确得多。

二、经典大数定律

在精密工件测量的实践中，往往需要反复进行多次测量。如果每次测量没有系统偏差，仅有随机误差，为了抵消每次测量所带有的随机误差，最终测量结果取作各次测量值的平均值。经验表明，只要测量的次数足够多，总可以达到要求的精度。这个过程的数学描述：假定工件的真值为 a（永远不可知），第 k 次测量的结果为随机变量 X_k，若各次测量相互独立，每次测量不存在系统偏差（即期望值为真值），则 $\{X_k\}$ 是一个独立同分布，均值为 a 的随机变量序列。当 n 充分大时，n 次测量的平均值

$$\overline{X}=\frac{1}{n}(X_1+X_2+\cdots+X_n)$$

应该和真值 a“足够接近”。这一结果的数学结论就是大数定律。

定义 1.1　设 $\{X_n\}$ 是独立同分布的随机变量序列，如果对任意的 $\varepsilon>0$，恒有

$$P\{|\overline{X}_n-\mu|\geqslant\varepsilon\}\to 0 \quad (n\to\infty) \tag{1.3}$$

其中，$\overline{X}_n=\frac{1}{n}(X_1+X_2+\cdots+X_n)$，$\mu=EX_n$（不依赖于 n），则称随机变量序列 $\{X_n\}$ 服从大数定律。

经典大数定律有几种不同的形式。

1. 契比晓夫大数定律

定理 1.1　设随机变量 $X_1, X_2, \cdots, X_n, \cdots$ 相互独立，且具有相同的数学期望和方差，$E(X_k)=\mu$，$\mathrm{var}(X_k)=\sigma^2 (k=1, 2, \cdots, n, \cdots)$。则对任意给定的正数 ε，都有

$$\lim_{n\to\infty}P\left\{\left|\frac{1}{n}\sum_{k=1}^{n}X_k-\mu\right|<\varepsilon\right\}=1$$

证　令 $Y_n=\frac{1}{n}\sum_{k=1}^{n}X_k$

则
$$E(Y_n)=\frac{1}{n}[E(X_1)+E(X_2)+\cdots+E(X_n)]$$
$$=\frac{1}{n}\cdot n\mu=\mu$$

又因 $X_1, X_2, \cdots, X_n, \cdots$ 独立，且 $\mathrm{var}(X_k)=\sigma^2$。故

$$\mathrm{var}(Y_n)=\frac{1}{n^2}[\mathrm{var}(X_1)+\mathrm{var}(X_2)+\cdots+\mathrm{var}(X_n)]=\frac{\sigma^2}{n}$$

由契比晓夫不等式可得

$$P\{|Y_n-E(Y_n)|<\varepsilon\}\geqslant 1-\frac{\mathrm{var}(Y_n)}{\varepsilon^2}$$

即
$$P\left\{\left|\frac{1}{n}\sum_{k=1}^{n}X_k-\mu\right|<\varepsilon\right\}\geqslant 1-\frac{\sigma^2}{n\varepsilon^2}$$

又
$$P\left\{\left|\frac{1}{n}\sum_{k=1}^{n}X_k-\mu\right|<\varepsilon\right\}\leqslant 1$$

因而
$$\lim_{n\to\infty}P\left\{\left|\frac{1}{n}\sum_{k=1}^{n}X_k-\mu\right|<\varepsilon\right\}=1$$

定理 1.2（契比晓夫大数定律） 设随机变量 $X_1,X_2,\cdots,X_n,\cdots$ 相互独立，每个变量分别存在数学期望 $E(X_1)$，$E(X_2)$，…，$E(X_n)$，…及方差 $\mathrm{var}(X_1)$，$\mathrm{var}(X_2)$，…，$\mathrm{var}(X_n)$，…，并且这些方差是有界的，即存在某个正常数 M，使得

$$\mathrm{var}(X_i)<M \quad (i=1,2,\cdots,n,\cdots)$$

则对于任一正数 ε，有

$$\lim_{n\to\infty}P\left\{\left|\frac{1}{n}\sum_{i=1}^{n}X_i-\frac{1}{n}\sum_{i=1}^{n}E(X_i)\right|<\varepsilon\right\}=1$$

或
$$\lim_{n\to\infty}P\left\{\left|\frac{1}{n}\sum_{i=1}^{n}X_i-\frac{1}{n}\sum_{i=1}^{n}E(X_i)\right|\geqslant\varepsilon\right\}=0$$

证明从略。

定理 1.1 是契比晓夫大数定律的特例。

契比晓夫大数定律表明，在所给条件下，当 n 充分大时，n 个随机变量的算术平均值 $\frac{1}{n}\sum_{i=1}^{n}X_i$ 偏离其数学期望 $\mu=\frac{1}{n}\sum_{i=1}^{n}E(X_i)$ 可能性很小。如果测定一物体的某一指标值 a 时，独立地重复测量得一系列实测值：$X_1,X_2,\cdots,X_n$，求得实测值的平均值 $\frac{1}{n}\sum_{i=1}^{n}X_i$，根据契比晓夫大数定律知，当 n 足够大时，平均值 $\frac{1}{n}\sum_{i=1}^{n}X_i$ 与真值 a 之差的绝对值小于任意指定正数 ε 的概率可以充分地接近于 1。所以实用上往往用某物体的某一指标的一系列实测值的算术平均值作为该指标的近似值。

2. 贝努利大数定律

定理 1.3（贝努利大数定律） 设在 n 次重复独立试验中事件 A 发生 Y_n 次，每次试验事件 A 发生的概率为 p，则对任意的正数 ε，总有 $\lim\limits_{n\to\infty}P\left\{\left|\frac{Y_n}{n}-p\right|<\varepsilon\right\}=1$ 成立。

证 令 $X_k=\begin{cases}0, & \text{第 } k \text{ 次试验 } A \text{ 不发生}\\ 1, & \text{第 } k \text{ 次试验 } A \text{ 发生}\end{cases} \quad (k=1,2,\cdots)$

显然 $Y_n=X_1+X_2+\cdots+X_n$，因为 X_k 只依赖于第 k 次试验，而各次试验是独立的，所以 $X_1,X_2,\cdots,X_n$ 相互独立，又因为 X_k 服从参数为 p 的（0—1）分布，故有 $E(X_k)=p$，$\mathrm{var}(X_k)=p(1-p)(k=1,2,\cdots)$。由定理 1.1 有

$$\lim_{n\to\infty}P\left\{\left|\frac{Y_n}{n}-p\right|<\varepsilon\right\}=1$$

这个定理以严格的数学形式表达了频率的稳定性。这就是说当 n 很大时，事件发生的频率与概率有较大偏差的可能性很小。在实际应用中，当试验次数很大时，便可以用事件发生的频率来代替事件的概率。

定理 1.4（辛钦大数定律） 设随机变量 $X_1,X_2,\cdots,X_n,\cdots$ 相互独立，服从同一

分布，且具有数学期望 $E(X_k)=\mu\ (k=1,2,\cdots)$，则对于任意正数 ε，有

$$\lim_{n\to\infty}P\left\{\left|\frac{1}{n}\sum_{k=1}^{n}X_k-\mu\right|<\varepsilon\right\}=1$$

证　略。

显然，贝努利大数定律是辛钦大数定律的特殊情况。

【例 2】　设随机变量 X 服从参数为 2 的泊松分布，用契比晓夫不等式估计 $P\{|X-2|<3\}$。

解　因 X 服从参数为 2 的泊松分布，故

$$E(X)=2,\quad \mathrm{var}(X)=2$$

由契比晓夫不等式知

$$P\{|X-2|<3\}\geqslant 1-\frac{2}{3^2}=\frac{7}{9}$$

三、依概率收敛

定义 1.2　设 $X_1,X_2,\cdots,X_n,\cdots$ 是一个随机变量序列，a 是一个常数，若对于任意正数 ε，有

$$\lim_{n\to\infty}P\{|X_n-a|<\varepsilon\}=1 \tag{1.4}$$

则称随机变量序列 $X_1,X_2,\cdots,X_n,\cdots$ **依概率收敛于 a**，记为

$$X_n\xrightarrow{p}a$$

性质：设 $X_n\xrightarrow{p}a$，$Y_n\xrightarrow{p}b$，又设函数 $g(x,y)$ 在点 (a,b) 连续，则

$$g(X_n,Y_n)\xrightarrow{p}g(a,b)$$

特别地，若 $g(X_n,Y_n)=cX_n+dY_n$，c，d 为常数，则 $cX_n+dY_n\xrightarrow{p}ca+db$；

若 $g(X_n,Y_n)=X_nY_n$，则 $X_nY_n\xrightarrow{p}ab$

若 $g(X_n,Y_n)=\dfrac{X_n}{Y_n}$，$Y_n\neq 0$，则 $\dfrac{X_n}{Y_n}\xrightarrow{p}\dfrac{a}{b}$　$(b\neq 0)$

由依概率收敛定义，定理 1.1 可表述如下。

设随机变量 $X_1,X_2,\cdots,X_n,\cdots$ 相互独立，且具有相同的数学期望 μ 与方差 σ^2，则序列 $Y_n=\dfrac{1}{n}\displaystyle\sum_{k=1}^{n}X_k\xrightarrow{p}\mu$。

贝努利大数定律表明事件 A 发生的频率依概率收敛于事件 A 的概率。

§2　中心极限定理

正态分布在概率论中具有十分重要的地位。这不仅是因为误差分布服从正态分布，在数据处理与误差分析中经常用到它，而且它还是许多分布的极限分布。

在客观实际中有许多随机变量，它们是由大量相互独立的随机因素的综合影响所形成的，而其中每一个因素在总的影响中起的作用都是微小的。这种随机变量往

往近似地服从正态分布。这正是中心极限定理的实际背景。下边介绍两个常用的中心极限定理。

定理 2.1(独立同分布的中心极限定理) 设随机变量 $X_1, X_2, \cdots, X_n, \cdots$ 相互独立且服从同一分布，$E(X_k)=\mu, \mathrm{var}(X_k)=\sigma^2 \neq 0\ (k=1,2,\cdots)$，则随机变量

$$Y_n=\frac{\sum_{k=1}^{n} X_k-E\left(\sum_{k=1}^{n} X_k\right)}{\sqrt{\mathrm{var}\left(\sum_{k=1}^{n} X_k\right)}}=\frac{\sum_{k=1}^{n} X_k-n\mu}{\sqrt{n}\sigma}$$

的分布函数 $F_n(x)$ 对于任意 x 满足

$$\lim_{n\to\infty} F_n(x)=\lim_{n\to\infty} P\left\{\frac{\sum_{k=1}^{n} X_k-n\mu}{\sqrt{n}\sigma} \leqslant x\right\}=\int_{-\infty}^{x} \frac{1}{\sqrt{2\pi}} \mathrm{e}^{-\frac{t^2}{2}} \mathrm{d}t$$

此定理的证明已超出本书范围。定理的含义是：n 个相互独立且服从同一分布的随机变量 $X_1, X_2, \cdots, X_n$ 的和的极限分布为正态分布。如果将 $\sum_{k=1}^{n} X_k$ 化为标准随机变量

$$Y_n=\frac{\sum_{k=1}^{n} X_k-n\mu}{\sqrt{n}\sigma}$$

则 Y_n 的极限分布为标准正态分布。在实际应用中，当 n 很大时，Y_n 的分布函数 $F_n(x)$ 近似于标准正态分布函数 $\Phi(x)$。

一般地，在一定条件下，随机变量序列 $\{X_n\}$ 的部分和 $\sum_{k=1}^{n} X_k$，经标准化后所得的随机变量序列的分布函数收敛到标准正态分布的分布函数 $\Phi(x)$ 这一结果，统称为中心极限定理。

【例 1】 计算器在进行加法时，将每个加数舍入最靠近它的整数。设所有舍入误差 $X_1, X_2, \cdots, X_n$ 是独立的且在（-0.5，0.5）上服从均匀分布。(1) 若将 1500 个数相加，问误差总和的绝对值超过 15 的概率是多少？(2) 最多可有几个数相加才能使得误差总和的绝对值小于 10 的概率不小于 0.90？

解 (1) 本题中 $X_1, X_2, \cdots, X_{1500}$ 相互独立，且均服从（-0.5，0.5）上的均匀分布，$E(X_k)=0$，$\mathrm{var}(X_k)=\frac{1}{12}$（$k=1, 2, \cdots, 1500$）。由定理 2.1 得 $\frac{1}{\sqrt{1500\times\frac{1}{12}}}\sum_{k=1}^{1500} X_k$ 近似服从标准正态分布，所以

$$P\left\{\left|\sum_{k=1}^{1500} X_k\right|>15\right\}=P\left\{\left|\frac{\sum_{k=1}^{1500} X_k}{\sqrt{125}}\right|>\frac{15}{\sqrt{125}}\right\}\approx 2-2\Phi\left(\frac{15}{\sqrt{125}}\right)$$

$$=2[1-F_{0,1}(1.3416)]=0.1796$$

(2) $P\left\{\left|\sum_{k=1}^{n}X_k\right|<10\right\}=P\left\{\left|\frac{\sum_{k=1}^{n}X_k-0}{\sqrt{n/12}}\right|<\frac{10}{\sqrt{n/12}}\right\}\geqslant 0.9$

即

$$2\Phi\left(\frac{10\sqrt{12}}{\sqrt{n}}\right)-1\geqslant 0.9$$

$$\Phi\left(\frac{10\sqrt{12}}{\sqrt{n}}\right)\geqslant 0.95$$

查标准正态分布表得：$\frac{10\sqrt{12}}{\sqrt{n}}\geqslant 1.645$。所以 $n\leqslant 443$。

定理 2.2 德莫佛—拉普拉斯(De Moivre—laplace)中心极限定理

设随机变量 $Y_n(n=1,2,\cdots)$服从参数为 $n,p(0<p<1)$的二项分布，则对于任意的 x，总有

$$\lim_{n\to\infty}P\left\{\frac{Y_n-np}{\sqrt{np(1-p)}}\leqslant x\right\}=\int_{-\infty}^{x}\frac{1}{\sqrt{2\pi}}\mathrm{e}^{-\frac{t^2}{2}}\mathrm{d}t$$

成立。

证 由第二章§4 例 5 知，可将 Y_n 看成 n 个相互独立且服从同一(0—1)分布的随机变量 $X_1,X_2,\cdots,X_n$ 之和，即

$$Y_n=\sum_{k=1}^{n}X_k,\ E(X_k)=p,\mathrm{var}(X_k)=p(1-p)\quad(k=1,2,\cdots,n)$$

由定理 1 知:对任意的 x，总有

$$\lim_{n\to\infty}P\left\{\frac{Y_n-np}{\sqrt{np(1-p)}}\leqslant x\right\}=\int_{-\infty}^{x}\frac{1}{\sqrt{2\pi}}\mathrm{e}^{-\frac{t^2}{2}}\mathrm{d}t$$

成立。

此定理表示，正态分布是二项分布的极限分布。当 n 充分大时，我们可以用下式：

$$P\left\{\frac{Y_n-np}{\sqrt{np(1-p)}}\leqslant x\right\}\approx\int_{-\infty}^{x}\frac{1}{\sqrt{2\pi}}\mathrm{e}^{-\frac{t^2}{2}}\mathrm{d}t=\Phi(x)$$

来计算二项分布的概率。下面举例说明。

【例 2】 抽样检查产品质量时，如果发现次品多于 10 个，即拒绝接受该批产品。设某批产品的次品率为 10%，问至少应抽取多少个产品检查才能保证拒绝接受该产品的概率达到 0.9?

解 设 n 为至少应检查的产品数，X 为其中的次品数。设

$$X_k=\begin{cases}1, & \text{第 } k \text{ 次检查时为次品}\\0, & \text{第 } k \text{ 次检查时为正品}\end{cases}$$

则

$$X=\sum_{k=1}^{n}X_k,\quad E(X_k)=0.1,\quad \mathrm{var}(X_k)=0.1\times(1-0.1)=0.09$$

由德莫佛—拉普拉斯中心极限定理可得

$$P\{10<X\leqslant n\}=P\left\{\frac{10-n\times 0.1}{\sqrt{n\times 0.1\times 0.9}}<\frac{X-n\times 0.1}{\sqrt{n\times 0.1\times 0.9}}\leqslant\frac{n-n\times 0.1}{\sqrt{n\times 0.1\times 0.9}}\right\}$$

$$\approx\Phi(3\sqrt{n})-\Phi\left(\frac{10-0.1n}{0.3\sqrt{n}}\right)$$

当 n 充分大时 $\Phi(3\sqrt{n})\approx 1$

由题意知 $1-\Phi\left(\frac{10-0.1n}{0.3\sqrt{n}}\right)\approx 0.9$

即 $\Phi\left(\frac{10-0.1n}{0.3\sqrt{n}}\right)=0.1$

查表得 $\frac{10-0.1n}{0.3\sqrt{n}}=-1.28$

$$n=147$$

习 题 四

1. 设随机变量 X 服从参数为 $\frac{1}{2}$ 的指数分布，试用契比晓夫不等式估计 $P\{|X-2|>3\}$ 的值。

2. 设随机变量 X 服从区间 $[1,3]$ 上的均匀分布，试用契比晓夫不等式估计 $P\{|X-2|<1\}$ 的值。

3. 设随机变量 X 服从二项分布 $B(200, 0.01)$，试用契比晓夫不等式估计 $P\{|X-2|<2\}$ 的值。

4. 在每次试验中，事件 A 以概率 $\frac{1}{2}$ 发生，是否可以用概率大于 0.97 确定在 1000 次独立重复试验中事件 A 发生的次数在 400 与 600 范围内？

5. 一加法器同时收到 20 个噪声电压 $V_k(k=1,2,\cdots,20)$，设它们是相互独立的随机变量，且都服从区间 $[0, 10]$ 上的均匀分布，记 $V=\sum_{k=1}^{20}V_k$，用中心极限定理计算 $P\{V>105\}$ 的近似值。

6. 设 X_1，X_2，…为相互独立的随机变量序列，且 $X_i(i=1,2,\cdots)$ 均服从参数为 λ 的泊松分布。则

$\lim\limits_{n\to\infty}P\left\{\frac{\sum_{i=1}^{n}X_i-n\lambda}{\sqrt{n\lambda}}>x\right\}$ 为多少？并计算当 $n=100$，$\lambda=2$ 时，$P\left\{\sum_{i=1}^{n}X_i>200\right\}$ 的近似值。

7. 某厂有 400 台同型号机器，各台机器发生故障的概率均为 0.02，假设各台机器相互独立工作，试求机器出故障的台数不少于两台的概率。

8. 某产品的不合格率为 0.005，任取 10000 件，问不合格品不多于 70 件的概率是多少？

第五章　数理统计的基本概念

与概率论一样，数理统计也是研究大量随机现象的统计规律的一门数学学科，它以概率论为理论基础，根据试验或观察得到的数据，对研究对象的客观规律性做出种种合理的估计和科学的推断。

数理统计主要研究两类问题。

(1)试验的设计与研究，即如何合理有效地获得数据资料。

(2)统计推断，即如何利用获得的数据资料，对所关心的统计问题作出尽可能有效可靠的判断。

从本章起的接连六章，是数理统计学的初步，主要讲述估计与检验等原理，回归分析与方差分析，试验设计等统计方法。

§1　数理统计中的几个概念

一、总体、个体与简单随机样本

通常，将研究对象的全体所构成的一个集合称为总体或母体，而把组成总体的每一单元成员称为个体。如为研究某厂生产的电子元件的使用寿命分布情况，则总体为该厂生产的所有电子元件，而每一个该厂生产的电子元件都是一个个体。

在数理统计中，通常将研究对象的某项数量指标的值的全体称为总体，总体中的每个元素称为个体。比如，对电子元件主要关心的是其使用寿命，而该厂生产的所有电子元件的使用寿命取值的全体，就构成了研究对象的全体，即总体，显然它是一个随机变量，常用 X 表示。为方便起见，今后，把总体与随机变量 X 等同起来看，即总体就是某随机变量 X 可能取值的全体。它客观上存在一个分布，但我们对其分布一无所知，或部分未知，正因为如此，才有必要对总体进行研究。

对总体进行研究，首先需要获取总体的有关信息。一般采用两种方法，一是全面调查。如人口普查，该方法常要消耗大量的人力、物力、财力，有时甚至是不可能的，如测试某厂生产的所有电子元件的使用寿命。二是抽样调查。抽样调查是按照一定的方法，从总体 X 中抽取 n 个个体，这是对总体掌握的信息。数理统计就是要利用这一信息，对总体进行分析、估计、推断。因此，要求抽取的这 n 个个体应具有很好的代表性。按机会均等的原则随机地从客观存在的总体中抽取一些个体进行观察或测试的过程称为随机抽样；从总体中抽出的部分个体，叫做总体的一个样本。

从总体中抽取样本时，不仅要求每一个个体被抽到的机会均等，同时还要求每次的抽取是独立的，即每次抽样的结果不影响其他各次的抽样结果，同时也不受其他各次抽样结果的影响，这种抽样方法称为简单随机抽样。由简单随机抽样得到的样本叫做简单随机样本。往后如不作特别说明，提到“样本”总是指简单随机样本。

从总体 X 中抽取一个个体，就是对随机变量 X 进行一次试验。抽取 n 个个体就是对随机变量 X 进行 n 次试验，分别记为 X_1，…，X_n，则样本就是 n 维随机变量 $(X_1,\cdots,X_n)$。在一次抽样以后，$(X_1,\cdots,X_n)$ 就有了一组确定的值 $(x_1,\cdots,x_n)$，称为样本观测值。样本观测值 $(x_1,\cdots,x_n)$ 可以看作是一次随机试验的一个结果，它的一切可能结果的全体构成一个样本空间，称为子样空间。

定义 1.1　设 X 是具有分布函数 $F(x)$ 的随机变量，若 $X_1,X_2,\cdots,X_n$ 是具有同一分布函数 $F(x)$ 的相互独立的随机变量，则称 $X_1,X_2,\cdots,X_n$ 为从分布函数（或总体）$F(x)$、或总体 X 得到的容量为 n 的简单随机样本，简称样本。它们的观察值 $(x_1,\cdots,x_n)$ 称为样本值，又称为 X 的 n 个独立的观察值。

简单随机样本具有以下两条重要性质。

(1) $X_1,X_2,\cdots,X_n$ 间相互独立。

(2) $X_1,X_2,\cdots,X_n$ 与总体具有相同分布。

定理 1.1　若 $(X_1,\cdots,X_n)$ 为 X 的一个样本，则 $(X_1,\cdots,X_n)$ 的联合分布函数为

$$F^*(x_1,x_2,\cdots,x_n)=\prod_{i=1}^{n}F(x_i)$$

若 X 具有概率密度 $f(x)$，则 $(X_1,\cdots,X_n)$ 的联合概率密度函数为

$$f^*(x_1,x_2,\cdots,x_n)=\prod_{i=1}^{n}f(x_i)$$

总体、样本、样本观察值的关系：统计是从手中已有的资料——样本观察值，去推断总体的情况——总体分布。样本是联系两者的桥梁。总体分布决定了样本取值的概率规律，也就是样本取到样本观察值的规律，因而可以用样本观察值去推断总体。

二、统计量

定义 1.2　设 $(X_1,\cdots,X_n)$ 是来自总体 X 的一个样本，$g(X_1,\cdots,X_n)$ 是关于 $X_1,\cdots,X_n$ 的一个连续函数且 $g(X_1,\cdots,X_n)$ 中不含有任何未知参数，则称 $g(X_1,\cdots,X_n)$ 是样本 $(X_1,\cdots,X_n)$ 的一个统计量。

设 $(x_1,\cdots,x_n)$ 是相应于样本 $(X_1,\cdots,X_n)$ 的样本值，则 $g(x_1,\cdots,x_n)$ 称为 $g(X_1,\cdots,X_n)$ 的观察值。许多常用的统计量是由以下样本的数字特征构造出来的。

样本均值　$\overline{X}=\dfrac{1}{n}\sum_{i=1}^{n}X_i$

样本方差　$S^2=\dfrac{1}{n-1}\sum_{i=1}^{n}(X_i-\overline{X})^2$

样本标准差　$S=\sqrt{\dfrac{1}{n-1}\sum_{i=1}^{n}(X_i-\overline{X})^2}$

样本 k 阶原点矩　$A_k=\frac{1}{n}\sum_{i=1}^{n}X_i^k \quad (k=1,\ 2,\ \cdots)$

样本 k 阶中心矩　$B_k=\frac{1}{n}\sum_{i=1}^{n}(X_i-\overline{X})^k \quad (k=1,\ 2,\ \cdots)$

若总体均值 EX 存在，总体方差 $\mathrm{var}(X)$存在，则由$(X_1,\cdots,X_n)$的独立性及同分布性，有

$$EX_1=EX_2=\cdots=EX_n=EX$$

由于 X_1^k，X_2^k，$\cdots X_n^k$ 也具有相互独立性及与 X^k 同分布性，于是

$$EX_1^k=EX_2^k=\cdots=EX_n^k=EX^k$$

则由独立同分布大数定律可知 $\frac{1}{n}\sum_{i=1}^{n}X_i^k \xrightarrow{p} EX^k(k=1,2,\cdots)$。

定理 1.2　设总体 X 的均值为 μ，方差为 σ^2，$(X_1,\cdots,X_n)$是 X 的一个样本，则有 $E(\overline{X})=\mu$，$\mathrm{var}(\overline{X})=\frac{\sigma^2}{n}$。

证明　$E(\overline{X})=E(\frac{1}{n}\sum_{i=1}^{n}X_i)=\frac{1}{n}\sum_{i=1}^{n}E(X_i)=\mu$

$$\mathrm{var}(\overline{X})=\mathrm{var}(\frac{1}{n}\sum_{i=1}^{n}X_i)=\frac{1}{n^2}\sum_{i=1}^{n}\mathrm{var}(X_i)=\frac{1}{n}\sigma^2$$

定理 1.3　设总体 X 的均值为 $E(X)=\mu$，方差 $\mathrm{var}(X)=\sigma^2$，若$(X_1,\cdots,X_n)$是 X 的一个样本，则有 $E(S^2)=\sigma^2$。

证明　$E(S^2)=E\left\{\frac{1}{n-1}\sum_{i=1}^{n}(X_i-\overline{X})^2\right\}=E\left\{\frac{1}{n-1}\sum_{i=1}^{n}[(X_i-\mu)-(\overline{X}-\mu)]^2\right\}$

$$=E\left\{\frac{1}{n-1}[\sum_{i=1}^{n}(X_i-\mu)^2-n(\overline{X}-\mu)^2]\right\}$$

$$=\frac{1}{n-1}[\sum_{i=1}^{n}E(X_i-\mu)^2-nE(\overline{X}-\mu)^2]$$

$$=\frac{1}{n-1}[\sum_{i=1}^{n}\mathrm{var}(X_i)-n\,\mathrm{var}(\overline{X})]=\frac{1}{n-1}(n\sigma^2-n\frac{\sigma^2}{n})=\sigma^2$$

三、理论分布与经验分布

我们知道，总体 X 是一个随机变量，总体 X 的分布称为**理论分布**。设总体 X 的分布函数为 $F(x)$，怎样由样本对总体的分布函数进行推断呢？一般方法是做出经验分布函数。

定义 1.3　设总体 X 的 n 个独立观察值为 $x_1,x_2,\cdots,x_n$，将这些值依小到大的次序排列为 $x_1^*\leqslant x_2^*\leqslant\cdots\leqslant x_n^*$，并构造函数

$$F_n(x)=\begin{cases}0, & x<x_1^*\\ \frac{k}{n}, & x_k^*\leqslant x<x_{k+1}^* \quad (k=1,2,\cdots,n-1)\\ 1, & x_n^*\leqslant x\end{cases}$$

称 $F_n(x)$为对总体 X 作 n 次独立观察的**经验分布函数**（也称样本分布函数）。

易知 $F_n(x)$单调非降右连续，$0 \leqslant F_n(x) \leqslant 1$，$F_n(x)$具有分布函数的一切性质。

定理 1.4（格列汶科定理） 当 $n \to \infty$ 时，$F_n(x)$以概率 1 关于 x 均匀收敛于 $F(x)$，即

$$P\{\lim_{n\to\infty} \sup_{-\infty<x<\infty} |F_n(x)-F(x)|=0\}=1$$

因此可用 $F_n(x)$来近似代替 $F(x)$，且当 n 很大时，这种近似程度相当高。这就是我们用样本推断总体的理论根据。

现在介绍一种近似求总体密度函数的方法——直方图。

设总体 X 的密度函数为 $f(x)$(未知)，$x_1, x_2, \cdots, x_n$ 为总体 X 的样本观察值，如何根据这组样本观察值来近似求出总体 X 的分布密度呢？下面我们介绍如何作频率直方图和由此描出近似的密度函数曲线。

1. 整理资料

把样本值 $x_1, x_2, \cdots, x_n$ 进行分组，先把它们以大小次序排列，得 $x_1^* \leqslant x_2^* \leqslant \cdots \leqslant x_n^*$，在包含 $[x_1^*, x_n^*]$ 的区间 $[a, b]$ 中插入一些分点：$a<t_1<t_2<\cdots<t_m<b$。通常分点是等分的，分点数目一般在 6 到 17 间为宜，但要注意使每一个区间 $(t_i, t_{i+1}]$ $(i=1,2,\cdots,m-1)$内都有样本观察值 x_i $(i=1,2,\cdots,n)$ 落入其中。

2. 计算频率

首先数出样本观察值落入各小区间 $(t_i, t_{i+1}]$ 中的个数，即频数，记作 v_i，然后计算样本值落入各区间内的频率 $f_i=\dfrac{v_i}{n}$。显然，当 n 相当大时，f_i 可近似地表示随机变量 X 落入区间 $(t_i, t_{i+1}]$ 内的概率，即

$$f_i \approx \int_{t_i}^{t_{i+1}} f(x)\mathrm{d}x = p_i = P\{t_i < X \leqslant t_{i+1}\}$$

3. 作分组频率分布表

【例 1】 从某工厂生产的大批零件中随机抽取200个，测其直径（单位：毫米），并把这些直径读数分组，则得分组频数分布表如表 5-1，并由这些数据计算各组的频率及频率与组距之比值，一同列在表 5-1 中。

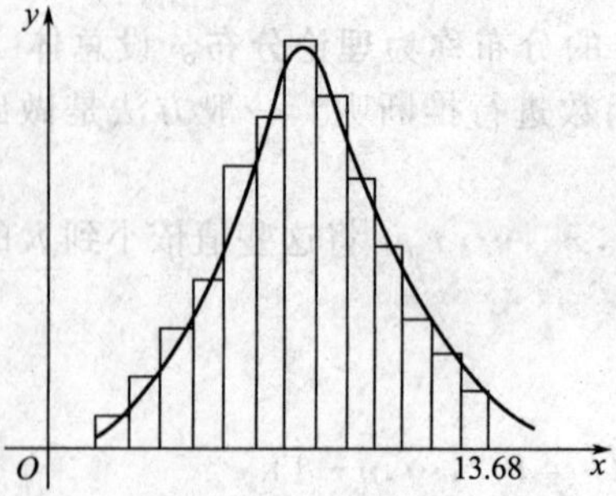

图 5-1

4. 作频率直方图

在 xOy 坐标平面上，在 x 轴上以各区间 $(t_i, t_{i+1}]$ $(i=1,2,\cdots,m-1)$ 为底，以频率与组距之比 $y_i=\dfrac{f_i}{t_{i+1}-t_i}$为第 i 个长方形的高（即纵坐标），画一排竖着的长方形（见图 5-1），把它称作频率直方图。这个图大致地描述了 X 的概率分布状况，这是因为每个竖着的长方形面积，刚好近似地代表了 X 取值落入“底边”的概率。

5. 作分布密度曲线

过图 5-1 每一个小长方形的“上边”作一条光滑曲线，这条曲线可以作为 X 的密度函数 $y=f(x)$的近似曲线（如图 5-1 曲线所示）。容易看出，如果样本容量越大（即 n 越大），分组越细（即 m 越大），则这样画出的分布密度曲线就越准确。

表 5-1

直径分组（组距 0.04mm）	组中值 x_i	频数 v_i	频率 $f_i=\frac{v_i}{200}$	$\frac{频率}{组距}=\frac{v_i}{200\times 0.04}$
(13.12，13.16]	13.14	2	0.010	0.250
(13.16，13.20]	13.18	5	0.025	0.625
(13.20，13.24]	13.22	10	0.050	1.250
(13.24，13.28]	13.26	14	0.070	1.750
(13.28，13.32]	13.30	23	0.115	2.875
(13.32，13.36]	13.34	26	0.130	3.250
(13.36，13.40]	13.38	33	0.165	4.125
(13.40，13.44]	13.42	28	0.140	3.500
(13.44，13.48]	13.46	21	0.105	2.625
(13.48，13.52]	13.50	15	0.075	1.875
(13.52，13.56]	13.54	11	0.055	1.375
(13.56，13.60]	13.58	7	0.035	0.875
(13.60，13.64]	13.62	4	0.020	0.500
(13.64，13.68]	13.66	1	0.005	0.125
总和		200	1.000	25.000

§2　数理统计中常用的三个抽样分布

统计量的概率分布称为**抽样分布**。正态总体在数理统计中有特别重要地位。所以本节介绍几个来自正态总体的样本所构成的统计量的分布。

一、样本均值的分布

定理 2.1　设 $X_1,X_2,\cdots,X_n$ 是来自正态总体 $N(\mu,\sigma^2)$的一个样本，则样本的任一确定的线性函数 $U=\sum_{i=1}^{n}\alpha_iX_i$ 也服从正态分布 $N\left(\mu\sum_{i=1}^{n}\alpha_i,\ \sigma^2\sum_{i=1}^{n}\alpha_i^2\right)$。

证　样本 $X_1,X_2,\cdots,X_n$ 相互独立且与总体有相同的分布，因为独立正态分布的线性组合仍为正态分布，故只需求出 $E(U)$和 $\mathrm{var}(U)$ 即可。

$$E(U)=E\left(\sum_{i=1}^{n}\alpha_iX_i\right)=\sum_{i=1}^{n}\alpha_iE(X_i)=\mu\sum_{i=1}^{n}\alpha_i$$

$$\mathrm{var}(U)=\mathrm{var}\left(\sum_{i=1}^{n}\alpha_iX_i\right)=\sum_{i=1}^{n}\alpha_i^2\,\mathrm{var}(X_i)=\sigma^2\sum_{i=1}^{n}\alpha_i^2$$

所以 U 服从正态分布 $N\left(\mu\sum_{i=1}^{n}\alpha_i,\ \sigma^2\sum_{i=1}^{n}\alpha_i^2\right)$。

特别地，对样本均值 $\overline{X}$ 有

$$\overline{X}\sim N\left(\mu,\ \frac{\sigma^2}{n}\right) \tag{2.1}$$

将 $\overline{X}$ 标准化有 $\dfrac{\overline{X}-\mu}{\sigma/\sqrt{n}}\sim N(0,1)$。

由式(2.1) 知，$\overline{X}$ 具有与总体 X 相同的均值，但是由于它的方差是 X 方差的 $\dfrac{1}{n}$，因而它将更向数学期望 μ 集中，n 越大，$\overline{X}$ 越向 μ 集中。

二、χ^2 分布

定义 2.1　设随机变量 $X_1,X_2,\cdots,X_n$ 相互独立且都服从标准正态分布，则统计量 $\chi^2=X_1^2+X_2^2+\cdots+X_n^2$ 所服从的分布称为自由度是 n 的 **χ^2 分布**，记作 $\chi^2\sim\chi^2(n)$。

定理 2.2　$\chi^2(n)$分布的密度函数

$$\chi^2(x)=\begin{cases}\dfrac{1}{2^{\frac{n}{2}}\Gamma\left(\dfrac{n}{2}\right)}x^{\frac{n}{2}-1}\mathrm{e}^{-\frac{x}{2}}, & x>0 \text{[1]}\\ 0, & x\leqslant 0\end{cases} \tag{2.2}$$

证　如果按定义推导 χ^2 变量的分布密度函数，将涉及 n 维空间球域上的积分。为方便起见，这里采用数学归纳法进行证明。

当 $n=1$ 时，$\chi^2=X_1^2$。$X_1\sim N(0,1)$，由第二章 §4 例 2 知 $\chi^2=X_1^2$ 的密度函数为

$$\chi^2(x)=\begin{cases}\dfrac{1}{\sqrt{2\pi}\sqrt{x}}\mathrm{e}^{-\frac{x}{2}}=\dfrac{1}{2^{\frac{1}{2}}\Gamma\left(\dfrac{1}{2}\right)}x^{\frac{1}{2}-1}\mathrm{e}^{-\frac{x}{2}}, & x>0\\ 0, & x\leqslant 0\end{cases}$$

所以式(2.2)成立。

设 $n=k$ 时式(2.2)成立，即 $\chi^2=X_1^2+X_2^2+\cdots+X_k^2$ 的密度函数为

$$\chi^2(x)=\begin{cases}\dfrac{1}{2^{\frac{k}{2}}\Gamma\left(\dfrac{k}{2}\right)}x^{\frac{k}{2}-1}\mathrm{e}^{-\frac{x}{2}}, & x>0\\ 0, & x\leqslant 0\end{cases}$$

$n=k+1$ 时，$\chi^2=(X_1^2+X_2^2+\cdots+X_k^2)+X_{k+1}^2$。由于 χ^2 值是非负的，当 $x\leqslant 0$ 时，$F(x)=P\{\chi^2\leqslant x\}=0$，故它的密度 $\chi^2(x)=0$；当 $x>0$ 时，由卷积公式可知分布密度

$$\chi^2(x)=\int_0^x\frac{1}{2^{\frac{k}{2}}\Gamma\left(\dfrac{k}{2}\right)}t^{\frac{k}{2}-1}\mathrm{e}^{-\frac{t}{2}}\frac{1}{2^{\frac{1}{2}}\Gamma\left(\dfrac{1}{2}\right)}(x-t)^{\frac{1}{2}-1}\mathrm{e}^{-\frac{x-t}{2}}\mathrm{d}t$$

---

[1] 当 $\alpha>0$ 时，积分 $\int_0^{+\infty}x^{\alpha-1}\mathrm{e}^{-x}\mathrm{d}x$ 是收敛的，称 $\Gamma(\alpha)=\int_0^{+\infty}x^{\alpha-1}\mathrm{e}^{-x}\mathrm{d}x$ 为 Γ 函数，且有 $\Gamma(\alpha+1)=\alpha\Gamma(\alpha)$，$\Gamma(n+1)=n!$，$\Gamma\left(\dfrac{1}{2}\right)=\sqrt{\pi}$，$\Gamma(1)=1$。

$$=\frac{1}{2^{\frac{k+1}{2}}\Gamma\left(\frac{k}{2}\right)\Gamma\left(\frac{1}{2}\right)}e^{-\frac{x}{2}}\int_0^x t^{\frac{k}{2}-1}(x-t)^{\frac{1}{2}-1}dt$$

$$\xlongequal{令 u=t/x}\frac{1}{2^{\frac{k+1}{2}}\Gamma\left(\frac{k}{2}\right)\Gamma\left(\frac{1}{2}\right)}x^{\frac{k+1}{2}-1}e^{-\frac{x}{2}}\int_0^1 u^{\frac{k}{2}-1}(1-u)^{\frac{1}{2}-1}du$$

$$=Ax^{\frac{k+1}{2}-1}e^{-\frac{x}{2}}$$

其中
$$A=\frac{1}{2^{\frac{k+1}{2}}\Gamma\left(\frac{k}{2}\right)\Gamma\left(\frac{1}{2}\right)}\int_0^1 u^{\frac{k}{2}-1}(1-u)^{\frac{1}{2}-1}du$$

下面来求 A。由概率密度的性质得

$$1=\int_0^{+\infty}Ax^{\frac{k+1}{2}-1}e^{-\frac{x}{2}}dx\xlongequal{令 u=\frac{x}{2}}A\int_0^{+\infty}2^{\frac{k+1}{2}}u^{\frac{k+1}{2}-1}e^{-u}du$$

$$=A2^{\frac{k+1}{2}}\Gamma\left(\frac{k+1}{2}\right)$$

即有
$$A=\frac{1}{2^{\frac{k+1}{2}}\Gamma\left(\frac{k+1}{2}\right)}$$

$$\chi^2(x)=\begin{cases}\dfrac{1}{2^{\frac{k+1}{2}}\Gamma\left(\frac{k+1}{2}\right)}x^{\frac{k+1}{2}-1}e^{-\frac{x}{2}}, & x>0\\ 0, & x\leqslant 0\end{cases}$$

所以式(2.2)对 $n=k+1$ 成立。

$\chi^2(x)$的图形如图 5-2 所示。在图 5-2 中画出了 $n=1$，$n=2$，$n=6$ 时，χ^2 分布的密度函数曲线。

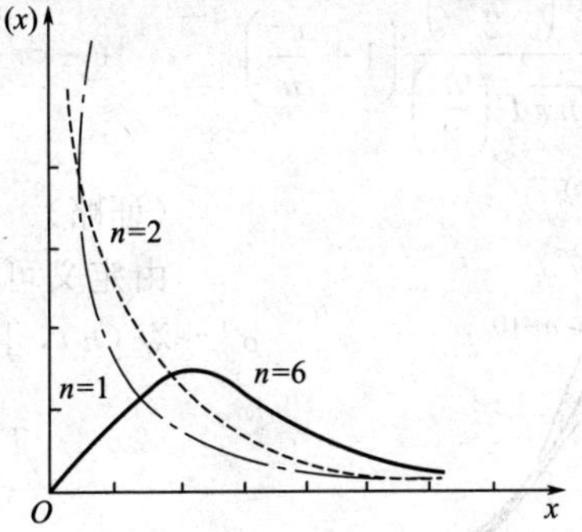

图 5-2

χ^2 分布具有下列性质：

(1) $E[\chi^2(n)]=n$，$\mathrm{var}[\chi^2(n)]=2n$　　(2.3)

证　由于 $X_i \sim N(0,1)$，故 $E(X_i^2)=\mathrm{var}(X_i)+(EX_i)^2=1\ (i=1,2,\cdots,n)$

又
$$E(X_i^4)=\frac{1}{\sqrt{2\pi}}\int_{-\infty}^{+\infty}x^4\mathrm{e}^{-\frac{x^2}{2}}\mathrm{d}x=3$$

所以 $\mathrm{var}(X_i^2)=E(X_i^4)-[E(X_i^2)]^2=2$，因此

$$E(\chi^2(n))=E\left(\sum_{i=1}^{n}X_i^2\right)=\sum_{i=1}^{n}E(X_i^2)=\sum_{i=1}^{n}\mathrm{var}(X_i)=n$$

$$\mathrm{var}(\chi^2(n))=\mathrm{var}\left(\sum_{i=1}^{n}X_i^2\right)=\sum_{i=1}^{n}\mathrm{var}(X_i^2)=\sum_{i=1}^{n}2=2n$$

(2) χ^2 分布对参数 n 具有可加性。

设 $X_1\sim\chi^2(n_1)$，$X_2\sim\chi^2(n_2)$，且它们相互独立，则 $X_1+X_2\sim\chi^2(n_1+n_2)$。

该性质可推广成：k 个相互独立的 χ^2 分布的随机变量之和仍然服从 χ^2 分布，它的自由度等于各个 χ^2 分布相应的自由度之和。

定理 2.3　设 $X_1,X_2,\cdots,X_n$ 是来自正态总体 $N(\mu,\sigma^2)$ 的样本，则样本方差 S^2 与样本均值 $\overline{X}$ 相互独立，且

$$\frac{(n-1)S^2}{\sigma^2}\sim\chi^2(n-1) \tag{2.4}$$

（证略）

三、t 分布

定义 2.2　设 $X\sim N(0,1)$，$Y\sim\chi^2(n)$，并且 X 与 Y 相互独立，则称统计量

$$T=\frac{X}{\sqrt{Y/n}}$$

服从自由度为 n 的 **t 分布**，记作 $T\sim t(n)$。

定理 2.4　$t(n)$分布的密度函数为

$$t(x)=\frac{\Gamma\left(\frac{n+1}{2}\right)}{\sqrt{n\pi}\,\Gamma\left(\frac{n}{2}\right)}\left(1+\frac{x^2}{n}\right)^{-\frac{n+1}{2}}\quad(-\infty<x<+\infty) \tag{2.5}$$

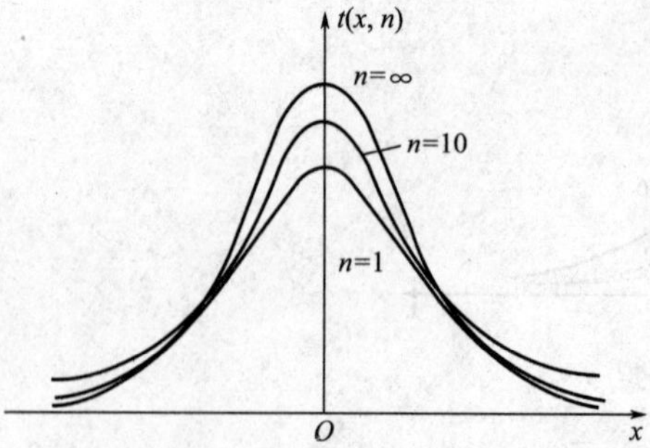

图 5-3

（证略）

由定义可知，若 $X\sim N(\mu,\sigma^2)$，$Y/\sigma^2\sim\chi^2(n)$，且 X 与 Y 相互独立，则

$$T=\frac{X-\mu}{\sqrt{Y/n}}\sim t(n) \tag{2.6}$$

由式(2.5)知，t 分布的密度函数关于$x=0$ 对称，可以证明当 $n\to\infty$时，t 分布趋近于标准正态分布。一般说来，当 $n>45$时，t 分布与$N(0,1)$就非常接近了。

但对较小的 n 值，t 分布与正态分布之间有较大的差异。图 5-3 给出了几条 t 分布的密度函数曲线。其中 $n=\infty$ 的那条曲线即为标准正态分布。

定理 2.5　设 $X_1, X_2, \cdots, X_n$ 是来自正态总体 $N(\mu, \sigma^2)$ 的一个样本，则

$$T=\frac{(\overline{X}-\mu)\sqrt{n}}{S} \sim t(n-1) \tag{2.7}$$

证　因为

$$\frac{\overline{X}-\mu}{\sigma/\sqrt{n}} \sim N(0,1), \quad \frac{(n-1)S^2}{\sigma^2} \sim \chi^2(n-1)$$

且两者独立，由 t 分布的定义知

$$\frac{\overline{X}-\mu}{\sigma/\sqrt{n}} \Bigg/ \sqrt{\frac{(n-1)S^2}{\sigma^2(n-1)}}=\frac{(\overline{X}-\mu)\sqrt{n}}{S} \sim t(n-1)$$

定理 2.6　设 $X_1, X_2, \cdots, X_{n_1}$ 与 $Y_1, Y_2, \cdots, Y_{n_2}$ 分别是具有相同方差的两正态总体 $N(\mu_1, \sigma^2)$ 和 $N(\mu_2, \sigma^2)$ 的样本，且这两个样本相互独立，则

$$T=\frac{(\overline{X}-\overline{Y})-(\mu_1-\mu_2)}{S_w\sqrt{\dfrac{1}{n_1}+\dfrac{1}{n_2}}} \sim t(n_1+n_2-2) \tag{2.8}$$

其中
$$S_w^2=\frac{(n_1-1)S_1^2+(n_2-1)S_2^2}{n_1+n_2-2}$$

$$\overline{X}=\frac{1}{n_1}\sum_{i=1}^{n_1} X_i, \quad S_1^2=\frac{1}{n_1-1}\sum_{i=1}^{n_1}(X_i-\overline{X})^2$$

$$\overline{Y}=\frac{1}{n_2}\sum_{i=1}^{n_2} Y_i, \quad S_2^2=\frac{1}{n_2-1}\sum_{i=1}^{n_2}(Y_i-\overline{Y})^2$$

证　易知 $\overline{X}-\overline{Y} \sim N\left(\mu_1-\mu_2, \dfrac{\sigma_1^2}{n_1}+\dfrac{\sigma_2^2}{n_2}\right)$

而 $\sigma_1=\sigma_2$，故
$$U=\frac{\overline{X}-\overline{Y}-(\mu_1-\mu_2)}{\sigma\sqrt{\dfrac{1}{n_1}+\dfrac{1}{n_2}}} \sim N(0,1)$$

由给定条件及定理 2.3 知

$$\frac{n_1-1}{\sigma^2}S_1^2 \sim \chi^2(n_1-1), \quad \frac{n_2-1}{\sigma^2}S_2^2 \sim \chi^2(n_2-1)$$

并且它们相互独立，故由 χ^2 分布的可加性知

$$V=\frac{n_1-1}{\sigma^2}S_1^2+\frac{n_2-1}{\sigma^2}S_2^2 \sim \chi^2(n_1+n_2-2)$$

从而，按 t 分布定义

$$\frac{U}{\sqrt{V/(n_1+n_2-2)}}=\frac{\overline{X}-\overline{Y}-(\mu_1-\mu_2)}{S_w\sqrt{\frac{1}{n_1}+\frac{1}{n_2}}}\sim t(n_1+n_2-2)$$

四、F 分布

定义 2.3　设 $X\sim\chi^2(n_1)$，$Y\sim\chi^2(n_2)$，且 X 与 Y 相互独立，则统计量 $F=\frac{X/n_1}{Y/n_2}$所服从的分布称为自由度是(n_1,n_2)的 **F 分布**，记为$F\sim F(n_1,n_2)$，其中 n_1 称为第一自由度，n_2 称为第二自由度。

定理 2.7　F 分布的密度函数为

$$f(x)=\begin{cases}\dfrac{\Gamma\left(\dfrac{n_1+n_2}{2}\right)}{\Gamma\left(\dfrac{n_1}{2}\right)\Gamma\left(\dfrac{n_2}{2}\right)}\left(\dfrac{n_1}{n_2}\right)\left(\dfrac{n_1}{n_2}x\right)^{\frac{n_1}{2}-1}\left(1+\dfrac{n_1}{n_2}x\right)^{-\frac{n_1+n_2}{2}}, & x>0\\ 0, & x\leqslant 0\end{cases}$$

（证略）

由定义可知，若 $F\sim F(n_1,n_2)$，则

$$\frac{1}{F}\sim F(n_2,n_1)$$

图 5-4 给出了几条 F 分布的密度函数曲线。

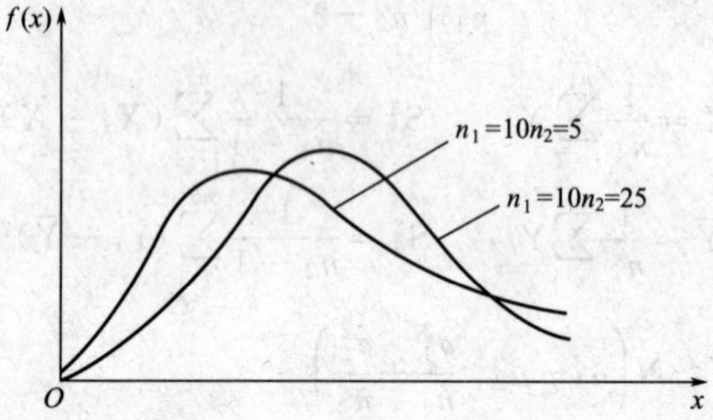

图 5-4

定理 2.8　设 $X_1,X_2,\cdots,X_{n_1}$ 和 $Y_1,Y_2,\cdots,Y_{n_2}$ 分别是来自正态总体 $N(\mu_1,\sigma_1^2)$ 和 $N(\mu_2,\sigma_2^2)$的样本，且它们相互独立，则

$$F=\frac{S_1^2\sigma_2^2}{S_2^2\sigma_1^2}\sim F(n_1-1,\ n_2-1)$$

证明比较简单，留给读者作练习。

§3　上侧 α 分位数

为了便于今后应用，我们引入上侧 α 分位数的概念。

连续型随机变量 X 的密度函数为 $f(x)$，设 α 满足 $0<\alpha<1$，若数 x_α 满足

$$P\{X>x_\alpha\}=\int_{x_\alpha}^{+\infty} f(x)\mathrm{d}x=\alpha$$

则称 x_α 为此概率分布的上侧 α 分位数。

一、标准正态分布的上侧 α 分位数 u_α

标准正态分布的上侧 α 分位数记为 u_α，是满足 $\int_{u_\alpha}^{+\infty}\frac{1}{\sqrt{2\pi}}\mathrm{e}^{-\frac{t^2}{2}}\mathrm{d}t=\alpha$ 的 u_α。在本书中 u_α 专门用来表示标准正态分布的上侧 α 分位数，其值可查阅附表 1，例如 $u_{0.05}=1.645$，$u_{0.025}=1.96$ 等。由于分布的对称性，显然有

$$u_{1-\alpha}=-u_\alpha$$

二、$\chi^2(n)$ 分布的上侧 α 分位数 $\chi_\alpha^2(n)$

对 $\chi^2(n)$ 分布的上侧 α 分位数 $\chi_\alpha^2(n)$，应满足

$$\int_{x_\alpha^2(n)}^{+\infty}\chi^2(x)\mathrm{d}x=\alpha$$

其值可查附表 4。该表只列到 $n=45$，$n>45$ 时如何办呢？费歇尔曾证明过当 $n\to\infty$ 时

$$\sqrt{2\chi^2(n)}\sim N(\sqrt{2n-1},1)$$

因此，当 n 充分大时，近似地有

$$\chi_\alpha^2(n)\approx\frac{1}{2}(u_\alpha+\sqrt{2n-1})^2$$

其中 u_α 是标准正态分布的上侧 α 分位数。所以，当 $n>45$ 时只要查标准正态分布表，就可得到 χ^2 分布上侧 α 分位数的近似值。例如

$$\chi_{0.05}^2(50)\approx\frac{1}{2}(1.645+\sqrt{99})^2=67.221\quad(\text{由详表得 }\chi_{0.05}^2(50)=67.505)$$

三、$t(n)$ 分布的上侧 α 分位数 $t_\alpha(n)$

$t(n)$ 分布的上侧 α 分位数 $t_\alpha(n)$，应满足

$$\int_{t_\alpha(n)}^{+\infty}t(x)\mathrm{d}x=\alpha$$

由于对称性知

$$t_{1-\alpha}(n)=-t_\alpha(n)$$

t 分布的上侧 α 分位数可自附表 3 查得。该表只列到 $n=45$，$n>45$ 时就用正态近似，即

$$t_\alpha(n)\approx u_\alpha$$

四、$F(n_1,n_2)$ 分布的上侧 α 分位数 $F_\alpha(n_1,n_2)$

$F(n_1,n_2)$ 分布的上侧 α 分位数 $F_\alpha(n_1,n_2)$ 应满足

$$\int_{F_\alpha(n_1,n_2)}^{+\infty} f(x)\mathrm{d}x=\alpha$$

其值可查附表 5。

F 分布的上侧 α 分位数有如下性质

$$F_{1-\alpha}(n_1,n_2)=\frac{1}{F_\alpha(n_2,n_1)}$$

此式常用来求 F 分布表中未列出的一些上侧 α 分位数，例如

$$F_{0.95}(8,12)=\frac{1}{F_{0.05}(12,8)}=\frac{1}{3.28}=0.305$$

除上侧分位数外，还有 p 分位数和双侧 α 分位数。

1. p 分位数

如果我们需要求出 λ，使 $P\{X\leqslant\lambda\}=p$，这时常称 λ 为 X 的**p 分位数**，显然

$$P\{X>\lambda\}=1-P\{X\leqslant\lambda\}=1-p$$

因此 X 的 p 分位数 λ 为 X 的上侧 $1-p$ 分位数。

例如，$X\sim N(0,1)$，λ 满足 $P\{X\leqslant\lambda\}=0.95$，

则 $\lambda=u_{1-0.95}=u_{0.05}=1.645$

2. 双侧 α 分位数

如果需要求出 λ_1,λ_2，使

$$P\{X\leqslant\lambda_1\}=\frac{\alpha}{2},\quad P\{X>\lambda_2\}=\frac{\alpha}{2}$$

这时常称 λ_1,λ_2 为 X 的**双侧 α 分位数**，显然 λ_1 为 X 的上侧 $1-\frac{\alpha}{2}$分位数，λ_2 为 X 的上侧$\frac{\alpha}{2}$分位数。

例如，$X\sim\chi^2(n)$，求 λ_1,λ_2 使

$$P\{X\leqslant\lambda_1\}=0.025,\quad P\{X>\lambda_2\}=0.025$$

则 $$\lambda_1=\chi^2_{0.975}(n),\quad \lambda_2=\chi^2_{0.025}(n)$$

习题五

1. 在 20 天内，从维尼纶正常生产时生产报表上看到的维尼纶纤度（表示纤维粗细程度的一个量）的情况，有如下 100 个数据：

1.36	1.49	1.43	1.41	1.37	1.40	1.32	1.42	1.47	1.39
1.41	1.36	1.40	1.34	1.42	1.42	1.45	1.35	1.42	1.39
1.44	1.42	1.39	1.42	1.42	1.30	1.34	1.42	1.37	1.36
1.37	1.34	1.37	1.37	1.44	1.45	1.32	1.48	1.40	1.45
1.39	1.46	1.39	1.53	1.36	1.48	1.40	1.39	1.38	1.40
1.36	1.45	1.50	1.43	1.38	1.43	1.41	1.48	1.39	1.45

1.37	1.37	1.39	1.45	1.31	1.41	1.44	1.44	1.42	1.47
1.35	1.36	1.39	1.40	1.38	1.35	1.42	1.43	1.42	1.42
1.42	1.40	1.41	1.37	1.46	1.36	1.37	1.27	1.37	1.38
1.42	1.34	1.43	1.42	1.41	1.41	1.44	1.48	1.55	1.37

试画出维尼纶纤度的频率直方图。

2. 在总体 $N(52.6, 3^2)$ 中随机抽一容量为 36 的样本，求样本均值 $\overline{X}$ 落在 50.8 到 53.8 之间的概率。

3. 在总体 $N(12, 4)$ 中随机抽一容量为 5 的样本 X_1, X_2, X_3, X_4, X_5。(1)求样本均值与总体均值的差的绝对值大于 1 的概率；(2) 求概率 $P\{\max(X_1, X_2, X_3, X_4, X_5) > 15\}$；(3) 求 $P\{\min(X_1, X_2, X_3, X_4, X_5) < 10\}$。

4. 求总体 $N(20, 3)$ 的容量分别为 10,15 的两独立样本平均值差的绝对值大于 0.3 的概率。

5. 设 $X_1, X_2, \cdots, X_{10}$ 为总体 $N(0, 0.3^2)$ 的一个样本，求 $P\left\{\sum_{i=1}^{10} X_i^2 > 1.44\right\}$。

6. 已知 $T \sim t(n)$，求证 $T^2 \sim F(1, n)$。

7. 设在总体 $N(\mu, \sigma^2)$ 中抽取一容量为 16 的样本，这里 μ，σ^2 均为未知。(1) 求 $P\{S^2/\sigma^2 \leqslant 2.0385\}$，其中 S^2 为样本方差；(2)求 $\mathrm{var}(S^2)$。

8. 设随机变量 X 与 Y 相互独立，且都服从 $N(0, 3^2)$ 分布，而 $X_1, X_2, \cdots, X_9$ 和 $Y_1, Y_2, \cdots, Y_9$ 分别来自总体 X 与 Y 的样本，则统计量 $V = \dfrac{X_1 + X_2 + \cdots + X_9}{\sqrt{Y_1^2 + Y_2^2 + \cdots + Y_9^2}}$ 服从什么分布？

9. 设 X_1, X_2, X_3, X_4 是来自正态总体 $N(0, 2^2)$ 的样本，$X = a(X_1 - 2X_2)^2 + b(3X_3 - 4X_4)^2$ 则当 a，b 取何值时 X 服从 χ^2 分布，其自由度是什么？

10. 试证：$\sum_{i=1}^{n}(x_i - \overline{x})^2 = \sum_{i=1}^{n} x_i^2 - n\overline{x}^2$。

11. 查表求出下列各式中的 λ 值。

(1) $P\{\chi^2(6) > \lambda\} = 0.975$；　(2) $P\{\chi^2(8) < \lambda\} = 0.99$；

(3) $P\{t(5) < \lambda\} = 0.05$；　(4) $P\{|t(5)| < \lambda\} = 0.95$。

12. 设 $X \sim F(n_1, n_2)$，试证 $\dfrac{1}{X} \sim F(n_2, n_1)$，从而有 $F_\alpha(n_1, n_2) = \dfrac{1}{F_{1-\alpha}(n_2, n_1)}$。

13. 查表求出 $F_{0.1}(8,9)$，$F_{0.05}(8,9)$，$F_{0.99}(8,9)$，$F_{0.95}(8,9)$。

14. 设 $X_1, X_2, \cdots, X_n$ 为来自泊松分布总体 $\mathscr{P}(\lambda)$ 的一个样本，$\overline{X}$，S^2 分别为样本均值和样本方差。求 $E(\overline{X})$，$\mathrm{var}(\overline{X})$，$E(S^2)$。

第六章 参数估计

参数估计是统计推断的基本问题之一。在很多实际问题中，经常遇到随机变量 X（即总体 X）的分布函数的形式已知，但它的一个或者多个参数未知的情形，此时写不出确切的概率分布函数。若通过简单随机抽样，得到总体 X 的一组样本观测值$(x_1,x_2,\cdots,x_n)$，则自然会想到利用这一组数据来估计这一个或多个未知参数。诸如此类，利用样本去估计总体未知参数的问题，称为参数估计问题。参数估计问题有两类，分别是点估计和区间估计。

§1 参数的点估计

一、参数的点估计的概念

设总体 X 的分布函数 $F(x;\theta)$形式已知，其中 θ 是待估计的参数，点估计问题就是利用样本$(X_1,X_2,\cdots,X_n)$，构造一个统计量 $\hat{\theta}=\hat{\theta}(X_1,X_2,\cdots,X_n)$来估计 θ，称 $\hat{\theta}(X_1,X_2,\cdots,X_n)$为 θ 的点估计量，它是一个随机变量。将样本观测值$(x_1,x_2,\cdots,x_n)$代入估计量 $\hat{\theta}(X_1,X_2,\cdots,X_n)$，就得到它的一个具体数值 $\hat{\theta}(x_1,x_2,\cdots,x_n)$，这个数值称为 θ 的**点估计值**。

参数点估计主要包含以下四方面主要内容：制定求估计量的一般方法；制定评价估计量优良性的各种合理准则；在某种特定的准则下，寻求最优估计量；证明某一特定的估计量在某种准则下具有最优性。

本节介绍参数点估计的两种常用方法：矩估计法和极大似然估计方法。

二、矩估计法

矩是随机变量最一般的数字特征，总体分布中的参数和总体的数字特征之间有着密切的联系。因此总体分布中的参数与总体矩之间必然存在着一定的联系。由第五章§1知样本矩依概率收敛于相应的总体矩，这样自然会想到用样本矩作为总体矩的估计量，再通过参数与总体矩的联系，得到参数的估计量，这种估计方法称为**矩估计法**。

设总体 X 的分布函数为 $F(x;\theta_1,\theta_2,\cdots,\theta_k)$，其中 $\theta_1,\theta_2,\cdots,\theta_k$ 为未知参数，总体 X 的前 k 阶矩

$$\alpha_l=E(X^l)\quad(l=1,2,\cdots,k)$$

存在，$X_1,X_2,\cdots,X_n$ 是来自总体 X 的样本。

$$M_l=\frac{1}{n}\sum_{i=1}^{n}X_i^l \quad (l=1,2,\cdots,k)$$

是样本的前 k 阶原点矩。由于总体矩是总体分布参数的函数，因此 α_l 可表作

$$\alpha_l=\alpha_l(\theta_1,\theta_2,\cdots,\theta_k) \quad (l=1,2,\cdots,k)$$

令

$$M_l=\alpha_l(\theta_1,\theta_2,\cdots,\theta_k) \quad (l=1,2,\cdots,k)$$

这是一个包含 k 个未知参数，由 k 个方程组成的方程组，一般来说，可以解出 θ_1，$\theta_2,\cdots,\theta_k$。我们用这个方程组的解 $\hat{\theta}_1,\hat{\theta}_2,\cdots,\hat{\theta}_k$ 分别作为参数 $\theta_1,\theta_2,\cdots,\theta_k$ 的估计量，这种估计量称为矩估计量，而它的观察值称为**矩估计值**。

【例 1】 设总体 X 服从区间$[a,b]$上的均匀分布，a 与 b 未知。$X_1,X_2,\cdots,X_n$ 是一个样本，求 a 与 b 的矩估计量。

解

$$\alpha_1=E(X)=(a+b)/2$$

$$\alpha_2=E(X^2)=\mathrm{var}(X)+(EX)^2=(b-a)^2/12+(a+b)^2/4$$

令

$$\alpha_1=M_1=\frac{1}{n}\sum_{i=1}^{n}X_i$$

$$\alpha_2=M_2=\frac{1}{n}\sum_{i=1}^{n}X_i^2$$

即

$$\begin{cases}\dfrac{a+b}{2}=\dfrac{1}{n}\sum\limits_{i=1}^{n}X_i\\[2ex]\dfrac{(b-a)^2}{12}+\dfrac{(a+b)^2}{4}=\dfrac{1}{n}\sum\limits_{i=1}^{n}X_i^2\end{cases}$$

解此方程组

$$\begin{cases}a+b=2\overline{X}\\ b-a=2\sqrt{\dfrac{3}{n}\sum\limits_{i=1}^{n}(X_i-\overline{X})^2}\end{cases}$$

由此得到 a 与 b 的矩估计量

$$\hat{a}=\overline{X}-\sqrt{\frac{3}{n}\sum_{i=1}^{n}(X_i-\overline{X})^2}$$

$$\hat{b}=\overline{X}+\sqrt{\frac{3}{n}\sum_{i=1}^{n}(X_i-\overline{X})^2}$$

【例 2】 设总体 X 的均值 μ 及方差 $\sigma^2>0$ 都存在，且均未知。$X_1,X_2,\cdots,X_n$ 是来自总体 X 的样本。求 μ，σ^2 的矩估计量。

解

$$\alpha_1=E(X)=\mu$$

$$\alpha_2=E(X^2)=\mathrm{var}(X)+(EX)^2=\sigma^2+\mu^2$$

令
$$\begin{cases}\alpha_1=M_1=\dfrac{1}{n}\sum\limits_{i=1}^{n}X_i\\ \alpha_2=M_2=\dfrac{1}{n}\sum\limits_{i=1}^{n}X_i^2\end{cases}$$

即
$$\begin{cases}\mu=\dfrac{1}{n}\sum\limits_{i=1}^{n}X_i=\overline{X}\\ \sigma^2+\mu^2=\dfrac{1}{n}\sum\limits_{i=1}^{n}X_i^2\end{cases}$$

解方程组，得 μ 与 σ^2 的矩估计量

$$\begin{cases}\hat{\mu}=\overline{X}\\ \hat{\sigma}^2=\dfrac{1}{n}\sum\limits_{i=1}^{n}X_i^2-\overline{X}^2=\dfrac{1}{n}\sum\limits_{i=1}^{n}(X_i-\overline{X})^2\end{cases}$$

此例说明，不论总体服从什么分布，当其均值 μ 与方差 σ^2 存在时，μ 与 σ^2 的矩估计量分别为样本均值 $\overline{X}$ 和样本二阶中心矩 $\dfrac{1}{n}\sum\limits_{i=1}^{n}(X_i-\overline{X})^2$。

三、极大似然估计法

极大似然方法是统计学中最重要，应用最广泛的方法之一。该方法最初由德国著名数学家高斯（Gauss）于 1821 年提出，但未被重视。后由英国著名统计学者费歇（R. A. Fisher）于 1922 年再次提出了极大似然的思想并探讨了它的性质，从而使之得到广泛的研究和应用。

【例 3】 口袋中装有黑球和白球，已知它们的数目之比为 3∶1，但不知是白球多还是黑球多，为了确定黑球（或白球）所占的比例，有放回地抽取一个 $n=3$（即抽取三个球）的样本，用 X 表示抽到黑球的数目，显然 X 服从二项分布 $B(3, p)$，其中 $p=\dfrac{1}{4}$或$\dfrac{3}{4}$。X 的分布律为

X	0	1	2	3
$B\left(3,\dfrac{1}{4}\right)$	27/64	27/64	9/64	1/64
$B\left(3,\dfrac{3}{4}\right)$	1/64	9/64	27/64	27/64

确定黑球所占的比例，就是要估计二项分布 $B(3,p)$ 中的参数 p。当得到了一个样本观察值，即 X 有了确定的值以后，二项分布 $B(3,p)$ 的取值依赖于参数 p。一个很自然的想法，概率大的事件比概率小的事件更易于发生。因此当 X 有了确定的值，即随机试验有了结果以后，可以认为这个结果是以最大概率发生的，从而将二

项分布 $B(3,p)$ 取值概率为大者的参数 p 的取值作为 p 的估计值

$$\hat{p}=\begin{cases}\dfrac{1}{4}, & X=0,1\\ \dfrac{3}{4}, & X=2,3\end{cases}$$

这就是用极大似然方法估计参数。

定义 1.1　设总体 X 的分布类型已知，但含有未知参数 θ。

(1) 设离散型总体 X 的概率分布律为 $p(x;\theta)$，则样本 $(X_1,X_2,\cdots,X_n)$ 的联合分布律

$$p(x_1,x_2,\cdots,x_n;\theta)=\prod_{i=1}^{n}p(x_i;\theta)$$

称为似然函数，并记之为 $L(\theta)=L(x_1,x_2,\cdots,x_n;\theta)=\prod\limits_{i=1}^{n}p(x_i;\theta)$。

(2) 设连续型总体 X 的概率密度函数为 $f(x;\theta)$，则样本 $(X_1,X_2,\cdots,X_n)$ 的联合概率密度函数

$$f(x_1,x_2,\cdots,x_n;\theta)=\prod_{i=1}^{n}f(x_i;\theta)$$

仍称为似然函数，并记之为 $L(\theta)=L(x_1,x_2,\cdots,x_n;\theta)=\prod\limits_{i=1}^{n}f(x_i;\theta)$。

定义 1.2　设总体 X 的分布类型已知，但含有未知参数 θ。

(1) 设 $(x_1,x_2,\cdots,x_n)$ 为总体 X 的一个样本观察值，若似然函数 $L(\theta)$ 在 $\hat{\theta}=\hat{\theta}(x_1,x_2,\cdots,x_n)$ 处取到最大值，则称 $\hat{\theta}(x_1,x_2,\cdots,x_n)$ 为 θ 的**极大似然估计值**。

(2) 设 $(X_1,X_2,\cdots,X_n)$ 为总体 X 的一个样本，若 $\hat{\theta}(x_1,x_2,\cdots,x_n)$ 为 θ 的极大似然估计值，则称 $\hat{\theta}(X_1,X_2,\cdots,X_n)$ 为参数 θ 的**极大似然估计量**。

设总体的分布类型已知，但含有未知参数 θ。设 $(x_1,x_2,\cdots,x_n)$ 为总体 X 的一个样本观察值，若似然函数 $L(\theta)$ 关于 θ 可导，令 $\dfrac{\mathrm{d}}{\mathrm{d}\theta}L(\theta)=0$，解此方程得 θ 的极大似然估计值 $\hat{\theta}(x_1,x_2,\cdots,x_n)$，从而得到 θ 的极大似然估计量 $\hat{\theta}(X_1,X_2,\cdots,X_n)$。因为 $L(\theta)$ 与 $\ln L(\theta)$ 具有相同的最大值点，解方程 $\dfrac{\mathrm{d}}{\mathrm{d}\theta}\ln L(\theta)=0$ 也可得 θ 的极大似然估计值 $\hat{\theta}(x_1,x_2,\cdots,x_n)$ 和 θ 的极大似然估计量 $\hat{\theta}(X_1,X_2,\cdots,X_n)$。

设总体的分布类型已知，但含有多个未知参数 $\theta_1,\theta_2,\cdots,\theta_k$，这时总体的概率函数为 $f(x;\theta_1,\theta_2,\cdots,\theta_k)$。设 $(x_1,x_2,\cdots,x_n)$ 为总体 X 的一个样本观察值，则似然函数

$$L(\theta_1,\theta_2,\cdots,\theta_k)=L(x_1,x_2,\cdots,x_k;\theta_1,\theta_2,\cdots,\theta_k)=\prod_{i=1}^{n}f(x_i;\theta_1,\theta_2,\cdots,\theta_k)$$

将其取对数，然后对 $\theta_1,\theta_2,\cdots,\theta_k$ 求偏导数，得

$$\begin{cases}\dfrac{\partial \ln L(\theta_1,\ \theta_2,\ \cdots,\ \theta_k)}{\partial\theta_1}=0\\ \quad\vdots\\ \dfrac{\partial \ln L(\theta_1,\ \theta_2,\ \cdots,\ \theta_k)}{\partial\theta_k}=0\end{cases}$$

此方程组称为似然方程组，该方程组的解 $\hat{\theta}_i=\hat{\theta}_i(x_1,x_2,\cdots,x_n)$，$i=1,2,\cdots,k$，即为 θ_i 的极大似然估计值。

求极大似然估计的一般步骤归纳如下。

(1) 求似然函数 $L(\theta)$。

(2) 求出 $\ln L(\theta)$ 及方程 $\dfrac{\mathrm{d}}{\mathrm{d}\theta}\ln L(\theta)=0$。

(3) 解上述方程得到极大似然估计值 $\hat{\theta}=\hat{\theta}(x_1,x_2,\cdots,x_n)$。

(4) 解上述方程得到极大似然估计量 $\hat{\theta}=\hat{\theta}(X_1,X_2,\cdots,X_n)$。

【例 4】 设总体 X 服从泊松分布

$$P\{X=x\}=\frac{\lambda^x}{x!}\mathrm{e}^{-\lambda}\quad(x=0,1,2,\cdots)$$

其中 $\lambda>0$ 为未知参数，$x_1,x_2,\cdots,x_n$ 为 X 的一个样本观察值，求 λ 的极大似然估计值。

解 似然函数

$$L\ (\lambda)=\prod_{i=1}^{n}P\{X=x_i\}=\prod_{i=1}^{n}\frac{\lambda^{x_i}}{x_i!}\mathrm{e}^{-\lambda}$$

$$=\frac{\mathrm{e}^{-n\lambda}}{x_1!\ x_2!\ \cdots x_n!}\cdot\lambda^{\sum\limits_{i=1}^{n}x_i}$$

$$\ln L\ (\lambda)=-n\lambda+(\ln\lambda)\sum_{i=1}^{n}x_i-\ln(x_1!\ x_2!\ \cdots x_n!\ )$$

令 $$\frac{\partial\ \ln L\ (\lambda)}{\partial\ \lambda}=\frac{1}{\lambda}\sum_{i=1}^{n}x_i-n=0$$

故 $$\hat{\lambda}=\frac{1}{n}\sum_{i=1}^{n}x_i=\bar{x}$$

即泊松分布的参数 λ 的极大似然估计值为样本均值。

【例 5】 设总体 X 服从正态分布 $N(\mu, \sigma^2)$，其中 μ 和 σ^2 为未知参数。X_1，$X_2,\cdots,X_n$ 是来自 X 的一个样本。求 μ 和 σ^2 的极大似然估计量。

解 总体 X 的分布密度

$$f(x;\ \mu,\ \sigma^2)=\frac{1}{\sqrt{2\pi}\sigma}\mathrm{e}^{-\frac{(x-\mu)^2}{2\sigma^2}}\qquad(-\infty<x<+\infty)$$

似然函数

$$L(\mu,\sigma^2)=\prod_{i=1}^{n}\frac{1}{\sqrt{2\pi}\sigma}\mathrm{e}^{-\frac{(x_i-\mu)^2}{2\sigma^2}}$$

$$=(2\pi)^{-\frac{n}{2}}(\sigma^2)^{-\frac{n}{2}}\mathrm{e}^{-\frac{1}{2\sigma^2}\sum_{i=1}^{n}(x_i-\mu)^2}$$

取对数

$$\ln L(\mu,\sigma^2)=-\frac{n}{2}\ln(2\pi)-\frac{n}{2}\ln\sigma^2-\frac{1}{2\sigma^2}\sum_{i=1}^{n}(x_i-\mu)^2$$

令
$$\begin{cases}\dfrac{\partial \ln L(\mu,\sigma^2)}{\partial \mu}=\dfrac{1}{\sigma^2}\sum\limits_{i=1}^{n}(x_i-\mu)=0\\ \dfrac{\partial \ln L(\mu,\sigma^2)}{\partial \sigma^2}=-\dfrac{n}{2\sigma^2}+\dfrac{1}{2(\sigma^2)^2}\sum\limits_{i=1}^{n}(x_i-\mu)^2=0\end{cases}$$

解之得

$$\hat{\mu}=\frac{1}{n}\sum_{i=1}^{n}x_i=\bar{x},\qquad \hat{\sigma}^2=\frac{1}{n}\sum_{i=1}^{n}(x_i-\bar{x})^2$$

所以 μ 和 σ^2 的极大似然估计量分别为

$$\hat{\mu}=\bar{X},\quad \hat{\sigma}^2=\frac{1}{n}\sum_{i=1}^{n}(X_i-\bar{X})^2$$

与本节例 2 的结论比较可知，正态分布参数 μ 和 σ^2 的极大似然估计量与相应的矩估计量是相同的。

【例 6】 设总体 X 在 $[a,b]$ 上服从均匀分布，a,b 未知，$x_1,x_2,\cdots,x_n$ 是 X 的一个样本观察值，试求 a，b 的极大似然估计值。

解 记 $x_{(1)}=\min\ (x_1,x_2,\cdots,x_n)$

$x_{(n)}=\max\ (x_1,x_2,\cdots,x_n)$

总体 X 的密度函数

$$f(x;\ a,b)=\begin{cases}\dfrac{1}{b-a}, & a\leqslant x\leqslant b\\ 0, & \text{其他}\end{cases}$$

由于 $a\leqslant x_1,x_2,\cdots,x_n\leqslant b$，则有 $a\leqslant x_{(1)}$，$x_{(n)}\leqslant b$，样本似然函数

$$L(a,b)=\begin{cases}\dfrac{1}{(b-a)^n}, & a\leqslant x_{(1)},\ x_{(n)}\leqslant b\\ 0, & \text{其他}\end{cases}$$

对于满足条件 $a\leqslant x_{(1)}$，$x_{(n)}\leqslant b$ 的一切 a，b，有

$$L(a,b)=\frac{1}{(b-a)^n}\leqslant\frac{1}{(x_{(n)}-x_{(1)})^n}$$

即 $L(a,b)$ 在 $a=x_{(1)}$，$b=x_{(n)}$ 时达到最大值 $(x_{(n)}-x_{(1)})^{-n}$，根据极大似然估计的概念可知，a，b 的极大似然估计值

$$\hat{a}=x_{(1)},\quad \hat{b}=x_{(n)}$$

相应的极大似然估计量

$$\hat{a}=X_{(1)}=\min(X_1,X_2,\cdots,X_n)$$

$$\hat{b}=X_{(n)}=\max(X_1,X_2,\cdots,X_n)$$

极大似然估计有一个极具吸引力的性质：设 $\hat{\theta}$ 是 θ 的极大似然估计，θ 的函数 $u=u(\theta)$，$\theta\in\Theta$，具有单值反函数 $\theta=\theta(u)$，$u\in\mathscr{u}$，则 $\hat{u}=u(\hat{\theta})$ 是 $u(\theta)$的极大似然估计。这个性质称为**极大似然估计的不变性**。事实上，因为 $\hat{\theta}$ 是 θ 的极大似然估计，即有

$$L(x_1,x_2,\cdots,x_n;\hat{\theta})=\max_{\theta\in\Theta}L(x_1,x_2,\cdots,x_n;\theta)$$

由于 $u=u(\theta)$ 具有单值反函数，由 $\hat{u}=u(\hat{\theta})$ 可得 $\hat{\theta}=\theta(\hat{u})$，代入上式可得

$$L[x_1,x_2,\cdots,x_n;\theta(\hat{u})]=\max_{u\in\mathscr{u}}L[x_1,x_2,\cdots,x_n;\theta(u)]$$

这就证明了 $\hat{u}=u(\hat{\theta})$ 是 $u=u(\theta)$ 的极大似然估计。

极大似然估计的不变性对于总体分布中包含单个未知参数或多个未知参数都是适用的。例如在正态分布 $N(\mu,\sigma^2)$中，当 μ 与 σ^2 均未知时，方差 σ^2 的极大似然估计。

$$\hat{\sigma}^2=\frac{1}{n}\sum_{i=1}^{n}(X_i-\overline{X})^2$$

标准差 $\sigma=\sqrt{\sigma^2}$ 的极大似然估计

$$\hat{\sigma}=\sqrt{\hat{\sigma}^2}=\sqrt{\frac{1}{n}\sum_{i=1}^{n}(X_i-\overline{X})^2}$$

另外需要指出的是，当参数 θ 的函数 $u=u(\theta)$ 不具有单值反函数时，极大似然估计的不变性也仍然成立，所不同的是，证明过程需要用到诱导似然的概念，有兴趣的读者可参阅有关论著。

矩估计法是一种古老的经典方法，它简单易行，特别是在求总体数字特征的估

计量时，尤为方便。该方法不依赖于总体分布的类型，这既是它的优点，也是它的缺点。当总体分布类型确定时，矩估计法没有充分利用总体分布类型的信息，因此它的估计结果有可能不如其他方法得到的估计结果好。

极大似然估计法充分利用了总体分布类型的信息，因而估计结果有很多优良性，尤其是在大样本理论中，极大似然估计发挥着主导与核心的作用。它的缺点是求解过程较复杂，有时不能通过求解似然方程来获得极大似然估计（如例6），有时似然方程无法得到精确解，只能求近似数值解。但是，在总体的分布类型确定时，它仍然是首选的估计方法。

§2　评选估计量的标准

参数的点估计有多种不同的方法；同一个参数，用不同的估计方法求出的估计量可能不相同。例如，当总体 X 服从区间 $[a,b]$ 上的均匀分布时，a 与 b 的矩估计量：$\hat{a}=\overline{X}-\sqrt{\frac{3}{n}\sum_{i=1}^{n}(X_i-\overline{X})^2}$，$\hat{b}=\overline{X}+\sqrt{\frac{3}{n}\sum_{i=1}^{n}(X_i-\overline{X})^2}$；而 a 与 b 的极大似然估计量：$\hat{a}=X_{(1)}$，$\hat{b}=X_{(n)}$。那么自然要问，同一个参数的不同的估计量，究竟哪一个估计量更好些呢？这就涉及用什么样的标准来评价估计量的问题。

参数 θ 的估计量 $\hat{\theta}(X_1,X_2,\cdots,X_n)$ 作为样本的函数，其本身就是一个随机变量，用不同的样本观察值会得到参数的不同估计值，因此，对估计量需要提出一些要求。

(1) 估计量 $\hat{\theta}$ 的取值应围绕参数真值 θ 波动，即要求 $\hat{\theta}$ 的平均取值与 θ 相同，这一要求称为无偏性。

(2) 当估计量 $\hat{\theta}$ 的平均取值与 θ 相同时，自然要求 $\hat{\theta}$ 取值的波动性要尽可能小，这就是有效性的要求。

(3) 当样本容量 n 增加时，总是希望估计量的精确性能有所提高，即样本容量 n 越大，估计值越接近于参数真值，这就要求当样本容量 n 无限增大时，估计量 $\hat{\theta}$ 在某种概率意义下收敛于参数 θ，这就是所谓的相合性。

一、无偏性

设 $X_1,X_2,\cdots,X_n$ 是来自总体 X 的样本，θ 是待估参数，Θ 为参数空间。

定义 2.1　设 $\hat{\theta}(X_1,X_2,\cdots,X_n)$ 是 θ 的估计量，数学期望 $E(\hat{\theta})$ 存在，对任意的 $\theta\in\Theta$ 有

$$E(\hat{\theta})=\theta$$

则称 $\hat{\theta}$ 为 θ 的**无偏估计量**。

在实际应用中，常将 $|E(\hat{\theta})-\theta|$ 称为系统误差。当估计量具有无偏性时，说明无系统误差。

【例 1】 设 $X_1, X_2, \cdots, X_n$ 是来自总体 X 的样本，总体 X 的数学期望 $EX=\mu$ 存在，求证：$\sum_{i=1}^{n} C_i X_i \left(\text{其中 } C_i \geqslant 0,\ \sum_{i=1}^{n} C_i = 1\right)$ 是总体期望 μ 的无偏估计量。

证 对样本 $X_1, X_2, \cdots, X_n$ 有

$$EX_i = EX = \mu \quad (i=1,2,\cdots,n)$$

由期望性质

$$E\left(\sum_{i=1}^{n} C_i X_i\right) = \sum_{i=1}^{n} C_i EX_i = \sum_{i=1}^{n} C_i \mu = \mu$$

故 $\sum_{i=1}^{n} C_i X_i$ 是 μ 的无偏估计量。

特别地，当 $C_i = 1/n (i=1,2,\cdots,n)$ 时，$\sum_{i=1}^{n} C_i X_i = \frac{1}{n}\sum_{i=1}^{n} X_i = \overline{X}$。所以，对于服从任何分布的总体 X，只要 EX 存在，$\overline{X}$ 就是 EX 的无偏估计。

实际上还可以进一步证明，不论总体 X 服从什么样的分布，当总体 X 的 k 阶矩 $\alpha_k = EX^k\ (k \geqslant 1)$ 存在时，k 阶样本矩 $M_k = \frac{1}{n}\sum_{i=1}^{n} X_i^k$ 是总体 k 阶矩 α_k 的无偏估计。

【例 2】 设 $X_1, X_2, \cdots, X_n$ 是总体 X 的样本，$E(X) = \mu$，$\text{var}(X) = \sigma^2$ 存在，且 μ 与 σ^2 未知，则样本二阶中心矩 $M'_2 = \frac{1}{n}\sum_{i=1}^{n}(X_i - \overline{X})^2$ 作为 σ^2 的估计量是有偏的（即不是无偏估计）。

解

$$M'_2 = \frac{1}{n}\sum_{i=1}^{n}(X_i - \overline{X})^2 = \frac{1}{n}\sum_{i=1}^{n} X_i^2 - \overline{X}^2$$

$$E(M'_2) = \frac{1}{n}\sum_{i=1}^{n} E(X_i^2) - E(\overline{X}^2)$$

由于

$$E(X_i^2) = \text{var}(X)_i + (EX_i)^2 = \sigma^2 + \mu^2$$

$$E(\overline{X}^2) = \text{var}(\overline{X}) + (E\overline{X})^2 = \frac{\sigma^2}{n} + \mu^2$$

有

$$E(M'_2) = \frac{1}{n}\sum_{i=1}^{n}(\sigma^2 + \mu^2) - \left(\frac{\sigma^2}{n} + \mu^2\right)$$

$$= \frac{n-1}{n}\sigma^2 \neq \sigma^2$$

所以 M'_2 不是 σ^2 的无偏估计。

注意到 $E(M'_2) = \frac{n-1}{n}\sigma^2$ 与 σ^2 只相差一个因子 $\frac{n-1}{n}$，若以 $\frac{n}{n-1}$ 乘 M'_2，所得的估计量即为无偏的了，这种方法称为无偏修正。

$$E\left(\frac{n}{n-1}M'_2\right) = \frac{n}{n-1}EM'_2 = \sigma^2$$

而$\frac{n}{n-1}M_2'$ 正是样本方差 S^2：

$$S^2=\frac{1}{n-1}\sum_{i=1}^{n}(X_i-\overline{X})^2$$

所以样本方差 S^2 是总体方差 σ^2 的无偏估计。

从实际应用的角度看，估计量无偏性的意义在于，如果多次重复使用一个无偏估计量，那么将所得的全部估计值平均，就能得到与参数真值非常接近的估计值；如果仅一次使用一个无偏估计量，那么得到的估计值完全可能与参数真值相去甚远，这时估计量的无偏性没有多大的意义。因此，估计量的无偏性并不是绝对的必须的要求，而是要根据问题的具体情况，决定是否对估计量要提出无偏性的要求。

二、有效性

一个参数的无偏估计量可能不唯一，在比较同样具有无偏性的估计量时，自然希望估计量的值能够比较密集地分布在参数真值附近，偏离程度越小越好。由于方差是随机变量取值与其数学期望的偏离程度的度量，所以在样本容量相同的情况下，无偏估计量的方差越小，所得到的估计值与参数真值的偏离也越小。由此引出了估计量的有效性。

定义 2.2　设 $\hat{\theta}_1(X_1,X_2,\cdots,X_n)$ 和 $\hat{\theta}_2(X_1,X_2,\cdots,X_n)$ 都是 θ 的无偏估计量，如果

$$\mathrm{var}(\hat{\theta}_1)<\mathrm{var}(\hat{\theta}_2)$$

则称 $\hat{\theta}_1$ 比 $\hat{\theta}_2$ **有效**。

【例 3】　设 $X_1,X_2,\cdots,X_n$ 是总体 X 的样本，$E(X)=\mu$，$\mathrm{var}(X)$ 存在，当样本容量 $n\geqslant3$ 时，试比较

$$\hat{\mu}_1=\overline{X},\quad \hat{\mu}_2=X_1,$$

$$\hat{\mu}_3=\frac{X_1+X_2}{2},\quad \hat{\mu}_4=\frac{X_1}{3}+\frac{X_2}{4}+\frac{5X_3}{12}$$

作为 μ 的估计量的有效性。

解　由例 1 可知，$\hat{\mu}_1,\hat{\mu}_2,\hat{\mu}_3,\hat{\mu}_4$ 均为 μ 的无偏估计量。因为

$$\mathrm{var}(\hat{\mu}_1)=\mathrm{var}(\overline{X})=\frac{1}{n}\mathrm{var}(X),\quad \mathrm{var}(D\hat{\mu}_2)=\mathrm{var}(X_1)=\mathrm{var}(X)$$

$$\mathrm{var}(\hat{\mu}_3)=\frac{1}{4}[\mathrm{var}(X_1)+\mathrm{var}(X_2)]=\frac{1}{2}\mathrm{var}(X)$$

$$\mathrm{var}(\hat{\mu}_4)=\frac{1}{9}\mathrm{var}(X_1)+\frac{1}{16}\mathrm{var}(X_2)+\frac{25}{144}\mathrm{var}(X_3)=\frac{50}{144}\mathrm{var}(X)$$

当 $n\geqslant3$ 时，有

$$\mathrm{var}(\hat{\mu}_1)<\mathrm{var}(\hat{\mu}_4)<\mathrm{var}(\hat{\mu}_3)<\mathrm{var}(\hat{\mu}_2)$$

所以，$\hat{\mu}_1$ 比 $\hat{\mu}_2$，$\hat{\mu}_3$，$\hat{\mu}_4$ 有效，$\hat{\mu}_4$ 比 $\hat{\mu}_2$，$\hat{\mu}_3$ 有效，$\hat{\mu}_3$ 比 $\hat{\mu}_2$ 有效。

本例说明，方差越小的无偏估计量越有效，由此引出最小方差无偏估计的概念。

定义 2.3 设 $X_1, X_2, \cdots, X_n$ 是来自总体 X 的样本，$\hat{\theta}$ 是未知参数 θ 的一个无偏估计量，若对 θ 的任一无偏估计量 $\hat{\theta}'$，有

$$\mathrm{var}(\hat{\theta}) \leqslant \mathrm{var}(\hat{\theta}')$$

则称 $\hat{\theta}$ 为 θ 的**最小方差无偏估计**。

在无偏估计类中寻找方差最小者，是估计量有效性讨论的核心内容，它无论在理论上，还是在实际应用中，都具有重要的意义，但它也是一项困难的工作。寻找最小方差无偏估计通常有两种途径：利用充分统计量和利用 Cramer—Rao 不等式。具体的理论和方法，由于超出了本书的范围，在此不作详细的讨论，仅对 Cramer—Rao 不等式作一般性的介绍。

设总体 X 的分布密度为 $f(x;\theta)$，X_1，X_2，…，X_n 是来自 X 的样本，θ 为参数，记

$$I(\theta)=E\left[\frac{\partial}{\partial\theta}\ln f(x;\theta)\right]^2$$

称 $I(\theta)$ 为 Fisher 信息量。当总体密度 $f(x;\theta)$ 满足一定条件时(除均匀分布以外，大部分常用分布都能满足)，对 θ 的任一无偏估计 $\hat{\theta}$，均有

$$\mathrm{var}(\hat{\theta}) \geqslant \frac{1}{nI(\theta)}$$

这就是著名的 Cramer—Rao 不等式。这个不等式给出了无偏估计量的方差下界，因此不等式的右边：$\frac{1}{nI(\theta)}$ 也称为 Cramer—Rao 下界。

不难看出，当 θ 的无偏估计量 $\hat{\theta}$ 的方差 $D(\hat{\theta})$ 达到 Cramer—Rao 下界时，$\hat{\theta}$ 一定是 θ 的最小方差无偏估计。但需要指出的是，并不是每一个参数的无偏估计类中都会存在一个方差达到 Cramer—Rao 下界的估计量，即 Cramer—Rao 下界是不一定能达到的。

定义 2.4 若 θ 的无偏估计 $\hat{\theta}$ 满足

$$\mathrm{var}(\hat{\theta}) = \frac{1}{nI(\theta)}$$

则称 $\hat{\theta}$ 为 θ 的**有效估计(量)**。

定义 2.4 说明，只有当无偏估计的方差达到 Cramer—Rao 下界时，才能被称为有效估计。显然，有效估计一定是最小方差无偏估计，反之则不然。因此，考察无偏估计量 $\hat{\theta}$ 是否达到 Cramer—Rao 下界，成为寻找最小方差无偏估计的途径之一。

【例 4】 设总体 $X \sim N(\mu, \sigma^2)$（σ^2 已知）μ 为未知参数，问 $\overline{X}$ 是否是 μ 的有效

估计量？

解　例 1 已证明 $\overline{X}$ 是 μ 的无偏估计。

$$f(x,\mu)=\frac{1}{\sqrt{2\pi}\sigma}e^{-\frac{1}{2\sigma^2}(x-\mu)^2}$$

$$\ln f(x,\mu)=\ln\frac{1}{\sigma\sqrt{2\pi}}-\frac{1}{2\sigma^2}(x-\mu)^2$$

$$\frac{\partial \ln f}{\partial \mu}=\frac{1}{\sigma^2}(x-\mu)$$

$$E\left[\left(\frac{\partial \ln f(X,\mu)}{\partial \mu}\right)^2\right]=E\left[\frac{1}{\sigma^4}(X-\mu)^2\right]=\frac{1}{\sigma^4}\cdot \mathrm{var}(X)=\frac{1}{\sigma^2}$$

方差下界 $\frac{1}{nI(\theta)}=\frac{\sigma^2}{n}$，而 $\mathrm{var}(\overline{X})=\frac{\sigma^2}{n}$，故 $\overline{X}$ 是 μ 的有效估计量。

三、相合性

样本容量的大小，在各种形式的统计推断中，都是人们所关心的问题。参数点估计量的无偏性与有效性的讨论都是针对固定的样本容量而言的，因此有必要讨论当样本容量无限增大时，参数的点估计量应具有怎样的大样本性质。为此，将参数 θ 的点估计量记作

$$\hat{\theta}_n=\hat{\theta}_n(X_1,X_2,\cdots,X_n)$$

其中 $n\in N$（自然数集），$\hat{\theta}_n$ 可视为 θ 的一个估计序列。

定义 2.5　设 $\hat{\theta}_n=\hat{\theta}_n(X_1,X_2,\cdots,X_n)$ 为未知参数 θ 的估计量。若 $\hat{\theta}_n$ 依概率收敛于 θ，即对任意 $\varepsilon>0$，有

$$\lim_{n\to\infty}P\{|\hat{\theta}_n-\theta|>\varepsilon\}=0$$

则称 $\hat{\theta}_n$ 是 θ 的**相合估计量**。

设 $X_1,X_2,\cdots,X_n$ 是总体 X 的样本，当总体期望 EX 存在时，由大数定律可知，样本均值 $\overline{X}=\frac{1}{n}\sum_{i=1}^{n}X_i$ 是 EX 的相合估计。进一步可以证明，若总体 $k(k\geqslant 1)$ 阶矩 $\alpha_k=EX^k$ 存在，则样本 $k(k\geqslant 1)$ 阶矩 $M_k=\frac{1}{n}\sum_{i=1}^{n}X_i^k$ 是总体 k 阶矩的相合估计。由依概率收敛的性质可知，若 $\hat{\theta}_n$ 是 θ 的相合估计，$g(x)$ 在 $x=\theta$ 处连续，则 $g(\hat{\theta}_n)$ 是 $g(\theta)$ 的相合估计。根据相合估计的这一性质，并注意到原点矩与中心矩的联系，则样本 $k(k\geqslant 1)$ 阶中心矩是总体 $k(k\geqslant 1)$ 阶中心矩的相合估计。例如，$\mathrm{var}(X)=E(X^2)-(EX)^2$，$M'_2=\frac{1}{n}\sum_{i=1}^{n}(X_i-\overline{X})^2=\frac{1}{n}\sum_{i=1}^{n}X_i^2-\overline{X}^2$，即 $M'_2=M_2-M_1^2$，由于 M_2 和 M_1 分别为 EX^2 和 EX 的相合估计，所以样本二阶中心矩 M'_2 是总

体二阶中心矩 var(X)的相合估计。

§3 参数的区间估计

点估计有使用方便、直观等优点，但它并没有提供关于估计精度的任何信息，为此提出了未知参数的区间估计法。

对应总体的某一个样本观测值，可以得到点估计量 $\hat{\theta}$ 的一个观测值，但是它仅仅是参数 θ 的一个近似值。由于 $\hat{\theta}$ 是一个随机变量，它会随着样本的抽取而随机变化，不会总是和 θ 相等，而存在着或大、或小，或正、或负的误差，即便点估计量具备了很好的性质，但是它本身无法反映这种近似的精确度，且无法给出误差的范围。

为了弥补这些不足，人们希望估计出一个范围，并知道该范围包含真实值的可靠程度，这样的范围通常以区间的形式给出，同时还要给出该区间包含参数 θ 真实值的可靠程度，这种形式的估计称为区间估计。

定义 3.1 设总体 X 的分布中含有未知参数 θ，对给定值 $\alpha(0<\alpha<1)$，若由样本 $X_1,X_2,\cdots,X_n$ 确定的两个统计量 $\theta_1(X_1,X_2,\cdots,X_n)$ 与 $\theta_2(X_1,X_2,\cdots,X_n)$满足

$$P\{\theta_1(X_1,X_2,\cdots,X_n)<\theta<\theta_2(X_1,X_2,\cdots,X_n)\}=1-\alpha \tag{3.1}$$

则称区间(θ_1,θ_2)为参数 θ 的置信度为 $1-\alpha$ 的**置信区间**；θ_1,θ_2 分别称为**置信下限**和**置信上限**；$1-\alpha$ 称为**置信度**(或置信水平)。

下面先讨论参数的区间估计方法，然后讨论置信区间的概率意义。

【例 1】 设总体 X 服从正态分布 $N(\mu,\sigma^2)$，σ^2 已知，μ 未知，$X_1,X_2,\cdots,X_n$ 是来自总体 X 的样本，求 μ 的置信度为 $1-\alpha$ 的置信区间。

解 考虑到$\overline{X}$是 μ 的无偏估计，当 σ^2 已知时，由抽样分布结果可知，作为随机变量的样本函数

$$U=\frac{\overline{X}-\mu}{\sigma/\sqrt{n}}\sim N(0,1)$$

由 $N(0,1)$的上侧 α 分位数定义(见图 6-1)

$$P\left\{\left|\frac{\overline{X}-\mu}{\sigma/\sqrt{n}}\right|<u_{\frac{\alpha}{2}}\right\}=1-\alpha$$

即

$$P\left\{\overline{X}-\frac{\sigma}{\sqrt{n}}u_{\frac{\alpha}{2}}<\mu<\overline{X}+\frac{\sigma}{\sqrt{n}}u_{\frac{\alpha}{2}}\right\}=1-\alpha$$

所以 μ 的一个置信度为 $1-\alpha$ 的置信区间为

$$\left(\overline{X}-\frac{\sigma}{\sqrt{n}}u_{\frac{\alpha}{2}},\ \overline{X}+\frac{\sigma}{\sqrt{n}}u_{\frac{\alpha}{2}}\right)$$

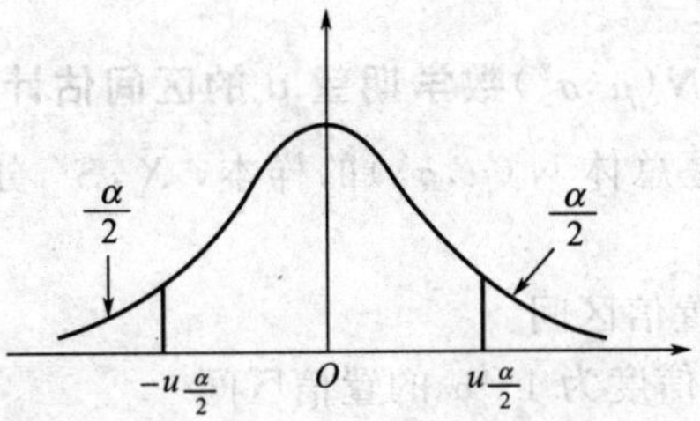

图 6-1

或也可表作$\left(\overline{X} \pm \frac{\sigma}{\sqrt{n}} u_{\frac{\alpha}{2}}\right)$。

例 1 给出了求解置信区间的一般方法。其中关键的一点是要寻找一个合适的样本函数，如例 1 中的$\frac{\overline{X}-\mu}{\sigma/\sqrt{n}}$。这个样本函数必须满足下列二个条件：

(1) 样本函数的表达式中必须包含待估参数，而且除了待估参数之外，不包含任何其他的未知参数。这样的样本函数一般是从参数的无偏估计出发，结合抽样分布的结果来寻找。

(2) 样本函数作为随机变量，它的分布必须完全已知，即分布类型已知，不依赖于任何未知参数（其中也包括待估参数在内）。

根据样本函数的分布，以及上侧 α 分位数定义，对给定的置信度 $1-\alpha$，作出一个概率陈述，如例 1 中

$$P\left\{\left|\frac{\overline{X}-\mu}{\sigma/\sqrt{n}}\right|<u_{\frac{\alpha}{2}}\right\}=1-\alpha$$

由此解出满足给定置信度的置信区间。

由于置信区间的端点是统计量，所以置信区间是随机区间。它对样本的每一个观察值都确定一个对应的区间。一般来说，当样本观察值不同时，所得到的区间也不同。式(3.1)的意义在于，对给定的样本容量 n，若进行多次的反复抽样，得到了众多个不同的区间，其中每一个区间，要么包含 θ 的真值，要么不包含 θ 的真值。当置信度为 $1-\alpha$ 时，这些不同的区间中，包含 θ 真值的约占 $100(1-\alpha)\%$，不包含 θ 真值的约占 $100\alpha\%$（见图 6-2）。

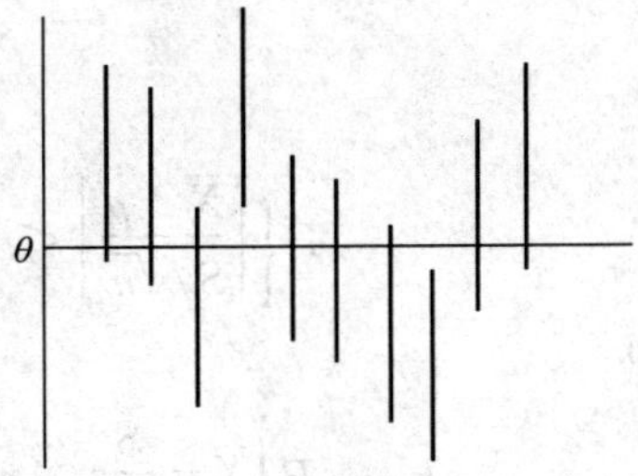

图 6-2

例如，给定 $\alpha=0.05$，置信度 $1-\alpha=0.95$，在反复抽样 100 次所确定的 100 个区间中，大约有 95 个包含 θ 的真值。若仅作一次抽样而得到一个置信区间，可以认为该区间包含 θ 真值的概率为 95%，而不能说 θ 的真值以 0.95 的概率落入该区间。这是因为经典统计学认为，参数可以有一个取值范围，但本身不具有随机性，因此未知参数不是一个随机变量，仅是一个未知数而已。这一点正是经典统计方法与贝叶

斯统计方法的根本区别之一。

一、单个正态总体 $N(\mu,\sigma^2)$ 数学期望 μ 的区间估计

设 $X_1,X_2,\cdots,X_n$ 是总体 $N(\mu,\sigma^2)$ 的样本，$\overline{X},S^2$ 分别为样本均值与样本方差，给定置信度为 $1-\alpha$。

(1) σ^2 已知时 μ 的置信区间

由例 1 可知，μ 的置信度为 $1-\alpha$ 的置信区间

$$\left(\overline{X}-\frac{\sigma}{\sqrt{n}}u_{\frac{\alpha}{2}},\ \overline{X}+\frac{\sigma}{\sqrt{n}}u_{\frac{\alpha}{2}}\right) \tag{3.2}$$

(2) σ^2 未知时 μ 的置信区间

在 σ^2 未知的情况下，随机变量 $\dfrac{\overline{X}-\mu}{\sigma/\sqrt{n}}$ 中除待估参数 μ 之外，还有未知参数 σ，所以式(3.2)的结论无法使用。由于 S^2 是 σ^2 的无偏估计，自然想到用 S^2 代替 σ^2，并由第五章定理 2.5 知

$$T=\frac{\overline{X}-\mu}{S/\sqrt{n}}\sim t(n-1)$$

设 $t_{\frac{\alpha}{2}}(n-1)$ 为 $t(n-1)$ 分布的上侧 $\dfrac{\alpha}{2}$ 分位数(参见图 6-3)，则有

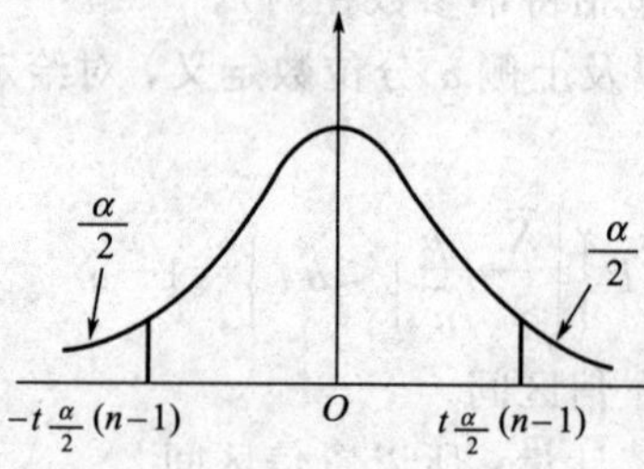

图 6-3

$$P\left\{\left|\frac{\overline{X}-\mu}{S/\sqrt{n}}\right|<t_{\frac{\alpha}{2}}(n-1)\right\}=1-\alpha$$

即

$$P\left\{\overline{X}-\frac{S}{\sqrt{n}}t_{\frac{\alpha}{2}}(n-1)<\mu<\overline{X}+\frac{S}{\sqrt{n}}t_{\frac{\alpha}{2}}(n-1)\right\}=1-\alpha$$

由此得 μ 的置信度为 $1-\alpha$ 的置信区间

$$\left(\overline{X}-\frac{S}{\sqrt{n}}t_{\frac{\alpha}{2}}(n-1),\ \overline{X}+\frac{S}{\sqrt{n}}t_{\frac{\alpha}{2}}(n-1)\right) \tag{3.3}$$

【例 2】 已知某炼铁厂的铁水含碳量在正常情况下服从正态分布 $N(\mu,\sigma^2)$，且 $\sigma^2=0.108^2$。现测量五炉铁水，其含碳量（%）分别是

4.28，4.40，4.42，4.35，4.37

试求总体期望 μ 的置信区间（$\alpha=0.05$，$\alpha=0.01$）。

解　由已知，$\sigma=0.108$，$n=5$，由给出的数据算得 $\bar{x}=4.364$。

当 $\alpha=0.05$ 时，置信度 $1-\alpha=0.95$，查正态分布表得 $u_{\frac{\alpha}{2}}=u_{0.025}=1.96$，则有

$$\bar{x}-\frac{\sigma}{\sqrt{n}}u_{\frac{\alpha}{2}}=4.269$$

$$\bar{x}+\frac{\sigma}{\sqrt{n}}u_{\frac{\alpha}{2}}=4.459$$

μ 的置信度为 0.95 的置信区间是（4.269，4.459）。

同理，当 $\alpha=0.01$ 时，μ 的置信度为 $1-\alpha=0.99$ 的置信区间是（4.239，4.489）。

比较置信度为 0.95 和 0.99 的两个置信区间可以看出，对于相同的样本容量（$n=5$），置信度较大的，置信区间的长度也较大。直观想象也是如此，对固定的样本容量，要使估计的区间的可信程度大，那么估计的范围，即区间长度当然也要大些。

另外，根据式（3.2），μ 的 $1-\alpha$ 的置信区间长度

$$L=\frac{2\sigma}{\sqrt{n}}u_{\frac{\alpha}{2}}$$

对给定的置信度 $1-\alpha$，要使估计的范围更精确，即区间长度小一些，必须增加样本容量 n。

【例 3】　设某种清漆的九个样品，其干燥时间（以小时计）分别为

6.0，5.7，5.8，6.5，7.0，6.3，5.6，6.1，5.0

设干燥时间服从正态分布 $N(\mu,\sigma^2)$。求 μ 的置信度为 0.95 的置信区间。

解　本题是在方差未知的情况下，求 μ 的置信区间。由于 σ^2 未知，故 μ 的置信区间由式（3.3）确定。这里 $n=9$，$1-\alpha=0.95$，查 t 分布表得 $t_{\frac{\alpha}{2}}(n-1)=t_{0.025}(8)=2.306$，由样本观察值算出

$$\bar{x}=6,\ s=0.5745$$

则有

$$\bar{x}-\frac{s}{\sqrt{n}}t_{\frac{\alpha}{2}}(n-1)\approx5.558$$

$$\bar{x}+\frac{s}{\sqrt{n}}t_{\frac{\alpha}{2}}(n-1)\approx6.442$$

故 μ 的置信度为 0.95 的置信区间（5.558，6.442）。

二、单个正态总体 $N(\mu,\sigma^2)$ 方差 σ^2 的区间估计

根据实际问题的需要，只介绍 μ 未知的情形。对 μ 已知的情况，请读者自行推导（见本章习题 27）。

考虑到样本方差 S^2 是总体方差 σ^2 的无偏估计，由第五章定理2.3 知

$$\chi^2=\frac{(n-1)\ S^2}{\sigma^2}\sim\chi^2(n-1)$$

对给定的置信度 $1-\alpha$，确定两个数 λ_1 和 λ_2，使

$$P\{\lambda_1<\chi^2<\lambda_2\}=1-\alpha$$

在实用中习惯上使 λ_1 和 λ_2 满足

$$P\{\chi^2<\lambda_1\}=P\{\chi^2>\lambda_2\}=\frac{\alpha}{2}$$

查 χ^2 分布表可得 $\lambda_1=\chi^2_{1-\frac{\alpha}{2}}(n-1)$，$\lambda_2=\chi^2_{\frac{\alpha}{2}}(n-1)$

则有

$$P\left\{\chi^2_{1-\frac{\alpha}{2}}(n-1)<\frac{(n-1)S^2}{\sigma^2}<\chi^2_{\frac{\alpha}{2}}(n-1)\right\}=1-\alpha$$

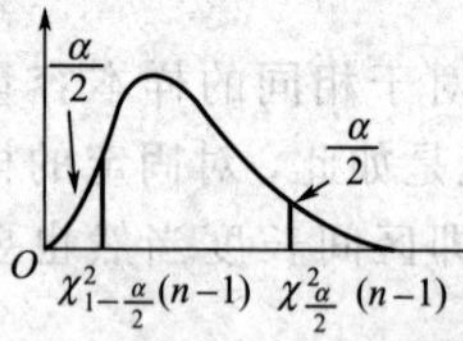

图 6-4

如图 6-4 所示。

由此解出

$$P\left\{\frac{(n-1)S^2}{\chi^2_{\frac{\alpha}{2}}(n-1)}<\sigma^2<\frac{(n-1)S^2}{\chi^2_{1-\frac{\alpha}{2}}(n-1)}\right\}=1-\alpha$$

即方差 σ^2 的一个置信度为 $1-\alpha$ 的置信区间为

$$\left(\frac{(n-1)S^2}{\chi^2_{\frac{\alpha}{2}}(n-1)},\ \frac{(n-1)S^2}{\chi^2_{1-\frac{\alpha}{2}}(n-1)}\right) \tag{3.4}$$

由此还容易得到标准差 σ 的一个置信度为 $1-\alpha$ 的置信区间

$$\left(\sqrt{\frac{n-1}{\chi^2_{\frac{\alpha}{2}}(n-1)}}S,\ \sqrt{\frac{n-1}{\chi^2_{1-\frac{\alpha}{2}}(n-1)}}S\right) \tag{3.5}$$

【例 4】 从自动机床加工的同类零件中抽取16件，测得其长度为(单位:mm)：

12.15，12.12，12.01，12.08，12.09，12.16，12.03，12.01

12.06，12.13，12.07，12.11，12.08，12.01，12.03，12.06

设零件长度近似服从正态分布，试求方差 σ^2，标准差 σ 的置信度为 0.95 的置信区间。

解 由样本值算得 $s^2=0.00244$，$s=0.0494$

本题 $n=16$，$1-\alpha=0.95$，查 χ^2 分布表得

$$\chi^2_{\frac{\alpha}{2}}(n-1)=\chi^2_{0.025}(15)=27.488$$

$$\chi^2_{1-\frac{\alpha}{2}}(n-1)=\chi^2_{0.975}(15)=6.262$$

由式(3.4)得

$$\frac{(n-1)s^2}{\chi^2_{\frac{\alpha}{2}}(n-1)}\approx 0.0013,\qquad \frac{(n-1)s^2}{\chi^2_{1-\frac{\alpha}{2}}(n-1)}\approx 0.0058$$

于是 σ^2 的置信度为 0.95 的置信区间:(0.0013，0.0058)。由式(3.5)可得 σ 的置信度为 0.95 的置信区间:(0.036，0.076)。

三、两个正态总体均值差的区间估计

实际工作中常会遇到这样的问题：已知产品的某一质量指标服从正态分布，但由于原材料、设备条件、操作人员不同，或工艺过程的改变等因素，引起总体均值和方差有所变化。如果需要知道这种变化的大小，就要考虑两个正态总体均值差与方差比的区间估计。

给定置信度为 $1-\alpha$，设总体 $X\sim N(\mu_1,\sigma_1^2)$，总体 $Y\sim N(\mu_2,\sigma_2^2)$，$X$ 与 Y 相互独立。$X_1,X_2,\cdots,X_{n_1}$ 是来自 X 的容量为 n_1 的样本，$\overline{X}$ 与 S_1^2 分别为样本均值和样本方差；$Y_1,Y_2,\cdots,Y_{n_2}$ 是来自 Y 的容量为 n_2 的样本，$\overline{Y}$ 与 S_2^2 分别为样本均值和样本方差。

根据两个总体的方差 σ_1^2,σ_2^2 是否已知，分为下列三种不同的情况。

(1) σ_1^2,σ_2^2 均已知。因 $\overline{X},\overline{Y}$ 分别为 μ_1,μ_2 的无偏估计，故 $\overline{X}-\overline{Y}$ 是 $\mu_1-\mu_2$ 的无偏估计。由总体 X 与 Y 的独立性可知，$\overline{X}$ 与 $\overline{Y}$ 相互独立，故有

$$\overline{X}-\overline{Y}\sim N\left(\mu_1-\mu_2,\ \frac{\sigma_1^2}{n_1}+\frac{\sigma_2^2}{n_2}\right)$$

经标准化可得

$$U=\frac{(\overline{X}-\overline{Y})-(\mu_1-\mu_2)}{\sqrt{\dfrac{\sigma_1^2}{n_1}+\dfrac{\sigma_2^2}{n_2}}}\sim N(0,1) \tag{3.6}$$

与单个正态总体已知 σ^2 求 μ 的置信区间类似，即得 $\mu_1-\mu_2$ 的一个置信度为 $1-\alpha$ 的置信区间

$$\left(\overline{X}-\overline{Y}-\sqrt{\frac{\sigma_1^2}{n_1}+\frac{\sigma_2^2}{n_2}}\,u_{\frac{\alpha}{2}},\ \overline{X}-\overline{Y}+\sqrt{\frac{\sigma_1^2}{n_1}+\frac{\sigma_2^2}{n_2}}\,u_{\frac{\alpha}{2}}\right) \tag{3.7}$$

(2) $\sigma_1^2=\sigma_2^2=\sigma^2$，但 σ^2 未知。设

$$S_w^2=\frac{(n_1-1)S_1^2+(n_2-1)S_2^2}{n_1+n_2-2}$$

由第五章定理 2.6 知

$$T=\frac{(\overline{X}-\overline{Y})-(\mu_1-\mu_2)}{S_w\sqrt{\dfrac{1}{n_1}+\dfrac{1}{n_2}}}\sim t(n_1+n_2-2)$$

同理于式(3.3)，对给定置信度 $1-\alpha$，$\mu_1-\mu_2$ 的置信区间为

$$\left(\overline{X}-\overline{Y}-S_w\sqrt{\frac{1}{n_1}+\frac{1}{n_2}}\,t_{\frac{\alpha}{2}}(n_1+n_2-2),\right.$$
$$\left.\overline{X}-\overline{Y}+S_w\sqrt{\frac{1}{n_1}+\frac{1}{n_2}}\,t_{\frac{\alpha}{2}}(n_1+n_2-2)\right) \tag{3.8}$$

(3) σ_1^2,σ_2^2 均未知，且 $\sigma_1^2\neq\sigma_2^2$。此时只要 n_1,n_2 都很大(实用上一般大于 50 即

可），用样本方差 S_1^2, S_2^2 分别代替式(3.6)中的 σ_1^2 和 σ_2^2，有

$$U=\frac{(\overline{X}-\overline{Y})-(\mu_1-\mu_2)}{\sqrt{\frac{S_1^2}{n_1}+\frac{S_2^2}{n_2}}}$$

近似服从标准正态分布 $N(0,1)$，同理于式(3.7)可得 $\mu_1-\mu_2$ 的置信度为 $1-\alpha$ 的近似置信区间

$$\left(\overline{X}-\overline{Y}-\sqrt{\frac{S_1^2}{n_1}+\frac{S_2^2}{n_2}}\,u_{\frac{\alpha}{2}},\ \overline{X}-\overline{Y}+\sqrt{\frac{S_1^2}{n_1}+\frac{S_2^2}{n_2}}\,u_{\frac{\alpha}{2}}\right) \tag{3.9}$$

【例 5】 为提高某一化学生产过程的得率，通过改变催化剂试验进行比较。设采用原催化剂进行 $n_1=8$ 次试验，其得率均值 $\overline{x}_1=91.73$，样本方差 $s_1^2=3.89$；采用新催化剂也进行 $n_2=8$ 次试验，其得率平均值 $\overline{x}_2=93.75$，样本方差 $s_2^2=4.02$。假设两总体都可认为服从正态分布，且相互独立，方差相等。求两总体均值差 $\mu_1-\mu_2$ 的置信度为 0.95 的置信区间。

解 由题意可知，两总体的方差相等，但未知。根据给定条件可算得

$$s_w^2=\frac{(n_1-1)s_1^2+(n_2-1)s_2^2}{n_1+n_2-2}=3.96,\quad s_w=\sqrt{3.96}=1.99$$

对给定的置信度 $1-\alpha=0.95$，$n_1+n_2-2=14$，查 t 分布表得，$t_{\frac{\alpha}{2}}(n_1+n_2-2)=t_{0.025}(14)=2.145$，代入式(3.8)计算

$$\overline{x}_1-\overline{x}_2-s_w\sqrt{\frac{1}{n_1}+\frac{1}{n_2}}\,t_{\frac{\alpha}{2}}(n_1+n_2-2)=-4.15$$

$$\overline{x}_1-\overline{x}_2+s_w\sqrt{\frac{1}{n_1}+\frac{1}{n_2}}\,t_{\frac{\alpha}{2}}(n_1+n_2-2)=0.11$$

即 $\mu_1-\mu_2$ 置信度为 0.95 的置信区间为(−4.15, 0.11)。

如果 $\mu_1-\mu_2$ 的置信区间的置信下限大于零，表示 $\mu_1-\mu_2>0$，即 $\mu_1>\mu_2$；如果置信上限小于零，表示 $\mu_1-\mu_2<0$，即 $\mu_1<\mu_2$；如果 $\mu_1-\mu_2$ 的置信区间包含零，表示 μ_1 与 μ_2 没有显著差别。例 5 的置信区间是(−4.15, 0.11)，说明采用两种催化剂的生产过程的得率均值没有显著差异。

四、两个正态总体方差比的区间估计

设总体 $X\sim N(\mu_1,\sigma_1^2)$，总体 $Y\sim N(\mu_2,\sigma_2^2)$，$X$ 与 Y 相互独立。$X_1,X_2,\cdots,X_{n_1}$ 是来自 X 的容量为 n_1 的样本，$Y_1,Y_2,\cdots,Y_{n_2}$ 是来自 Y 的容量为 n_2 的样本。讨论方差比 σ_1^2/σ_2^2 的置信区间可分为 μ_1,μ_2 已知与未知两种情况。对 μ_1,μ_2 已知的情形，由读者自行完成(见本章习题 34)。在实际应用中，μ_1,μ_2 未知的情形更符合实际需要。

由于样本方差 S_1^2，S_2^2 分别为两个总体方差 σ_1^2，σ_2^2 的无偏估计，由第五章定理 2.3 知

$$\frac{(n_1-1)S_1^2}{\sigma_1^2}\sim\chi^2(n_1-1),\ \frac{(n_2-1)S_2^2}{\sigma_2^2}\sim\chi^2(n_2-1)$$

由于总体 X 与 Y 独立，所以 $\frac{(n_1-1)S_1^2}{\sigma_1^2}$ 与 $\frac{(n_2-1)S_2^2}{\sigma_2^2}$ 相互独立，由 F 分布定义可得

$$F=\frac{\frac{(n_2-1)S_2^2}{\sigma_2^2}\Big/(n_2-1)}{\frac{(n_1-1)S_1^2}{\sigma_1^2}\Big/(n_1-1)}=\frac{\sigma_1^2S_2^2}{\sigma_2^2S_1^2}\sim F(n_2-1,\ n_1-1)$$

对给定的置信度 $1-\alpha$，分布 $F(n_2-1,\ n_1-1)$ 不依赖于任何未知参数，由此得

$$P\left\{F_{1-\frac{\alpha}{2}}(n_2-1,\ n_1-1)<\frac{\sigma_1^2S_2^2}{\sigma_2^2S_1^2}<F_{\frac{\alpha}{2}}(n_2-1,\ n_1-1)\right\}=1-\alpha$$

即

$$P\left\{\frac{S_1^2}{S_2^2}F_{1-\frac{\alpha}{2}}(n_2-1,\ n_1-1)<\frac{\sigma_1^2}{\sigma_2^2}<\frac{S_1^2}{S_2^2}F_{\frac{\alpha}{2}}(n_2-1,\ n_1-1)\right\}=1-\alpha$$

则 σ_1^2/σ_2^2 的一个置信度为 $1-\alpha$ 的置信区间

$$\left(\frac{S_1^2}{S_2^2}F_{1-\frac{\alpha}{2}}(n_2-1,\ n_1-1),\ \frac{S_1^2}{S_2^2}F_{\frac{\alpha}{2}}(n_2-1,\ n_1-1)\right)\tag{3.10}$$

由 F 分布的上侧分位数性质，式(3.10)也可表作

$$\left(\frac{S_1^2}{S_2^2}\frac{1}{F_{\frac{\alpha}{2}}(n_1-1,\ n_2-1)},\ \frac{S_1^2}{S_2^2}\frac{1}{F_{1-\frac{\alpha}{2}}(n_1-1,\ n_2-1)}\right)\tag{3.10′}$$

【例 6】 研究由机器 A 与机器 B 生产的钢管内径(单位：mm)，随机抽取机器 A 生产的管子 18 根，测得样本方差 $s_1^2=0.34$；抽取机器 B 生产的管子 13 根，测得样本方差 $s_2^2=0.29$。设两样本独立，且机器 A、机器 B 生产的管子内径分别服从正态分布 $N(\mu_1,\ \sigma_1^2)$，$N(\mu_2,\ \sigma_2^2)$，其中 $\mu_1,\mu_2,\sigma_1^2,\sigma_2^2$ 均未知，试求方差比 σ_1^2/σ_2^2 的置信度为 0.90 的置信区间。

解 现有 $n_1=18$，$s_1^2=0.34$，$n_2=13$，$s_2^2=0.29$，$1-\alpha=0.90$，$\alpha=0.10$，查 F 分布表可得

$$F_{\frac{\alpha}{2}}(n_2-1,\ n_1-1)=F_{0.05}(12,\ 17)=2.38$$

$$F_{1-\frac{\alpha}{2}}(n_2-1,\ n_1-1)=F_{0.95}(12,\ 17)=\frac{1}{F_{0.05}(17,\ 12)}=\frac{1}{2.59}$$

由式(3.10)得

$$\frac{s_1^2}{s_2^2}F_{1-\frac{\alpha}{2}}(n_2-1,\ n_1-1)=\frac{0.34}{0.29}\times\frac{1}{2.59}\approx0.45$$

$$\frac{s_1^2}{s_2^2}F_{\frac{\alpha}{2}}(n_2-1, n_1-1)=\frac{0.34}{0.29}\times 2.38\approx 2.79$$

即 σ_1^2/σ_2^2 的置信度为 0.90 的置信区间是（0.45，2.79）。

求方差比的置信区间，是为了考察两个正态总体的方差是否存在显著性差异。若有差异，哪一个方差更大一些。当置信区间包含数 1 时，可以认为两个方差没有显著性差异，否则可以认为两个方差存在显著差别。此时，若置信区间的上限小于 1，则有 $\sigma_1^2/\sigma_2^2<1$，即认为 $\sigma_1^2<\sigma_2^2$；若置信区间的下限大于 1，则有 $\sigma_1^2/\sigma_2^2>1$，即认为 $\sigma_1^2>\sigma_2^2$。例 6 的结果说明，两个总体的方差没有显著差异，即根据这次试验的结果无法判定哪台机器生产的钢管内径波动性大。

五、单侧置信区间

以上所讨论的未知参数 θ 的置信区间既有置信下限 θ_1，又有置信上限 θ_2，这种有限置信区间（θ_1，θ_2）称为双侧置信区间。有些实际问题中，对未知参数的区间估计，往往只关心参数的一个置信限。例如，对产品平均寿命的估计，一般总希望平均寿命长些好，于是关心的只是平均寿命最小是多少，也就是它的置信下限 θ_1。但对产品废品率的估计情况却相反，希望废品率越低越好，于是关心的是它的上限 θ_2。

定义 3.2 设 θ 是总体 X 分布中的未知参数，$X_1, X_2, \cdots, X_n$ 是 X 的样本，对给定的值 $\alpha(0<\alpha<1)$。若统计量 $\theta_1=\theta_1(X_1, X_2, \cdots, X_n)$满足

$$P\{\theta>\theta_1\}=1-\alpha$$

则称随机区间$(\theta_1, +\infty)$是 θ 的置信度为 $1-\alpha$ 的**单侧置信区间**，θ_1 称为置信度为 $1-\alpha$ 的**单侧置信下限**。若统计量 $\theta_2=\theta_2(X_1, X_2, \cdots, X_n)$满足

$$P\{\theta<\theta_2\}=1-\alpha$$

则称随机区间$(-\infty, \theta_2)$是 θ 的置信度为 $1-\alpha$ 的**单侧置信区间**，θ_2 称为置信度为 $1-\alpha$ 的**单侧置信上限**。

求单侧置信区间的方法与双侧置信区间类似，所不同的只是在于上侧分位数的取法上。下面通过例题说明。

【例 7】 求例3中 μ 的置信度为 0.95 的单侧置信上限。

解 由于 σ^2 未知，所以使用 T 变量

$$T=\frac{\overline{X}-\mu}{S\sqrt{n}}\sim t(n-1)$$

对给定的置信度 $1-\alpha$，令

$$P\{T>t_{(1-\alpha)}(n-1)\}=1-\alpha$$

如图 6-5 所示。由 t 分布的对称性可得 $t_\alpha(n-1)=-t_{(1-\alpha)}(n-1)$，故有

$$P\left\{\frac{\overline{X}-\mu}{S\sqrt{n}}>-t_\alpha(n-1)\right\}=1-\alpha$$

由此可得

$$P\left\{\mu<\overline{X}+\frac{S}{\sqrt{n}}t_{\alpha}(n-1)\right\}=1-\alpha$$

于是 μ 的单侧置信区间是

$$\left(-\infty,\ \overline{X}+\frac{S}{\sqrt{n}}t_{\alpha}(n-1)\right) \tag{3.11}$$

单侧置信上限是

$$\overline{X}+\frac{S}{\sqrt{n}}t_{\alpha}(n-1) \tag{3.12}$$

代入例 3 的结果：$\bar{x}=6$，$s=0.5745$，$n=9$，$1-\alpha=0.95$。查 t 分布表可得 $t_{\alpha}(n-1)=t_{0.05}(8)=1.8595$，那么

$$\bar{x}+\frac{s}{\sqrt{n}}t_{\alpha}(n-1)\approx 6.356$$

即 μ 的置信度为 0.95 的置信上限为 6.356，它表示清漆的平均干燥时间不超过 6.356 小时的可信度为 95%。

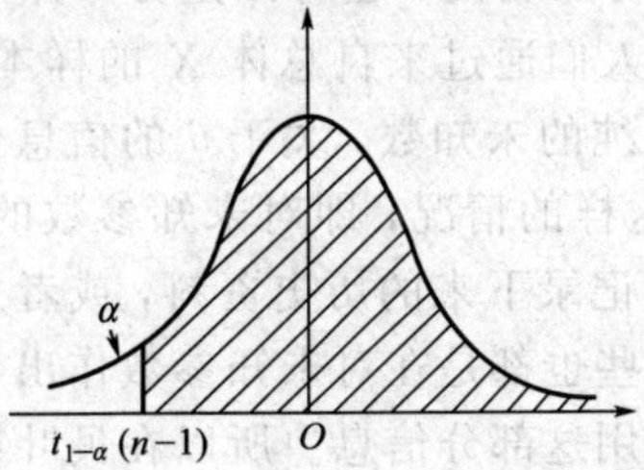

图 6-5

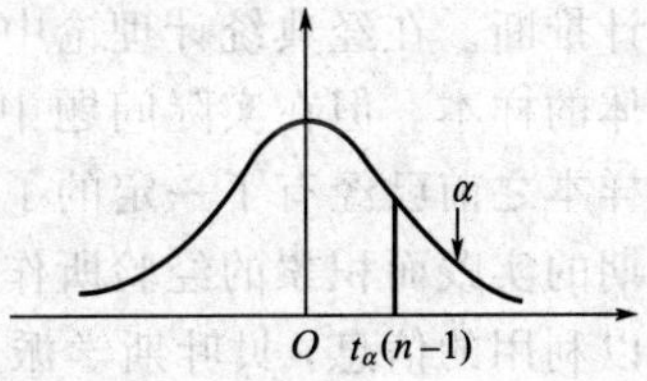

图 6-6

如果要求正态总体在 σ^2 未知时均值 μ 的单侧置信下限，则取相同的 T 变量，对给定的置信度 $1-\alpha$，由 t 分布表确定 $t_{\alpha}(n-1)$，使

$$P\{T<t_{\alpha}(n-1)\}=1-\alpha$$

如图 6-6 所示。代入 T 变量表达式并变形可得

$$P\left\{\mu>\overline{X}-\frac{S}{\sqrt{n}}t_{\alpha}(n-1)\right\}=1-\alpha$$

从而得 μ 的单侧置信区间是

$$\left(\overline{X}-\frac{S}{\sqrt{n}}t_{\alpha}(n-1),\ +\infty\right)$$

单侧置信下限是

$$\overline{X}-\frac{S}{\sqrt{n}}t_{\alpha}(n-1)$$

其他参数的单侧置信区间，单侧置信限的结果，由读者自行推导。

*§4 贝叶斯估计

凡是学过概率论的人都知道贝叶斯（Bayes）公式（有时也称为递概率公式）。这个公式是英国学者 T. Bayes 于 1763 年（即他辞世后两年）发表的一篇论文中提出来的。贝叶斯公式从形式上看，只是一个计算条件概率的公式，但实质上，它蕴含着一种深刻的逻辑推理思想。后来的学者将这一思想发展成了一套系统的统计推断理论和方法，并称之为贝叶斯统计。到了第二次世界大战以后，特别是进入 20 世纪 60 年代以来，宣传贝叶斯观点，信奉贝叶斯理论的人越来越多，影响也越来越大，从而形成了与坚持传统的统计方法为特点的经典统计学派相对立的一个新的统计学派，称之为贝叶斯学派。时至今日，这两大学派的论争始终在持续着，并成为统计学发展的强大推动力。展望 21 世纪，这两大学派的理论和方法，在推进近代科学技术，特别是高新技术的发展过程中，自身也必将获得长足的进步。

一、先验分布和后验分布

设总体 X 的概率分布为 $f(x;\theta)$（可以是分布密度，也可以是分布律），θ 为分布参数，$\theta\in\Theta$，Θ 是参数空间。当 θ 未知时，人们通过来自总体 X 的样本，对 θ 作出统计推断。在经典统计理论中，将 θ 视为单纯的未知数，关于 θ 的信息仅仅来自于总体的样本。但在实际问题中常常会遇到这样的情况，即对未知参数的取值，在抽取样本之前已经有了一定的了解，例如长期记录下来的历史资料，或者是人们根据长期的实践而积累的经验所作出的判断，这些也都是在对未知参数作出估计时应该加以利用的信息，贝叶斯学派主张要充分利用这部分信息。所以在贝叶斯理论中，把未知参数 θ 视为取值于参数空间 Θ 的随机变量，将抽取样本之前所了解的关于 θ 的信息，通过一个概率分布表现出来，这个分布就称为先验分布。

定义 4.1 设 θ 为总体 X 分布中的参数，$\theta\in\Theta$，Θ 是参数空间，Θ 上的任意一个关于 θ 的概率分布，称为参数 θ 的**先验分布**。

在有些情况下，将参数 θ 视为随机变量，并存在先验分布是一种合理的假定。例如，某厂每天在当日成品中抽样估计废品率 p。从当天来看，p 是一个单纯的未知数，但从较长一个时期来看，每天都有一个 p 值，其值因随机因素的影响而逐日有所波动，当天的 p 值可合理地视为随机变量 p 的一个可能值。如果积累了相当长一个时期的逐日废品率记录，则完全可以精确地定出 p 的先验分布。

而在另一些情况下，将参数 θ 视为随机变量就不尽合理了。例如要估计某个铁矿的矿石含铁百分率 p，此时若将 p 视为随机变量，就相当于设想这个铁矿是无穷多个“类似”铁矿中的一个样品，这与实际情况相去甚远，对于这种情况，将 p 视为一个单纯的未知数更为合理。正是由于在实际问题中存在这种情况，经典统计学派反对将分布参数视为随机变量。

将参数 θ 的先验分布记作 $H(\theta)$，并假设有密度函数 $h(\theta)$。在 θ 视为随机变量的情况下，原来总体 X 的分布密度 $f(x;\theta)$可视为以 θ 为条件的条件分布。在贝叶斯理论中，整个统计问题的概率分布为（θ,X）的联合分布密度 $f(x;\theta)\cdot h(\theta)$，

在这个联合分布之下，X 的边缘分布密度可表作

$$\int_{\Theta} f(x;\ \theta)h(\theta)\mathrm{d}\theta$$

需要指出的是，X 的这个边缘分布密度是与 θ 无关的，而原来总体 X 的分布密度 $f(x;\theta)$ 是与 θ 有关的。

定义 4.2　在 (θ,X) 的联合分布中，在给定 X 的条件下，θ 的条件分布称为 θ **的后验分布**。

由概率论中条件密度公式可知，θ 的后验分布密度为

$$h(\theta \mid x)=\frac{f(x;\theta)h(\theta)}{\int_{\Theta} f(x;\theta)h(\theta)\mathrm{d}\theta} \tag{4.1}$$

对于离散型随机变量的分布律，也有类似的结果。

【例 1】　设总体 X 服从正态分布 $N(\mu,\sigma^2)$，μ 未知，σ^2 已知。给定 μ 的先验分布 $N(a,\tau^2)$，在给定样本观察值 $x_1,x_2,\cdots,x_n$ 以后，求 μ 的后验密度。

解

$$f(x;\mu)=\frac{1}{\sqrt{2\pi}\sigma}\mathrm{e}^{-\frac{(x-\mu)^2}{2\sigma^2}}$$

$$f(x_1,x_2,\cdots,x_n;\mu)=\prod_{i=1}^{n} f(x_i;\mu)=\left(\frac{1}{\sqrt{2\pi}\sigma}\right)^n \mathrm{e}^{-\frac{1}{2\sigma^2}\sum_{i=1}^{n}(x_i-\mu)^2}$$

$$h(\mu)=\frac{1}{\sqrt{2\pi}\tau}\mathrm{e}^{-\frac{(\mu-a)^2}{2\tau^2}}$$

$$f(x_1,x_2,\cdots,x_n;\mu)\cdot h(\mu)=\left(\frac{1}{\sqrt{2\pi}\sigma}\right)^n \frac{1}{\sqrt{2\pi}\tau}\mathrm{e}^{\left[-\frac{1}{2\sigma^2}\sum_{i=1}^{n}(x_i-\mu)^2-\frac{1}{2\tau^2}(\mu-a)^2\right]}$$

$$=\left(\frac{1}{\sqrt{2\pi}\sigma}\right)^n \frac{n}{\tau}\mathrm{e}^{-\frac{1}{2\sigma^2}\sum_{i=1}^{n}x_i^2-\frac{1}{2\tau^2}-\frac{t^2}{2\eta^2}}\cdot\frac{1}{\sqrt{2\pi}\eta}\mathrm{e}^{-\frac{(\mu-t)^2}{2\eta^2}}$$

其中

$$\left.\begin{aligned} t&=\frac{\frac{n}{\sigma^2}\overline{X}+\frac{a}{\tau^2}}{\frac{n}{\sigma^2}+\frac{1}{\tau^2}}\\ \eta^2&=\frac{1}{\frac{n}{\sigma^2}+\frac{1}{\tau^2}}=\frac{\sigma^2\tau^2}{n\tau^2+\sigma^2}\end{aligned}\right\} \tag{4.2}$$

由于

$$\int_{-\infty}^{+\infty}\frac{1}{\sqrt{2\pi}\eta}\mathrm{e}^{-\frac{(\mu-t)^2}{2\eta^2}}\mathrm{d}\mu=1$$

所以

$$h(\mu|x_1,x_2,\cdots,x_n)=\frac{f(x_1, x_2, \cdots, x_n;\mu)h(\mu)}{\int_{-\infty}^{+\infty}f(x_1, x_2, \cdots, x_n;\mu)h(\mu)\mathrm{d}\mu}$$

$$=\frac{1}{\sqrt{2\pi}\,\eta}\mathrm{e}^{-\frac{(\mu-t)2}{2\eta2}}$$

即 μ 的后验密度为 $N(t,\eta^2)$。

【例 2】 设总体 X 表示人体验血结果(阳性或阴性)，且有

$$X=\begin{cases}1,\text{阳性}\\0,\text{阴性}\end{cases}$$

参数 θ 表示人体的状况(有病或正常)，且有

$$\theta=\begin{cases}\theta_1,\text{有病}\\\theta_2,\text{正常}\end{cases}$$

参数空间 $\Theta=\{\theta_1,\theta_2\}$。

假定总体 X 的分布依赖于参数 θ，且有

$$f(1;\theta_1)=0.8,\ f(0,\theta_1)=0.2,\ f(1,\theta_2)=0.3,\ f(1,\theta_2)=0.7$$

先验信息表明，θ 有先验分布 $h(\theta_1)=0.05$，$h(\theta_2)=0.95$，推导 θ 的后验分布 $h(\theta|x)$。

X 的边缘分布 $m(x)$，由全概率公式可知

$$m(1)=f(1,\theta_1)h(\theta_1)+f(1,\theta_2)h(\theta_2)=0.325$$

$$m(0)=f(0,\theta_1)h(\theta_1)+f(0,\theta_2)h(\theta_2)=0.675$$

θ 的后验分布 $h(\theta|x)$，由条件概率公式可得

$$h(\theta=\theta_1|x=1)=\frac{f(1,\theta_1)h(\theta_1)}{m(1)}=0.123$$

$$h(\theta=\theta_2|x=1)=\frac{f(1,\theta_2)h(\theta_2)}{m(1)}=0.877$$

以及

$$h(\theta=\theta_1|x=0)=\frac{f(0,\theta_1)h(\theta_1)}{m(0)}=0.0148$$

$$h(\theta=\theta_2|x=0)=\frac{f(0,\theta_2)h(\theta_2)}{m(0)}=0.9852$$

贝叶斯理论认为，先验分布是概括了试验之前对参数 θ 的认识，一旦有了样本之后，这种认识将发生变化，样本的作用也正在于此。这种认识上的变化是通过将先验分布与样本两者所包含的关于 θ 的信息综合起来形成后验分布而表现出来，因此后验分布成为贝叶斯统计推断方法的基点。

二、参数的贝叶斯估计

1. 参数点估计

贝叶斯点估计的基本方法是用 θ 的后验分布的某个有代表性的数字特征，如均值，中位数来估计参数 θ，这是一种方法。另一种方法是使后验分布达到最大的 $\hat{\theta}$

作为 θ 的估计，这种估计也称为广义极大似然估计。

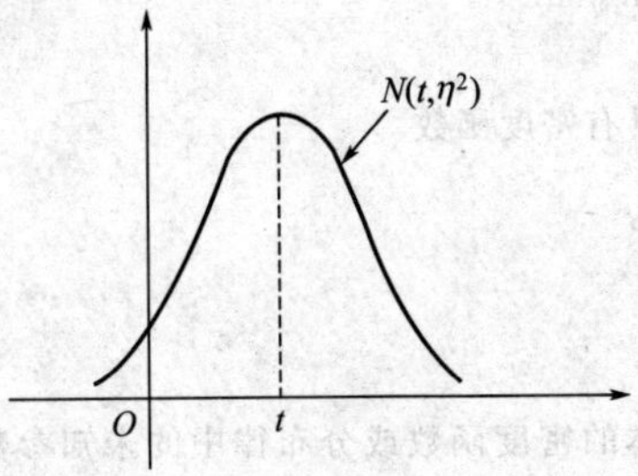

图 6-7

【例 3】 考虑例1，正态总体 $N(\mu,\sigma^2)$，μ 的后验分布为 $N(t,\eta^2)$，其中 t,η^2 见式(4.1)。由正态分布的密度函数，如图 6-7 所示，可以有三种不同的贝叶斯估计方法。

(1) 用 $N(t,\eta^2)$ 的数字特征：期望 t 作为 μ 的估计，即

$$\hat{\mu}=t$$

其中

$$t=\frac{\frac{n}{\sigma^2}\overline{X}+\frac{a}{\tau^2}}{\frac{n}{\sigma^2}+\frac{1}{\tau^2}}$$

(2) 用 $N(t,\eta^2)$ 的**中位数**作为 μ 的估计。由中位数定义可知

$$\hat{\mu}=t$$

(3) 由图 6-7 所示，当 $\mu=t$ 时，后验分布密度达到最大。因此，μ 的广义极大似然估计是

$$\hat{\mu}=t$$

例 3 中三种不同的估计方法所得到的结果是一样的，但这对于一般情形不一定总成立。

2. 参数区间估计

设 $h(\theta|x)$ 为参数 θ 的后验分布，若区间 $(A(x),B(x))$ 满足

$$P\{A(x)<\theta<B(x)|x\}=1-\alpha \tag{4.3}$$

则称区间 $(A(x),B(x))$ 为 θ 的后验置信度为 $1-\alpha$ 的**贝叶斯区间估计**，$1-\alpha$ 称为**后验置信度**。满足式(4.3)的区间很多，一般挑选其中长度最短者。

【例 4】 考虑例1，当正态总体 $N(\mu,\sigma^2)$，在 $\sigma^2>0$ 已知条件下，μ 的后验分布为 $N(t,\eta^2)$ 时，μ 的后验置信度为 $1-\alpha$ 的区间估计可取

$$P\{t-\eta u_{\frac{\alpha}{2}}<\mu<t+\eta u_{\frac{\alpha}{2}}|x_1,x_2,\cdots,x_n\}=1-\alpha$$

即

$$(t-\eta u_{\frac{\alpha}{2}},\ t+\eta u_{\frac{\alpha}{2}})$$

其中 t,η^2 由式(4.2)确定。注意其中 t 是依赖于样本的。

从以上的讨论可以看出，与经典统计方法相比较，贝叶斯统计方法的特点是在于需要考虑先验信息，并且要由先验信息确定一个分布类型与分布参数都已知的先验分布。这一点在贝叶斯理论和方法中都是至关重要的。然而也是比较困难的问题。

习题六

1. 随机地取 8 只活塞环，测得它们的直径为（单位：mm）

74.001，74.005，74.003，74.001

74.000，73.998，74.006，74.002

试求总体均值 μ 及方差 σ^2 的矩估计值，并求样本方差 S^2。

2. 设样本值（1.3，0.6，1.7，2.2，0.3，1.1）是来自具有密度函数

$$f(x;\beta)=\begin{cases}\dfrac{1}{\beta}, & 0<x<\beta\\ 0, & \text{其他}\end{cases}$$

的总体，试求总体均值、方差和参数 β 的矩估计值。

3. 设 $X_1,X_2,\cdots,X_n$ 为总体的一个样本，求下述各总体的密度函数或分布律中的未知参数的矩估计量。

(1) $$f(x)=\begin{cases}\theta c^{\theta}x^{-(\theta+1)}, & x>c\\ 0, & \text{其他}\end{cases}$$

其中 $c>0$ 已知，$\theta>1$ 为未知参数。

(2) $$f(x)=\begin{cases}\sqrt{\theta}x^{\sqrt{\theta}-1}, & 0\leqslant x\leqslant 1\\ 0, & \text{其他}\end{cases}$$

其中 $\theta>0$ 为未知参数。

(3) $$f(x)=\begin{cases}\dfrac{x}{\theta^2}\mathrm{e}^{-x^2/(2\theta^2)}, & x>0\\ 0, & \text{其他}\end{cases}$$

其中 $\theta>0$ 为未知参数。

(4) $$f(x)=\begin{cases}\dfrac{1}{\theta}\mathrm{e}^{-(x-\mu)/\theta}, & x\geqslant\mu\\ 0, & \text{其他}\end{cases}$$

其中 $\theta>0$，θ 和 μ 均为未知参数。

(5) $$P\{X=x\}=\mathrm{C}_m^x\, p^x(1-p)^{m-x}\ (x=0,1,2,\cdots,m)$$

$0<p<1$，p 为未知参数。

4. 求上题中各未知参数的极大似然估计量。

5. 设总体 X 的密度函数为

$$f(x)=\begin{cases}\theta x^{(\theta-1)}, & 0<x<1\\ 0, & \text{其他}\end{cases}$$

其中 $\theta>0$，$X_1,X_2,\cdots,X_n$ 是总体的一个样本。求参数 θ 的矩估计量和极大似然估计量。

6. 设总体 X 服从几何分布，它的分布律为

$$P\{X=k\}=p(1-p)^{k-1}\quad(k=1,2,\cdots)$$

$X_1,X_2,\cdots,X_n$ 为 X 的一个样本，求参数 $p(0<p<1)$的矩估计量和极大似然估计量。

7. 设 $X_1,X_2,\cdots,X_n$ 是来自参数为 λ 的泊松分布总体的一个样本，试求 λ 的矩估计量。

8. (1) 设 $X_1,X_2,\cdots,X_n$ 是来自参数为 λ 的泊松分布总体的一个样本，求$P\{X=0\}$的极大似然估计量。

(2) 某铁路局证实一个扳道员在五年内所引起的严重事故的次数服从泊松分布。求一个扳道员在五年内未引起严重事故的概率 p 的极大似然估计。使用下面 122 个观察值。下表中，r 表示一扳道员某五年中引起严重事故的次数，S 表示观察到的扳道员的人数。

r	0	1	2	3	4	5
S	44	42	21	9	4	2

9. 设总体 X 的密度函数为

$$f(x)=\frac{1}{2\sigma}e^{-\frac{|x|}{\sigma}} \quad (-\infty<x<+\infty)$$

$X_1,X_2,\cdots,X_n$ 为 X 的一个样本，求 σ 的极大似然估计量。

10. 设 $X_1,X_2,\cdots,X_n$ 是总体 $X\sim N(0,\sigma^2)$的一个样本，求 σ^2 的极大似然估计。

11. (1) 设 $Z=\ln X\sim N(\mu,\sigma^2)$，即 X 服从对数正态分布，验证 $EX=e^{\left\{\mu+\frac{1}{2}\sigma^2\right\}}$。

(2) 设自(1)中的总体 X 中取一个容量为 n 的样本 $x_1,x_2,\cdots,x_n$。求 EX 的极大似然估计。此处设 μ,σ^2 均为未知。

12. 设总体 X 具有均匀分布，其密度为

$$f(x)=\begin{cases}\frac{1}{\theta}, & 0<x<\theta \\ 0, & \text{其他}\end{cases}$$

其中未知参数 $\theta>0$，求 θ 的极大似然估计量。

13. 一地质学家为研究密歇根湖湖滩地区的岩石成分，随机地自该地区取 100 个样品，每个样品有 10 块石子，记录了每个样品中属石灰石的石子数。假设这 100 次观察相互独立，并且由过去的经验知，它们都服从参数为 $n=10$，p 的二项分布。p 是这地区一块石子是石灰石的概率。求 p 的极大似然估计值。该地质学家所得数据如下

一个样品中所含石灰石的石子数	0	1	2	3	4	5	6	7	8	9	10
观察到石灰石的样品个数	0	1	6	7	23	26	21	12	3	1	0

14. 证明：如果已知总体 X 的数学期望为 μ，则总体方差的无偏估计值为

$$\hat{\sigma}^2=\frac{1}{n}\sum_{i=1}^{n}(x_i-\mu)^2$$

其中 x_1，x_2，…，x_n 是样本观察值。

15. 设总体 $X\sim N(\mu,\sigma^2)$，X_1，X_2，…，X_n 是 X 的一个样本，试确定常数 C 使 $C\sum_{i=1}^{n-1}(X_{i+1}-X_i)^2$ 是 σ^2 的无偏估计。

16. 设 $\hat{\theta}$ 是参数 θ 的无偏估计，且有 $\mathrm{var}(\hat{\theta})>0$，试证 $\hat{\theta}^2=(\hat{\theta})^2$ 不是 θ^2 的无偏估计。

17. 试证明题 12 所得到的 θ 的极大似然估计量不是无偏的。

18. 设从均值为 μ，方差为 $\sigma^2>0$ 的总体中，分别抽取容量为 n_1，n_2 的两独立样本。$\overline{X}_1$ 和 $\overline{X}_2$ 分别是两样本的均值。试证，对于任意常数 a，$b(a+b=1)$，$Y=a\overline{X}_1+b\overline{X}_2$ 都是 μ 的无偏估计，并确定常数 a，b 使 $\mathrm{var}(Y)$达到最小。

19. 设分别从总体 $N(\mu_1,\sigma^2)$和 $N(\mu_2,\sigma^2)$中抽取容量为 n_1，n_2 的两独立样本。其样本方差分别为 S_1^2，S_2^2。试证：对于任意常数 $a,b(a+b=1)$，$Z=aS_1^2+bS_2^2$都是 σ^2 的无偏估计，并确定常数 a,b 使 $\mathrm{var}(Z)$达到最小。

20. 设有 k 台仪器，已知用第 i 台仪器测量时，测定值总体的标准差为 $\sigma_i(i=1,2,\cdots,k)$。用这些仪器独立地对某一物理量 θ 各观察一次，分别得到 $X_1,X_2,\cdots,X_k$。设仪器都没有系统误差，即 $E(X_i)=\theta\ (i=1,2,\cdots,k)$，问 a_1，a_2，…，a_k 应取何值，方能使 $\hat{\theta}=\sum_{i=1}^{k}a_i x_i$ 估计 θ 时，$\hat{\theta}$ 是无偏的，并且 $\mathrm{var}(\hat{\theta})$最小。

21. 设总体 $X\sim N(\mu,1)$，X_1，X_2，X_3 是一个样本。试验证

$$\hat{\mu}_1=\frac{1}{5}X_1+\frac{3}{10}X_2+\frac{1}{2}X_3,\quad \hat{\mu}_2=\frac{1}{3}X_1+\frac{1}{4}X_2+\frac{5}{12}X_3$$

$$\hat{\mu}_3=\frac{1}{3}X_1+\frac{1}{6}X_2+\frac{1}{2}X_3$$

都是 μ 的无偏估计量，并分析哪一个最好？

22. 设总体 $X\sim N(\mu,1)$，X_1,X_2 是一个样本，试验证下面三个估计量

$$\hat{\mu}_1=\frac{2}{3}X_1+\frac{1}{3}X_2,\ \hat{\mu}_2=\frac{X_1}{4}+\frac{3X_2}{4},\ \hat{\mu}_3=\frac{X_1}{2}+\frac{X_2}{2}$$

都是 μ 的无偏估计，并求出每一个估计量的方差，问哪一个方差最小？

23. 设总体 X 服从指数分布，它的分布密度

$$f(x)=\begin{cases}\dfrac{1}{\mu}e^{-\frac{1}{\mu}x}, & x\geqslant 0\\ 0, & x<0\end{cases}$$

其中未知参数 $\mu>0$，验证 $\overline{X}$ 是 μ 的有效估计量。

24. 设某厂生产的 100 瓦灯泡的使用寿命 $X\sim N(\mu,100^2)$（单位：小时）。现从某批灯泡中抽取 5 只，测得使用寿命如下：

1455，1502，1370，1610，1430

试求这批灯泡平均使用寿命的置信区间($\alpha=0.1$ 和 $\alpha=0.05$)。

25. 测量铝的比重 16 次，得 $\overline{x}=2.705$，$s=0.029$。设测量值服从正态分布，求铝比重的 95%的置信区间。

26. 设总体 $X\sim N(\mu,\sigma^2)$，$x_1,x_2,\cdots,x_n$ 是总体 X 的样本值。如果 σ^2 已知，问 n 取多大时方能保证 μ 的 95%的置信区间的长度不大于给定的值 L？

27. 设 $X_1,X_2,\cdots,X_n$ 是来自总体 $X\sim N(\mu,\sigma^2)$ 的样本，μ 已知，$\sigma^2>0$ 未知，求 σ^2 的置信度为 $1-\alpha$ 的置信区间。

28. 分别使用金球和铂球测定引力常数。

(1) 用金球测定观察值为

6.681，6.676，6.678，6.679，6.672，6.683

(2) 用铂球测定观察值为

6.661，6.661，6.667，6.667，6.664

设测定值总体为 $N(\mu,\sigma^2)$，μ,σ^2 均为未知。试就 (1)，(2) 两种情况分别求 μ 的置信度为 0.9 的置信区间，并求 σ^2 的置信度为 0.90 的置信区间。

29. 上题中，设用金球和铂球测定时测定值总体的方差相等。求两个测定值总体均值差的置信度为 0.90 的置信区间。

30. 随机地取某种炮弹 9 发做试验，得炮口速度的样本标准差 $s=11\text{m/s}$。设炮口速度服从正态分布。求这种炮弹的炮口速度标准差 σ 的置信度为 0.95 的置信区间。

31. 随机地从 A 批导线中抽取 4 根，又从 B 批导线中抽取 5 根，测得电阻（单位：Ω）为

A 批导线：0.143，0.142，0.143，0.137

B 批导线：0.140，0.142，0.136，0.138，0.140

设测定数据分别来自分布 $N(\mu_1,\sigma^2)$，$N(\mu_2,\sigma^2)$，且两样本相互独立。又 μ_1,μ_2,σ^2 均未知。试求 $\mu_1-\mu_2$ 的置信度为 0.95 的置信区间。

32. 设两位化验员 A，B 独立地对某种聚合物用相同的方法各作 10 次测定，其测定值的样本方差依次为 $s_A^2=0.5419$，$s_B^2=0.6065$。设 σ_A^2，σ_B^2 分别为 A，B 所测定的测定值总体的方差，总

体均为正态。求方差比 σ_A^2/σ_B^2 的置信度为 0.95 的置信区间。

33. 研究两种固体燃料火箭推进器的燃烧率。设两者都服从正态分布，并且已知燃烧率的标准差均近似地为 0.05cm/s，取样本容量为 $n_1=n_2=20$，得燃烧率的样本均值分别为 $\bar{x}_1=$ 18cm/s，
$\bar{x}_2=24$cm/s，求两燃烧率总体均值差 $\mu_1-\mu_2$ 的置信度为 0.99 的置信区间。

34. 推导两个正态总体的方差比 σ_1^2/σ_2^2，当两个总体的均值 μ_1，μ_2 已知时的区间估计。

35. (1) 求 31 题中 $\mu_1-\mu_2$ 的置信度为 0.95 的单侧置信下限。

(2) 求 32 题中方差比 σ_A^2/σ_B^2 的置信度为 0.95 的置信上限。

36. 从一批灯泡中随机地取 5 只作寿命试验，测得寿命（以小时计）为

1050，1100，1120，1250，1280

设灯泡寿命服从正态分布。求灯泡寿命平均值的置信度为 0.95 的单侧置信下限。

37. 设总体 X 服从指数分布，其密度为

$$f(x)=\begin{cases}\dfrac{1}{\theta}e^{-\frac{x}{\theta}}, & x>0\\ 0, & \text{其他}\end{cases}$$

其中 $\theta>0$ 未知，从总体中抽取一容量为 n 的样本 X_1，X_2，…，X_n。(1) 证明 $\dfrac{2n\overline{X}}{\theta}\sim\chi^2(2n)$；(2) 求 θ 的置信度为 $1-\alpha$ 的单侧置信下限；(3) 某种元件的寿命（以小时计），服从上述指数分布，现从中抽得一容量 $n=16$ 的样本，测得样本均值为 5010 小时，试求元件的平均寿命的置信度为 0.90 的单侧置倍下限。

*38. 设 X_1，X_2，…，X_n 为来自总体 X 的样本，X 服从区间 $(0,\theta)$ 上的均匀分布，$\theta>0$ 为参数。设 θ 的先验分布为区间 $(0,a)$ 上的均匀分布，$a>0$ 已知。用后验分布的均值估计 θ。

*39. 设总体 X 有密度函数

$$f(x;\theta)=\begin{cases}e^{\theta-x}, & x>0\\ 0, & x\leqslant\theta\end{cases}$$

$-\infty<\theta<\infty$，θ 为参数，其先验分布为柯西分布 $\left(\text{有密度}\dfrac{1}{\pi(1+\theta^2)}\right)$，求 θ 的广义极大似然估计。

第七章 假设检验

本章将讨论不同于参数估计的另一类重要的统计推断问题，即根据样本的信息检验关于总体的某个假设是否正确。前面讨论了在总体分布族已知的情况下，如何根据样本去得到参数的优良估计。但有时，并不需要估计某个参数的具体值而只需验证它是否满足某个条件，这就是统计假设检验问题。

假设检验是对总体的分布函数的形式或分布中某些参数做出某种假设，然后通过抽取样本，构造适当的统计量，对假设的正确性进行判断的过程。一般地，当总体分布的形式已知时，检验关于未知参数的某个假设称之为参数假设检验；而当总体分布完全未知时的假设检验问题统称为非参数假设检验。本章重点介绍参数假设检验的基本思想和方法。

§1 假设检验的概念与步骤

一、假设检验的基本思想

【例 1】 利用生产线自动包装罐头，根据以往经验在正常情况下，生产出的罐头重量 X（单位：g）服从正态分布 $N(\mu_0,\sigma_0^2)$，其中 $\mu_0=500$，$\sigma_0=2$。每隔一定时间抽测 5 听，用以检验生产线是否正常工作。设在某次抽样中，测得 5 听罐头的重量为

$$501,507,498,502,504$$

问生产线是否正常工作？

以 μ,σ 分别表示在该时间段内生产的罐头重量 X 的均值和标准差。长期生产实践表明，标准差 σ 比较稳定。为此，可设 $\sigma=\sigma_0=2$，于是 $X\sim N(\mu,2^2)$，μ 未知。问题就可归结为要求根据样本值对 $\mu=500$（即生产线工作正常）还是 $\mu\neq500$（即生产线工作不正常）作出判断。为此，可提出如下假设

$$H_0:\mu=\mu_0=500$$

和 (1.1)

$$H_1:\mu\neq\mu_0$$

这是两个对立的假设。我们希望通过建立一个合理的法则，利用样本提供的信息对式(1.1)作出取舍：是接受假设 H_0（即拒绝假设 H_1），还是拒绝假设 H_0（即接受假设 H_1）。如果作出接受 H_0 的判断，则可认为生产线工作正常；否则，认为生产线工作异常。称这种用来对假设作出取舍的法则为**检验法**，简称检验。

1. 小概率原则 显著性水平

根据大数定律，大量重复试验中事件出现的频率接近于它们的概率。倘若某个事件 A 出现的概率 α 很小，则它在大量重复试验中出现的频率应较小。例如，当 $\alpha=0.01$ 时，大体上在 100 次试验中 A 才出现一次。因此，“概率很小的事件在一次试验中实际上不大可能出现”，在概率论的应用中，称这样一个实际判别准则为**小概率原则**。小概率原则是假设检验的依据。在检验总体的某个论断时，如果当提出的假设成立，某次试验的结果导致了一个概率为 α 的小概率事件发生时，我们就认为是不合理的，应拒绝该假设。这就是假设检验的基本思想。当然，根据这一原则作出的判断也可能是错误的，但判断错误的概率不会超过 α。在数理统计的应用中称这样的界限 α 为**显著性水平**。α 的选择要根据实际情况而定：对于某些重要的场合，当事件的出现会导致严重的后果时（如飞机失事，沉船等），α 应选得小一些，否则可选得大一些。在一般应用中，常选 $\alpha=0.01$，0.05，0.1 等。由于显著性水平的这种特点，使得在应用中，往往要根据问题本身的实际情况事先给定。

2. 检验统计量

下面我们回到例 1 的讨论，由于需要检验的假设中涉及总体均值 μ，由参数估计知道，样本均值 $\overline{X}$ 是总体均值 μ 的一个无偏估计。因此，$\overline{X}$ 的大小在一定程度上反映总体均值 μ 的大小。当 H_0 为真时，$\overline{X}$ 与 μ_0 差异就不能过大，若差异太大，就有理由怀疑 H_0 是否成立。为了表示差异 $|\overline{X}-\mu_0|$ 大到什么程度就构成怀疑 H_0 成立的证据，需要确定一个临界值来区分差异 $|\overline{X}-\mu_0|$ 的大小。假定这个临界值为 k，则对式(1.1) 可作如下解答

$$\begin{aligned}&\text{当}\quad |\overline{X}-\mu_0|<k \text{ 时，接受 } H_0\\ &\text{当}\quad |\overline{X}-\mu_0|\geqslant k \text{ 时，拒绝 } H_0\end{aligned}\tag{1.2}$$

临界值 k 显然依赖于给定的显著性水平 α（当样本容量固定时），且要确定 k 的具体数值，须知道 $\overline{X}$ 的分布。事实上，当总体 $X\sim N(\mu,\sigma_0^2)$，样本均值 $\overline{X}\sim N\left(\mu,\dfrac{\sigma_0^2}{n}\right)$，为此引入

$$U=\frac{\overline{X}-\mu_0}{\sigma_0/\sqrt{n}}\tag{1.3}$$

则 U 是一个统计量，与式(1.2)相比它有如下特点：当 H_0 为真时，$U\sim N(0,1)$；衡量 $|\overline{X}-\mu_0|$ 的大小可归结为衡量 $|U|=\left|\dfrac{\overline{X}-\mu_0}{\sigma_0/\sqrt{n}}\right|$ 的大小，因而当 $|U|$ 太大时，应拒绝 H_0。对给定的显著水平 α 及标准正态分布的上侧分位数 $u_{\frac{\alpha}{2}}$，当 H_0 成立时有

$$P\left\{\left|\frac{\overline{X}-\mu_0}{\sigma_0/\sqrt{n}}\right|\geqslant u_{\frac{\alpha}{2}}\right\}=\alpha$$

（见图 7-1）上式表明：当 H_0 为真时，事件$\left\{\left|\dfrac{\overline{X}-\mu_0}{\sigma_0/\sqrt{n}}\right|\geqslant u_{\frac{\alpha}{2}}\right\}$是一概率为 α 的小概率

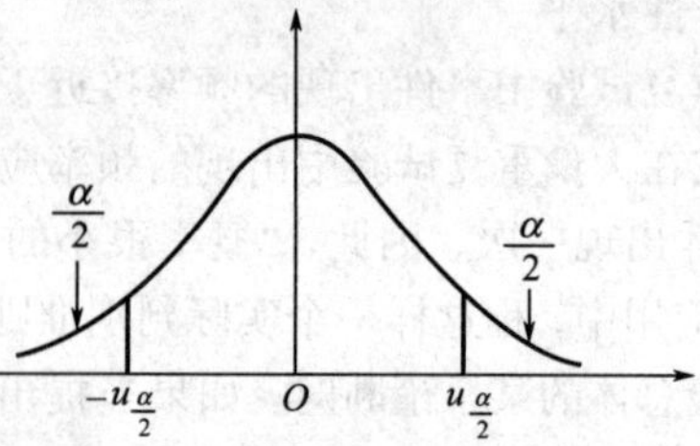

图 7-1

事件。根据实际判别准则，若由样本值计算的统计量 U 的观察值 u 满足

$$|u|=\left|\frac{\bar{x}-\mu_0}{\sigma_0/\sqrt{n}}\right|\geqslant u_{\frac{\alpha}{2}}$$

则表明在一次试验中小概率事件发生了，应拒绝 H_0；若 u 满足

$$|u|=\left|\frac{\bar{x}-\mu_0}{\sigma_0/\sqrt{n}}\right|<u_{\frac{\alpha}{2}}$$

则没有理由拒绝 H_0，因而只能接受 H_0。

本例中，取 $\alpha=0.05$，则有 $u_{\frac{\alpha}{2}}=u_{0.025}=1.96$。又已知 $n=5$，且根据样本观察值可算得 $\bar{x}=502.4$，$\sigma_0=2$，从而

$$|u|=\left|\frac{\bar{x}-\mu_0}{\sigma_0/\sqrt{n}}\right|=\left|\frac{502.4-500}{2/\sqrt{5}}\right|=2.7$$

由于 $|u|=2.7>1.96=u_{0.025}$，故在显著水平 $\alpha=0.05$ 下拒绝 H_0，即认为在这段时间内生产线工作异常。

上面的检验问题通常可以叙述成：在显著性水平 α 下，检验假设

$$H_0: \mu=\mu_0; \quad H_1: \mu\neq\mu_0$$

H_0 称为**原假设**或**零假设**，H_1 称为**对立假设**或**备择假设**，统计量 $U=\dfrac{\bar{X}-\mu_0}{\sigma_0/\sqrt{n}}$ 称为检验统计量。我们的任务是根据样本，按上述方法在 H_0 和 H_1 之间作出选择，二者接受其一。拒绝原假设 H_0 的区域称为**拒绝域**。如例 1 中的 $\left|\dfrac{\bar{x}-\mu_0}{\sigma_0/\sqrt{n}}\right|\geqslant u_{\frac{\alpha}{2}}$，拒绝域以外的区域称为**接受域**，如例 1 中的 $\left|\dfrac{\bar{x}-\mu_0}{\sigma_0/\sqrt{n}}\right|<u_{\frac{\alpha}{2}}$。拒绝域的边界值称为**临界值**，如例 1 中的 $u=-u_{\frac{\alpha}{2}}$，$u=u_{\frac{\alpha}{2}}$ 为临界值。

二、假设检验的一般步骤

综上所述，统计假设检验的一般步骤为：

(1) 根据实际问题提出原假设 H_0 和备择假设 H_1；

(2) 选取适当的检验统计量，要求此统计量在 H_0 成立条件下有确定的分布或渐近分布；

(3) 给定显著性水平 α 的值(一般取 0.05，0.01，0.1 等)，由检验统计量及统

计量所服从分布的上侧分位数表，确定临界值和拒绝域；

(4) 取样，根据样本观察值作出拒绝还是接受 H_0 的判断。

三、两类错误

根据检验法对统计假设作出接受或拒绝的判断依据是样本值是否落在拒绝域内。由于样本的随机性和局限性，难免会作出错误的判断。通常，使用一个检验法时，往往会犯如下两类错误：当 H_0 为真时，依据样本的一次观察作出拒绝 H_0 的结论；或者，当 H_0 实际不真时，却作出了接受 H_0 的结论。前者称**第一类错误**，又叫**弃真错误**；而后者称为**第二类错误**，又叫**取伪错误**。显然，由前面的讨论可知，犯第一类错误的概率即为给定的显著性水平 α。记为

$$P\{\text{拒绝 } H_0 \mid H_0 \text{ 为真}\}=\alpha$$

再记

$$P\{\text{接受 } H_0 \mid H_0 \text{ 不真}\}=\beta$$

则 β 表示犯第二类错误的概率。

人们在寻找对 H_0 的检验法时，自然希望什么错误都不犯，即 α 和 β 全为零。但事实上这是不可能的，且当样本容量 n 给定后，犯两类错误的概率也不可能同时减小。减小其中一个，往往会增加犯另一类错误的概率。要使它们同时减小，只有增大样本容量，而这在实际上往往是不易甚至根本不可能做到的。因此，在实际应用中，往往根据实际需要选取 α，β。这种检验问题在数理统计中又称为显著性检验问题。

§2 单个正态总体均值的假设检验

从本节开始将分三节介绍有关正态总体参数的假设检验问题。先讨论单个正态总体均值的检验。

一、双(单)侧假设检验

当根据具体问题提出了原假设(如对总体均值 μ)为

$$H_0:\mu=\mu_0$$

那么，备择假设按实际问题的具体情况，可在下列三个中选定一个

$$H_1:\begin{cases}①\mu\neq\mu_0\\②\mu>\mu_0\\③\mu<\mu_0\end{cases}$$

也就是说对 μ 可提出三种假设检验：

$$\left.\begin{array}{lll}(\text{Ⅰ}) & H_0:\mu=\mu_0 & H_1:\mu\neq\mu_0\\(\text{Ⅱ}) & H_0:\mu=\mu_0 & H_1:\mu>\mu_0\text{❶}\\(\text{Ⅲ}) & H_0:\mu=\mu_0 & H_1:\mu<\mu_0\end{array}\right\}\tag{2.1}$$

❶ 严格意义上讲，该类假设应表示为 $H_0:\mu\leqslant\mu_0$；$H_1:\mu>\mu_0$。但从数学理论上可以证明它和式(2.1)中(Ⅱ)类假设在同一显著水平下的检验法是一致的。

在上节的例 1 中，我们根据实际问题提出了式(2.1)中(Ⅰ)类的假设。由于这类假设检验的拒绝域在接受域的两侧，故称它为**双侧假设检验**。一般地，检验总体参数与某个具体数值是否有显著差异时，可采用该类型假设。有时，我们更关心的是总体参数是否显著增大(或降低)。例如，新工艺的实施，是否提高了产品的使用寿命，或者使机器的加工精度有明显提高等等。此时，可采用式(2.1)中(Ⅱ)，(Ⅲ)类的假设。由于这两类假设的拒绝域只在接受域的一侧，故称之为**单侧检验**。其中的(Ⅱ)称为**右边检验**，(Ⅲ)称为**左边检验**。

二、σ^2 已知时 μ 的检验

1. 双边检验

在§1 中，已经通过例 1 讨论了在 σ^2 已知时 μ 的双边检验问题。现将具体步骤概述如下：

设 $X_1, X_2, \cdots, X_n$ 是取自正态总体 $N(\mu, \sigma_0^2)$ 中的样本，其中 σ_0^2 是已知常数。现欲检验假设

$$H_0: \mu=\mu_0 \quad H_1: \mu\neq\mu_0$$

选择检验统计量

$$U=\frac{\overline{X}-\mu_0}{\sigma_0/\sqrt{n}} \tag{2.2}$$

当 H_0 成立时，$U\sim N(0,1)$。对于显著性水平 α 及标准正态分布上侧分位数 $u_{\frac{\alpha}{2}}$，由

$$P\{|U|\geqslant u_{\frac{\alpha}{2}}\}=\alpha$$

得检验问题的拒绝域为

$$|u|\geqslant u_{\frac{\alpha}{2}} \tag{2.3}$$

当由样本观察值算出的统计量 U 的值 u 满足式(2.3)时，拒绝原假设 H_0，否则，就接受 H_0。

这种利用服从正态分布统计量的检验称为 u-检验，统计量式(2.2)称为 **U 统计量**。

2. 单边检验

先考虑右边检验问题

$$H_0: \mu=\mu_0 \quad H_1: \mu>\mu_0$$

取检验统计量 $U=\dfrac{\overline{X}-\mu_0}{\sigma_0/\sqrt{n}}$。由于 $\overline{X}$ 是总体均值的有效估计，故当 H_0 成立时，U 的值不会太大，而当 H_1 为真时，U 往往偏大。注意到当 H_0 为真时，统计量 $U\sim N(0,1)$，故对给定的显著性水平 α，由

$$P\left\{\frac{\overline{X}-\mu_0}{\sigma_0/\sqrt{n}}\geqslant u_\alpha\right\}=\alpha$$

(见图 7-2)得检验问题的拒绝域为

$$u=\frac{\bar{x}-\mu_0}{\sigma_0/\sqrt{n}}\geqslant u_\alpha \tag{2.4}$$

类似地，对左边检验问题

$$H_0: \mu=\mu_0 \quad H_1: \mu<\mu_0$$

仿上讨论，由

$$P\left\{\frac{\overline{X}-\mu_0}{\sigma_0/\sqrt{n}}\leqslant -u_\alpha\right\}=\alpha$$

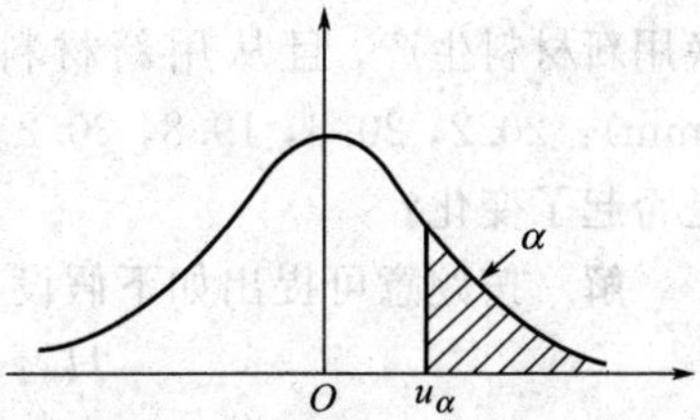

图 7-2

得该类检验问题的拒绝域为

$$u=\frac{\bar{x}-\mu_0}{\sigma_0/\sqrt{n}}\leqslant -u_\alpha \qquad (2.5)$$

三、σ^2 未知时均值 μ 的检验

在许多实际应用中，方差 σ^2 往往是未知的，此时应怎样对总体均值进行检验呢？

假定总体 $X\sim N(\mu,\sigma^2)$，μ,σ^2 都是未知参数，$X_1,X_2,\cdots,X_n$ 是取自总体 X 的样本。先考虑假设检验问题

$$H_0: \mu=\mu_0 \quad H_1: \mu\neq\mu_0$$

由于总体方差 σ^2 未知，因而 u-检验法中的 U 统计量已不再适用，因为 U 中含有未知常数 σ。但由于样本方差 $S^2=\frac{1}{n-1}\sum_{i=1}^{n}(X_i-\overline{X})^2$ 是总体方差 σ^2 的无偏估计，一个自然的想法是以样本方差 S^2 来替代总体方差 σ^2，采用

$$T=\frac{\overline{X}-\mu_0}{S/\sqrt{n}} \qquad (2.6)$$

作为检验统计量。且由第五章定理 2.5 知，当 H_0 为真时，$T\sim t(n-1)$。

直观上，当 H_0 为真时，$|T|=\left|\frac{\overline{X}-\mu_0}{S/\sqrt{n}}\right|$ 应当较小，如果当 $|T|$ 过分大时，就应拒绝 H_0。为此，对于给定的显著性水平 α 及 t 分布表，由

$$P\left\{\left|\frac{\overline{X}-\mu_0}{S/\sqrt{n}}\right|\geqslant t_{\frac{\alpha}{2}}(n-1)\right\}=\alpha$$

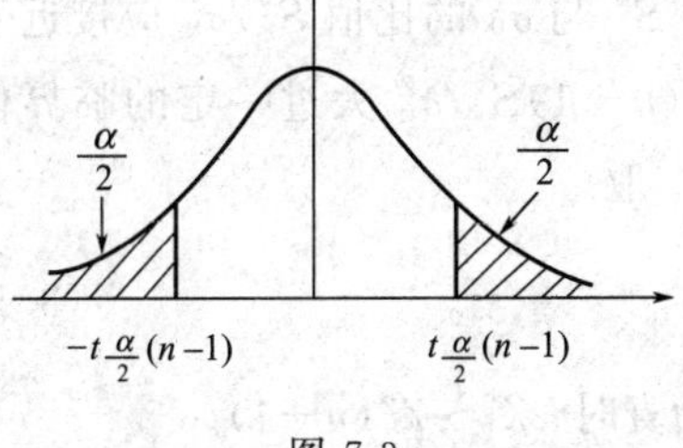

图 7-3

（见图 7-3）得该类检验问题的拒绝域为

$$|t|=\left|\frac{\bar{x}-\mu_0}{s/\sqrt{n}}\right|\geqslant t_{\frac{\alpha}{2}}(n-1) \qquad (2.7)$$

上述利用 T 统计量的检验法称为 **t-检验法**。关于正态总体 $N(\mu,\sigma^2)$，当 σ^2 未知时 μ 的单边检验可仿本节前段讨论。现将结果列于表 7-1。

【例 1】 设某零件的长度服从正态分布。已知用原来材料生产的该零件的均值为 20.0mm。现在

换用新材料生产，且从用新材料生产的产品中随机地抽取八个样品，测得长度为(mm)：20.2，20.3，19.8，20.2。试在 $\alpha=0.05$ 下检验用新材料做的零件的平均长度是否起了变化？

解 按题意可提出如下假设

$$H_0：\mu=20.0 \quad H_1：\mu\neq 20.0$$

因方差未知，采用 t 检验法，检验统计量为 $T=\dfrac{\overline{X}-\mu_0}{S/\sqrt{n}}$，拒绝域为 $|t|\geqslant t_{\frac{\alpha}{2}}(n-1)$。

现 $n=8$，$\alpha=0.05$，由 t 分布分位数表可查得 $t_{\frac{\alpha}{2}}(n-1)=t_{0.025}(7)=2.3646$。又算得 $\bar{x}=20.1$，$s=0.1604$ 所以

$$|t|=\left|\frac{\bar{x}-\mu_0}{s/\sqrt{n}}\right|=\left|\frac{20.1-20.0}{0.1604}\times\sqrt{8}\right|=1.7634<2.3646$$

故接受 H_0，即认为用新材料做的零件的平均长度没有起变化。

表 7-1

σ^2	检验法则	原假设 H_0	检验统计量	H_0 为真时统计量分布	备择假设 H_1	拒绝域
σ^2 已知	u 检验	$\mu=\mu_0$	$U=\dfrac{\overline{X}-\mu_0}{\sigma/\sqrt{n}}$	$N(0,1)$	$\mu>\mu_0$ $\mu<\mu_0$ $\mu\neq\mu_0$	$u\geqslant u_\alpha$ $u\leqslant -u_\alpha$ $\lvert u\rvert\geqslant u_{\frac{\alpha}{2}}$
σ^2 未知	t 检验	$\mu=\mu_0$	$T=\dfrac{\overline{X}-\mu_0}{S/\sqrt{n}}$	$t(n-1)$	$\mu>\mu_0$ $\mu<\mu_0$ $\mu\neq\mu_0$	$t\geqslant t_\alpha(n-1)$ $t\leqslant -t_\alpha(n-1)$ $\lvert t\rvert\geqslant t_{\frac{\alpha}{2}}(n-1)$

§3 单个正态总体方差的假设检验

设 X_1，X_2，…，X_n 为取自总体 $X\sim N(\mu,\sigma^2)$ 的样本，其中 μ，σ^2 是未知参数。现欲检验假设

$$H_0:\sigma^2=\sigma_0^2 \quad H_1:\sigma^2>\sigma_0^2$$

这里 σ_0^2 是已知常数。

由于 S^2 是 σ^2 的无偏估计，因此当 H_0 为真时，S^2 与 σ_0^2 的比值 S^2/σ_0^2 应接近于1。如果 S^2/σ_0^2(与1相比较)过大，或等价地，如果 $(n-1)S^2/\sigma_0^2$ 大过一定的临界值时，就表明 S^2 与 σ_0^2 相差甚远，应当拒绝 H_0，为此，取

$$\chi^2=\frac{(n-1)S^2}{\sigma_0^2} \tag{3.1}$$

作为检验统计量。且由第五章定理 2.3 知，当 H_0 为真时，$\chi^2\sim\chi^2(n-1)$。

对给定的显著性水平 α，由

$$P\{\chi^2 \geqslant \chi^2_\alpha(n-1)\}=\alpha$$

(参见图 7-4)得上述检验问题的拒绝域为

$$\chi^2=\frac{(n-1)s^2}{\sigma_0^2}\geqslant \chi^2_\alpha(n-1) \quad (3.2)$$

上述检验法称为 **χ^2-检验法**。关于方差 σ^2 的另二类检验及 μ 已知时 σ^2 的检验类似于上面的讨论。现将结果列于表 7-2，以便查用。

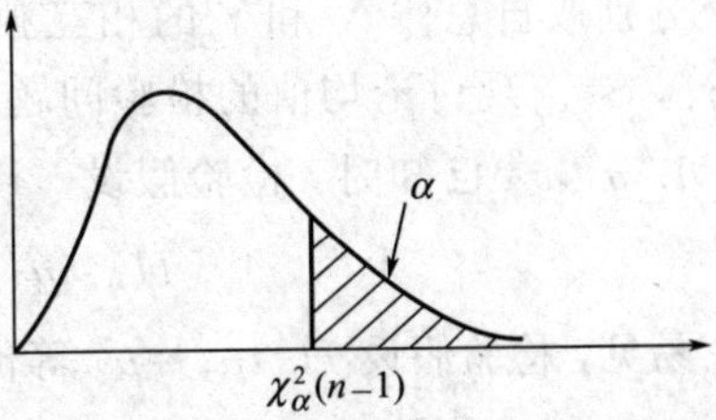

图 7-4

表 7-2

μ	检验法	原假设 H_0	检验统计量	H_0 为真时统计量分布	备择假设 H_1	拒绝域
μ 未知	χ^2-检验	$\sigma^2=\sigma_0^2$	$\chi^2=\frac{(n-1)S^2}{\sigma_0^2}$	$\chi^2(n-1)$	$\sigma^2>\sigma_0^2$	$\chi^2\geqslant\chi^2_\alpha(n-1)$
					$\sigma^2<\sigma_0^2$	$\chi^2\leqslant\chi^2_{1-\alpha}(n-1)$
					$\sigma^2\neq\sigma_0^2$	$\chi^2\geqslant\chi^2_{\frac{\alpha}{2}}(n-1)$ 或 $\chi^2\leqslant\chi^2_{1-\frac{\alpha}{2}}(n-1)$
μ 已知	χ^2-检验	$\sigma^2=\sigma_0^2$	$\chi^2=\sum_{i=1}^{n}\left(\frac{X_i-\mu}{\sigma_0}\right)^2$	$\chi^2(n)$	$\sigma^2>\sigma_0^2$	$\chi^2\geqslant\chi^2_\alpha(n)$
					$\sigma^2<\sigma_0^2$	$\chi^2\leqslant\chi^2_{1-\alpha}(n)$
					$\sigma^2\neq\sigma_0^2$	$\chi^2\geqslant\chi^2_{\frac{\alpha}{2}}(n)$ 或 $\chi^2\leqslant\chi^2_{1-\frac{\alpha}{2}}(n)$

【例 1】 设一自动车床加工出来的零件长度服从正态分布 $N(\mu,\sigma^2)$。原来的加工精度要求 σ^2 不超过 0.18。在生产了一段时间之后，为检验该车床是否还保持原来的加工精度，抽取该车床生产的 31 个零件，测得样本方差 $s^2=0.267$。问根据这一数据能否认为该车床还保持原有的加工精度？($\alpha=0.05$)

解　按题意提出如下假设

$$H_0: \sigma^2=0.18 \quad H_1: \sigma^2>0.18$$

由于 μ 未知，采用 $\chi^2=\frac{(n-1)S^2}{\sigma_0^2}$ 作为检验统计量，相应的拒绝域为 $\chi^2>\chi^2_\alpha(n-1)$

当 $n=31$，$\alpha=0.05$ 时

$$\chi^2_\alpha(n-1)=\chi^2_{0.05}(31)=43.77$$

而由样本观察值可算得

$$\chi^2=\frac{(n-1)s^2}{\sigma_0^2}=\frac{(31-1)\times 0.267}{0.18}=44.5>43.77$$

所以拒绝 H_0。即认为自动车床工作一段时间后加工精度变坏。

§4　两个正态总体参数的假设检验

一、两个正态总体均值的假设检验

设总体 $X\sim N(\mu_1,\sigma_1^2)$，$Y\sim N(\mu_2,\sigma_2^2)$，$X_1,X_2,\cdots,X_{n1}$ 和 $Y_1,Y_2,\cdots,Y_{n2}$ 是

两个分别取自总体 X 和 Y 的相互独立的样本。其样本均值和方差分别记为 $\overline{X}$，$\overline{Y}$ 和 S_1^2，S_2^2。现讨论均值的检验问题。

1. σ_1^2,σ_2^2 已知时，检验假设

$$H_0: \mu_1=\mu_2 \quad H_1: \mu_1\neq\mu_2$$

易见，检验假设 $H_0:\mu_1=\mu_2$ 等价于检验假设 $H_0:\mu_1-\mu_2=0$。因而，当 H_0 为真时，样本均值 $\overline{X}$ 和 $\overline{Y}$ 的差异 $|\overline{X}-\overline{Y}|$（以很大的可能性）不应太大。如果 $|\overline{X}-\overline{Y}|$ 太大，则应拒绝 H_0。这启发了我们可以考虑采用包含 $\overline{X}-\overline{Y}$ 的统计量。令

$$U=\frac{\overline{X}-\overline{Y}}{\sqrt{\dfrac{\sigma_1^2}{n_1}+\dfrac{\sigma_2^2}{n_2}}} \tag{4.1}$$

则 H_0 为真时 $U\sim N(0,1)$，且与单个正态总体相仿，当 $|U|$ 过分大时，应拒绝 H_0。故对给定的显著性水平 α，由

$$P\left\{\left|\frac{\overline{X}-\overline{Y}}{\sqrt{\dfrac{\sigma_1^2}{n_1}+\dfrac{\sigma_2^2}{n_2}}}\right|\geqslant u_{\frac{\alpha}{2}}\right\}=\alpha$$

得检验问题的拒绝域为

$$|u|=\left|\frac{\overline{x}-\overline{y}}{\sqrt{\dfrac{\sigma_1^2}{n_1}+\dfrac{\sigma_2^2}{n_2}}}\right|\geqslant u_{\frac{\alpha}{2}} \tag{4.2}$$

2. σ_1^2,σ_2^2 未知，但 $\sigma_1^2=\sigma_2^2=\sigma^2$ 时检验假设

$$H_0: \mu_1=\mu_2 \quad H_1: \mu_1\neq\mu_2$$

由于 σ_1^2,σ_2^2 未知，不能采用上面的 u-检验法。但注意到，总体 X 与 Y 的方差相等（即 $\sigma_1^2=\sigma_2^2$），引用下述 T 统计量作为检验统计量

$$T=\frac{\overline{X}-\overline{Y}}{S_w\sqrt{\dfrac{1}{n_1}+\dfrac{1}{n_2}}} \tag{4.3}$$

其中
$$S_w^2=\frac{(n_1-1)S_1^2+(n_2-1)S_2^2}{n_1+n_2-2}$$

当 H_0 为真时，由第五章定理 2.6 知 $T\sim t(n_1+n_2-2)$。与单个正态总体的 t-检验法类似，由

$$P\left\{\left|\frac{\overline{X}-\overline{Y}}{S_w\sqrt{\dfrac{1}{n_1}+\dfrac{1}{n_2}}}\right|\geqslant t_{\frac{\alpha}{2}}(n_1+n_2-2)\right\}=\alpha$$

得拒绝域为

$$|t|=\left|\frac{\bar{x}-\bar{y}}{s_w\sqrt{\frac{1}{n_1}+\frac{1}{n_2}}}\right|\geqslant t_{\frac{\alpha}{2}}(n_1+n_2-2) \tag{4.4}$$

【例 1】 设有甲、乙两种安眠药，今欲比较它们的疗效。以 X_1 表示失眠者服用甲药后延长睡眠的时数；以 X_2 表示失眠者服用乙药后的延时数。今独立观察 20 名患者，其中 10 人服用甲药，10 人服乙药，测得延长睡眠时数如下：

X_1：1.9，0.8，1.1，0.1，−0.1，4.4，5.5，1.6，4.6，3.4

X_2：0.7，−1.6，−0.2，−1.2，−0.1，3.4，3.7，0.8，0.0，2.0

试问在 $\alpha=0.01$ 之下两种药的疗效是否有显著差异？（设 X_1,X_2 服从于同方差的正态分布）

解　设 $X_1\sim N(\mu_1,\sigma^2)$，$X_2\sim N(\mu_2,\sigma^2)$。按题意需检验假设

$$H_0:\ \mu_1=\mu_2\quad H_1:\ \mu_1\neq\mu_2$$

由于方差未知但相等，故采用 t-检验法，拒绝域为

$$|t|=\left|\frac{\bar{x}_1-\bar{x}_2}{s_w\sqrt{\frac{1}{n_1}+\frac{1}{n_2}}}\right|\geqslant t_{\frac{\alpha}{2}}(n_1+n_2-2)$$

现 $n_1=n_2=10$，又可算得 $\bar{x}_1=2.33$，$\bar{x}_2=0.75$；$s_1^2=4.009$，$s_2^2=3.201$，故

$$|t|=\left|\frac{\bar{x}_1-\bar{x}_2}{s_w\sqrt{\frac{1}{n_1}+\frac{1}{n_2}}}\right|=\left|\frac{\bar{x}_1-\bar{x}_2}{\sqrt{\frac{s_1^2+s_2^2}{10}}}\right|=1.8606$$

而当 $\alpha=0.1$ 时，$t_{\frac{\alpha}{2}}(n_1+n_2-2)=t_{0.05}(18)=1.7341$。

由于 $|t|>t_{0.05}(18)$，故在显著性水平 $\alpha=0.1$ 下拒绝 H_0，即认为两种安眠药的疗效有明显差异。从直观上看，由于 $\bar{x}_1>\bar{x}_2$，甲种安眠药的疗效应优于乙种安眠药。

值得指出的是，若上述数据是以 10 个失眠患者为试验对象，且对每个患者各服用两种药分别试验一次得到的。仍以 X_1,X_2 分别表示失眠者服用甲、乙两种药后的睡眠延时数。由于同一人使用每种药后延长睡眠时间会有联系。如对重患者都延长得少，而对轻患者都延长得多。所以这两个样本不能认为是相互独立的简单随机样本。如仍采用上述检验已不再适宜。此时，我们可以通过同一人服用不同药后的延时数的差额来消除上述差异。为此，可设随机变量 $X=X_1-X_2$，且假定 $X\sim N(\mu,\sigma^2)$。在总体上作假设

$$H_0:\ \mu=0\quad H_1:\ \mu\neq 0$$

先算得 $x=x_1-x_2$ 为

x：1.2，2.4，1.3，1.3，0，1，1.8，0.8，4.6，1.4

于是 $\bar{x}=1.58$，$s^2=1.5129$。

由 §2 中方差未知时均值的 t-检验法

$$t=\frac{\bar{x}}{s/\sqrt{n}}=\frac{1.58}{1.23}\times\sqrt{10}=4.062$$

而当 $\alpha=0.1$ 时，$t_{\frac{\alpha}{2}}(n-1)=t_{0.05}(9)=1.8331$。由于 $|t|>t_{\frac{\alpha}{2}}(n-1)$，故同样拒绝 H_0，即认为两种药的疗效有显著差异。由此可见，同样的数据，看成由不同的途径得来，应采用不同的数学模型和检验方法，有时，所得到的结果也可能不同。

3. 用大样本检验假设

$$H_0:\ \mu_1=\mu_2 \qquad H_1:\ \mu_1\neq\mu_2$$

当总体 X,Y 的方差 σ_1^2，σ_2^2 未知，也不相等时，若样本容量 n_1，n_2 都较大时，可采用大样本来检验总体均值是否相等。

当 H_0 成立，且 n_1 和 n_2 都充分大时，由抽样分布知

$$U=\frac{\bar{X}-\bar{Y}}{\sqrt{\dfrac{S_1^2}{n_1}+\dfrac{S_2^2}{n_2}}} \tag{4.5}$$

近似地服从标准正态分布 $N(0,1)$。对给定的显著性水平 α，由

$$P\left\{\left|\frac{\bar{X}-\bar{Y}}{\sqrt{\dfrac{S_1^2}{n_1}+\dfrac{S_2^2}{n_2}}}\right|\geqslant u_{\frac{\alpha}{2}}\right\}\approx\alpha$$

得拒绝域为

$$|u|=\left|\frac{\bar{x}-\bar{y}}{\sqrt{\dfrac{s_1^2}{n_1}+\dfrac{s_2^2}{n_2}}}\right|\geqslant u_{\frac{\alpha}{2}} \tag{4.6}$$

【例 2】 在二种工艺条件下纺得细纱，各抽 100 个试样，试验得强力数据，经计算得(单位:克)

甲工艺：$n_1=100$，$\bar{x}=280$，$s_1=28$

乙工艺：$n_2=100$，$\bar{y}=286$，$s_2=28.5$

试问二种工艺条件下细纱强力有无显著差异？($\alpha=0.05$)

解 按题意需检验

$$H_0:\ \mu_1=\mu_2 \qquad H_1:\ \mu_1\neq\mu_2$$

由于样本容量较大，方差未知，故采用统计量

$$U=\frac{\bar{X}-\bar{Y}}{\sqrt{\dfrac{S_1^2}{n_1}+\dfrac{S_2^2}{n_2}}}$$

拒绝域

$$|u|=\left|\frac{\bar{x}-\bar{y}}{\sqrt{\frac{s_1^2}{n_1}+\frac{s_2^2}{n_2}}}\right|\geqslant u_{\frac{\alpha}{2}}$$

当 $\alpha=0.05$ 时，$u_{\frac{\alpha}{2}}=u_{0.025}=1.96$。而

$$|u|=\left|\frac{\bar{x}-\bar{y}}{\sqrt{\frac{s_1^2}{n_1}+\frac{s_2^2}{n_2}}}\right|=\left|\frac{280-286}{\sqrt{\frac{28^2}{100}+\frac{28.5^2}{100}}}\right|=1.502<1.96$$

故在 $\alpha=0.05$ 下接受 H_0，即认为二种工艺条件下细纱强力无显著差异。

有关双正态总体均值的单边检验，可类似地讨论，现将结果一并列于表 7-3。

表 7-3

检验	原假设 H_0	检验统计量	H_0 为真时统计量分布	备择假设 H_1	拒绝域
1 （u 检验）	$\mu_1=\mu_2$ （σ_1^2,σ_2^2 已知）	$U=\frac{\overline{X}-\overline{Y}}{\sqrt{\frac{\sigma_1^2}{n_1}+\frac{\sigma_2^2}{n_2}}}$	$N(0,1)$	$\mu_1>\mu_2$ $\mu_1<\mu_2$ $\mu_1\neq\mu_2$	$u\geqslant u_\alpha$ $u\leqslant -u_\alpha$ $\|u\|\geqslant u_{\frac{\alpha}{2}}$
2 （t 检验）	$\mu_1=\mu_2$ （$\sigma_1^2=\sigma_2^2=\sigma^2$ 未知）	$T=\frac{\overline{X}-\overline{Y}}{S_w\sqrt{\frac{1}{n_1}+\frac{1}{n_2}}}$ $S_w^2=\frac{(n_1-1)S_1^2+(n_2-1)S_2^2}{n_1+n_2-2}$	$t(n_1+n_2-2)$	$\mu_1>\mu_2$ $\mu_1<\mu_2$ $\mu_1\neq\mu_2$	$t\geqslant t_\alpha(n_1+n_2-2)$ $t\leqslant -t_\alpha(n_1+n_2-2)$ $\|t\|\geqslant t_{\frac{\alpha}{2}}(n_1+n_2-2)$
3 （u 检验）	$\mu_1=\mu_2$ （$\sigma_1^2\neq\sigma_2^2$ 未知，n_1，n_2 都很大）	$U=\frac{\overline{X}-\overline{Y}}{\sqrt{\frac{S_1^2}{n_1}+\frac{S_2^2}{n_2}}}$	近似 $N(0,1)$	$\mu_1>\mu_2$ $\mu_1<\mu_2$ $\mu_1\neq\mu_2$	$u\geqslant u_\alpha$ $u\leqslant -u_\alpha$ $\|u\|\geqslant u_{\frac{\alpha}{2}}$

二、两个正态总体方差的假设检验

本节前段 2 中检验两个总体均值相等时，是在两总体方差未知但相等的条件下进行的。细心的读者自然会问，如何能得出方差相等的结论呢？这就需要考虑两个总体方差的检验。

设 $X_1,X_2,\cdots,X_{n1}$；$Y_1,Y_2,\cdots,Y_{n2}$ 分别是取自总体 $X\sim N(\mu_1,\sigma_1^2)$ 和 $Y\sim N(\mu_2,\sigma_2^2)$ 的两个独立样本，现欲检验假设

$$H_0:\ \sigma_1^2=\sigma_2^2\quad H_1:\ \sigma_1^2\neq\sigma_2^2$$

我们仅讨论 μ_1,μ_2 未知的情形。注意到样本方差 S_1^2,S_2^2 分别是 σ_1^2,σ_2^2 的无偏估计。故当 H_0 成立时，S_1^2 与 S_2^2 之比应经常地接近于 1，相反地，若二者之比与 1 相比较大或过小，则应拒绝 H_0。为此，我们采用

$$F=S_1^2/S_2^2 \tag{4.7}$$

作为检验统计量。且由第五章定理 2.8 知，在 H_0 成立时，统计量 $F\sim$

$F(n_1-1, n_2-1)$。

给定显著性水平 α，由

$$P\left\{\frac{S_1^2}{S_2^2}\geqslant F_{\frac{\alpha}{2}}(n_1-1, n_2-1)\right\}=\frac{\alpha}{2}$$

及

$$P\left\{\frac{S_1^2}{S_2^2}\leqslant F_{1-\frac{\alpha}{2}}(n_1-1, n_2-1)\right\}=\frac{\alpha}{2}$$

得拒绝域为

$$F=\frac{s_1^2}{s_2^2}\geqslant F_{\frac{\alpha}{2}}(n_1-1, n_2-1) \text{ 或 } \frac{s_1^2}{s_2^2}\leqslant F_{1-\frac{\alpha}{2}}(n_1-1, n_2-1) \quad (4.8)$$

上述检验法称为 **F-检验法**。有关 σ_1^2,σ_2^2 的其余两类检验问题及已知 μ_1,μ_2 时，σ_1^2,σ_2^2 的检验问题，可仿上面方法讨论，现将结果列于表7-4中以备查用。

【例 3】 某砖瓦厂有两座砖窑。某月从两窑中各取机制红砖若干块，测得抗压强度如下(单位:kg/cm^2)：

甲窑：20.51，25.56，20.78，37.27，36.26，25.97，24.62

乙窑：32.56，26.66，25.64，33.00，34.87，31.07

假设红砖抗压强度服从正态分布。试问在 $\alpha=0.10$ 下，两窑所产红砖抗压强度的方差有无显著差异？

表 7-4

检验	原假设 H_0	检验统计量	H_0 为真时统计量分布	备择假设 H_1	拒绝域
1 (F 检验)	$\sigma_1^2=\sigma_2^2$ (μ_1, μ_2 已知)	$F=\dfrac{n_2\sum_{i=1}^{n1}(X_i-\mu_1)^2}{n_1\sum_{j=1}^{n2}(Y_j-\mu_2)^2}$	$F(n_1,n_2)$	$\sigma_1^2>\sigma_2^2$ $\sigma_1^2<\sigma_2^2$ $\sigma_1^2\neq\sigma_2^2$	$F\geqslant F_\alpha(n_1,n_2)$ $F\leqslant F_{1-\alpha}(n_1,n_2)$ $F\geqslant F_{\frac{\alpha}{2}}(n_1,n_2)$ 或 $F\leqslant F_{1-\frac{\alpha}{2}}(n_1,n_2)$
2 (F 检验)	$\sigma_1^2=\sigma_2^2$ (μ_1, μ_2 未知)	$F=\dfrac{S_1^2}{S_2^2}$	$F(n_1-1, n_2-1)$	$\sigma_1^2>\sigma_2^2$ $\sigma_1^2<\sigma_2^2$ $\sigma_1^2\neq\sigma_2^2$	$F\geqslant F_\alpha(n_1-1, n_2-1)$ $F\leqslant F_{1-\alpha}(n_1-1, n_2-1)$ $F\geqslant F_{\frac{\alpha}{2}}(n_1-1, n_2-1)$ 或 $F\leqslant F_{1-\frac{\alpha}{2}}(n_1-1, n_2-1)$

解 按题意需检验假设

$$H_0:\sigma_1^2=\sigma_2^2 \quad H_1:\sigma_1^2\neq\sigma_2^2$$

使用 F-检验法，拒绝域为 $F\geqslant F_{\frac{\alpha}{2}}(n_1-1, n_2-1)$ 或 $F\leqslant F_{1-\frac{\alpha}{2}}(n_1-1, n_2-1)$。现 $n_1=7$，$n_2=6$，又可算得 $s_1^2=46.71$，$s_2^2=13.63$，故

$$F=\frac{s_1^2}{s_2^2}=\frac{46.71}{13.62}=3.43$$

当 $\alpha=0.1$ 时，$F_{\frac{\alpha}{2}}(n_1-1, n_2-1)=F_{0.05}(6.5)=4.95$

$$F_{1-\frac{\alpha}{2}}(n_1-1, n_2-1)=F_{0.95}(6.5)=\frac{1}{F_{0.05}\ (5.6)}=\frac{1}{4.39}=0.2278$$

因 $F_{0.95}(6.5)<F<F_{0.05}(6.5)$，所以接受 H_0，即认为两窑红砖的抗压强度的方差无显著差异。

注（1）在检验假设 $H_0:\sigma_1^2=\sigma_2^2$，$H_1:\sigma_1^2\neq\sigma_2^2$ 时，可采用下面的简便方法，由于附表给出的 F 分布分位数都大于1，因而临界值 $F_{\frac{\alpha}{2}}(n_1-1, n_2-1)>1$，而下限 $F_{1-\frac{\alpha}{2}}(n_1-1, n_2-1)<1$。如果在两个总体中取样本方差大的总体为第一总体，样本方差记为 s_1^2；样本方差小的总体为第二总体，样本方差记为 s_2^2，则 $F=s_1^2/s_2^2>1$。于是

当 $F\geqslant F_{\frac{\alpha}{2}}(n_1-1, n_2-1)$时，拒绝 H_0；

而当 $F<F_{\frac{\alpha}{2}}(n_1-1, n_2-1)$时，就可接受 H_0。

（2）本节前段例1中在讨论两个正态总体均值相等的检验时，假定了 $\sigma_1^2=\sigma_2^2$。事实上，这一假定可以用上述的 F-检验法加以检验。

【例4】 试根据本节例1中的数据检验假设

$$H_0:\ \sigma_1^2=\sigma_2^2\quad H_1:\ \sigma_1^2\neq\sigma_2^2\qquad(\alpha=0.05)$$

解　因 $s_1^2=4.009$，$s_2^2=3.201$，故

$$F=\frac{s_1^2}{s_2^2}=\frac{4.009}{3.201}=1.2524$$

注意到 $s_1^2/s_2^2>1$，且当 $n_1=n_2=10$ 时，$F_{\frac{\alpha}{2}}(n_1-1, n_2-1)=F_{0.025}(9.9)=4.03$。由于

$$F=1.2524<4.03=F_{0.025}(9.9)$$

故接受 H_0，即认为两总体方差相等。这也表明在本节例1中假定两方差相等是合理的。

§5　拟合优度检验

上面介绍的关于总体参数的各种检验法，都是在总体分布形式为已知的前提下进行的。然而，在许多场合，总体分布的类型事先并不知道。这就需要我们首先根据实际情况对总体分布作出某种假设，然后，根据样本提供的信息来检验此项假设是否成立。这就是所谓的分布假设检验问题。关于分布的假设检验属于非参数的假设检验问题。本节主要介绍 χ^2 检验法。

一、χ^2 检验

设总体 X 的分布函数 $F(x)$未知，$X_1, X_2, \cdots, X_n$ 为来自总体 X 的样本。根据这个样本，来检验总体 X 的分布函数 $F(x)$是否等于某个给定的分布函数 $F_0(x)$，也即检验假设

$$H_0:\ F(x)=F_0(x)\tag{5.1}$$

由于 $F(x)$未知，为此可以用样本观察值确定的经验分布函数来近似代替，并与假定的分布函数 $F_0(x)$作比较。一般而言，由于抽样的随机性，在二者进行比较时，总会产生某种偏差。如果这种偏差不显著就认为总体服从提出的分布 $F_0(x)$，否则，就拒绝 H_0。这是分布拟合检验的基本思想。基于这种想法，我们可以如下

来解决对 H_0 的检验问题。

首先，根据样本观察值的取值范围，在实轴上取 $k-1$ 个点 $t_1<t_2<\cdots<t_{k-1}$，这 $k-1$ 个点将实轴分成 k 个区间：

$$(-\infty, t_1], (t_1, t_2], \cdots, (t_{k-1}, +\infty)$$

计算出样本值出现在各区间内的频数 n_i（$i=1, 2, \cdots, k$）及频率 n_i/n（$i=1, 2, \cdots, k$）。

其次，当 H_0 成立时，可以根据已知的分布函数 $F_0(x)$ 计算出总体 X 落入第 i 个区间内的概率 p_i。

$$p_i=P(t_{i-1}<X\leqslant t_i)=F_0(t_i)-F_0(t_{i-1}) \quad (i=1, 2, \cdots, k)$$

按照大数定律，在 H_0 为真时，频率 n_i/n 与概率 p_i 的差异不应太大，从而 $\sum\limits_{i=1}^{k}\left(\frac{n_i}{n}-p_i\right)^2\frac{n}{p_i}=\sum\limits_{i=1}^{k}\frac{(n_i-np_i)^2}{np_i}$ 也应较小。根据这个思想，皮尔逊构造了

$$\chi^2=\sum_{i=1}^{k}\frac{(n_i-np_i)^2}{np_i} \tag{5.2}$$

作为检验统计量，并证明了如下定理：

定理　在 H_0 成立的条件下，当 n 充分大时，式(5.2)定义的统计量近似地服从自由度为 $k-1$ 的 χ^2 分布。其中 k 为所分的子区间的个数。

根据上述定理，对显著性水平 α，可得式(5.1)检验问题的拒绝域为

$$\chi^2=\sum_{i=1}^{k}\frac{(n_i-np_i)^2}{np_i}\geqslant\chi_\alpha^2(k-1) \tag{5.3}$$

若 $F_0(x)$ 中含有 r 个未知参数 $\theta_1, \theta_2, \cdots, \theta_r$，为使 $p_i=F_0(t_i;\theta_1, \theta_2, \cdots, \theta_r)-F_0(t_{i-1};\theta_1, \theta_2, \cdots, \theta_r)$ 可以求出，可以用 $\theta_1, \theta_2, \cdots, \theta_r$ 的极大似然估计 $\hat{\theta}_1, \hat{\theta}_2\cdots, \hat{\theta}_r$ 代入。在此情形下，费歇推广了皮尔逊定理，证明了统计量式(5.2)渐近于自由度为$(k-r-1)$的 χ^2 分布。因而式(5.1)的拒绝域为

$$\chi^2=\sum_{i=1}^{k}\frac{(n_i-np_i)^2}{np_i}\geqslant\chi_\alpha^2(k-r-1) \tag{5.4}$$

由于运用 χ^2 检验法检验总体分布时，建立在渐近分布基础上，因而使用时，首先要求样本容量比较大，通常要求 $n\geqslant50$；其次，在每个区间中的理论频数 np_i 应不少于 5 次；另外，一般要将数据分成 7 到 14 组。有时，为了保证各组 np_i 不少于 5，组数也可以少于 7 组。

【例 1】　将一颗骰子掷120次，得如下数据

掷得点数	1	2	3	4	5	6
观测次数	16	19	27	17	23	18

试问这颗骰子的六个面是否均匀？（$\alpha=0.05$）

解　按题意需检验假设

H_0：骰子出现的点数 X 的分布律为

X	1	2	3	4	5	6
p_i	$\frac{1}{6}$	$\frac{1}{6}$	$\frac{1}{6}$	$\frac{1}{6}$	$\frac{1}{6}$	$\frac{1}{6}$

由 χ^2 检验法

$$\chi^2=\sum_{i=1}^{k}\frac{(n_i-np_i)^2}{np_i}=\frac{\left(16-120\times\frac{1}{6}\right)^2}{120\times\frac{1}{6}}+\frac{\left(19-120\times\frac{1}{6}\right)^2}{120\times\frac{1}{6}}$$

$$+\frac{\left(27-120\times\frac{1}{6}\right)^2}{120\times\frac{1}{6}}+\frac{\left(17-120\times\frac{1}{6}\right)^2}{120\times\frac{1}{6}}+\frac{\left(23-120\times\frac{1}{6}\right)^2}{120\times\frac{1}{6}}$$

$$+\frac{\left(18-120\times\frac{1}{6}\right)^2}{120\times\frac{1}{6}}=4.4$$

而当 $\alpha=0.05$ 时， $\chi^2_\alpha(k-1)=\chi^2_{0.05}(6-1)=11.071$

因 $\chi^2=4.4<11.071=\chi^2_{0.05}(5)$，所以接受 H_0，即认为这颗骰子的六个面是均匀的。

【例 2】 对某种型号电缆进行耐压试验，记录 50 根电缆的最低击穿电压的数据如下：

测验电压	3.8，	3.9，	4.0，	4.1，	4.2，	4.3，	4.4，	4.5，	4.6，	4.7，	4.8
击穿频数	2	1	3	8	9	9	6	7	3	1	1

试检验电缆耐压分布是否服从正态分布？($\alpha=0.10$)

解 设一根电缆最低击穿电压为 X，由于参数 μ，σ^2 未知，取其极大似然估计 $\hat{\mu}=\overline{x}$ 和 $\hat{\sigma}^2=M'_2=\frac{1}{n}\sum_{i=1}^{n}(x_i-\overline{x})^2$ 替代。由样本观察值可算得 $\overline{x}=4.28$，$M'_2=0.0468$。为此，可提出假设

$$H_0:X\sim N(4.28,0.0468)$$

从样本观察值可以看出，最小值为 3.8，最大值为 4.8。现分 7 组列表讨论于表 7-5。

表 7-5

编号	区间界限	n_i	p_i	$(n_i-np_i)^2/np_i$
1	$(-\infty,4.1]$	6	0.2033	1.707
2	$(4.1,4.2]$	8	0.1524	0.019
3	$(4.2,4.3]$	9	0.1916	0.035
4	$(4.3,4.4]$	9	0.1650	0.068
5	$(4.4,4.5]$	6	0.1338	0.071
6	$(4.5,4.6]$	7	0.0845	1.823
7	$(4.6,+\infty)$	5	0.0694	0.675
Σ	—	50	—	4.398

表中 $p_1=0.2033$ 是如下计算的

$$p_1=P\{X\leqslant 4.1\}=P\left\{\frac{X-4.28}{0.2163}\leqslant\frac{4.1-4.28}{0.2163}\right\}$$

$$=\Phi(-0.83)=1-\Phi(0.83)=1-0.7967=0.2033$$

$$p_2=P\{4.1<X\leqslant 4.2\}$$

$$=P\left\{\frac{4.1-4.28}{0.2163}<\frac{X-4.28}{0.2163}\leqslant\frac{4.2-4.28}{0.2163}\right\}$$

$$=F_{0,1}(-0.37)-F_{0,1}(-0.83)=0.1524$$

类似地可计算出 p_3,p_4,p_5,p_6,p_7 的值(见表 7-5)。

当 $\alpha=0.10$ 时，$\chi^2_\alpha(k-r-1)=\chi^2_{0.10}(7-2-1)=\chi^2_{0.10}(4)=7.779$。因 $\chi^2=4.398<\chi^2_{0.10}(4)$，所以接受 H_0，即认为电缆耐压分布服从正态分布。

*二、秩和检验法

秩和检验也属于非参数检验问题。这是一种建立在二项分布理论基础上的平均值检验法。它对总体 X 的分布没有要求，检验方法简单易行。可用来检验两个总体分布函数是否相等的问题。

设从分别具有分布函数 $F_1(x)$，$F_2(x)$的两个总体 X,Y 中抽取相应容量为 n_1,n_2 的两个独立样本 $X_1,X_2,\cdots,X_{n1}$ 和 $Y_1,Y_2,\cdots,Y_{n2}$。现欲检验假设

$$H_0:F_1(x)=F_2(x) \tag{5.5}$$

将两个样本的观察值 $x_1,x_2,\cdots,x_{n1}$； $y_1,y_2,\cdots,y_{n2}$ 并在一起，并从小到大排列，统一编号，得到一混合顺序样本：

$$z_1\leqslant z_2\leqslant\cdots\leqslant z_{n_1+n_2} \tag{5.6}$$

若 $x_k=z_j$(表示在混合顺序样本中处于第 j 个位置)，则记 $r_k(x_k)=j$，称为 x_k 在混合样本中的秩。同样，如果 $y_k=z_j$，则记 $r_k(y_k)=j$，称为 y_k 在混合样本中的秩(对于混合样本中若有两个数值相同，则用它们序数的平均数作为秩)。比较两个样本的容量 n_1，n_2，将容量较小的样本观察值的秩加起来，记为 T。如当 $n_1<n_2$ 时

$$T=\sum_{k=1}^{n_1}r_k(x_k) \tag{5.7}$$

T 是一检验统计量。所谓秩和检验法，即用秩和统计量式(5.7)的值来检验假设式(5.5)的一种检验方法。当 H_0 成立时，X 和 Y 的分布相同，每个 x_i 和 y_i 出现在每个排列位置上的可能性相同。对容量较小的那个样本来说(如 x_i)，不可能同时集中在式(5.6)的前方或后方。或者说，由容量较小样本的观察值(如 x_i)计算的秩和式(5.7)不会过小或过大。因而当式(5.7)过大或过小时，应拒绝 H_0。

根据以上分析，对给定显著性水平 α，查秩和检验表，可得到检验统计量 T 的相应的界限下限 T_1 和上限 T_2。如果

$$\begin{aligned}&T_1<T<T_2 \quad \text{则接受 } H_0\\ &T\leqslant T_1 \text{ 或 } T\geqslant T_2 \text{ 则拒绝 } H_0\end{aligned} \tag{5.8}$$

【例 3】 从用两种不同生产方式生产的产品中各取若干进行试验，结果如下：

第一种生产方式(Ⅰ)　521，524，548，550

第二种生产方式(Ⅱ)　512，518，525，532，540，552

试从这些数据判别两种生产方式有无显著差异？($\alpha=0.05$)

解　按题意需检验假设

$$H_0: F_1(x)=F_2(x)$$

采用秩和检验法，把样本观察值混合后从小到大排列如下(见表7-6)。

表 7-6

(Ⅰ)			521	524				548	550	
(Ⅱ)	512	518			525	532	540			552
秩	1	2	3	4	5	6	7	8	9	10

由于 $n_1<n_2$，故秩和 $T=3+4+8+9=24$ 又当 $\alpha=0.05$，$n_1=4$，$n_2=6$ 时，可查得：

$$T_1=14,\ T_2=30$$

因 $T_1<T<T_2$，故接受 H_0，即认为二种生产方式无显著差异。

秩和检验表中，只列出了 n_1，$n_2\leqslant 10$ 时的临界值 T_1，T_2。当 n_1，n_2 大于10时，可利用统计量 T 的渐近分布去计算其临界值。当 $n\to\infty$ 时，T 近似服从于：

$$N\left(\frac{n_1(n_1+n_2+1)}{2},\left(\sqrt{\frac{n_1n_2(n_1+n_2+1)}{12}}\right)^2\right)$$

故可用正态分布的 u-检验法进行检验，此时，检验统计量可取

$$U=\frac{T-\dfrac{n_1(n_1+n_2+1)}{2}}{\sqrt{\dfrac{n_1n_2(n_1+n_2+1)}{12}}}$$

拒绝域为 $|u|\geqslant u_{\frac{\alpha}{2}}$。

【例 4】　比较用两种不同的饲料(低蛋白与高蛋白)喂养大白鼠对体重增加的影响，结果如下：

饲　料	容量	增加的质量/g
低蛋白 (X)	11	70，118，101，85，107，132，94，135，99，117，126
高蛋白 (Y)	12	134，146，104，119，124，161，108，83，113，129，97，123

试问两种饲料对体重增加影响是否显著？($\alpha=0.05$)

解　按题意可设 H_0：$F_1(x)=F_2(x)$。即假设用两种不同饲料喂养的大白鼠，其体重增加服从相同的分布。用秩和法，将样本值不分总体从小到大排列计算于表 7-7。

表 7-7

X	70		85	94		99	101		107			117
Y		83			97			104		108	113	
秩	1	2	3	4	5	6	7	8	9	10	11	12
X	118				126		132		135			
Y		119	123	124		129		134		146	161	
秩	13	14	15	16	17	18	19	20	21	22	23	

由于 X 的样本容量较小，故秩和

$$T=1+3+4+6+7+9+12+13+17+19+21=112$$

当 $n_1=11$，$n_2=12$ 时

$$u=\frac{T-\frac{n_1(n_1+n_2+1)}{2}}{\sqrt{\frac{n_1n_2(n_1+n_2+1)}{12}}}=\frac{112-\frac{11\times(11+12+1)}{2}}{\sqrt{\frac{11\times12\times(11+12+1)}{12}}}=-1.231$$

$\alpha=0.05$ 时　　　$u_{\frac{\alpha}{2}}=u_{0.025}=1.96$

因 $|u|=|-1.231|<1.96=u_{0.025}$，故接受 H_0，即认为两种不同的饲料喂养大白鼠对其体重增加无显著影响。

习题七

1. 设总体服从 $N(\mu,9)$，其中 μ 为未知参数，$X_1,X_2,\cdots,X_{16}$ 为取自总体 X 的样本，$\overline{X}$ 为样本均值。如果对检验 H_0：$\mu=\mu_0$ 取拒绝域：$W_1=\{|\overline{X}-\mu_0|\geqslant C\}$。试决定常数 C，使检验的显著性水平 $\alpha=0.05$。

2. 某手表厂生产的男表表壳，正常情况下，其直径(单位：mm)服从正态分布 $N(20,1)$。在某天的生产过程中，抽查 5 只表面，测得直径分别为

19，19.5，19，20，20.5

问生产情况是否正常($\alpha=0.05$)？

3. 某无线电器材厂生产一种垫圈，已知垫圈厚度（单位：mm）服从正态分布 $N(0.13,0.011^2)$。今从某日生产的垫圈中任取 10 只，测得其平均厚度为 $\bar{x}=0.14$。问在显著性水平 $\alpha=0.01$ 下，能否认为这批垫圈的平均厚度仍为 0.13？

4. 下面列出的是某工厂随机选取的 20 只部件的装配时间(单位：min)：

9.8，10.4，10.6，9.6，9.7，9.9，10.9，11.1，9.6，10.2，10.3，9.6，9.9，11.2，10.6，9.8，10.5，10.1，10.5，9.7

设装配时间的总体服从正态分布，是否可以认为装配时间的均值显著地大于 10 ($\alpha=0.05$)？

5. 某种片剂药物中成分甲的含量规定为 10%，现抽取该药物一批成品中的五个片剂，经检验测得其成分甲的含量(%)为

10.90，9.45，10.38，9.61，9.92

设药物中成分甲的含量 X 服从正态分布。问在 $\alpha=0.05$ 下，该片剂中成分甲的平均含量是否符合规定标准？

6. 设一工厂的两个化验室每天同时从工厂的冷却水中取样，测得水中含氯量一次，下面是 7

天的记录：

日 期	1	2	3	4	5	6	7
化验室 $A(X_i)$	1.15	1.86	0.75	1.82	1.14	1.65	1.90
化验室 $B(Y_i)$	1.00	1.90	0.90	1.80	1.20	1.70	1.95

设各对数据差 $Z_i=X_i-Y_i(i=1,2,\cdots,7)$来自正态总体，问两化验室测定的结果之间有无显著差异？($\alpha=0.01$)

7. 某维尼纶厂根据长期生产的积累资料知道，维尼纶的纤度服从方差 $\sigma^2=0.05$ 的正态分布，某日随机抽取 5 根纤维进行检验，其结果为

1.32，1.55，1.36，1.40，1.44

试问这一天纤度方差是否正常？($\alpha=0.05$)

8. A 厂三车间生产铜丝的折断力(单位：kg)服从 $N(288,20)$。某日从生产的产品中随机抽取 9 根检查折断力，测得数据如下：

289，268，285，284，286，285，286，298，292

问是否可以相信该车间生产的铜丝折断力的方差为 20？($\alpha=0.05$)

9. 某种导线，要求其电阻的标准差不得超过 0.005Ω。今在生产的一批导线中取 9 根样品，测得 $s=0.007\Omega$。设总体为正态分布，问在水平 $\alpha=0.05$ 下能否认为这批导线的标准差显著地偏大？

10. 在针织品的漂白工艺过程中，要考察温度对针织品断裂强度(主要质量指标)的影响。为了比较 70℃与 80℃的影响有无差别，在这两个温度下，分别重复做了八次试验，得到数据如下：

70℃时的强力　20.5，18.8，19.8，20.9，21.5，19.5，21.0，21.2

80℃时的强力　17.7，20.3，20.0，18.8，19.0，20.1，20.2，19.1 假定两种温度下的强力分别服从同方差的正态分布，问在 $\alpha=0.05$ 下，两种温度下的强力是否有显著差异？

11. 在平炉上进行一项新法炼钢试验，试验是在同一只平炉上进行的。设老法炼钢与新法炼钢的得率服从于同方差的正态分布。现用新老方法各炼 10 炉钢，得率分别为(%)：

老法：78.1，72.4，76.2，74.3，77.4，78.4，76.0，75.5，76.7，77.3

新法：79.1，81.0，77.3，79.1，80.0，79.1，79.1，77.3，80.2，82.1

试问新法炼钢是否提高了钢的得率？($\alpha=0.05$)

12. 两位化验员 A，B，对一种矿砂的含铁量各独立地用同一方法做了 5 次分析，得到样本方差分别为 0.4322 和 0.5006。若 A、B 测定值的总体都是正态分布，其方差分别为 σ_A^2、σ_B^2，试在 $\alpha=0.05$ 下，检验方差齐性假设 H_0：$\sigma_A^2=\sigma_B^2$。

13. 甲、乙两台车床生产同一型号的滚珠，设甲车床生产的滚珠直径(单位：mm)$X\sim N(\mu_1,\sigma_1^2)$，乙车床生产的滚珠直径 $Y\sim N(\mu_2,\sigma_2^2)$。为了比较两台车床生产中的精度，现从两台车床生产的产品中分别取出 8 个和 9 个，测得滚珠的直径如下：

甲车床　15.0，14.5，15.2，15.5，14.8，15.1，15.2，14.8

乙车床　15.2，15.0，14.8，15.2，15.0，15.0，14.8，15.1，14.8

试问甲车床生产中的精度是否比乙车床的好？($\alpha=0.05$)

14. 为检验两只光测高温计的质量有无显著差异(即在两高温计的读数之间有无系统误差)，设计了一个试验，用两架仪器同时对热炽灯丝测试，共进行 10 次，测得数据如下 (单位：℃)：

灯丝号	1	2	3	4	5	6	7	8	9	10
高温计 A 读数	1057	825	918	1183	1200	1550	986	1258	1308	1420
高温计 B 读数	1072	820	936	1185	1211	1545	1002	1254	1326	1425

若两高温计所测定的温度都服从正态分布，试根据上述数据按水平 $\alpha=0.05$ 检验：

(1) 两温度计读数的方差是否相同？

(2) 两温度计读数间有无显著差异？

15. 为了比较 A，B 两种肥料对早稻增产效果是否相同。某地区在八个县进行对比试验，在同一县将条件相同的一块田等分为甲、乙两块，在甲块中施 A 肥，在乙块中施 B 肥。对两块田进行相同的管理，最后产量折合亩产的结果如下：[设施 A 肥的早稻亩产量 $X \sim N(\mu_1, \sigma^2)$，施 B 肥的早稻亩产量 $Y \sim N(\mu_2, \sigma^2)$]假定(1)忽略不同县之间的差异，即认为施 A 肥测得的亩产量(或施 B 肥测得的亩产量)是取自同一总体的样本；(2) 认为各个县之间存在地区性差异。试问在(1)，(2)下，甲、乙二种肥料的增产效果是否相同？($\alpha=0.05$)

序号	1	2	3	4	5	6	7	8
施 A 肥	865	634	550	490	522	766	487	602
施 B 肥	793	611	514	493	490	688	501	570
差数	72	23	36	−3	32	78	−14	32

16. 为了比较两种枪弹的速度(单位：m/s)，在相同的条件下进行速度测定，算得样本均值，和样本均方差如下：

枪弹甲　$n_1=100$，$\bar{x}=2805$，$s_1=120.41$

枪弹乙　$n_1=100$，$\bar{y}=2680$，$s_2=105.00$

试问在 $\alpha=0.05$ 下，这两种枪弹在速度方面有无显著差异？

17. 在某细纱机上进行断头测定，试验锭子总数为 440，测得断头总数为 292 次，如假定锭子断头次数记录如下：

每锭断头数	0	1	2	3	4	5	6	7	8
锭数（实测）	263	112	38	19	3	1	1	0	3

问各锭子的断头数是否服从泊松分布？($\alpha=0.05$)

18. 下列数据是 200 个零件的直径(单位：cm)，实际上是直径分组后的组中值。

直径	2.25	2.35	2.45	2.55	2.65	2.75	2.85	2.95
频数	3	4	5	11	12	17	19	26
直径	3.05	3.15	3.25	3.35	3.45	3.55	3.65	3.75
频数	24	22	19	13	13	7	3	2

试检验零件直径是否服从正态分布？($\alpha=0.05$)

*19. 两台机床 A，B 生产同一型号零件，测得其零件长度(单位：cm)数据如下：

A　20.54，27.33，29.16，21.34，24.41，20.98，29.95，17.38，21.74，31.72

B　26.27，25.09，21.85，23.39，18.41，22.60，24.64，13.62，11.84，12.77

试用秩和检验法检验两台机床生产零件长度有无显著差异？($\alpha=0.05$)

第八章　回归分析

回归分析方法是一种常用的数理统计方法，是处理多个变量之间相关的一种数学方法。在实际中，常常会遇到多个变量同处于一个过程之中，它们互相联系、互相制约。在有的变量间有完全确定的函数关系，例如电压 U、电阻 R 与电流 I 之间有关系式 $U=IR$；在圆面积 S 与半径 R 之间有关系式 $S=\pi R^2$。

自然界众多的变量之间，除了以上所说的那种确定性的关系外，还有一类重要的关系，即所谓的相关关系。比如，人的身高与体重之间的关系。虽然一个人的身高并不能确定体重，但是总的说来，身高者，体重也大，人们称身高与体重这两个变量具有相关关系。实际上，由于实验误差的影响，即使是具有确定性关系的变量之间，也常表现出某种程度的不确定性。

回归分析方法是处理变量间相关关系的有力工具。它不仅为建立变量间关系的数学表达式（经验公式）提供了一般的方法，而且还能判明所建立的经验公式的有效性，从而达到利用经验公式预测、控制等目的。因此，回归分析方法的应用越来越广泛，其方法本身也在不断丰富和发展。

§1　一元线性回归

一、一元正态线性回归模型

本节考虑随机变量 Y 与一个普通变量 x 之间的相关关系。为记号上的方便，将随机变量 Y 与其取值 y 一律记为小写的 y。

【例 1】 考察硫酸铜在水中的溶解度(y)与温度(x)的关系，做了九次试验，其数据见表 8-1 所示。通过这些数据，希望找到硫酸铜的溶解度 y 与温度 x 之间的关系。

表 8-1

温度 x	0	10	20	30	40	50	60	70	80
溶解度 y	14	17.5	21.2	26.1	29.2	33.3	40	48.0	54.8

将观察值$(x_i, y_i)(i=1,2,\cdots,9)$，作为 9 个点，标在平面直角坐标图上（见图 8-1）。这张图称为**散点图**。从散点看到，数据点大致散布在一条直线附近。这就是说，硫酸铜的溶解度 y 与温度 x 之间大致呈线性关系，但由于除了温度之外，溶解度还受到其他随机因素的影响，所以数据点又不都在一条直线上，这表明 x 与 y 的关系并没有确切到给定 x 就可以唯一确定 y 的程度，因此它们之间是一种

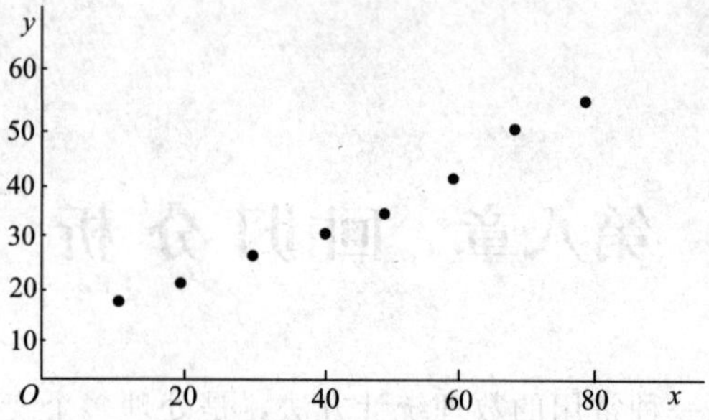

图 8-1

相关关系。由此假定如下结构式

$$y=a+bx+\varepsilon \tag{1.1}$$

其中 a,b 为未知常数，称为回归系数。ε 表示其他随机因素对溶解度的影响。式(1.1) 称为**一元线性回归模型**。在这个模型中，ε 是随机变量，并且假定

$$\varepsilon \sim N(0,\sigma^2) \tag{1.2}$$

式(1.2) 称为基本假定。其中 $E(\varepsilon)=0$ 表示没有系统误差，ε 完全是随机干扰或随机误差的作用。当 ε 服从正态分布时，即 $\varepsilon \sim N(0,\sigma^2)$，式(1.1) 称为**一元正态线性回归模型**。

一般地，设有 n 组观察值 $(x_i,y_i)(i=1,2,\cdots,n)$，符合模型式(1.1)，则

$$y_i=a+bx_i+\varepsilon_i \quad (i=1,2,\cdots,n) \tag{1.3}$$

由式(1.2) 应有

$$\varepsilon_i \sim N(0,\sigma^2) \quad (i=1,2,\cdots,n) \tag{1.2$'$}$$

假定 n 组数据是独立观察的，则有 $\varepsilon_1,\varepsilon_2,\cdots,\varepsilon_n$ 是相互独立的随机变量。易知 ε_i 满足

$$\begin{cases} E(\varepsilon_i)=0 \\ \mathrm{var}(\varepsilon_i)=\sigma^2, \quad \sigma^2>0;\ i=1,2,\cdots,n \\ \mathrm{Cov}(\varepsilon_i,\varepsilon_j)=0, \quad i\neq j \end{cases} \tag{1.4}$$

对式(1.1) 两边取数学期望

$$E(y)=a+bx \tag{1.5}$$

用 $E(y)$ 作为 y 的估计，将 y 的估计表作 $\tilde{y}$，则有

$$\tilde{y}=a+bx \tag{1.6}$$

式(1.6) 称为理论回归方程（或回归直线）。

类似地对式(1.3) 两边取数学期望

$$E(y_i)=a+bx_i$$

或

$$\tilde{y}_i=a+bx_i \quad (i=1,2,\cdots,n) \tag{1.7}$$

将观察值 (x_i,y_i) $(i=1,2,\cdots,n)$ 作为样本，对 a 和 b 作估计，得到估计量 $\hat{a}$ 和 $\hat{b}$，代入式(1.6) 得到理论回归方程的一个估计

$$\hat{y}=\hat{a}+\hat{b}x \tag{1.8}$$

式(1.8) 称为经验回归方程（或经验公式），通常简称为回归方程（或回归直线）。在实际应用中，是用 $\hat{y}=\hat{a}+\hat{b}x$ 代替 $E(y)=\tilde{y}=a+bx$ 作为 y 的估计。

二、a,b 的最小二乘估计

取 x 的 n 个不全相同的值 $x_1,x_2,\cdots,x_n$ 作独立试验，得样本$(x_i,y_i)(i=1,2,\cdots,n)$。

由于随机因素的干扰，一般有 $y_i\neq\tilde{y}_i$，需要利用样本估计式(1.7) 中的 a 与 b，确定一条如式(1.8) 所示的回归直线，使该直线与所有的数据点都比较“接近”。为刻画这种“接近”程度，将观察值 y_i 与回归值$\tilde{y}_i=a+bx_i$ 的偏差定义为残差，记作 e_i，即 $e_i=y_i-\tilde{y}_i(i=1,2,\cdots,n)$。很自然，绝对残差和

$$\sum_{i=1}^{n}|e_i|=\sum_{i=1}^{n}|y_i-\tilde{y}_i|$$

是数据点与回归直线接近程度的度量。为了数学处理上的方便，取残差平方和

$$Q\equiv Q(a,b)=\sum_{i=1}^{n}e_i^2=\sum_{i=1}^{n}(y_i-\tilde{y}_i)^2=\sum_{i=1}^{n}[y_i-(a+bx_i)]^2 \tag{1.9}$$

此式表明，残差平方和 Q 是 a 与 b 的二次函数 $Q(a,b)$，所谓最小二乘法，就是选择 $\hat{a},\hat{b}$，使

$$Q(\hat{a},\hat{b})=\min Q(a,b)$$

这样得到的回归直线 $\hat{y}=\hat{a}+\hat{b}x$ 是与 n 个观察点最“接近”的直线。这里的 $\hat{a}$ 和 $\hat{b}$ 称为系数 a 与 b 的最小二乘估计。

由于残差平方和 $Q=Q(a,b)$ 是 a 与 b 的二次函数，所以总有最小值存在，利用微积分中求极值的方法，a 与 b 的最小二乘估计应满足下列方程组

$$\begin{cases}\dfrac{\partial Q}{\partial a}=-2\displaystyle\sum_{i=1}^{n}(y_i-a-bx_i)=0\\ \dfrac{\partial Q}{\partial b}=-2\displaystyle\sum_{i=1}^{n}(y_i-a-bx_i)x_i=0\end{cases} \tag{1.10}$$

记
$$\bar{x}=\frac{1}{n}\sum_{i=1}^{n}x_i,\quad \bar{y}=\frac{1}{n}\sum_{i=1}^{n}y_i$$

$$L_{xx}=\sum_{i=1}^{n}(x_i-\bar{x})^2=\sum_{i=1}^{n}x_i^2-\frac{1}{n}\left(\sum_{i=1}^{n}x_i\right)^2$$

$$L_{xy}=\sum_{i=1}^{n}(x_i-\bar{x})(y_i-\bar{y})=\sum_{i=1}^{n}(x_iy_i)-\frac{1}{n}\left(\sum_{i=1}^{n}x_i\right)\left(\sum_{i=1}^{n}y_i\right)$$

由式(1.10) 的第一式可得

$$a=\bar{y}-b\bar{x}$$

代入式(1.10) 的第二式，经整理有

$$L_{xx}b=L_{xy}$$

那么 a 与 b 的最小二乘估计为

$$\hat{b}=\frac{L_{xy}}{L_{xx}},\ \hat{a}=\overline{y}-\hat{b}\overline{x} \tag{1.11}$$

于是回归直线方程为

$$\hat{y}=\hat{a}+\hat{b}x \tag{1.12}$$

将 $\hat{a}=\overline{y}-\hat{b}\overline{x}$ 代入上式右边得

$$\hat{y}=\overline{y}+\hat{b}(x-\overline{x}) \tag{1.13}$$

式(1.13) 表明，回归直线过散点图的几何重心$(\overline{x},\overline{y})$，这对回归直线的作图很有帮助。

【例 2】 求例1中 y 关于 x 的回归直线方程。

解 样本(x_i,y_i) 由表 8-1 给出，$n=9$，

算出

$$\sum_{i=1}^{9}x_i=360,\ \sum_{i=1}^{9}y_i=284.1$$

$$\sum_{i=1}^{9}x_i^2=20400,\quad \sum_{i=1}^{9}x_iy_i=14359.6$$

从而有

$$\overline{x}=40,\ \overline{y}=31.567$$

$$L_{xx}=6000,\ L_{xy}=2995$$

代入式(1.11) 得

$$\hat{b}=\frac{L_{xy}}{L_{xx}}=0.4992$$

$$\hat{a}=\overline{y}-\hat{b}\overline{x}=11.60$$

所求回归直线方程为

$$\hat{y}=11.60+0.4992x$$

三、a,b 的最小二乘估计的性质及 σ^2 点估计

下面不加证明的给出一元正态线性回归模型的回归系数 a,b 的最小二乘估计 $\hat{a},\hat{b}$的性质。

(1) $\hat{b}\sim N(b,\ \sigma^2/L_{xx})$； (1.14)

(2) $\hat{a}\sim N\left(a,\ \sigma^2\left(\frac{1}{n}+\frac{\overline{x}}{L_{xx}}\right)\right)$； (1.15)

(3) $\frac{Q}{\sigma^2}\sim\chi^2_{n-2}$，其中 $Q=\sum_{i=1}^{n}(y_i-\hat{y}_i)^2$ 为残差平方和。

由性质 3 可得 σ^2 的无偏估计为$\hat{\sigma}^2=\frac{Q}{n-2}$。再由性质 1,2 可知 $E\hat{b}=b$，$E\hat{a}=a$，此结果表明，式(1.11) 确定的$\hat{a}$与$\hat{b}$分别是回归系数 a 与 b 的无偏估计。进而

由式(1.5) ～式(1.8) 可得

$$E\hat{y}=E(\hat{a}+\hat{b}x)=a+bx=Ey$$

这表明 $\hat{y}$ 是 Ey 的无偏估计，即回归方程给出的 $\hat{y}$ 值可视为实际观察值的平均值。

由于 $L_{xx}=\sum_{i=1}^{n}(x_i-\bar{x})^2$，式(1.14) 说明，当变量 x 在一个较大的范围内分散取值时，$\hat{b}$的方差较小，即估计值较稳定；反之，当 x 在一个较小的范围内分散取值时，则估计值的稳定性差。式(1.15) 表明，$\hat{a}$ 的稳定性不仅与变量 x 取值范围有关，而且与数据个数 n 有关。数据量越大，变量 x 的取值范围散布得越广，则 $\hat{a}$ 越稳定。这些对实际应用中的试验安排，数据的采集具有重要的指导意义。

四、回归方程的显著性检验

从回归系数 a 与 b 的最小二乘估计结果可知，对任意给定的观察值$(x_i,y_i)(i=1,2,\cdots,n)$，只要 x_1，x_2，…，x_n 不全相同，不论 y 与 x 之间是否存在线性相关关系，都可以在形式上得到 y 与 x 的回归直线方程。如果 y 与 x 之间并没有线性相关关系的话，那么这种形式上的回归直线方程没有任何意义。因此，判断 y 与 x 之间是否具有线性相关关系是至关重要的，而这也正是回归方程的显著性检验所要解决的问题。

回归方程的显著性检验有两种方法：相关系数检验与 F 检验。

1. 相关系数的显著性检验

设$(x_i,y_i)(i=1,2,\cdots,n)$是 n 组观察值，记

$$r=\frac{\sum_{i=1}^{n}(x_i-\bar{x})(y_i-\bar{y})}{\sqrt{\sum_{i=1}^{n}(x_i-\bar{x})^2\cdot\sum_{i=1}^{n}(y_i-\bar{y})^2}}=\frac{L_{xy}}{\sqrt{L_{xx}L_{yy}}}$$

r 称为 x 与 y 的样本相关系数。

其中 $L_{yy}=\sum_{i=1}^{n}(y_i-\bar{y})^2=\sum_{i=1}^{n}y_i^2-\frac{1}{n}\left(\sum_{i=1}^{n}y_i\right)^2$ 称为 y 观察值的离差平方和。

样本相关系数 r 有如下性质：

(1) $|r|\leqslant 1$；

(2) $|r|$ 越接近零，y 与 x 之间线性关系程度越低；

(3) $|r|$ 越接近 1，y 与 x 之间线性关系程度越高。

事实上，设由观察值$(x_i,y_i)(i=1,2,\cdots,n)$，所得的回归方程为$\hat{y}=\hat{a}+\hat{b}x$，观察值 y_i 与回归值$\hat{y}_i=\hat{a}+\hat{b}x_i$ 的误差平方和

$$Q=\sum_{i=1}^{n}\left[y_i-(\hat{a}+\hat{b}x_i)\right]^2$$

的大小反映了 y 与 x 之间的线性关系的密切程度。Q 越小，说明 y 与 x 之间的线

性关系越密切，所得的回归方程表示的 y 与 x 的关系越符合实际情况。

$$
\begin{aligned}
Q &= \sum_{i=1}^{n}[y_i-\hat{a}-\hat{b}x_i]^2=\sum_{i=1}^{n}[y_i-(\bar{y}-\hat{b}\,\bar{x})-\hat{b}x_i]^2 \\
&= \sum_{i=1}^{n}[(y_i-\bar{y})-\hat{b}(x_i-\bar{x})]^2 \\
&= \sum_{i=1}^{n}(y_i-\bar{y})^2-2\hat{b}\sum_{i=1}^{n}(x_i-\bar{x})(y_i-\bar{y})+\hat{b}^2\sum_{i=1}^{n}(x_i-\bar{x})^2 \\
&= L_{yy}-2\hat{b}L_{xy}+\hat{b}^2L_{xx}
\end{aligned}
$$

代入$\hat{b}=L_{xy}/L_{xx}$，有

$$
\begin{aligned}
Q &= L_{yy}-2\frac{L_{xy}}{L_{xx}}L_{xy}+\left(\frac{L_{xy}}{L_{xx}}\right)^2L_{xx} \\
&= L_{yy}-\frac{(L_{xy})^2}{L_{xx}}=L_{yy}\left[1-\left(\frac{L_{xy}}{\sqrt{L_{xx}L_{yy}}}\right)^2\right]
\end{aligned}
$$

即
$$
Q=L_{yy}(1-r^2) \tag{1.16}
$$

由于 $Q\geqslant 0$，$L_{yy}\geqslant 0$，故 $1-r^2\geqslant 0$，即 $|r|\leqslant 1$。式(1.16) 表明，$|r|$ 越接近于零，Q 越大，y 与 x 之间的线性关系程度越低；$|r|$ 越接近于1，Q 越小，y 与 x 之间的线性关系程度越高。至于 $|r|$ 与 1 接近到什么程度才算 y 与 x 之间有线性关系，这与所提要求有关。根据对 r 概率性质的研究，已造出相关系数表（见附表 7)，对于给定的显著性水平 $\alpha(0<\alpha<1)$，可从相关系数表中查得临界值 r_α，当算得的 $|r|=\dfrac{|L_{xy}|}{\sqrt{L_{xx}L_{yy}}}$之值大于 r_α 时，就可以认为 y 与 x 之间的线性关系显著（这时也称回归方程是显著的），否则认为 y 与 x 之间不存在线性相关关系。

查相关系数表时，自由度等于样本容量减去变量个数，即 $n-2$。

【例 3】 检验例2中线性关系是否显著。($\alpha=0.01$)

解 由例 2 可知 $L_{xx}=6000$，$L_{xy}=2995$

$$
\begin{aligned}
L_{yy} &= \sum_{i=1}^{n}(y_i-\bar{y})^2=\sum_{i=1}^{n}y_i^2-\frac{1}{9}\Big(\sum_{i=1}^{n}y_i\Big)^2 \\
&= 10501.47-\frac{1}{9}(284.1)^2=1533.38
\end{aligned}
$$

$$
|r|=|L_{xy}|/\sqrt{L_{xx}L_{yy}}=0.9874
$$

对显著性水平 $\alpha=0.01$，自由度为 $9-2=7$，查相关系数表可得 $r_{0.01}=0.7977$，由于

$$
|r|=0.9874>r_{0.01}=0.7977
$$

故认为硫酸铜在水中的溶解度 y 与温度 x 之间线性相关关系是显著的。

2. F 检验

因变量 y 的 n 个观察值 $y_1,y_2,\cdots,y_n$ 之间的差异可用 y_i 与平均值 $\bar{y}$ 的偏差平方和表示，称为总离差平方和，记作

$$S_{总}=\sum_{i=1}^{n}(y_i-\bar{y})^2=L_{yy}$$

因为
$$y_i-\bar{y}=(y_i-\hat{y}_i)+(\hat{y}_i-\bar{y})$$

其中
$$\hat{y}_i=\hat{a}+\hat{b}x_i$$

$S_{总}$ 可变形为

$$S_{总}=\sum_{i=1}^{n}[(y_i-\hat{y}_i)+(\hat{y}_i-\bar{y})]^2$$
$$=\sum_{i=1}^{n}(y_i-\hat{y}_i)^2+\sum_{i=1}^{n}(\hat{y}_i-\bar{y})^2+2\sum_{i=1}^{n}(y_i-\hat{y}_i)(\hat{y}_i-\bar{y})$$

代入式(1.11) 中$\hat{b}$与 $\hat{a}$ 的结果，可推出

$$\sum_{i=1}^{n}(y_i-\hat{y}_i)(\hat{y}_i-\bar{y})=0$$

所以记

$$S_{回}=\sum_{i=1}^{n}(\hat{y}_i-\bar{y})^2,\quad S_{残}=\sum_{i=1}^{n}(y_i-\hat{y}_i)^2$$

$S_{总}$ 可表作

$$S_{总}=S_{回}+S_{残} \tag{1.17}$$

$S_{回}$ 称为回归平方和，它表示变量 x 的变化引起的 y 的变化；$S_{残}$ 就是在前面提到过的残差平方和，它表示由随机因素的干扰引起的 y 的变化。一个很自然的想法，如果在 $S_{总}$ 中，$S_{回}$ 占主要部分，则说明 y 与 x 之间的线性关系显著。反之，当 $S_{残}$ 在 $S_{总}$ 中占主要部分，则说明引起 $S_{总}$ 的主要原因不是 y 与 x 之间的线性关系，而是由于随机因素的干扰引起的。

当 y 与 x 没有线性关系时

$$F=\frac{\overline{S}_{回}}{\overline{S}_{残}}=\frac{S_{回}/1}{S_{残}/(n-2)}\sim F(1,n-2) \tag{1.18}$$

给定显著性水平 $\alpha(0<\alpha<1)$，将 F 值与 F 分布表的上侧分位点值$F_\alpha(1,n-2)$ 相比较，若 $F<F_\alpha(1,n-2)$，则称 y 与 x 没有明显的线性关系，若 $F>F_\alpha(1,n-2)$，则称 y 与 x 有显著的线性关系。

显著性水平 α 一般取 0.01 和 0.05，当 $F<F_{0.05}(1,n-2)$ 时，称 y 与 x 没有明显的线性关系；当 $F_{0.05}(1,n-2)<F<F_{0.01}(1,n-2)$ 时，称 y 与 x 有显著的线性关系；当 $F>F_{0.01}(1,n-2)$ 时，称 y 与 x 有高度显著的线性关系。

实际计算回归平方和与残差平方和时，有更简单的公式。事实上

$$S_{总}=L_{yy}$$

$$S_{回}=\sum_{i=1}^{n}(\hat{y}_i-\bar{y})^2=\sum_{i=1}^{n}(\hat{a}+\hat{b}x_i-\hat{a}-\hat{b}\,\bar{x})^2$$

$$=\hat{b}^2\sum_{i=1}^{n}(x_i-\overline{x})^2=\hat{b}^2L_{xx}$$

即有
$$S_{回}=L_{xy}^2/L_{xx} \tag{1.19}$$
从而
$$S_{残}=L_{yy}-L_{xy}^2/L_{xx} \tag{1.20}$$
将 L_{xx},L_{xy},L_{yy} 代入式(1.19)、式(1.20) 便可得到 $S_{回}$ 与 $S_{残}$ 的值。

【例 4】 用 F 检验法检验例2中的线性关系是否显著。($\alpha=0.01$)

解 由例 2 和例 3 可得

$$L_{xx}=6000,\ L_{xy}=2995,\ L_{yy}=1533.38,\ n=9$$

$$S_{回}=L_{xy}^2/L_{xx}=1495.00$$

$$S_{残}=L_{yy}-\frac{L_{xy}^2}{L_{xx}}=38.38$$

查 F 分布表 $F_{0.01}(1,7)=12.25$

$$F=\frac{S_{回}/1}{S_{残}/7}=272.67>F_{0.01}(1,7)=12.25$$

故认为 y 与 x 之间有高度显著的线性相关关系。

五、预测与控制

建立了回归直线方程$\hat{y}=\hat{a}+\hat{b}x$，并经线性相关性检验确认 y 与 x 之间有线性关系时，就可以用来解决生产、科研与实验中的预测与控制问题。所谓预测就是当给定 $x=x_0$ 时，对 y 的取值作点估计或区间估计。所谓控制，是指如何控制 x 的值，使 y 值落在指定范围内。

对一元线性回归模型

$$y=a+bx+\varepsilon$$

当 y 与 x 之间线性相关关系显著时，回归方程

$$\hat{y}=\hat{a}+\hat{b}x$$

可以作为 y 与 x 的线性相关关系的表达式。因此给定 x_0 后，用

$$\hat{y}_0=\hat{a}+\hat{b}x_0$$

估计随机变量 y 的相应取值。这个$\hat{y}_0$ 就是给定 x_0 后，对随机变量 y 取值的预测。

当$\varepsilon\sim N(0,\sigma^2)$时，回归模型成为一元正态线性回归模型，给定 x_0 后，相应的 y_0 记作

$$y_0=a+bx_0+\varepsilon_0,\ \varepsilon_0\sim N(0,\sigma^2)$$

并有
$$E(y_0)=a+bx_0,\quad \mathrm{var}(y_0)=\sigma^2$$

$$y_0\sim N(a+bx_0,\sigma^2)$$

可以证明

$$T=\frac{y_0-\hat{y}_0}{S\sqrt{1+\frac{1}{n}+\frac{(x_0-\overline{x})^2}{L_{xx}}}}\sim t(n-2) \tag{1.21}$$

其中 $S=\sqrt{\frac{Q}{n-2}}$，Q 为残差平方和[见式（1.16）]。对给定的 α，有

$$P\left\{\left|\frac{y_0-\hat{y}_0}{S\sqrt{1+\frac{1}{n}+\frac{(x_0-\overline{x})^2}{L_{xx}}}}\right|<t_{\frac{\alpha}{2}(n-2)}\right\}=1-\alpha$$

由此可得 y_0 的预测水平为 $1-\alpha$ 的**预测区间**

$$(\hat{y}_0-\delta_n,\hat{y}_0+\delta_n) \tag{1.22}$$

其中 $\delta_n=S\sqrt{1+\frac{1}{n}+\frac{(x_0-\overline{x})^2}{L_{xx}}}\cdot t_{\frac{\alpha}{2}}(n-2)$。

此式说明，当样本观察值给定，预测水平给定时，预测区间半径 δ_n 的大小依赖于 x_0 的变化，x_0 愈接近 $\overline{x}$，δ_n 就愈小，预测区间越短，即预测的精确度越高。当 $x_0=\overline{x}$ 时，预测区间达到最短。

当 x_0 一般地取为 x 时，由式(1.22) 可得预测区间

$$[\hat{y}(x)-\delta_n(x),\hat{y}(x)+\delta_n(x)]$$

其中

$$\hat{y}(x)=\hat{a}+\hat{b}x$$

$$\delta_n(x)=S\sqrt{1+\frac{1}{n}+\frac{(x-\overline{x})^2}{L_{xx}}}\cdot t_{\frac{\alpha}{2}}(n-2)$$

设 $y_1(x)=\hat{y}(x)-\delta_n(x)$，$y_2(x)=\hat{y}(x)+\delta_n(x)$ 由曲线 $y_1(x)$ 和 $y_2(x)$ 形成一个包含回归直线

$$\hat{y}=\hat{a}+\hat{b}x$$

在内的带域。这个带域在 $x=\overline{x}$ 处最窄，随着 x 偏离 $\overline{x}$，$\delta_n(x)$ 逐渐增加，即带域的宽度加大，所以带域呈喇叭状，如图 8-2 所示。

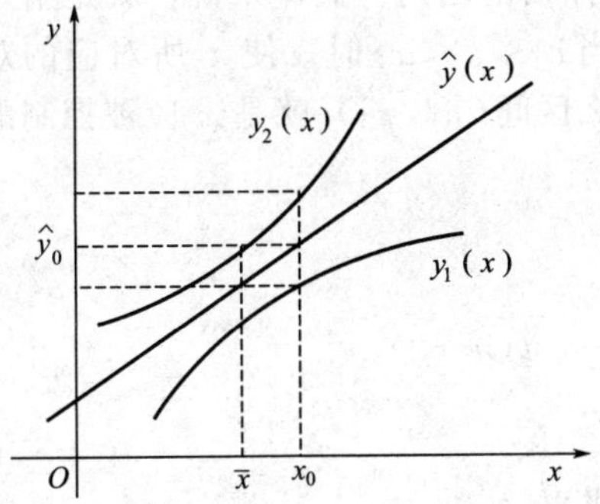

图 8-2

【例 5】 设 $x_0=25$，求例 2 中 y 的预测值及预测区间，取 $1-\alpha=0.95$。

解 由例 2 得回归直线方程

$$\hat{y}=11.60+0.4992x$$

当 $x_0=25$ 时，y 的预测值

$$\hat{y}_0=11.60+0.4992\times25=24.08$$

由例 2、例 3 知 $\overline{x}=40$，$L_{xx}=6000$，$L_{xy}=2995$

$L_{yy}=1533.38$，$n=9$，$1-\alpha=0.95$

又 $$Q=L_{yy}-\frac{L_{xy}^2}{L_{xx}}=38.3758$$

$$S=\sqrt{\frac{Q}{n-2}}=\sqrt{\frac{38.3758}{7}}=2.3414$$

查 t 分布表 $t_{\frac{\alpha}{2}}(n-2)=t_{0.025}(7)=2.3646$

$$\delta_n=S\sqrt{1+\frac{1}{n}+\frac{(x_0-\overline{x})^2}{L_{xx}}}\cdot t_{\frac{\alpha}{2}}(n-2)=5.9336$$

$$\hat{y}_0-\delta_n=18.1464,\quad \hat{y}_0+\delta_n=30.0136$$

故 $x_0=25$ 时，y_0 的置信度为 0.95 的预测区间：

$$(18.1464,\ 30.0136)$$

在实际应用中，当给定预测水平 $1-\alpha$，而且样本容量 n 很大时，由 δ_n 的表达式(见式(1.22))可知，δ_n 减小，所得的预测区间较短，预测精确度提高，并且此时还可简化 δ_n 的计算公式。事实上，当 x_0 接近 $\overline{x}$，且 n 较大时，

$$\sqrt{1+\frac{1}{n}+\frac{(x_0-\overline{x})^2}{L_{xx}}}\approx 1,\quad t_{\frac{\alpha}{2}}(n-2)\approx u_{\frac{\alpha}{2}}$$

于是 y_0 的预测水平为 $1-\alpha$ 的预测区间近似地表作

$$(\hat{y}_0-d,\ \hat{y}_0+d)\tag{1.23}$$

其中 $d=S\cdot u_{\frac{\alpha}{2}}$。

例如当 $1-\alpha=0.95$ 时，y_0 的预测水平为 0.95 的预测区间近似地为

$$(\hat{y}_0-1.96S,\ \hat{y}_0+1.96S)$$

或表作 $(\hat{y}_0-2S,\ \hat{y}_0+2S)$。

以上讨论的是预测问题，而控制是预测的反问题。即要求观察值 y 在一定范围内取值，例如区间(y_1,y_2)，问 x 应被控制在什么范围内？具体来说，就是给定 y_1 和 y_2 及 $1-\alpha$，要求出相应的 x_1 和 x_2，使当$x_1<x<x_2$时，使 x 所对应的观察值 y 落在(y_1,y_2) 内的概率不小于 $1-\alpha$，那么区间(x_1,x_2) 就是 x 应被控制的范围。

考虑到式 (1.21)

$$T=\frac{y-\hat{y}}{S\sqrt{1+\frac{1}{n}+\frac{(x-\overline{x})^2}{L_{xx}}}}\sim t(n-2)$$

可取 c 和 c 的函数 $g(c)$，对给定的 $1-\alpha$，使下式成立

$$P\{g(c)<T<c\}=1-\alpha$$

由不等式 $g(c)<T<c$ 解出

$$\hat{y}+g(c)S\sqrt{1+\frac{1}{n}+\frac{(x-\overline{x})^2}{L_{xx}}}<y<\hat{y}+cS\sqrt{1+\frac{1}{n}+\frac{(x-\overline{x})^2}{L_{xx}}}$$

给定 y_1 和 y_2，解不等式组

$$y_1<\hat{y}+g(c)S\sqrt{1+\frac{1}{n}+\frac{(x-\overline{x})^2}{L_{xx}}}<\hat{y}+cS\sqrt{1+\frac{1}{n}+\frac{(x-\overline{x})^2}{L_{xx}}}<y_2$$

得到 x 的取值范围。x 和 c 可以在这个不等式组成立的条件下调整。

实际应用中，当样本容量 n 很大时，利用式(1.23)，给定 y_1 和 y_2，令

$$y_1=\hat{y}_1-su_{\frac{\alpha}{2}}=\hat{a}+\hat{b}x_1-su_{\frac{\alpha}{2}}$$

$$y_2=\hat{y}_2+su_{\frac{\alpha}{2}}=\hat{a}+\hat{b}x_2+su_{\frac{\alpha}{2}}$$

由此解出 x_1 和 x_2 作为控制 x 的上下限。需要指出的是，要实现控制，必须使区间(y_1,y_2)的长度大于 $2su_{\frac{\alpha}{2}}$，即

$$y_2-y_1=2su_{\frac{\alpha}{2}}$$

见图 8-3 所示。

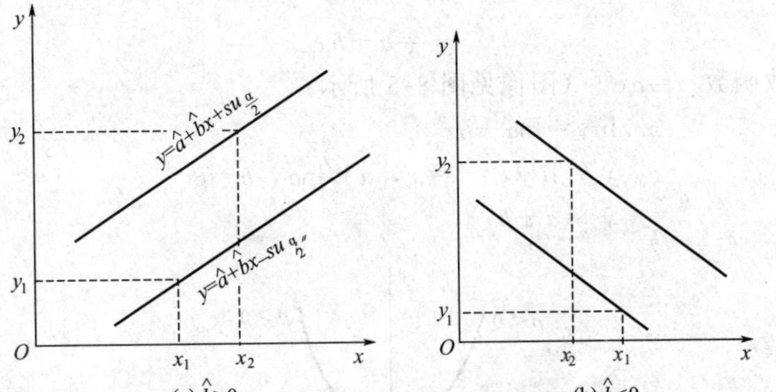

(a) $\hat{b}>0$　　(b) $\hat{b}<0$

图 8-3

§2 可线性化的一元非线性回归

在许多实际问题中，具有相关关系的两个变量 y 与 x，不一定具有线性的相关关系，而可能是某种非线性的相关关系，因此它们之间的相关关系必须用曲线来拟合。这时，根据试验数据确定变量之间的相关关系时，首先要选择适当的曲线函数模型，然后根据实验数据确定其中的参数。

确定曲线函数模型可以有两条途径。一是根据专业知识或以往的经验来确定函数形式；二是通过散点图的分布形状来估计函数的表达式。

当变量之间存在非线性的相关关系时，本章 §1 中所介绍的方法就不能直接使用了。但是在不少情况下有可能通过适当的变换，把非线性函数化成线性函数，从而使问题又归结为线性回归问题。

常用的可化成线性回归的曲线函数及其图形，相应的变换和变换后的线性式如下。

1. 幂函数 $y=\alpha x^{\beta}$（图像见图 8-4 所示）

取对数　　$\ln y=\ln\alpha+\beta\ln x$

令　　$y'=\ln y$，$x'=\ln x$，$a=\ln\alpha$，$b=\beta$

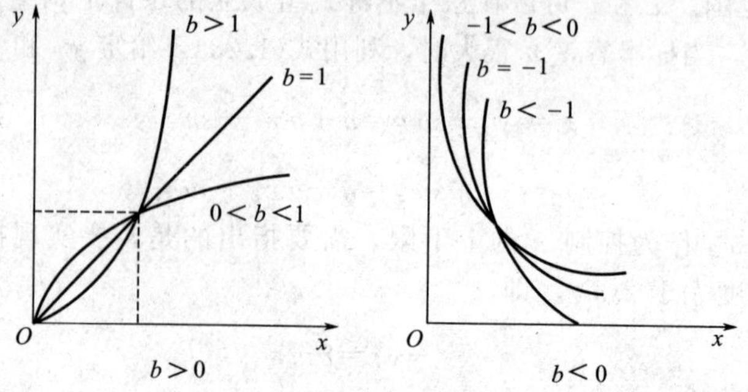

图 8-4

则有 $$y'=a+bx'$$

2. 指数函数 $y=\alpha e^{\beta x}$（图像见图 8-5 所示）

取对数 $$\ln y=\ln\alpha+\beta x$$

令 $$y'=\ln y,\ x'=x,\ a=\ln\alpha,\ b=\beta$$

则有 $$y'=a+bx'$$

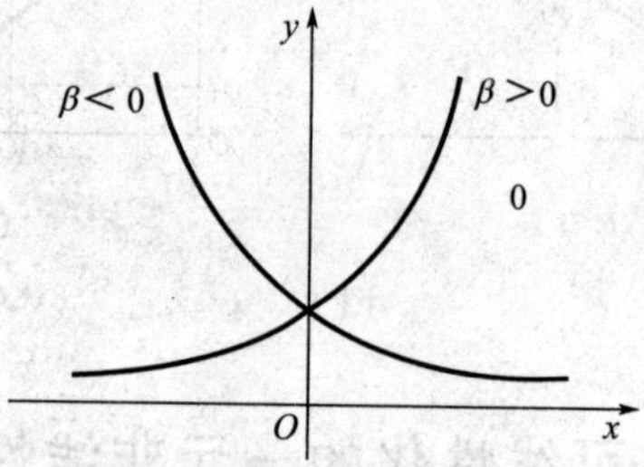

图 8-5

3. 双曲函数 $y=\dfrac{x}{\alpha x+\beta}$（图像见图 8-6 所示）

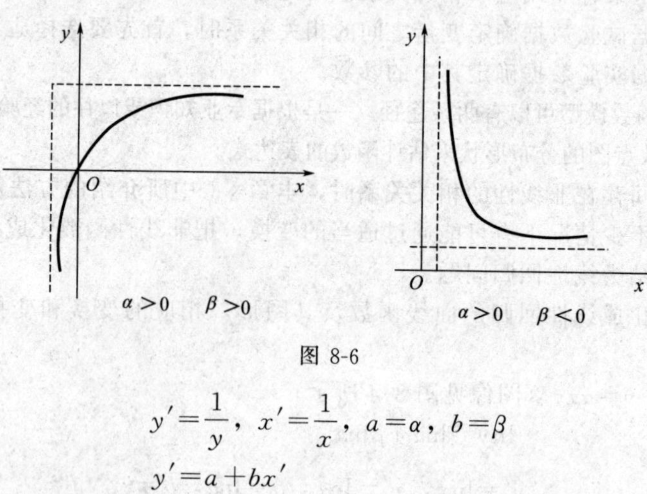

图 8-6

令 $$y'=\frac{1}{y},\ x'=\frac{1}{x},\ a=\alpha,\ b=\beta$$

则有 $$y'=a+bx'$$

4. 对数函数 $y=\alpha+\beta\ln x$（图像见图 8-7 所示）

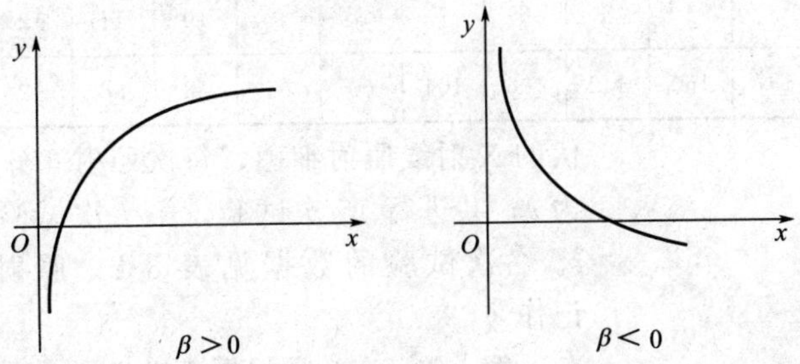

图 8-7

令　　$y'=y$，$x'=\ln x$，$a=\alpha$，$b=\beta$

则有　　$y'=a+bx'$

5. 指数函数 $y=\alpha e^{\frac{\beta}{x}}$（图像见图 8-8 所示）

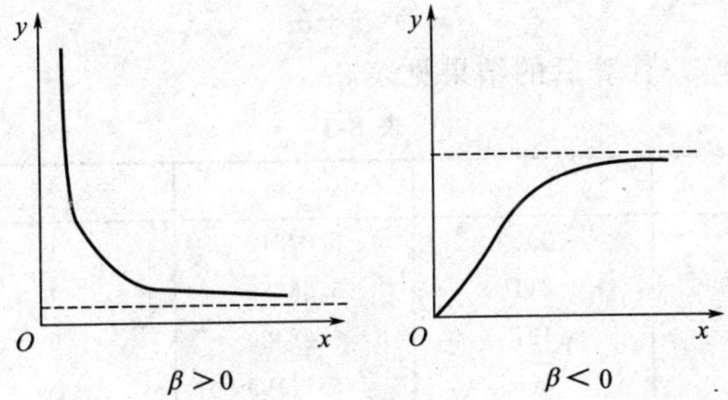

图 8-8

取对数　　$\ln y=\ln\alpha+\beta\dfrac{1}{x}$

令　　$y'=\ln y$，$x'=\dfrac{1}{x}$，$a=\ln\alpha$，$b=\beta$

则有　　$y'=a+bx'$

6. S 形曲线 $y=\dfrac{1}{\alpha+\beta e^{-x}}$（图像见图 8-9 所示）

恒等变形　　$\dfrac{1}{y}=\alpha+\beta e^{-x}$

令　　$y'=\dfrac{1}{y}$，$x'=e^{-x}$，$a=\alpha$，$b=\beta$

则有　　$y'=a+bx'$

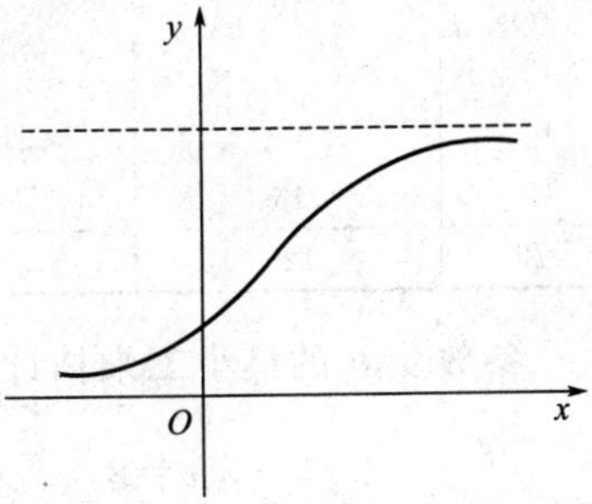

图 8-9

【例 1】 为检验 X 射线的杀菌作用，用200千

表 8-2

t	1	2	3	4	5	6	7	8	9	10	11	12	13	14	15
y	355	211	197	160	142	106	104	60	56	38	36	32	21	19	15

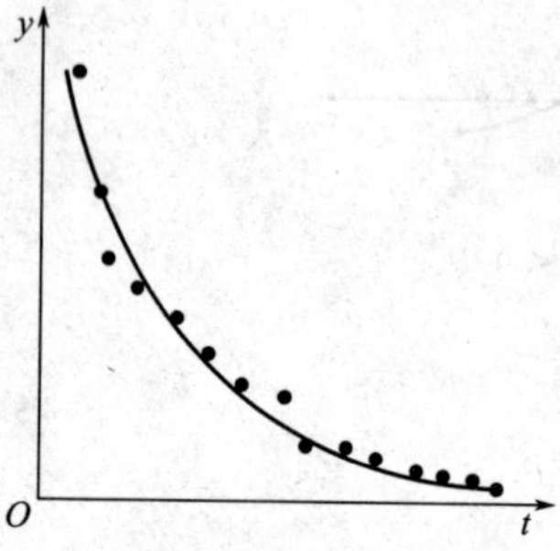

图 8-10

伏的 X 射线照射细菌，每次照射 6 分钟，照射次数记为 t，共进行 15 次试验，第 i 次试验的照射次数 $t=i$。各次试验的数据见表 8-2，照射后所剩细菌数记作 y。

解 图 8-10 是根据表 8-2 的数据所作的散点图。选择指数函数模型作曲线拟合。

$$y=\alpha e^{\beta t}$$

取对数

$$\ln y=\ln\alpha+\beta t$$

令 $y'=\ln y$，$a=\ln\alpha$，$b=\beta$，经变换后的线性模型为

$$y'=a+bt$$

表 8-2 的数据经变换，计算后的结果见表 8-3。

表 8-3

序号	t	y	$y'=\ln y$	t^2	ty'
1	1	355	5.87212	1	5.87212
2	2	211	5.35186	4	10.70372
3	3	197	5.28320	9	15.84960
4	4	166	5.11199	16	20.44796
5	5	142	4.95583	25	24.77915
6	6	106	4.66344	36	27.98064
7	7	104	4.64439	49	32.51073
8	8	60	4.09434	64	32.75472
9	9	56	4.02535	81	36.22815
10	10	38	3.63759	100	36.37590
11	11	36	3.58352	121	39.41872
12	12	32	3.46574	144	41.58888
13	13	21	3.04452	169	39.57876
14	14	19	2.94444	196	41.22216
15	15	15	2.70805	225	40.62075
和	120		63.38638	1240	445.93196

参数 a,b 的最小二乘估计

$$\bar{t}=8,\quad \bar{y}'=4.22576$$

$$L_{tt}=\sum_{i=1}^{15}t_i^2-\frac{1}{15}\left(\sum_{i=1}^{15}t_i\right)^2=280$$

$$L_{ty'}=\sum_{i=1}^{15}t_iy'_i-\frac{1}{15}\Big(\sum_{i=1}^{15}t_i\Big)\Big(\sum_{i=1}^{15}y'_i\Big)=-61.15908$$

$$\hat{b}=\frac{L_{ty'}}{L_{tt}}=-0.21843,\quad \hat{a}=\bar{y}'-\hat{b}\bar{t}=5.97316$$

则 $$\hat{y}'=5.97316-0.21843t$$

$$\hat{\beta}=\hat{b}=-0.21843,\quad \hat{\alpha}=\mathrm{e}^{\hat{a}}=392.74479$$

即 $$\hat{y}=392.74479\mathrm{e}^{-0.21843t}$$

在一元线性回归问题中，可以用相关系数 r 检验回归方程的显著性，对于可线性化的一元非线性回归问题可以用相关指数衡量所选择的函数模型的效果如何。相关指数定义为

$$R^2=1-\frac{\sum_{i=1}^{n}(y_i-\hat{y}_i)^2}{\sum_{i=1}^{n}(y_i-\bar{y})^2}\tag{2.1}$$

需要指出，式(2.1) 中的残差平方和 $\sum_{i=1}^{n}(y_i-\hat{y}_i)^2$ 必须根据原始的观察值 y_i 和最终的回归方程值 $\hat{y}_i$ 来计算。R^2 越接近于 1，残差平方和在总离差平方和 $\sum_{i=1}^{n}(y_i-\bar{y})^2$ 中所占比例越小，说明所选择的函数曲线的拟合效果越好。另外，用残差平方和

$$Q=\sum_{i=1}^{n}(y_i-\hat{y}_i)^2$$

或 $$S=\sqrt{\frac{Q}{n-2}}$$

也可以衡量曲线拟合的好坏。Q 或 S 越小，说明拟合得越好。

【例 2】 求例1的相关指数 R^2。

解 由表 8-3 的数据可得

$$\sum_{i=1}^{15}y_i^2=290654,\quad \sum_{i=1}^{15}y_i=1558$$

$$L_{yy}=\sum_{i=1}^{15}y_i^2-\frac{1}{15}\Big(\sum_{i=1}^{15}y_i\Big)^2=128829.7333$$

即总离差平方和 $$\sum_{i=1}^{15}(y_i-\bar{y})^2=128829.7333$$

为计算残差平方和

$$Q=\sum_{i=1}^{15}(y_i-\hat{y}_i)^2=\sum_{i=1}^{15}y_i^2-2\sum_{i=1}^{15}y_i\hat{y}_i+\sum_{i=1}^{15}\hat{y}_i^2$$

构造表 8-4。

表 8-4

序号	t	y	$\hat{y}=392.74479e^{-0.21843t}$	$\hat{y}^2$	$y\hat{y}$
1	1	355	315.68031	99654.0556	112066.5086
2	2	211	253.7374	64382.6859	53538.5988
3	3	197	203.9490	41595.1987	40177.9550
4	4	166	163.9301	26873.072	27212.3937
5	5	142	131.7637	17361.6672	18710.4425
6	6	106	105.9090	11216.7113	11226.3515
7	7	104	85.1275	7246.6895	8853.2589
8	8	60	68.4238	4681.8098	4105.4251
9	9	56	54.9976	3024.7388	3079.8670
10	10	38	44.2060	1954.1684	1679.8271
11	11	36	35.5319	1262.5137	1279.1473
12	12	32	28.5598	815.6620	913.9135
13	13	21	22.9558	526.9681	482.0715
14	14	19	18.4514	340.4540	350.5765
15	15	15	14.8309	219.9543	222.4629
和		1558		281156.3493	283898.7999

$$\sum_{i=1}^{15}y_i^2=290654,\quad \sum_{i=1}^{15}\hat{y}_i^2=281156.3581$$

$$\sum_{i=1}^{15}y_i\hat{y}_i=283898.7999$$

那么
$$Q=\sum_{i=1}^{15}(y_i-\hat{y}_i)^2=4012.7583$$

$$R^2=1-\frac{\sum_{i=1}^{15}(y_i-\hat{y}_i)^2}{\sum_{i=1}^{15}(y_i-\overline{y})^2}=0.9689$$

R^2 比较接近 1，说明例 1 选择的指数函数模型作曲线拟合，效果是比较理想的。

需要指出的是，经变换后的线性回归模型中的参数 a 与 b 的估计不是由曲线模型的残差平方和极小化得到的，而是经过变换后的线性模型的残差平方和极小化得到的，因而所得到的拟合曲线不一定最佳。实际应用时，选择不同的几个函数模型作拟合，最后用相关指数确定哪一个最好。

*§3 多元线性正态回归分析

在许多实际问题中，因变量 y 可能与多个自变量 $x_1,x_2,\cdots,x_m$ 有关，例如化工产品的产量，会受到温度、压力、催化剂等因素的影响，因此需要研究多元回归问题。在多元回归分析中，最重要最简单的是多元线性回归分析，如同本章§1和§2中介绍的一元回归问题那样，许多多元非线性回归都可化成多元线性回归问题来研究，因而多元线性回归有着广泛的应用。

多元线性回归分析的原理和一元线性回归相同，只是涉及更复杂的计算与更细致的分析。

本节讨论的多元线性回归模型均假定随机误差 ε 服从正态分布，即为多元线性正态回归模型。

一、模型与参数估计

$$\begin{gathered}y=b_0+b_1x_1+b_2x_2+\cdots+b_mx_m+\varepsilon\\ \varepsilon\sim N(0,\sigma^2)\end{gathered}\tag{3.1}$$

其中 $b_0,b_1,b_2,\cdots,b_m$ 为未知参数，$x_1,x_2,\cdots,x_m$ 是可以精确测量并可以控制的普通变量，y 为因变量，ε 为随机误差且 $\mathrm{var}(\varepsilon)=\sigma^2$ 未知。

设 $(x_{i1},x_{i2},\cdots,x_{im},y_i)$ $(i=1,2,\cdots,n;\ n>m)$ 为 n 组观察值，它们满足

$$\begin{cases}y_1=b_0+b_1x_{11}+b_2x_{12}+\cdots+b_mx_{1m}+\varepsilon_1\\ y_2=b_0+b_1x_{21}+b_2x_{22}+\cdots+b_mx_{2m}+\varepsilon_2\\ \cdots\\ y_n=b_0+b_1x_{n1}+b_2x_{n2}+\cdots+b_mx_{nm}+\varepsilon_n\end{cases}\tag{3.2}$$

其中 $\varepsilon_1,\varepsilon_2,\cdots,\varepsilon_n$ 独立同分布。

令
$$\boldsymbol{Y}=\begin{pmatrix}y_1\\y_2\\\vdots\\y_n\end{pmatrix},\qquad \boldsymbol{X}=\begin{pmatrix}1 & x_{11} & x_{12}\cdots x_{1m}\\ 1 & x_{21} & x_{22}\cdots x_{2m}\\ \cdots & \cdots & \cdots\cdots\\ 1 & x_{n1} & x_{n2}\cdots x_{nm}\end{pmatrix}$$

$$\boldsymbol{B}=\begin{pmatrix}b_0\\b_1\\\vdots\\b_m\end{pmatrix},\qquad \boldsymbol{\varepsilon}=\begin{pmatrix}\varepsilon_1\\\varepsilon_2\\\vdots\\\varepsilon_n\end{pmatrix}$$

式(3.2)可表作

$$\begin{gathered}\boldsymbol{Y}=\boldsymbol{XB}+\boldsymbol{\varepsilon}\\ \varepsilon_i\sim N(0,\sigma^2)\qquad (i=1,2,\cdots,n)\\ \mathrm{Cov}(\varepsilon_i,\varepsilon_j)=0\qquad (i,j=1,2,\cdots,n;\ i\neq j)\end{gathered}\tag{3.3}$$

其中 $n\times m$ 阶矩阵 $\boldsymbol{X}$ 称为回归设计矩阵，它是由普通变量 $x_1,x_2,\cdots,x_m$ 经设计后的取值构成的，故有时也称为资料矩阵。由于 $x_1,x_2,\cdots,x_m$ 的取值是可控的，所以选取 x_{ij} 使矩阵 $\boldsymbol{X}$ 列满秩，即 $R(\boldsymbol{X})=m+1$。

用最小二乘法估计参数 $b_0,b_1,b_2,\cdots,b_m$。

设 y_i 的估计量为

$$\hat{y}_i=b_0+b_1x_{i1}+b_2x_{i2}+\cdots+b_mx_{im}$$

令　$Q(b_0, b_1, \cdots, b_m)=\sum_{i=1}^{n}(y_i-b_0-b_1x_{i1}-b_2x_{i2}-\cdots-b_mx_{im})^2$

$b_0, b_1, b_2, \cdots, b_m$ 的最小二乘估计$\hat{b}_0, \hat{b}_1, \hat{b}_2, \cdots, \hat{b}_m$ 满足

$$Q(\hat{b}_0, \hat{b}_1, \hat{b}_2, \cdots, \hat{b}_m)=\min_{\substack{b_i \\ 0\leqslant i\leqslant n}} Q\{b_0, b_1, b_2, \cdots, b_m\}$$

利用多元函数极值法

$$\begin{cases}\dfrac{\partial Q}{\partial b_0}=-2\sum\limits_{i=1}^{n}(y_i-b_0-b_1x_{i1}-\cdots-b_mx_{im})=0 \\ \dfrac{\partial Q}{\partial b_j}=-2\sum\limits_{i=1}^{n}(y_i-b_0-b_1x_{i1}-\cdots-b_mx_{im})x_{ij}=0\end{cases} \quad (j=1,2,\cdots,m) \tag{3.4}$$

整理得

$$\begin{cases}b_0n+b_1\sum\limits_{i=1}^{n}x_{i1}+b_2\sum\limits_{i=1}^{n}x_{i2}+\cdots+b_m\sum\limits_{i=1}^{n}x_{im}=\sum\limits_{i=1}^{n}y_i \\ b_0\sum\limits_{i=1}^{n}x_{i1}+b_1\sum\limits_{i=1}^{n}x_{i1}^2+b_2\sum\limits_{i=1}^{n}x_{i1}x_{i2}+\cdots+b_m\sum\limits_{i=1}^{n}x_{i1}x_{im}=\sum\limits_{i=1}^{n}x_{i1}y_i \\ b_0\sum\limits_{i=1}^{n}x_{i2}+b_1\sum\limits_{i=1}^{n}x_{i2}x_{i1}+b_2\sum\limits_{i=1}^{n}x_{i2}^2+\cdots+b_m\sum\limits_{i=1}^{n}x_{i2}x_{im}=\sum\limits_{i=1}^{n}x_{i2}y_i \\ \cdots \\ b_0\sum\limits_{i=1}^{n}x_{im}+b_1\sum\limits_{i=1}^{n}x_{im}x_{i1}+b_2\sum\limits_{i=1}^{n}x_{im}x_{i2}+\cdots+b_m\sum\limits_{i=1}^{n}x_{im}^2=\sum\limits_{i=1}^{n}x_{im}y_i\end{cases} \tag{3.5}$$

式(3.5) 称为**正规方程组**。

解正规方程组，令

$$\bar{y}=\frac{1}{n}\sum_{i=1}^{n}y_i, \quad \bar{x}_j=\frac{1}{n}\sum_{i=1}^{n}x_{ij} \qquad (j=1,2,\cdots,m)$$

式(3.5) 的第一个方程可化作

$$b_0=\bar{y}-b_1\bar{x}_1-b_2\bar{x}_2-\cdots-b_m\bar{x}_m$$

将 b_0 的表达式代入式(3.5) 的其余各方程，经整理后可化作

$$\begin{cases}L_{11}b_1+L_{12}b_2+\cdots+L_{1m}b_m=L_{1y} \\ L_{21}b_1+L_{22}b_2+\cdots+L_{2m}b_m=L_{2y} \\ \cdots \\ L_{m1}b_1+L_{m2}b_2+\cdots+L_{mm}b_m=L_{my}\end{cases} \tag{3.6}$$

其中　$L_{jk}=\sum_{i=1}^{n}(x_{ij}-\bar{x}_j)(x_{ik}-\bar{x}_k)$

$$= \sum_{i=1}^{n} x_{ij}x_{ik} - \frac{1}{n}\left(\sum_{i=1}^{n} x_{ij}\right)\left(\sum_{i=1}^{n} x_{ik}\right) \qquad (j,k=1,2,\cdots,m)$$

$$L_{jy} = \sum_{i=1}^{n}(x_{ij}-\bar{x}_j)(y_i-\bar{y})$$

$$= \sum_{i=1}^{n} x_{ij}y_i - \frac{1}{n}\left(\sum_{i=1}^{n} x_{ij}\right)\left(\sum_{i=1}^{n} y_i\right) \qquad (j=1,2,\cdots,m)$$

解方程组(3.6) 可得$\hat{b}_1,\hat{b}_2,\cdots,\hat{b}_m$，进而可得$\hat{b}_0$。

正规方程组式(3.5) 的求解也可以采用矩阵的形式。根据前述矩阵$\boldsymbol{Y},\boldsymbol{X},\boldsymbol{B}$的表达式，可以验证，式(3.5) 的矩阵形式为

$$\boldsymbol{X}'\boldsymbol{X}\boldsymbol{B}=\boldsymbol{X}'\boldsymbol{Y} \tag{3.7}$$

当$\boldsymbol{X}$列满秩时，$\boldsymbol{X}'\boldsymbol{X}$是$m+1$阶可逆方阵，两边左乘$(\boldsymbol{X}'\boldsymbol{X})^{-1}$，解出$\boldsymbol{B}$的最小二乘估计

$$\hat{\boldsymbol{B}}=\begin{pmatrix}\hat{b}_0\\ \hat{b}_1\\ \vdots\\ \hat{b}_m\end{pmatrix}=(\boldsymbol{X}'\boldsymbol{X})^{-1}\boldsymbol{X}'\boldsymbol{Y} \tag{3.8}$$

有了未知参数$b_0,b_1,b_2,\cdots,b_m$的估计$\hat{b}_0,\hat{b}_1,\hat{b}_2,\cdots,\hat{b}_m$以后，可得多元线性回归方程

$$\hat{y}=\hat{b}_0+\hat{b}_1x_1+\hat{b}_2x_2+\cdots+\hat{b}_mx_m \tag{3.9}$$

式(3.9) 表示因变量y和普通变量$x_1,x_2,\cdots,x_m$之间的线性相关关系。

【例 1】 为了考察某植物的生长量（mm）与生长期的日照时间（h）及气温（℃）的关系，测得数据如表 8-5 所示。

表 8-5

日照时间 x_1	269	281	262	275	278	282	268	259	275	255
气温 x_2	30.1	28.7	29.0	26.8	26.8	30.7	22.9	26.0	27.3	30.3
生长量 y	122	131	116	111	117	137	111	103	119	108
日照时间 x_1	272	273	274	273	284	262	285	278	272	279
气温 x_2	26.5	29.8	28.3	24.4	30.1	24.9	25.6	24.9	24.8	30.7
生长量 y	125	132	136	128	138	76	130	127	123	133

由经验可知，y与x_1,x_2之间有线性相关关系，求回归方程。

解　设　$y=a+b_1x_1+b_2x_2$

由所给数据算出

$$n=20,\ \sum_{i=1}^{20}x_{1i}=5456,\ \bar{x}_1=272.8$$

$$\sum_{i=1}^{20} x_{2i} = 548.6,\ \bar{x}_2 = 27.43$$

$$\sum_{i=1}^{20} y_i = 2428,\ \bar{y} = 121.4$$

$$l_{11} = \sum_{i=1}^{20} x_{1i}^2 - \frac{1}{20}\left(\sum_{i=1}^{20} x_{1i}\right)^2 = 1309.2$$

$$l_{22} = \sum_{i=1}^{20} x_{2i}^2 - \frac{1}{20}\left(\sum_{i=1}^{20} x_{2i}\right)^2 = 110.822$$

$$l_{12} = l_{21} = \sum_{i=1}^{20} (x_{1i}\, x_{2i}) - \frac{1}{20}\left(\sum_{i=1}^{20} x_{1i}\right)\left(\sum_{i=1}^{20} x_{2i}\right) = 44.62$$

$$l_{1y} = \sum_{i=1}^{20} (x_{1i}\, y_i) - \frac{1}{20}\left(\sum_{i=1}^{20} x_{1i}\right)\left(\sum_{i=1}^{20} y_i\right) = 1599.6$$

$$l_{2y} = \sum_{i=1}^{20} (x_{2i}\, y_i) - \frac{1}{20}\left(\sum_{i=1}^{20} x_{2i}\right)\left(\sum_{i=1}^{20} y_i\right) = 271.26$$

正规方程为

$$\begin{cases} 1309.2b_1 + 44.62b_2 = 1599.6 \\ 44.62b_1 + 110.822b_2 = 271.26 \end{cases}$$

解此方程组得$\hat{b}_1 = 1.154$，$\hat{b}_2 = 1.983$。

$$\hat{a} = \bar{y} - \hat{b}_1\bar{x}_1 - \hat{b}_2\bar{x}_2 = -247.805$$

回归方程

$$\hat{y} = -247.805 + 1.154x_1 + 1.983x_2$$

回归方程中的$\hat{b}_1$，$\hat{b}_2$有明确的含意：生长期的日照时间每增加 1 小时，植物的生长量平均增加$\hat{b}_1 = 1.154$mm；气温每增加 1℃，植物的生长量平均增加$\hat{b}_2 = 1.983$mm。

进入 20 世纪 90 年代以来，国际上流行着多个成熟的数学软件，其中除了专用的数理统计软件，如 SAS，SPSS 以外，还有几个内容更加基础，运用领域更为广泛的通用型数学软件，如 Mathematica，Matlab，Maple 等。在多元线性回归分析中，求解正规方程组是计算的核心部分，也是最复杂的部分。式(3.8) 给出了正规方程组解的矩阵表达式。根据这个表达式，利用数学软件中的矩阵运算功能，可以非常快捷方便地得到正规方程组的解。

【例 2】 某化工厂在甲醛生产流程中，为了降低甲醛溶液温度，装置了溴化锂制冷机，通过实验找出溴化锂制冷机的制冷量 y 与冷媒水温度 x_1、蒸汽压力 x_2 之间的关系。实验数据如表 8-6。

表 8-6

序号	1	2	3	4	5	6	7	8	9
x_1/℃	6.5	6.5	6.7	16	16	17	19	19	20
x_2/(kg/in^2)	0.38	0.6	0.8	0.4	0.6	0.8	0.38	0.6	0.9
y/(10^4cal/h)	10.8	12.9	14.4	15.84	17.75	21.6	23	25.2	28.8

解 根据正规方程组解的矩阵表达式

$$\hat{\boldsymbol{B}}=\begin{pmatrix}\hat{b}_0\\ \hat{b}_1\\ \vdots\\ \hat{b}_m\end{pmatrix}=(\boldsymbol{X}'\boldsymbol{X})^{-1}\boldsymbol{X}'\boldsymbol{Y}$$

采用软件 Mathematica 计算，编程的主要流程：构造矩阵 $\boldsymbol{X}, \boldsymbol{Y}$，计算 $\boldsymbol{X}'$，计算$(\boldsymbol{X}'\boldsymbol{X})^{-1}$，作矩阵乘法$(\boldsymbol{X}'\boldsymbol{X})^{-1}\boldsymbol{X}'\boldsymbol{Y}$，即可获得$\hat{\boldsymbol{B}}$。整个计算过程的中间结果都可逐一输出。程序清单如下。

进入 Mathematica 桌面，输入下列程序。

```
X={ {1, 6.5, 0.38}, {1, 6.5, 0.6}, {1, 6.7, 0.8},
   {1, 16, 0.4}, {1, 16, 0.6}, {1, 17, 0.8}, {1, 19, 0.38},
   {1, 19, 0.6}, {1, 20, 0.9} }          && 输入矩阵X
Y={ {10.8}, {12.9}, {14.4}, {15.84}, {17.75}, {21.6}, {23},
   {25.2}, {28.8} }          && 输入矩阵Y
MatrixForm [X]        && 显示矩阵X
MatrixForm [Y]        && 显示矩阵Y
X1=Transpose [X]        && 计算X'
MatrixForm [X1]        && 显示X'
X2=X1 : X        && 计算X'X
MatrixForm [X2]        && 显示X'X
X3=Inverse [X2]        && 计算(X'X)^-1
MatrixForm [X3]        && 显示(X'X)^-1
B=X3 : X1.Y        && 计算(X'X)^-1 X'Y
MatrixForm [B]        && 显示B
```

部分中间结果与最终结果如下

$$\boldsymbol{X}=\begin{pmatrix}1 & 6.5 & 0.38\\ 1 & 6.5 & 0.6\\ 1 & 6.7 & 0.8\\ 1 & 16 & 0.4\\ 1 & 16 & 0.6\\ 1 & 17 & 0.8\\ 1 & 19 & 0.38\\ 1 & 19 & 0.6\\ 1 & 20 & 0.9\end{pmatrix},\qquad \boldsymbol{Y}=\begin{pmatrix}10.8\\ 12.9\\ 14.4\\ 15.84\\ 17.75\\ 21.6\\ 23\\ 25.2\\ 28.8\end{pmatrix}$$

$$\boldsymbol{X}'\boldsymbol{X}=\begin{pmatrix}9 & 126.7 & 5.46\\ 126.7 & 2052.39 & 77.95\\ 5.46 & 77.95 & 3.6188\end{pmatrix}$$

$$(\boldsymbol{X}'\boldsymbol{X})^{-1}=\begin{pmatrix} 1.84949 & -0.045033 & -1.82047 \\ -0.045033 & 0.00377514 & -0.0133723 \\ -1.82047 & -0.0133723 & 3.31108 \end{pmatrix}$$

$$\boldsymbol{X}'\boldsymbol{Y}=\begin{pmatrix} 170.29 \\ 2646.97 \\ 107.41 \end{pmatrix}, \qquad \hat{\boldsymbol{B}}=\begin{pmatrix} 0.212693 \\ 0.887684 \\ 10.2392 \end{pmatrix}$$

回归方程为

$$y=0.2127+0.8877x_1+10.2392x_2$$

二、显著性检验

多元线性回归模型的显著性检验包括两个方面。一方面是回归方程的显著性检验，用以判定 y 与 $x_1,x_2,\cdots,x_m$ 之间是否存在线性的相关关系；另一方面是回归系数的显著性检验，用以判定每一个自变量 x_j 对 y 的影响是否显著。在多元回归分析中，自变量的选择是至关重要的，一般根据专业机理的分析或以往经验的积累来决定。一开始往往考虑对因变量 y 的影响因素多一些，以免遗漏了重要的自变量，但同时也可能引入了作用不大，可有可无的自变量。因此，即使回归方程是显著的，也并不意味着每个自变量对 y 的影响都是重要的。回归系数的显著性检验，就是为了剔除掉对因变量影响不大的自变量，保留那些对因变量作用显著的自变量，使最终获得的回归方程更加精练准确。

下面不加证明地给出检验统计量和检验方法。

1. 回归方程的显著性检验

与一元线性回归分析相同，多元线性回归方程的显著性检验也是采用总离差平方和分解的方法。

提出假设

$$H_0: b_1=b_2=\cdots=b_m=0 \tag{3.10}$$

如果 H_0 被拒绝，则表明模型式(3.2) 表示的 y 与 $x_1,x_2,\cdots,x_m$ 的关系是合适的。

$$\begin{aligned} S_{总}=L_{yy}&=\sum_{i=1}^{n}(y_i-\overline{y})^2 \\ &=\sum_{i=1}^{n}(y_i-\hat{y}_i)^2+\sum_{i=1}^{n}(\hat{y}_i-\overline{y})^2 \\ &=S_{残}+S_{回} \end{aligned}$$

具体计算时可采用下列算式

$$S_{总}=L_{yy}=\sum_{i=1}^{n}y_i^2-\frac{1}{n}\Big(\sum_{i=1}^{n}y_i\Big)^2$$

$$S_{回}=\sum_{j=1}^{m}\hat{b}_jL_{jy}, \qquad S_{残}=L_{yy}-S_{回} \tag{3.11}$$

$$L_{jy}=\sum_{i=1}^{n}x_{ij}y_i-\frac{1}{n}\Big(\sum_{i=1}^{n}x_{ij}\Big)\Big(\sum_{i=1}^{n}y_i\Big)$$

$$(j=1,2,\cdots,m)$$

如果用矩阵求解正规方程组，有

$$X'X=\begin{pmatrix} n & \sum_{i=1}^{n} x_{i1} & \sum_{i=1}^{n} x_{i2} & \cdots & \sum_{i=1}^{n} x_{im} \\ \sum_{i=1}^{n} x_{i1} & \sum_{i=1}^{n} x_{i1}^{2} & \sum_{i=1}^{n} x_{i1}x_{i2} & \cdots & \sum_{i=1}^{n} x_{i1}x_{im} \\ \cdots \\ \sum_{i=1}^{n} x_{im} & \sum_{i=1}^{n} x_{im}x_{i1} & \sum_{i=1}^{n} x_{im}x_{i2} & \cdots & \sum_{i=1}^{n} x_{im}^{2} \end{pmatrix}$$

$$X'Y=\begin{pmatrix} \sum_{i=1}^{n} y_i \\ \sum_{i=1}^{n} x_{i1}y_i \\ \vdots \\ \sum_{i=1}^{n} x_{im}y_i \end{pmatrix}$$

所以式(3.11) 中的许多项均可从矩阵 $X'X$ 与 $X'Y$ 中得到。

$$F=\frac{S_{回}/m}{S_{残}/(n-m-1)}\sim F(m,n-m-1) \tag{3.12}$$

F 就是对 H_0 进行检验的统计量，对给定的数据$(y_i,x_{i1},x_{i2},\cdots,x_{im})(i=1,2,\cdots,n)$，计算出 F 的值，对给定的显著性水平 $\alpha(0<\alpha<1)$，查 F 分布表，得上侧 α 分位数 $F_\alpha(m,n-m-1)$。若 $F>F_\alpha(m,\ n-m-1)$，则拒绝 H_0，即认为在显著性水平 α 下，y 与 $x_1,x_2,\cdots,x_m$ 之间有显著的线性相关关系，也就是回归方程是显著的。否则，认为回归方程不显著。

【例 3】 对例2的结果作回归方程的显著性检验。

解　假设 H_0：$b_1=b_2=0$

根据表 8-6 数据可得

$$n=9,\ m=2,\ \sum_{i=1}^{9} y_i^2=3516.4181$$

从例 2 的中间结果可得

$$X'X=\begin{pmatrix} n & \sum_{i=1}^{n} x_{i1} & \sum_{i=1}^{n} x_{i2} \\ \sum_{i=1}^{n} x_{i1} & \sum_{i=1}^{n} x_{i1}^{2} & \sum_{i=1}^{n} x_{i1}x_{i2} \\ \sum_{i=1}^{n} x_{i2} & \sum_{i=1}^{n} x_{i1}x_{i2} & \sum_{i=1}^{n} x_{i2}^{2} \end{pmatrix}=\begin{pmatrix} 9 & 126.7 & 5.46 \\ 126.7 & 2052.39 & 77.95 \\ 5.46 & 77.95 & 3.6188 \end{pmatrix}$$

$$\boldsymbol{X'Y}=\begin{pmatrix}\sum\limits_{i=1}^{n}y_i\\ \sum\limits_{i=1}^{n}x_{i1}y_i\\ \sum\limits_{i=1}^{n}x_{i2}y_i\end{pmatrix}=\begin{pmatrix}170.29\\ 2646.97\\ 107.41\end{pmatrix},\quad \hat{\boldsymbol{B}}=\begin{pmatrix}\hat{b}_0\\ \hat{b}_1\\ \hat{b}_2\end{pmatrix}=\begin{pmatrix}0.212693\\ 0.887684\\ 10.2392\end{pmatrix}$$

$$S_{总}=\sum_{i=1}^{9}y_i^2-\frac{1}{9}\left(\sum_{i=1}^{9}y_i\right)^2=294.3421$$

$$L_{1y}=\sum_{i=1}^{9}x_{i1}y_i-\frac{1}{9}\left(\sum_{i=1}^{9}x_{i1}\right)\left(\sum_{i=1}^{9}y_i\right)=249.6652$$

$$L_{2y}=\sum_{i=1}^{9}x_{i2}y_i-\frac{1}{9}\left(\sum_{i=1}^{9}x_{i2}\right)\left(\sum_{i=1}^{9}y_i\right)=4.1007$$

$$S_{回}=\hat{b}_1L_{1y}+\hat{b}_2L_{2y}=263.6117,\ S_{残}=L_{yy}-S_{回}=30.7304$$

$$F=\frac{S_{回}/m}{S_{残}/(n-m-1)}=25.7348$$

当 $\alpha=0.01$ 时，查 F 分布表得 $F_{0.01}(2,6)=10.92$。而 $F=25.7348>F_{0.01}(2,6)=10.92$，所以回归方程是高度显著的。

2. 回归系数的显著性检验

对自变量 x_j 的显著性检验，可提出假设

$$H_{0j}:\ b_j=0 \tag{3.13}$$

如果拒绝 H_{0j}，则表明变量 x_j 对 y 的影响是显著的。检验统计量为（在 H_{0j} 成立时）

$$F=\frac{\hat{b}_j^2/c_{jj}}{S_{残}/(n-m-1)}\sim F(1,n-m-1) \tag{3.14}$$

或

$$t=\frac{\hat{b}_j/\sqrt{c_{jj}}}{\sqrt{S_{残}/(n-m-1)}}\sim t(n-m-1) \tag{3.15}$$

其中 c_{jj} 是矩阵 $(\boldsymbol{X'X})^{-1}$ 主对角线上的第 j 个元素。

对给定的显著性水平 $\alpha(0<\alpha<1)$ 和实验数据 $(y_i,x_{i1},x_{i2},\cdots,x_{im})(i=1,2,\cdots,n)$，算出 F 或 t 的值，查 F 分布表或 t 分布表得上侧 α 分位数 $F_\alpha(1,n-m-1)$ 或 $t_{\frac{\alpha}{2}}(n-m-1)$，若 $F>F_\alpha(1,n-m-1)$ 或 $|t|>t_{\frac{\alpha}{2}}(n-m-1)$，则认为在显著性水平 α 下，自变量 x_j 对 y 的影响是显著的。否则，就是不显著的，可以从回归模型中剔除变量 x_j。

【例 4】 对例2的回归方程作回归系数的显著性检验。$(\alpha=0.01,\alpha=0.05)$

解 检验假设

$$H_{0j}:\ b_j=0\quad(j=1,2)$$

由例 2 和例 3 的结果可得

$$n=9,\quad m=2,\quad S_{残}=30.7304$$

$$c_{11}=0.00377514,\ c_{22}=3.31108$$

$$\hat{b}_1=0.8877,\ \hat{b}_2=10.2392$$

$$F_1=\frac{\hat{b}_1^2/c_{11}}{S_{残}/(n-m-1)}=40.7537$$

$$F_2=\frac{\hat{b}_2^2/c_{22}}{S_{残}/(n-m-1)}=6.1822$$

取 $\alpha=0.01$，查 F 分布表得临界值 $F_{0.01}(1,6)=13.75$；取 $\alpha=0.05$，查 F 分布表得临界值 $F_{0.05}(1,6)=5.99$。

由于 $\quad F_1=40.7537>F_{0.01}(1,6)=13.75$

$F_{0.05}(1,6)=5.99<F_2=6.1822<F_{0.01}(1,6)=13.75$

所以自变量 x_1 和 x_2 都是显著的，并且 x_1 是高度显著的。

*§4 逐步回归（简介）

在回归分析中，自变量的选择无疑是头等重要的问题。在多元线性模型中，首先是从专业机理的分析入手，选择有关的，为数众多的因素作为自变量，构成一个自变量集合；然后用数学的方法从中选择一个适当的子集，使得属于这个子集的自变量对因变量的影响是显著的，同时也使得不属于这个子集的其余自变量是不显著的。换句话说，就是要把对因变量影响显著的自变量全部包含在模型中，同时也要把不显著的自变量全部剔除出去。这样子集不妨称为“最优”子集。

本章§3 中介绍的回归系数的显著性检验，可以判定一个自变量的显著性。当剔除了一个不显著的自变量以后，需要用剩下的自变量建立一个新的回归方程，并对这个新建立的回归方程重新作方程的显著性检验和系数的显著性检验。因此，要获得“最优”子集，绝非是轻而易举的事情。逐步回归正是为此目的而提出的一种行之有效的方法。

逐步回归的基本思想是，将变量一个一个地引入，引入变量的条件是其回归系数经检验是显著的。同时每引入一个新变量后，对已入选的变量要逐个进行检验，将其中不显著的变量剔除，这样保证最后所留下的变量都是显著的，同时将不显著的变量全部剔除出去。最终获得“最优”变量子集。

下面以矩阵的形式给出逐步回归中主要步骤的数学表达式。

逐步回归的数学模型与多元线性回归模型一样，即为

$$\boldsymbol{Y}=\boldsymbol{XB}+\boldsymbol{\varepsilon}$$

$$\varepsilon_i\sim N(0,\ \sigma^2)\qquad (i=1,\ 2,\ \cdots,\ n) \tag{4.1}$$

$$\mathrm{Cov}(\varepsilon_i,\varepsilon_j)=0\qquad (i,j=1,2,\cdots,n;i\neq j)$$

设已引入 k 个自变量 x_1，x_2，…，x_k，有 n 组观察数据$(y_i,x_{i1},x_{i2},\cdots,x_{ik})(i=$

1,2,…,n)，则设计矩阵为

$$\boldsymbol{X}=\begin{pmatrix}1 & x_{11} & x_{12} & \cdots & x_{1k}\\ 1 & x_{21} & x_{22} & \cdots & x_{2k}\\ \cdots & & & & \\ 1 & x_{n1} & x_{n2} & \cdots & x_{nk}\end{pmatrix}$$

如果再引入一个新的自变量 u，其相应的观察值构成矩阵

$$\boldsymbol{u}=\begin{pmatrix}u_1\\ u_2\\ \vdots\\ u_n\end{pmatrix}$$

模型式(4.1) 可变为

$$\boldsymbol{Y}=(\boldsymbol{X}\boldsymbol{u})\begin{pmatrix}\boldsymbol{B}\\ b_u\end{pmatrix}+\boldsymbol{\varepsilon} \tag{4.2}$$

模型式(4.2) 与模型式(4.1) 相比较，设计矩阵多了一列，系数矩阵多了一行（实际上是列向量多了一个元素)，即自变量的个数多了一个，回归系数也多了一个，而因变量的数据没有改变，仍然是矩阵$\boldsymbol{Y}$。

设$\hat{\boldsymbol{B}}$与 Q 分别表示模型式(4.1) 中 $\boldsymbol{B}$ 的最小二乘估计及残差平方和，$\hat{\boldsymbol{B}}(u)$与 $\hat{b}_u$ 分别表示模型式(4.2) 中 $\boldsymbol{B}$ 和 b_u 的最小二乘估计，$Q(u)$表示模型式(4.2) 中的残差平方和，则有

$$\hat{b}_u=(\boldsymbol{u}'\boldsymbol{R}\boldsymbol{u})^{-1}\boldsymbol{u}\boldsymbol{R}\boldsymbol{Y} \tag{4.3}$$

$$\hat{\boldsymbol{B}}(u)=\hat{\boldsymbol{B}}-(\boldsymbol{X}'\boldsymbol{X})^{-1}\boldsymbol{X}'\boldsymbol{u}\,\hat{b}_u \tag{4.4}$$

$$Q(u)=Q-\hat{b}_u^2(\boldsymbol{u}'\boldsymbol{R}\boldsymbol{u}) \tag{4.5}$$

其中

$$\boldsymbol{R}=\boldsymbol{E}-\boldsymbol{X}(\boldsymbol{X}'\boldsymbol{X})^{-1}\boldsymbol{X}'$$

$\boldsymbol{E}$ 为单位矩阵。式(4.3) ～式(4.5) 给出了模型式(4.2) 中回归系数的最小二乘估计及残差平方和，由此可得回归方程并作显著性检验。

对新引入的自变量 u 作显著性检验所提出的假设为

$$H_0:\ b_u=0$$

检验统计量

$$F=\frac{\hat{b}_u^2}{Q(u)(\boldsymbol{u}'\boldsymbol{R}\boldsymbol{u})^{-1}/(n-k-2)}$$

或

$$t=\frac{\hat{b}_u}{\sqrt{Q(u)(\boldsymbol{u}'\boldsymbol{R}\boldsymbol{u})^{-1}/(n-k-2)}}$$

若拒绝 H_0，则变量 u 应入选，否则 u 不能入选。

实际应用时，设已入选的自变量为 $x_1,x_2,\cdots,x_r$，而待选的自变量为 x_{r+1}，x_{r+2}，…，x_s，相应的资料矩阵记作

$$X=\begin{pmatrix}1 & x_{11} & x_{12} & \cdots & x_{1r}\\ 1 & x_{21} & x_{22} & \cdots & x_{2r}\\ \cdots \\ 1 & x_{n1} & x_{n2} & \cdots & x_{nr}\end{pmatrix}$$

$$X_{r+1}=\begin{pmatrix}x_{1r+1}\\ x_{2r+1}\\ \vdots \\ x_{nr+1}\end{pmatrix},\ X_{r+2}=\begin{pmatrix}x_{1r+2}\\ x_{2r+2}\\ \vdots \\ x_{nr+2}\end{pmatrix},\ \cdots,\ X_s=\begin{pmatrix}x_{1s}\\ x_{2s}\\ \vdots \\ x_{ns}\end{pmatrix}$$

对每一个待选自变量，都可以计算出一个检验统计量的值

$$F_j=\frac{\hat{b}_j^2}{Q(x_j)(X'_jRX_j)^{-1}/(n-r-2)}$$

$j=r+1,r+2,\cdots,s$。比较 $F_{r+1},F_{r+2},\cdots,F_s$，不妨设 F_{r+1} 为其中最大者。对给定的显著性水平 $\alpha(0<\alpha<1)$，查 F 分布表得临界值 $F_\alpha(1,\ n-r-2)$，如果

$$F_{r+1}\leqslant F_\alpha(1,n-r-2)$$

则变量 x_{r+1}，x_{r+2}，…，x_s 都不能入选，自变量的选择过程可以结束。如果

$$F_{r+1}>F_\alpha(1,n-r-2)$$

则变量 x_{r+1} 入选，而其余的变量 x_{r+2}，x_{r+3}，…，x_s，即使它们相应的检验统计量的值 $F_j>F_\alpha(1,n-r-2)$，也不能同时入选。这时，需要将原来的资料矩阵 X 增加一列 X_{r+1}，即用矩阵 (X,X_{r+1}) 代替 X 作为新的资料矩阵，然后再重复上面的过程，逐个考察 x_{r+2}，x_{r+3}，…，x_s，直至没有变量可入选时，结束自变量的选择过程。

*§5 岭回归（简介）

对多元线性回归模型

$$Y=XB+\varepsilon$$

参数向量 B 的最小二乘估计为

$$\hat{B}=(X'X)^{-1}X'Y$$

$\hat{B}$ 有一些好的性质，例如 $\hat{B}$ 是 B 的无偏估计。当随机误差 ε 服从正态分布时，还可以得到一些统计量的分布，利用这些统计量及其分布可以作各种假设检验，因此，最小二乘估计得到广泛的应用。但是，最小二乘估计有时也很不理想，其主要表现是 $\hat{B}$ 的方差太大。这时，尽管 $\hat{B}$ 是 B 的无偏估计，但是当给定观察值时，所得到的估计值 $\hat{B}$ 与参数的真值仍会有较大的偏差。造成这种情况的一个重要原因是与资料矩阵 X 有关。根据 $\hat{B}$ 的表达式，当 $X'X$ 接近奇异，即 $X'X$ 的逆矩阵不存在时，$\hat{B}$

的性能就会下降。

1970 年，霍尔（Hoerl）与凯南德（Kennard）针对 $\boldsymbol{X}'\boldsymbol{X}$ 接近奇异而提出了岭回归估计法。

造成 $\boldsymbol{X}'\boldsymbol{X}$ 接近奇异的一个重要表现是，资料矩阵 $\boldsymbol{X}$ 中的某二列数值相差不大或近似对应项成比例，这实际上说明了，回归模型的某二个自变量之间存在近似的线性关系，这种关系称为复共线关系。正是由于这种复共线关系的存在，使得回归系数 $\boldsymbol{B}$ 的最小二乘估计值与参数真值相差较远，甚至会出现符号相反的现象。

岭回归估计法的基本思想是，当 $\boldsymbol{X}'\boldsymbol{X}$ 接近奇异时，将 $\boldsymbol{X}'\boldsymbol{X}$ 加上一个正常数矩阵 $k\boldsymbol{E}$（其中数 $k>0$，$\boldsymbol{E}$ 为单位矩阵），使得（$\boldsymbol{X}'\boldsymbol{X}+k\boldsymbol{E}$）接近奇异的可能性比 $\boldsymbol{X}'\boldsymbol{X}$ 大为下降，由此得到系数 $\boldsymbol{B}$ 的岭回归估计

$$\hat{\boldsymbol{B}}(k)=(\boldsymbol{X}'\boldsymbol{X}+k\boldsymbol{E})^{-1}\boldsymbol{X}'\boldsymbol{Y}$$

其中 k 为任意的正常数。当 k 取不同的值时，得到了 $\boldsymbol{B}$ 的一个估计族 $\hat{\boldsymbol{B}}(k)$，若 $k\to 0$，则 $\hat{\boldsymbol{B}}(0)$ 成为 $\boldsymbol{B}$ 的最小二乘估计 $\hat{\boldsymbol{B}}$。

$\boldsymbol{B}$ 的岭回归估计 $\hat{\boldsymbol{B}}(k)$ 写成矩阵形式为

$$\hat{\boldsymbol{B}}(k)=\begin{pmatrix}\hat{b}_0(k)\\ \hat{b}_1(k)\\ \vdots\\ \hat{b}_m(k)\end{pmatrix}$$

其中 m 为线性模型中自变量的个数。由于 k 是任意正常数，对每一个 $\hat{b}_j(k)$ 都可视为 k 的函数，函数 $\hat{b}_j(k)(j=1,2,\cdots,m)$ 的图像称为岭迹。在实际应用中，岭回归估计的首要问题是 k 值的选择，岭迹正是用来选择最佳的 k 值，分析自变量与因变量的关系以及自变量之间是否存在复共线关系的重要工具。

习题八

1. 在考察硝酸钠的可溶性程度时，对一系列不同温度观察它在 100ml 的水中溶解的硝酸钠的重量，获得观察结果为

温度 x/℃	0	4	10	15	21	29	36	51	68
重量 y/g	66.7	71.0	76.3	80.6	85.7	92.9	99.4	113.6	125.1

试求回归直线方程并作显著性检验。($\alpha=0.01$)

2. 在某种产品表面进行腐蚀刻线试验，得到腐蚀深度 y 与腐蚀时间 x 之间的对应数据：

x/s	5	10	15	20	30	40	50	60	70	90	120
y	6	10	10	13	16	17	19	23	25	29	46

试求回归直线方程和相关系数 r，检验线性回归效果是否显著($\alpha=0.05$)，并预测 $x=100$ 秒时腐蚀深度 y 的预测值和预测区间（置信度 95%）。

3. 考察温度对产量的影响，测得下列数据

温度 x/℃	20	25	30	35	40	45	50	55	60	65
产量 y/kg	13.2	15.1	16.4	17.1	17.9	18.7	19.6	21.2	22.5	24.3

求线性回归方程和相关系数 r，用 F 检验法检验线性回归效果的显著性($\alpha=0.05$)，并预测 $x=42$℃时产量的预测值及预测水平为 95%的预测区间。

4. 在彩色显影中，形成染料光学密度 y 与析出银的光学密度 x 间有密切关系，测试数据如下

x	0.05	0.06	0.07	0.10	0.14	0.20	0.25	0.31	0.38	0.43	0.47
y	0.10	0.14	0.23	0.37	0.59	0.79	1.00	1.12	1.19	1.25	1.29

其散点图呈 S 形，试求 $y=Ae^{-B/x}$ ($B>0$) 型回归方程。

5. 混凝土的抗压强度随养护时间的延长而增加，现将一批混凝土作成 12 个试块，记录了养护时间 x (d)，及抗压强度 y(kg/cm^2) 的数据

x	2	3	4	5	7	9	12	14	17	21	28	56
y	35	42	47	53	59	65	68	73	76	82	86	99

试求 $y=a+b\ln x$ 型回归方程。

6. 养猪场为估算猪的毛重，测算了 14 头猪的身长 x_1 (cm)，肚围 x_2 (cm) 与体重 y (kg) 的数据

x_1/cm	41	45	51	52	59	62	69	72	78	80	90	92	98	103
x_2/cm	49	58	62	71	62	74	71	74	79	84	85	94	91	95
y/kg	28	39	41	44	43	50	51	57	63	66	70	76	80	84

试求 $y=b_0+b_1x_1+b_2x_2$ 型回归方程，并作显著性检验。($\alpha=0.01,\alpha=0.05$)

7. 一种合金在某种添加剂的不同浓度之下，各做三次试验，得如下数据

浓度 x	10.0	15.0	20.0	25.0	30.0
抗压强度 y	25.2	29.8	31.2	31.7	29.4
	27.3	31.1	32.6	30.1	30.8
	28.7	27.8	29.7	32.3	32.8

以模型 $y=b_0+b_1x+b_2x^2+\varepsilon$，$\varepsilon\sim N(0,\sigma^2)$拟合数据，求回归方程 $\hat{y}=\hat{b}_0+\hat{b}_1x+\hat{b}_2x^2$ 并作显著性检验。($\alpha=0.01,\alpha=0.05$)

8. 研究一地区土壤内所含植物可给态磷的情况，x_1 为土壤内所含无机磷浓度，x_2 为土壤内溶于 K_2CO_3 溶液并受溴化物水解的有机磷，x_3 是土壤内溶于 K_2CO_3 溶液，但不溶于溴化物的有机磷，y 为 35℃土壤内的植物可给态磷，数据见表 8-7。求 y 对 x_1，x_2，x_3 的线性回归方程并作显著性检验($\alpha=0.01,\alpha=0.05$)。若有不显著的变量，剔除后重新建立回归方程。在计算机上用数学软件以矩阵形式求解。

表 8-7

土壤样本号	土壤中含磷量			土壤内植物可给态磷 y
	x_1	x_2	x_3	
1	0.4	52	158	64
2	0.4	23	163	60
3	3.1	19	37	71
4	0.6	34	157	61
5	4.7	24	59	54
6	1.7	65	123	77
7	9.4	44	46	81
8	10.1	31	117	93
9	11.6	29	173	93
10	12.6	58	112	51
11	10.9	37	111	76
12	23.1	46	114	96
13	23.1	50	134	77
14	21.6	44	73	93
15	23.1	56	168	95
16	1.9	36	143	54
17	26.8	58	202	168
18	29.9	51	124	99

第九章 方差分析

在生产实践和科学试验中，人们经常碰到这样的一些问题：影响某个试验结果的因素有许多。例如，影响小麦亩产量的因素有品种、施肥量、施肥种类、雨水量等。我们需了解在许多的因素中，哪些是主要的，对试验结果有显著影响；哪些是次要的，对试验结果无明显影响。为此，我们先要通过试验或观察来取得一些数据，然后对试验结果（取得的数据）进行统计分析，以确定各因素对试验结果影响的大小，进而找出最优的因子水平。这项工作就是所谓的方差分析。方差分析内容十分丰富，本章只对它的最基本内容作一介绍，讨论单因素和双因素的方差分析。

§1 单因素方差分析

一、基本概念

在第七章中，讨论了如何检验两个同方差的正态总体均值是否相等的问题。但在实际应用中往往遇到的是多个同方差的正态总体均值是否相等的检验问题。如

【例 1】 假定某型号的电子管的使用寿命服从正态分布，并且原料差异只影响平均寿命，不影响方差 σ^2。现用三种不同来源的材料各试生产了一批电子管。从每批中各抽取若干只做寿命试验，得数据如表 9-1 所示。

表 9-1

材料批号	寿命测定值（单位：小时）
1	1600，1610，1650，1680，1700，1700，1800
2	1580，1640，1640，1700，1750
3	1460，1550，1600，1620，1640，1660，1740，1820

试问测试结果是否说明这批电子管的寿命有明显差异？

【例 2】 设对四种玉米品种进行对比试验，每个品种都在同一块田的五个小区各做一次试验，试验结果如表 9-2 所示。试问不同品种对玉米的平均产量是否有显著影响？

表 9-2

品　种	产量/（斤/小区）				
A_1	32.3	34.0	34.3	35.0	36.5
A_2	33.3	33.0	36.3	36.8	34.5
A_3	30.8	34.3	35.3	32.3	35.8
A_4	29.3	26.0	29.8	28.0	29.8

数理统计中把试验中要考察的那些（可以控制的）条件称为**因素**，一般用A，B…表示。如例1中的材料及例2中的品种称为因素。如果在一项试验中，在其他条件不变的情况下，只考虑某个固定因素A的变动影响，这一类试验称为**单因素试验**；在其他条件不变的情况下，考虑两个因素A,B的变动影响的试验称为**双因素试验**。例1、例2中，由于都只有一个因素在改变，故都属于单因素试验。

为了考察某个因素对试验的影响，一般要把它严格控制在几个不同的状态或等级上。称因素的每一个状态或等级为一个**水平**，一般用$A_1,A_2,\cdots,A_r$或B_1，$B_2,\cdots,B_s$等表示。例1中材料有三种来源，称为三个水平；例2中有四个品种的玉米，即有四个水平。例1中，我们假定了电子管的使用寿命服从正态分布。如若将用每种材料制成的电子管寿命看作一个总体，则表9-1中有三个水平，也即有三个总体。且表中的数据可以看作是从这三个总体中抽取的容量不等的样本。由于原料差异只影响均值，不影响方差，故这三个总体可以看作是具有同方差的正态总体。这样要检验三种材料制成的电子管的寿命有无明显差异，亦即检验三个总体的均值是否相等。例2中，以每个品种在小区上试验的产量为总体，共有四个总体。表9-2中的数据可以看作是从这四个总体中抽取的等容量的四个样本。尽管不知总体分布，但由中心极限定理，可以假定每个总体都服从正态分布。且由于四个品种的产量都是在相同的自然条件和管理条件下获得的，也可以假定它们有相同的方差。这样，检验不同品种玉米对平均产量有无显著影响，亦可归结为在同方差的四个正态总体中，检验均值是否相等。

综上所述，在考虑某个因素变动对试验结果影响时，我们可以将因素在各水平间作的试验看作是一个个相互独立的总体，并进而假定这些总体是服从同方差的正态分布，那么，方差分析就是在这些条件下来检验多个同方差的正态总体的均值是否有显著差异的统计方法，它是假设检验的延伸。

二、单因素方差分析的数学模型及一般方法

1. 数学模型

设在试验中，因素A有m个不同水平$A_1,A_2,\cdots,A_m$，在水平A_i下的试验结果$X_i \sim N(\mu_i,\sigma^2)(i=1,2,\cdots,m)$。其中$\mu_i$和$\sigma^2$是未知参数。在水平$A_i$下作$n_i$次独立试验，其结果如表9-3所示。

表 9-3

序号 \ 样本 \ 水平	A_1	A_2	…	A_m
1	X_{11}	X_{21}	…	X_{m1}
2	X_{12}	X_{22}	…	X_{m2}
3	X_{13}	X_{23}	…	X_{m3}
⋮	⋮	⋮		⋮
n_i	X_{1n_1}	X_{2n_2}	…	X_{mn_m}
样本均值$\overline{X}_{i.}$	$\overline{X}_{1.}$	$\overline{X}_{2.}$	…	$\overline{X}_{m.}$

表中 $X_{i1}, X_{i2}, \cdots, X_{in_i}$ 可以看作是来自总体 X_i 的容量为 n_i 的一个样本，其观察值可以用 $x_{i1}, x_{i2}, \cdots, x_{in_i}$ 表示。我们要判断因素的各水平间是否有显著差异，也就是要根据样本值来判别各正态总体的均值是否相等，即检验假设

$$H_0: \mu_1=\mu_2=\cdots=\mu_m \tag{1.1}$$

$$H_1: \mu_1, \mu_2, \cdots, \mu_m \text{，不全相等}$$

由于诸 X_{ij} 相互独立，且 $X_{ij} \sim N(\mu_i, \sigma^2)$ $(i=1,2,\cdots,m;\ j=1,2,\cdots,n_i)$。若记

$$\varepsilon_{ij}=X_{ij}-\mu_i \quad (i=1,2,\cdots,m;\ j=1,2,\cdots,n_i)$$

则 $\varepsilon_{ij} \sim N(0,\sigma^2)$，且相互独立，代表了第 i 个水平下的第 j 次试验值与第 i 个水平下总体 X_i 的期望值 μ_i 之差，可看成是随机误差。于是 X_{ij} 可以表示成

$$\begin{cases} X_{ij}=\mu_i+\varepsilon_{ij} \\ \varepsilon_{ij} \sim N(0,\sigma^2) \quad (i=1,2,\cdots,m;\ j=1,2,\cdots,n_i) \\ \text{诸 } \varepsilon_{ij} \text{ 相互独立} \end{cases} \tag{1.2}$$

其中 μ_i 与 σ^2 均为未知参数。式(1.2) 称为单因素方差分析的数学模型。再令

$$\begin{cases} \mu=\dfrac{1}{n}\sum\limits_{i=1}^{m} n_i\mu_i \\ \alpha_i=\mu_i-\mu \end{cases} \quad (i=1,2,\cdots,m) \tag{1.3}$$

其中 $n=\sum\limits_{i=1}^{m} n_i$，代表样本总容量。则 μ 是各水平下总体均值的加权平均数，称为**总平均值**；而 α_i 代表了第 i 水平下的总体均值与总平均值的差异，这个差异称为水平 A_i 的**效应**，它满足

$$\sum_{i=1}^{m} n_i\alpha_i=0 \tag{1.4}$$

由式(1.2)，式(1.3) 可以得到单因素方差分析的另一个等价数学模型

$$\begin{cases} X_{ij}=\mu+\alpha_i+\varepsilon_{ij} \\ \varepsilon_{ij} \sim N(0,\sigma^2) \text{且相互独立} \\ \sum\limits_{i=1}^{m} n_i\alpha_i=0 \end{cases} \quad (i=1,2,\cdots,m;\ j=1,2,\cdots,n_i) \tag{1.5}$$

式(1.5) 表明：样本是由总平均值，因素的水平效应和随机误差三部分叠加而成。因而式(1.5) 也称为线性可加模型。

由于当 H_0 为真时，$\mu_1=\mu_2=\cdots=\mu_m=\mu$，因而各水平的效应 $\alpha_i=0$ $(i=1,2,\cdots,m)$，这样，统计假设式(1.1) 等价于

$$H_0': \alpha_1=\alpha_2=\cdots=\alpha_m=0$$

$$H_1': \alpha_1, \alpha_2, \cdots, \alpha_m \text{ 不全为零} \tag{1.6}$$

我们的任务，就是要根据样本提供的信息，对假设式(1.1) 或式(1.6) 进行检

验，并作出未知参数 $\mu_1,\mu_2,\cdots,\mu_m,\sigma^2$ 的估计。

2. 方差分析的一般方法

要对假设式(1.1) 或式(1.6) 进行检验，理论上讲，可以采用第七章学过的关于方差未知但相等的 t-检验法来检验任何两个相邻总体的均值是否相等。但这样做要检验 $m-1$ 次，非常繁琐且不必要。联系到式(1.5)，诸 X_{ij} 波动的原因可分为各水平的效应和随机因素影响。采用平方和分解法，来导出检验问题式(1.1) 或式(1.6) 的检验法。

记
$$\overline{X}_{i.}=\frac{1}{n_i}\sum_{j=1}^{n_i}X_{ij}\qquad(i=1,2,\cdots,m)\tag{1.7}$$

$$\overline{X}=\frac{1}{n}\sum_{i=1}^{m}\sum_{j=1}^{n_i}X_{ij}\tag{1.8}$$

则 $\overline{X}_{i.}$ 表示水平 A_i 下总体 X_i 的样本均值，$\overline{X}$ 代表样本总平均值。二者之间应满足

$$\overline{X}=\frac{1}{n}\sum_{i=1}^{m}n_i\overline{X}_{i.}\tag{1.9}$$

引入

$$S_T=\sum_{i=1}^{m}\sum_{j=1}^{n_i}(X_{ij}-\overline{X})^2\tag{1.10}$$

则 S_T 表示了样本与样本总均值 $\overline{X}$ 的总离散程度，称为**总离差平方和**。试验中的随机误差及因素 A 的各水平的效应差异都会引起 S_T 的波动。我们希望对 S_T 进行分解，将由随机误差引起的差异和由水平效应引起的差异区分开来。若由水平效应引起的差异较由随机误差引起的差异大得多，那么，我们就有理由认为因素 A 的各水平对试验结果的影响是显著的，从而拒绝 H_0。为此对 S_T 分解如下

$$\begin{aligned}S_T&=\sum_{i=1}^{m}\sum_{j=1}^{n_i}(X_{ij}-\overline{X})^2\\&=\sum_{i=1}^{m}\sum_{j=1}^{n_i}(X_{i}.-\overline{X}_{i}.+\overline{X}_{i}.-\overline{X})^2\\&=\sum_{i=1}^{m}\sum_{j=1}^{n_i}(X_{ij}-X\overline{X}_{i}.)^2+\sum_{i=1}^{m}\sum_{j=1}^{n_i}(\overline{X}_{i}.-\overline{X})^2\\&\quad+2\sum_{i=1}^{m}\sum_{j=1}^{n_i}(X_{ij}-\overline{X}_{i}.)(\overline{X}_{i}.-\overline{X})\end{aligned}$$

注意到

$$\begin{aligned}\sum_{i=1}^{m}\sum_{j=1}^{n_i}(X_{ij}-\overline{X}_{i}.)(\overline{X}_{i}.-\overline{X})&=\sum_{j=1}^{m}(\overline{X}_{i}.-\overline{X})\sum_{j=1}^{n_i}(X_{ij}-\overline{X}_{i}.)\\&=\sum_{i=1}^{m}(\overline{X}_{i}.-\overline{X})(\sum_{j=1}^{n_i}X_{ij}-n_i\overline{X}_{i}.)=0\end{aligned}$$

故
$$S_T=\sum_{i=1}^{m}\sum_{j=1}^{n_i}(X_{ij}-\overline{X}_{i\cdot})^2+\sum_{i=1}^{m}\sum_{j=1}^{n_i}(\overline{X}_{i\cdot}-\overline{X})^2$$
$$=\sum_{i=1}^{m}\sum_{j=1}^{n_i}(X_{ij}-\overline{X}_{i\cdot})^2+\sum_{i=1}^{m}n_i(\overline{X}_{i\cdot}-\overline{X})^2$$
$$\triangleq S_E+S_A \tag{1.11}$$

式(1.11)中 $S_E=\sum_{i=1}^{m}\sum_{j=1}^{n_i}(X_{ij}-\overline{X}_{i\cdot})^2$ 为各水平下的样本值与该水平下的样本均值的离差平方和，反映了各水平下样本值的随机波动情况，称为**组内平方和**。它是由试验的随机误差引起的，故又称**误差平方和**。$S_A=\sum_{i=1}^{m}n_i(\overline{X}_{i\cdot}-\overline{X})^2$，为各水平下的样本均值与样本总均值的（加权）离差平方和，反映了各水平间的样本值的差异，称为**组间平方和**。形成它的原因，除了试验中的随机误差外，更主要的是由因素 A 的各水平下的不同效应引起，故又称为**效应平方和**。

可以证明❶

$$ES_E=(n-m)\sigma^2 \tag{1.12}$$

$$ES_A=(m-1)\sigma^2+\sum_{i=1}^{m}n_i\alpha_i^2 \tag{1.13}$$

若记 $\overline{S}_E=\dfrac{S_E}{n-m}$，$\overline{S}_A=\dfrac{S_A}{m-1}$，则 $\overline{S}_E$，$\overline{S}_A$ 分别称为 S_E，S_A 的**均方**，且

$$E\overline{S}_E=\sigma^2 \tag{1.14}$$

$$E\overline{S}_A=\sigma^2+\frac{1}{m-1}\sum_{i=1}^{m}n_i\alpha_i^2 \tag{1.15}$$

式(1.14)及式(1.15)表明：$\overline{S}_E$ 是 σ^2 的无偏估计，而 $\overline{S}_A$ 仅当 H_0（$\alpha_1=\alpha_2=\cdots=\alpha_m=0$）成立时才是 σ^2 的无偏估计，否则它的期望值要大于 σ^2。这说明，比值 $\overline{S}_A/\overline{S}_E$，在 H_0 成立时应接近于1，而当 H_1 成立时总有偏大的倾向。如果比值 $\overline{S}_A/\overline{S}_E$ 比1大得多，就可拒绝假设 H_0。为此，我们采用

$$F=\frac{\overline{S}_A}{\overline{S}_E} \tag{1.16}$$

作为检验统计量。且由本章末附录（2）知，当 H_0 成立时，S_E/σ^2 与 S_A/σ^2 相互独立，且分别服从自由度为$(n-m)$，$(m-1)$的 χ^2 分布，故

$$F=\frac{S_A/(m-1)\ \sigma^2}{S_E/(n-m)\ \sigma^2}=\frac{S_A/(m-1)}{S_E/(n-m)}=\frac{\overline{S}_A}{\overline{S}_E}\sim F(m-1,\ n-m)$$

对给定的显著性水平 α，由

❶ 参见本章末附录（1）。

$$P\{F>F_{\alpha}(m-1,n-m)\}=\alpha$$

得检验问题式(1.1) 或式(1.6) 的拒绝域为

$$F>F_{\alpha}(m-1,n-m) \tag{1.17}$$

上述分析的结果可排列成表 9-4 的形式称为方差分析表。

表 9-4

方差来源	平方和	自由度	均方	F 比	显著性
因素 A	$S_A=\sum\limits_{i=1}^{m} n_i(\overline{X}_{i.}-\overline{X})^2$	$m-1$	$\overline{S}_A=S_A/m-1$	$F=\overline{S}_A/\overline{S}_E$	
误差 E	$S_E=\sum\limits_{i=1}^{m}\sum\limits_{j=1}^{ni}(X_{ij}-\overline{X}_{i.})^2$	$n-m$	$\overline{S}_E=S_E/n-m$		
总和	$S_T=\sum\limits_{i=1}^{m}\sum\limits_{j=1}^{ni}(X_{ij}-\overline{X})^2$	$n-1$			

注 1. 在具体计算时，为方便计算，减少误差，可采用下面的公式来计算

$$\text{记}\quad T_i=\sum_{j=1}^{ni} x_{ij}\quad (i=1,2,\cdots,m)$$

则 $\bar{x}_{i.}=\dfrac{\boldsymbol{T}_i}{n}$，$\bar{x}=\dfrac{1}{n}\sum\limits_{i=1}^{m} T_i(i=1,2,\cdots,m)$于是

$$\begin{cases} S_E=\sum\limits_{i=1}^{m}\sum\limits_{j=1}^{ni}(x_{ij}-x_{i.})^2=\sum\limits_{i=1}^{m}\sum\limits_{j=1}^{ni}x_{ij}{}^2-\sum\limits_{i=1}^{m}\dfrac{T_i{}^2}{n_i} \\ S_A=\sum\limits_{i=1}^{m} n_i(\bar{x}_{i.}-\bar{x})^2=\sum\limits_{i=1}^{m}\dfrac{T_i{}^2}{n_i}-\dfrac{\left(\sum\limits_{i=1}^{m}T_i\right)^2}{n} \\ S_T=S_E+S_A \qquad (n=\sum\limits_{i=1}^{m} n_i) \end{cases} \tag{1.18}$$

2. 关于检验的显著性。

当 $\alpha=0.01$ 时拒绝 H_0，即 $F\geqslant F_{0.01}$时，称因素 A 的影响高度显著，记“* *”。

当 $\alpha=0.05$ 时拒绝 H_0，但 $\alpha=0.01$ 时接受 H_0，即 F 比满足 $F_{0.05}\leqslant F<F_{0.01}$时，称因素 A 的影响显著，记作“*”。

当 $\alpha=0.1$ 时接受 H_0。即 $F<F_{0.10}$时，则认为因素 A 的各水平之间无显著差异。

3. 当 m=2 时，上面的 F 检验与两个具有同方差正态总体均值是否相等的 t-检验法是一致的。读者如有兴趣，可自己推导。

【例 3】 取 $\alpha=0.01$，检验例 2 中不同品种对玉米的平均产量是否有显著影响？

解 分别以 μ_1,μ_2,μ_3,μ_4 表示不同品种玉米平均产量总体的均值，按题意需检验假设

$$H_0:\ \mu_1=\mu_2=\mu_3=\mu_4$$

$$H_1:\ \mu_1,\ \mu_2,\ \mu_3,\ \mu_4\ \text{不全相等}$$

据表 9-2 中数据，列表计算于表 9-5 中。

表 9-5

地块 \ 产量 \ 品种	A_1	A_2	A_3	A_4	Σ
1	32.3	33.3	30.8	29.3	
2	34.0	33.0	34.3	26.0	
3	34.3	36.3	35.3	29.8	
4	35.0	36.8	32.3	28.0	
5	36.5	34.5	35.8	28.8	
T_i	172.1	173.9	168.5	141.9	656.4
T_i^2	29618.41	30241.21	28392.25	20135.61	
$T_i^2/5$	5923.682	6048.242	5678.45	4027.122	21677.50
$\sum_{j=1}^{5} x_{ij}^2$	5933.03	6060.07	5696.15	4035.97	21725.22

由此可得

$$S_E=\sum_{i=1}^{4}\sum_{j=1}^{5}x_{ij}^2-\sum_{i=1}^{4}\frac{T_i^2}{5}=21725.22-21677.50$$
$$=47.72$$

$$S_A=\sum_{i=1}^{4}\frac{T_i^2}{5}-\frac{(\sum_{i=1}^{4}T_i)^2}{4\times 5}=21677.5-\frac{(656.4)^2}{20}$$
$$=134.452$$

注意到 $m=4$，$n_1=n_2=n_3=n_4=5$，可得方差分析表 9-6。

表 9-6

方差来源	平方和	自由度	均方	F 比
因素 A	$S_A=134.452$	3	$\overline{S}_A=44.817$	15.04
误差 E	$S_E=47.72$	16	$\overline{S}_E=2.98$	
总和	$S_T=182.172$	19		

当 $\alpha=0.01$ 时，由 F 分布表可查得

$$F_\alpha(3,16)=F_{0.01}(3,16)=5.29$$

由于 $F=15.04>5.29=F_{0.01}(3,16)$，故拒绝 H_0，即认为这四个品种对玉米平均产量的影响高度显著。

三、未知参数的估计

由上面讨论，我们不难得到未知参数 μ，$\mu_i(i=1,2,\cdots,m)$ 及 σ^2 的估计。

从式(1.14) 可知，不管 H_0 是否为真

$$\hat{\sigma}^2=\frac{S_E}{n-m}$$

是 σ^2 的无偏估计。

又由式(1.7)，式(1.8) 可知

$$E\overline{X}_{i\cdot}=\frac{1}{n_i}\sum_{j=1}^{n_i}EX_{ij}=\frac{1}{n_i}\sum_{j=1}^{n_i}\mu_i=\mu_i$$

$$E\overline{X}=\frac{1}{n}\sum_{i=1}^{m}\sum_{j=1}^{n_i}EX_{ij}=\frac{1}{n}\sum_{i=1}^{m}n_i\mu_i=\mu$$

故 $\hat{\mu}=\overline{X}$，$\hat{\mu}_i=\overline{X}_{i\cdot}\quad(i=1,2,\cdots,m)$

分别是 μ，μ_i 的无偏估计。

如果检验结果为拒绝 H_0，即 $\mu_1,\mu_2,\cdots,\mu_m$ 不全相等。有时需要对第 i 个水平及第 k 个水平下均值差 $\mu_i-\mu_k$ 作出区间估计。为此，我们可以取 $\overline{X}_{i\cdot}-\overline{X}_{k\cdot}$ 作为 $\mu_i-\mu_k$ 的点估计，注意到

$$E(\overline{X}_{i\cdot}-\overline{X}_{k\cdot})=\mu_i-\mu_k$$

$$\operatorname{var}(\overline{X}_{i\cdot}-\overline{X}_{k\cdot})=\sigma^2\left(\frac{1}{n_i}+\frac{1}{n_k}\right)$$

从而

$$\frac{\overline{X}_{i\cdot}-\overline{X}_{k\cdot}-(\mu_i-\mu_k)}{\sigma\sqrt{\frac{1}{n_i}+\frac{1}{n_k}}}\sim N(0,1)$$

又 $\hat{\sigma}^2=S_E/n-m$ 是 σ^2 的无偏估计，而 $S_E/\sigma^2\sim\chi^2(n-m)$ 不难说明 $\overline{X}_{i\cdot}-\overline{X}_{k\cdot}$ 与 S_E 相互独立[1]。于是

$$T=\frac{\dfrac{\overline{X}_{i\cdot}-\overline{X}_{k\cdot}-(\mu_i-\mu_k)}{\sigma\sqrt{\frac{1}{n_i}+\frac{1}{n_k}}}}{\sqrt{\dfrac{S_E}{(n-m)\sigma^2}}}$$

$$=\frac{\overline{X}_{i\cdot}-\overline{X}_{k\cdot}-(\mu_i-\mu_k)}{\sqrt{\dfrac{S_E}{n-m}\left(\dfrac{1}{n_i}+\dfrac{1}{n_k}\right)}}\sim t(n-m)$$

据此，可得 $\mu_i-\mu_k$ 的置信度为 $1-\alpha$ 的置信区间为 $\left(\overline{X}_{i\cdot}-\overline{X}_{k\cdot}-t_{\frac{\alpha}{2}}(n-m)\sqrt{\overline{S}_E\left(\frac{1}{n_i}+\frac{1}{n_k}\right)},\ \overline{X}_{i\cdot}-\overline{X}_{k\cdot}+t_{\frac{\alpha}{2}}(n-m)\sqrt{\overline{S}_E\left(\frac{1}{n_i}+\frac{1}{n_k}\right)}\right)$。

---

[1] 由第五章定理 2.3 知，$\overline{X}_{i\cdot}$ 与 $\sum_{j=1}^{ni}(X_{ij}-\overline{X}_{i\cdot})^2$ 是相互独立的，事实上，可以将这一结论推广到多个同方差正态总体的情形，证明 $\overline{X}_{i\cdot}$ 与 $\sum_{j=1}^{ni}(X_{sj}-\overline{X}_{s\cdot})^2$ 均相互独立，(证明略)。从而可说明 $\overline{X}_{i\cdot}$ 与 S_E 独立，类似地 $\overline{X}_{k\cdot}$ 与 S_E 独立，所以 $\overline{X}_{i\cdot}-\overline{X}_{k\cdot}$ 与 S_E 独立。

【例 4】 求例3中未知参数 σ^2，μ，μ_i 的点估计及均值差的置信度为 0.95 的区间估计。

解 σ^2 的点估计为

$$\hat{\sigma}^2=\frac{S_E}{n-m}=\bar{S}_E=2.98$$

μ 及 μ_i 的无偏估计分别为

$$\hat{\mu}=\bar{x}=\frac{1}{n}\sum_{i=1}^{4}\sum_{j=1}^{5}x_{ij}=\frac{656.4}{20}=32.82$$

$$\hat{\mu}_i=\bar{x}_{i\cdot}=\frac{T_i}{5}\qquad(i=1,2,3,4)$$

从而 $\hat{\mu}_1=\frac{T_1}{5}=34.42$，$\hat{\mu}_2=\frac{T_2}{5}=34.78$，$\hat{\mu}_3=33.70$，$\hat{\mu}_4=28.38$。

当 $\alpha=0.05$ 时，$t_{\frac{\alpha}{2}}(20-4)=t_{0.025}(16)=2.1199$

$$t_{0.025}(16)\sqrt{\bar{S}_E\left(\frac{1}{n_i}+\frac{1}{n_k}\right)}=2.1199\times\sqrt{2.98\times\frac{2}{5}}=2.315$$

从而 $\mu_1-\mu_2,\mu_1-\mu_3,\mu_1-\mu_4$ 的置信度为 0.95 的置信区间分别为

$$(34.42-34.78-2.315,34.42-34.78+2.315)$$
$$=(-2.675,1.955)$$
$$(34.42-33.70-2.315,34.42-33.70+2.315)$$
$$=(-1.595,3.035)$$
$$(34.42-28.38-2.315,34.42-28.38+2.315)$$
$$=(3.725,8.355)$$

其余几个均值差($\mu_2-\mu_3,\mu_2-\mu_4,\mu_3-\mu_4$)的区间估计读者可用相同的方法自己计算。

§2 双因素方差分析

本节讨论双因素试验的方差分析。先讨论两个因素的各种水平组合只作一次试验（又叫一次搭配）的情形。

一、双因素无重复试验的方差分析

设因素 A 有 r 个水平 $A_1,A_2,\cdots,A_r$；因素 B 有 s 个水平 $B_1,B_2,\cdots,B_s$。今对两个因素的每种水平搭配（A_i,B_j）进行一次独立试验，结果为 X_{ij} ($i=1,2,\cdots,r;j=1,2,\cdots,s$)，(见表 9-7)。

表 9-7

因素 B \ 因素 A	A_1	A_2	…	A_r
B_1	X_{11}	X_{21}	…	X_{r1}
B_2	X_{12}	X_{22}	…	X_{r2}
⋮	…	…	…	…
B_s	X_{1s}	X_{2s}	…	X_{rs}

假定在水平（A_i，B_j）组合下的试验结果独立地服从正态分布 $N(\mu_{ij},\sigma^2)$。μ_{ij} 表示在水平组合(A_i,B_j)之下试验的期望（理论）值，则 X_{ij} 可以看作是来自总体 $N(\mu_{ij},\sigma^2)$ 的容量为1的样本，故 $X_{ij}\sim N(\mu_{ij},\sigma^2)(i=1,2,\cdots,r;j=1,2,\cdots,s)$，且相互独立。仿前一节讨论，记$\varepsilon_{ij}=X_{ij}-\mu_{ij}$，则 X_{ij} 可表示成

$$\begin{cases}X_{ij}=\mu_{ij}+\varepsilon_{ij}\\ \varepsilon_{ij}\sim N(0,\sigma^2)\ (i=1,2,\cdots,r;\ j=1,2,\cdots,s)\\ \text{各 }\varepsilon_{ij}\text{ 相互独立}\end{cases} \tag{2.1}$$

引入记号

$$\mu=\frac{1}{rs}\sum_{i=1}^{r}\sum_{j=1}^{s}\mu_{ij}$$

$$\mu_{i.}=\frac{1}{s}\sum_{j=1}^{s}\mu_{ij}\qquad (i=1,2,\cdots,r)$$

$$\mu_{.j}=\frac{1}{r}\sum_{i=1}^{r}\mu_{ij}\qquad (j=1,2,\cdots,s)$$

$$\alpha_i=\mu_{i.}-\mu\qquad (i=1,2,\cdots,r)$$

$$\beta_j=\mu_{.j}-\mu\qquad (j=1,2,\cdots,s)$$

称 μ 为总平均，α_i 为因素 A 的第 i 个水平的效应，β_j 为因素 B 的第 j 个水平的效应。可以验证 α_i,β_j 满足关系式

$$\sum_{i=1}^{r}\alpha_i=0,\quad \sum_{j=1}^{s}\beta_j=0$$

假定

$$\mu_{ij}=\mu+\alpha_i+\beta_j\,(i=1,2,\cdots,r;j=1,2,\cdots,s) \tag{2.2}$$

则式(2.1) 可表示为

$$\begin{cases}X_{ij}=\mu+\alpha_i+\beta_j+\varepsilon_{ij}\\ \varepsilon_{ij}\sim N(0,\sigma^2)\\ \text{诸 }\varepsilon_{ij}\text{ 相互独立}\qquad (i=1,2,\cdots,r;j=1,2,\cdots,s)\\ \sum_{i=1}^{r}\alpha_i=\sum_{j=1}^{s}\beta_j=0\end{cases} \tag{2.3}$$

其中 $\mu,\alpha_i,\beta_j,\sigma^2$ 均为未知参数。式(2.3) 称为无交互作用的方差分析模型。在该模型中，要判断因素 A，B 对试验结果是否有显著影响，等价要检验假设

$$\begin{cases}H_{01}:\alpha_1=\alpha_2=\cdots=\alpha_r=0\\ H_{11}:\alpha_1,\alpha_2,\cdots,\alpha_r\text{ 不全为零}\end{cases} \tag{2.4}$$

和

$$H_{02}:\beta_1=\beta_2=\cdots=\beta_s=0$$

$$H_{12}:\beta_1,\beta_2,\cdots,\beta_s\text{ 不全为零} \tag{2.5}$$

导出检验假设式(2.4) 及式(2.5) 的检验法，与单因素方差分析相类似，也可以借助于对总离差平方和的分解。先引入以下记号：

$$\overline{X}=\frac{1}{rs}\sum_{i=1}^{r}\sum_{j=1}^{s}X_{ij}$$

$$\overline{X}_{i\cdot}=\frac{1}{s}\sum_{j=1}^{s}X_{ij}\qquad(i=1,2,\cdots,r)$$

$$\overline{X}_{\cdot j}=\frac{1}{r}\sum_{i=1}^{r}X_{ij}\qquad(j=1,2,\cdots,s)$$

总离差平方和

$$\begin{aligned}S_T&=\sum_{i=1}^{r}\sum_{j=1}^{s}(X_{ij}-\overline{X})^2\\&=\sum_{i=1}^{r}\sum_{j=1}^{s}[(X_{ij}-\overline{X}_{i\cdot}-\overline{X}_{\cdot j}+\overline{X})+\\&\quad(\overline{X}_{i\cdot}-\overline{X})+(\overline{X}_{\cdot j}-\overline{X})]^2\\&=\sum_{i=1}^{r}\sum_{j=1}^{s}(X_{ij}-\overline{X}_{i\cdot}-\overline{X}_{\cdot j}+\overline{X})^2+\\&\quad\sum_{i=1}^{r}\sum_{j=1}^{s}(\overline{X}_{i\cdot}-\overline{X})^2+\sum_{i=1}^{r}\sum_{j=1}^{s}(\overline{X}_{\cdot j}-\overline{X})^2\\&\overset{❶}{=}\sum_{i=1}^{r}\sum_{j=1}^{s}(X_{ij}-\overline{X}_{i\cdot}-\overline{X}_{\cdot j}+\overline{X})^2+\\&\quad s\sum_{i=1}^{r}(\overline{X}_{i\cdot}-\overline{X})^2+r\sum_{j=1}^{s}(\overline{X}_{\cdot j}-\overline{X})^2\\&\triangleq S_E+S_A+S_B\end{aligned}\tag{2.6}$$

其中 $S_E=\sum_{i=1}^{r}\sum_{j=1}^{s}(X_{ij}-\overline{X}_{i\cdot}-\overline{X}_{\cdot j}+\overline{X})^2$，称为**误差平方和**；$S_A=s\sum_{i=1}^{r}(\overline{X}_{i\cdot}-\overline{X})^2$，$S_B=r\sum_{j=1}^{s}(\overline{X}_{\cdot j}-\overline{X})^2$ 分别称为因素 A，B 的**效应平方和**。

可以证明，S_T，S_E，S_A，S_B 的自由度依次为 $rs-1$，$(r-1)(s-1)$，$(r-1)$，$(s-1)$，且

$$\begin{cases}E\left(\dfrac{S_E}{(r-1)(s-1)}\right)=\sigma^2\\E\left(\dfrac{S_A}{r-1}\right)=\sigma^2+\dfrac{s}{r-1}\sum_{i=1}^{r}\alpha_i^2\\E\left(\dfrac{S_B}{s-1}\right)=\sigma^2+\dfrac{r}{s-1}\sum_{j=1}^{s}\beta_j^2\end{cases}\tag{2.7}$$

当 H_{01}：$\alpha_1=\alpha_2=\cdots=\alpha_r=0$ 为真时，可以证明

---

❶ 不难验证 S_T 展开式中各交叉项为 0。

$$F_A=\frac{S_A/(r-1)}{S_E/(r-1)(s-1)}=\frac{\overline{S}_A}{\overline{S}_E}\sim F(r-1,(r-1)(s-1)) \tag{2.8}$$

取显著性水平 α，得检验问题(2.4) 的拒绝域为

$$F_A=\overline{S}_A/\overline{S}_E\geqslant F_\alpha(r-1,(r-1)(s-1)) \tag{2.9}$$

类似地，当 H_{02}：$\beta_1=\beta_2=\cdots=\beta_s=0$ 成立时

$$F_B=\frac{S_B/(s-1)}{S_E/(r-1)(s-1)}=\overline{S}_B/\overline{S}_E\sim F(s-1,(r-1)(s-1)) \tag{2.10}$$

从而检验问题(2.5) 的拒绝域为

$$F_B=\overline{S}_B/\overline{S}_E\geqslant F_\alpha(s-1,(r-1)(s-1)) \tag{2.11}$$

其中 $\overline{S}_A=\frac{S_A}{r-1}$，$\overline{S}_B=\frac{S_B}{s-1}$，$\overline{S}_E=\frac{S_E}{(r-1)(s-1)}$分别称为 S_A，S_B，S_E 的**均方**。

上述结果可汇总成下列的方差分析表 9-8。

表 9-8

方差来源	平方和	自由度	均 方	F 比
因素 A	S_A	$r-1$	$\overline{S}_A=S_A/r-1$	$F_A=\overline{S}_A/\overline{S}_E$
因素 B	S_B	$s-1$	$\overline{S}_B=S_B/s-1$	$F_B=\overline{S}_B/\overline{S}_E$
误差 E	S_E	$(r-1)(s-1)$	$\overline{S}_E=\frac{S_E}{(r-1)(s-1)}$	
总和	S_T	$rs-1$		

在用样本观察值 x_{ij} 具体计算各个平方和时，可以按下面公式计算。

记
$$T_{i\cdot}=\sum_{j=1}^{s}x_{ij}\text{，}T_{\cdot j}=\sum_{i=1}^{r}x_{ij}$$

则
$$\bar{x}_{i\cdot}=\frac{1}{s}T_{i\cdot}\text{，}\quad \bar{x}_{\cdot j}=\frac{1}{r}T_{\cdot j}$$

$$\begin{cases}S_A=s\sum\limits_{i=1}^{r}(\bar{x}_{i\cdot}-\bar{x})^2=\frac{1}{s}\sum\limits_{i=1}^{r}T_{i\cdot}^2-\frac{1}{rs}(\sum\limits_{i=1}^{r}T_{i\cdot})^2\\ S_B=r\sum\limits_{j=1}^{s}(\bar{x}_{\cdot j}-\bar{x})^2=\frac{1}{r}\sum\limits_{j=1}^{s}T_{\cdot j}^2-\frac{1}{rs}(\sum\limits_{j=1}^{r}T_{\cdot j})^2\\ S_E=\sum\limits_{i=1}^{r}\sum\limits_{j=1}^{s}x_{ij}^2-\frac{1}{s}\sum\limits_{i=1}^{r}T_{i\cdot}^2-\frac{1}{r}\sum\limits_{j=1}^{s}T_{\cdot j}{}^2+\frac{1}{rs}(\sum\limits_{i=1}^{r}T_{i\cdot})^2\\ S_T=S_A+S_B+S_E\end{cases} \tag{2.12}$$

【例 1】 为了考察蒸馏水的 pH 值和硫酸铜溶液浓度对化验血清中白蛋白与球蛋白的影响，对蒸馏水的 pH 值（因素 A）取了 4 个不同水平，对硫酸铜的浓度（因素 B）取了 3 个不同水平。在不同水平搭配下各测一次白蛋白与球蛋白之比，

其结果列于表 9-9。试用方差分析来检验两个因素对化验结果有无显著影响。

表 9-9

浓度 (B)	pH 值 (A)			
	$A_1=5.40$	$A_2=5.60$	$A_3=5.70$	$A_4=5.80$
	白蛋白与球蛋白比			
$B_1=0.04$	3.5	2.6	2.0	1.4
$B_2=0.08$	2.3	2.0	1.5	0.8
$B_3=0.10$	2.0	1.9	1.2	0.3

解 根据表 9-9 数据，列表 9-10 计算如下。

表 9-10

因素 B	因素 A				$\sum$	$(\sum)^2$
	A_1	A_2	A_3	A_4		
B_1	3.5	2.6	2.0	1.4	9.5	90.25
B_2	2.3	2.0	1.5	0.8	6.6	43.56
B_3	2.0	1.9	1.2	0.3	5.4	29.16
$\sum$	7.8	6.5	4.7	2.5	21.5	162.97
$(\sum)^2$	60.84	42.25	22.09	6.25	131.43	
$\sum_{j=1}^{3} x_{ij}^2$	21.54	14.37	7.69	2.69	46.29	

根据表 9-10 的数据，可算得 ($r=4, s=3$)

$$\frac{1}{s}\sum_{i=1}^{r} T_{i\cdot}{}^2=\frac{131.43}{3}=43.81,\quad \frac{1}{4}\sum_{j=1}^{3} T_{\cdot j}{}^2=\frac{162.97}{4}=40.74$$

$$\sum_{i=1}^{4}\sum_{j=1}^{3} x_{ij}{}^2=46.29,\quad \frac{1}{rs}(\sum_{i=1}^{r} T_{i\cdot})^2=\frac{21.5^2}{12}=38.52$$

所以

$$S_A=43.81-38.52=5.29$$

$$S_B=40.74-38.52=2.22$$

$$S_E=46.29-43.81-40.74+38.52=0.26$$

得方差分析表 9-11 如下：

表 9-11

方差来源	平方和	自由度	均方	F 比
因素 A	5.29	3	1.76	40.93
因素 B	2.22	2	1.11	25.81
误差 E	0.26	6	0.043	
总和	7.77	11		

查 F 分布表得 $F_{0.01}(3,6)=9.78$，$F_{0.01}(2,6)=10.92$

由于 $F_A>F_{0.01}(3,6)$，$F_B>F_{0.01}(2,6)$，所以因素 A 与因素 B 对化验结果的影响高度显著。

二、双因素等重复试验的方差分析

上面，我们仅考虑了两因素中的各个因素单独对试验结果产生影响的显著性，为此，我们对两个因素的各水平组合作一次观察。而事实上，当试验受到两个（或两个以上）因素的影响时，还需考虑各因素不同水平搭配对试验结果产生的作用，这种作用称为交互作用。在试验中考虑交互作用的影响是区分单因素分析与多因素分析的本质所在。为了要考察交互作用对试验的影响，必须对各因素的每对水平搭配作独立的二次以上的重复试验。这里仅讨论两个因素下各水平搭配下的重复试验次数相等的情形。

与本节前一部分相同，仍假设试验受到两个因素 A,B 的影响，因素 A 有 r 个水平 A_1，A_2，…，A_r，因素 B 有 s 个水平 $B_1,B_2,\cdots,B_s$。今为了要考察因素 AB 的交互作用影响，对 A,B 的每个水平搭配(A_i,B_j)，作 l 次独立观察，结果记为 $X_{ijk}(i=1,2,\cdots,r;j=1,2,\cdots,s;k=1,2,\cdots,l)$。

如果仍假定在每个水平搭配(A_i,B_j)下的总体服从于同方差的正态分布 $N(\mu_{ij},\sigma^2)$，则

$$X_{ijk}\sim N(\mu_{ij},\sigma^2)\qquad(i=1,2,\cdots,r;\ j=1,2,\cdots,s;\ k=1,2,\cdots,l)$$

沿用本节前段记号，仍以 $\alpha_i=\mu_{i\cdot}-\mu,\beta_j=\mu_{\cdot j}-\mu$ 分别表示因素 A,B 的第 i,j 个水平的效应，由式(2.2)引入

$$\begin{aligned}\gamma_{ij}&=\mu_{ij}-\mu-\alpha_i-\beta_j\\&=\mu_{ij}-\mu_{i\cdot}-\mu_{\cdot j}+\mu\end{aligned}\tag{2.13}$$

称 γ_{ij} 为因素 A,B 在水平 A_i,B_j 下的交互作用效应。容易验证

$$\begin{cases}\sum_{i=1}^{r}\alpha_{i=0},\ \sum_{j=1}^{s}\beta_j=0,\ \sum_{i=1}^{r}\gamma_{ij}=\sum_{j=1}^{s}\gamma_{ij}=0\\ i=1,\ 2,\ \cdots,\ r;\ j=1,\ 2,\ \cdots,\ s\end{cases}\tag{2.14}$$

记 $\varepsilon_{ijk}=X_{ijk}-\mu_{ij}$，于是有

$$\begin{cases}X_{ijk}=\mu+\alpha_i+\beta_j+\gamma_{ij}+\varepsilon_{ijk}\\ \varepsilon_{ijk}\sim N(0,\sigma^2)(i=1,2,\cdots,r;\ j=1,2,\cdots,s;\ k=1,2,\cdots,l)\\ \text{诸 }\varepsilon_{ijk}\text{ 相互独立}\\ \sum_{i=1}^{r}\alpha_i=0,\ \sum_{j=1}^{s}\beta_j=0,\ \sum_{i=1}^{r}\gamma_{ij}=\sum_{j=1}^{s}\gamma_{ij}=0\end{cases}\tag{2.15}$$

其中，$\mu,\alpha_i,\beta_j,\gamma_{ij},\sigma^2$ 都是未知参数。

式(2.15) 就是我们所要研究等重复试验的方差分析模型。对于这一模型要检验以下三个假设

$$\begin{cases}H_{01}:\alpha_1=\alpha_2=\cdots=\alpha_r=0\\ H_{11}:\alpha_1,\alpha_2,\cdots,\alpha_r\text{ 不全为零}\end{cases}\tag{2.16}$$

$$\begin{cases}H_{02}:\beta_1=\beta_2=\cdots=\beta_s=0\\ H_{12}:\beta_1,\beta_2,\cdots,\beta_s\text{ 不全为零}\end{cases}\tag{2.17}$$

$$\begin{cases}H_{03}:\gamma_{11}=\gamma_{12}=\cdots=\gamma_{rs}=0\\ H_{13}:\gamma_{11},\gamma_{12},\cdots,\gamma_{rs}\text{ 不全为零}\end{cases}\tag{2.18}$$

这里仍可以通过对总离差平方和分解来得到上述三个假设的检验法。为此，引入记号

$$\overline{X}=\frac{1}{rsl}\sum_{i=1}^{r}\sum_{j=1}^{s}\sum_{k=1}^{l}X_{ijk}$$

$$\overline{X}_{i\cdot\cdot}=\frac{1}{sl}\sum_{j=1}^{s}\sum_{k=1}^{l}X_{ijk}\quad(i=1,2,\cdots,r)$$

$$\overline{X}_{\cdot j\cdot}=\frac{1}{rl}\sum_{i=1}^{r}\sum_{k=1}^{l}X_{ijk}\quad(j=1,2,\cdots,s)$$

$$\overline{X}_{ij\cdot}=\frac{1}{l}\sum_{k=1}^{l}X_{ijk}\quad(i=1,2,\cdots,r;j=1,2,\cdots,s)$$

总离差平方和

$$\begin{aligned}S_T&=\sum_{i=1}^{r}\sum_{j=1}^{s}\sum_{k=1}^{l}(X_{ijk}-\overline{X})^2\\&=\sum_{i=1}^{r}\sum_{j=1}^{s}\sum_{k=1}^{l}[(X_{ijk}-\overline{X}_{ij\cdot})+(\overline{X}_{i\cdot\cdot}-\overline{X})+\\&\quad(\overline{X}_{\cdot j\cdot}-\overline{X})+(\overline{X}_{ij\cdot}-\overline{X}_{i\cdot\cdot}-\overline{X}_{\cdot j\cdot}+\overline{X})]^2\\&=\sum_{i=1}^{r}\sum_{j=1}^{s}\sum_{k=1}^{l}(X_{ijk}-\overline{X}_{ij\cdot})^2+sl\sum_{i=1}^{r}(\overline{X}_{i\cdot\cdot}-\overline{X})^2+\\&\quad rl\sum_{j=1}^{s}(\overline{X}_{\cdot j\cdot}-\overline{X})^2+l\sum_{i=1}^{r}\sum_{j=1}^{s}(\overline{X}_{ij\cdot}-\overline{X}_{i\cdot\cdot}-\overline{X}_{\cdot j\cdot}+\overline{X})^2\\&\triangleq S_E+S_A+S_B+S_{AB}\end{aligned}\tag{2.19}$$

其中

$$S_E=\sum_{i=1}^{r}\sum_{j=1}^{s}\sum_{k=1}^{l}(X_{ijk}-\overline{X}_{ij\cdot})^2$$

$$S_A=sl\sum_{i=1}^{r}(\overline{X}_{i\cdot\cdot}-\overline{X})^2$$

$$S_B=rl\sum_{j=1}^{s}(\overline{X}_{\cdot j\cdot}-\overline{X})^2$$

$$S_{AB}=l\sum_{i=1}^{r}\sum_{j=1}^{s}(\overline{X}_{ij\cdot}-\overline{X}_{i\cdot\cdot}-\overline{X}_{\cdot j\cdot}+\overline{X})^2$$

S_{AB} 为因子 A，B 的交互作用引起的离差平方和，它反映了因素 A 与 B 的交互作用对试验结果的影响，称为**交互效应平方和。**

另一方面，可以证明，S_E,S_A,S_B,S_{AB} 的自由度依次为 $rs(l-1),r-1,s-1,(r-1)(s-1)$。且若记 $\overline{S}_E=\dfrac{S_E}{rs(l-1)}$，$\overline{S}_A=\dfrac{S_A}{r-1}$，$\overline{S}_B=\dfrac{S_B}{s-1}$，$\overline{S}_{AB}=\dfrac{S_{AB}}{(r-1)(s-1)}$ 分别称为 S_E,S_A,S_B,S_{AB} 的**均方**。则有

$$\begin{cases}E(\bar{S}_E)=\sigma^2\\E(\bar{S}_A)=\sigma^2+\dfrac{sl}{r-1}\sum\limits_{i=1}^{r}\alpha_i{}^2\\E(\bar{S}_B)=\sigma^2+\dfrac{rl}{s-1}\sum\limits_{j=1}^{s}\beta_j{}^2\\E(\bar{S}_{AB})=\sigma^2+\dfrac{l}{(r-1)(s-1)}\sum\limits_{i=1}^{r}\sum\limits_{j=1}^{s}\gamma_{ij}{}^2\end{cases}\tag{2.20}$$

还可以证明

当 H_{01} 为真时　　$F_A=\bar{S}_A/\bar{S}_E\sim F(r-1,rs(l-1))$

当 H_{02} 为真时　　$F_B=\bar{S}_B/\bar{S}_E\sim F(s-1,rs(l-1))$

当 H_{03} 为真时　　$F_{AB}=\bar{S}_{AB}/\bar{S}_E\sim F((r-1)(s-1),rs(l-1))$

注意到当 H_{01},H_{02},H_{03} 不成立时，统计量 F_A,F_B,F_{AB} 均有偏大趋势。故对给定的显著性水平 α，检验问题式(2.16)～式(2.18)的拒绝域分别为

$$\begin{cases}F_A\geqslant F_\alpha(r-1,rs(l-1))\\F_B\geqslant F_\alpha(s-1,rs(l-1))\\F_{AB}\geqslant F_\alpha((r-1)(s-1),rs(l-1))\end{cases}\tag{2.21}$$

现将上述结果列于下面的方差分析表 9-12 内。

表 9-12

方差来源	平方和	自由度	均方	F 比
因素 A	S_A	$r-1$	$\bar{S}_A=\dfrac{S_A}{r-1}$	$F_A=\dfrac{\bar{S}_A}{\bar{S}_E}$
因素 B	S_B	$s-1$	$\bar{S}_B=\dfrac{S_B}{s-1}$	$F_B=\dfrac{\bar{S}_B}{\bar{S}_E}$
交互作用 AB	S_{AB}	$(r-1)(s-1)$	$\bar{S}_{AB}=\dfrac{S_{AB}}{(r-1)(s-1)}$	$F_{AB}=\dfrac{\bar{S}_{AB}}{\bar{S}_E}$
误差 E	S_E	$rs\ (l-1)$	$\bar{S}_E=\dfrac{S_E}{rs(l-1)}$	
总和	S_T	$rsl-1$		

在用样本观察值 x_{ijk} 具体计算时，可用下面的公式。

记　　$T_{ij\cdot}=\sum\limits_{k=1}^{l}x_{ijk}$，$T_{i\cdot\cdot}=\sum\limits_{j=1}^{s}\sum\limits_{k=1}^{l}x_{ijk}$

$$T_{\cdot j\cdot}=\sum_{i=1}^{r}\sum_{k=1}^{l}x_{ijk}$$

则
$$
\begin{cases}
S_A=\frac{1}{sl}\sum_{i=1}^{r}T_{i..}^2-\frac{1}{rsl}(\sum_{i=1}^{r}T_{i..})^2\\
S_B=\frac{1}{rl}\sum_{j=1}^{s}T_{.j.}^2-\frac{1}{rsl}(\sum_{j=1}^{s}T_{.j.}^2)\\
S_{AB}=\frac{1}{l}\sum_{i=1}^{r}\sum_{j=1}^{s}T_{ij.}^2-\frac{1}{sl}\sum_{i=1}^{r}T_{i..}^2\\
\qquad -\frac{1}{rl}\sum_{j=1}^{s}T_{.j.}^2+\frac{1}{rsl}(\sum_{i=1}^{r}T_{i..})^2\\
S_E=\sum_{i=1}^{r}\sum_{j=1}^{s}\sum_{k=1}^{l}x_{ijk}^2-\frac{1}{l}\sum_{i=1}^{r}\sum_{j=1}^{s}T_{ij.}^2
\end{cases}
\tag{2.22}
$$

【例 2】 表 9-13 记录了三名工人分别在四台不同机器上工作三天的日产量。

表 9-13

机器 A / 日产量 / 工人 B	A_1	A_2	A_3	A_4
甲	15,15,17	17,17,17	15,17,16	18,20,22
乙	19,19,16	15,15,15	18,17,16	15,16,17
丙	16,18,21	19,22,22	18,18,18	17,17,17

试问工人间操作水平差异，机器之间的差异及工人与机器之间的交互作用是否显著。

解　列表计算如下（表 9-14）：

表 9-14

机器 A / 日产量 / 工人 B	$A_1(T_{1j.})$	$A_2(T_{2j.})$	$A_3(T_{3j.})$	$A_4(T_{4j.})$	$\sum$	$(\sum)^2$
甲	15,15,17 (47)	17,17,17 (51)	15,17,16 (48)	18,20,22 (60)	206	42436
乙	19,19,16 (54)	15,15,15 (45)	18,17,16 (51)	15,16,17 (48)	198	39204
丙	16,18,21 (55)	19,22,22 (63)	18,18,18 (54)	17,17,17 (51)	223	49729
$\sum$	156	159	153	159	627	131369
$(\sum)^2$	24336	25281	23409	25281	98307	
$\sum_{j=1}^{3}T_{ij.}^2$	8150	8595	7821	8505	33071	
$\sum_{j=1}^{3}\sum_{k=1}^{3}x_{ijk}^2$	2738	2871	2611	2845	11065	

注意到$r=4,s=l=3$，所以

$$S_A=\frac{1}{3\times3}\sum_{i=1}^{4}T_{i\cdot\cdot}^2-\frac{1}{4\times3\times3}\left(\sum_{i=1}^{4}T_{i\cdot\cdot}\right)^2$$

$$=\frac{1}{9}\times98307-\frac{1}{36}\times(627)^2=2.75$$

$$S_B=\frac{1}{4\times3}\sum_{j=1}^{3}T_{\cdot j\cdot}^2-\frac{1}{4\times3\times3}\left(\sum_{j=1}^{3}T_{\cdot j\cdot}\right)^2$$

$$=\frac{1}{12}\times131369-\frac{1}{36}\times(627)^2=27.167$$

$$S_{AB}=\frac{1}{3}\sum_{i=1}^{4}\sum_{j=1}^{3}T_{ij\cdot}^2-\frac{1}{3\times3}\sum_{i=1}^{4}T_{i\cdot\cdot}^2-\frac{1}{4\times3}\sum_{j=1}^{3}T_{\cdot j\cdot}^2$$

$$+\frac{1}{4\times3\times3}\left(\sum_{i=1}^{4}T_{i\cdot\cdot}\right)^2$$

$$=\frac{1}{3}\times33071-\frac{1}{9}\times98307-\frac{1}{12}\times131369+\frac{1}{36}(627)^2$$

$$=73.5$$

$$S_E=\sum_{i=1}^{4}\sum_{j=1}^{3}\sum_{k=1}^{3}x_{ijk}^2-\frac{1}{3}\sum_{i=1}^{4}\sum_{j=1}^{3}T_{ij\cdot}^2$$

$$=11065-\frac{1}{3}\times33071=41.333$$

得方差分析如表 9-15 所示。

表 9-15

方差来源	平方和	自由度	均方	F 比
因素 A	2.75	3	0.917	0.533
因素 B	27.167	2	13.584	7.889
交互作用 AB	73.5	6	12.25	7.114
误差 E	41.333	24	1.722	
总和	144.75	35		

查 F 分布表得 $F_{0.10}(3,24)=2.33$，$F_{0.01}(2,24)=5.61$，$F_{0.01}(6,24)=3.67$。

因 $F_A<F_{0.10}(3,24)$，$F_B>F_{0.01}(2,24)$，$F_{AB}>F_{0.01}(6,24)$，表明四台机器的差异并不显著，而工人的操作水平及工人与机器搭配产生的交互作用，对试验结果的影响高度显著。

*§3 协方差分析

本节简要介绍协方差分析的概念、理论和方法。

一、协方差分析的概念

在一项试验中，影响事物的因素可以是定量的，也可以是定性的。例如，当我们研究温度和某种试剂的浓度对生产过程的产量的影响时，我们可以拟合回归模型。这里，温度和浓度是定量的。但在很多试验中经常遇到严格定性的因素，如地理位置，肥料的类型、谷物的品种、处理的方法、药物的类型等。例如，我们希望通过测量某种指标 y 来比较三种不同的药物对人的作用，就可以用单因素方差分析理论来解决。

一般地，当所有因素都是定量处理时，称为回归分析；当所有因素都定性地处理时，称为方差分析。而在不少实际问题中，有些因素需定量处理，有些因素需定性处理。这种问题既不能单独地用回归分析理论处理，也不能单独地用方差分析的理论来处理。这时就必须应用称之为协方差分析的理论来处理。简言之，协方差分析是回归分析与方差分析的混合，其因素一些是定量的，一些是定性的。例如，前面提到的测量某种指标 y 来比较三种不同的药物对人的作用这个例子中，人们通过进一步研究发现，药物的效果可能还与病人的年龄、体重等定量处理的因素有关，药物类型是定性处理的因素，是可以控制的变量，简称可控变量，又称为分类变量。而病人的年龄、体重是随机变量（因为我们不可能要求病人是同一年龄，同一体重的），是不可控制的变量，称其为协变量。这样，协方差分析以分类变量和协变量为自变量。

为了说明协方差分析的理论和方法，我们看一例。

【例 1】 比较三种猪饲料 A_1,A_2,A_3 对猪催肥的效果，测得每头猪增加的重量 y 和初始重量 x 数据如表 9-16。

表 9-16　猪体重增长数据

A_1	x	15	13	11	12	12	16	14	17	$\bar{x}_1=13.75$
	y	85	83	65	76	80	91	84	90	$\bar{y}_1=81.75$
A_2	x	17	16	18	18	21	22	19	18	$\bar{x}_2=18.628$
	y	97	90	100	95	103	106	99	94	$\bar{y}_2=98$
A_3	x	22	24	20	23	25	27	30	32	$\bar{x}_3=25.375$
	y	89	91	83	95	100	102	105	110	$\bar{y}_3=96.875$

问三种饲料对催肥有无显著的不同？哪种饲料效果最好？初始重量与猪增加的重量有无明显的关系？

在这个问题中，饲料 A 是分类变量，它的三个水平 A_1,A_2,A_3 是可以控制的；而猪的初始重量 x 是不可控的，是协变量，我们需要分析它与增加重量的关系。如果不考虑猪的初始重量 x 的影响，由单因素方差分析的理论可得方差分析表 9-17。

表 9-17　饲料对增重的方差分析表

方差来源	平方和	自由度	均方	F 比	临界值
饲料	1317.583	2	658.792	11.17	$F_{0.01}=5.8$
误差	1238.375	21	58.970		
总和	2555.958	23			

从方差分析表可以看出，三种饲料对催肥有非常显著的差异，由 $\bar{y}_1=81.75$，$\bar{y}_2=98$，$\bar{y}_3=96.875$ 断定第二种饲料最好，第三种次之，第一种最差。但仔细分

析猪体重增加数据发现，这个结论有问题：吃饲料 A_1 猪的初始重量($\bar{x}_1=13.75$)比较低，吃饲料 A_2 猪的初始重量($\bar{x}_2=18.628$)稍高，而吃饲料 A_3 的猪初始重量($\bar{x}_3=25.375$)最重。从实践知道，初重越大的猪长得越快。因此，不考虑猪初始重量而单纯用方差分析的方法是不行的。即应当把初始重量的影响扣除才对。如何扣除初始重量的影响呢？从此例 1 来看，首先应该判断猪增重与初始重量是否有关，如果有关，就涉及如何扣除其影响了。以猪初始重量 x 为横坐标，以猪增重 y 为纵坐标，描出相当多点(x,y)，我们发现，对每一种饲料而言，x 与 y 有明显的线性关系。于是，我们假设

(1) 猪的初重 x 与增重 y 之间呈线性关系，即 $y=b_0+bx$；

(2) A_i 饲料增重 μ_i；

(3) 猪的增重受随机误差 ε_{ij} 影响，其中 ε_{ij} 相互独立，且均服从 $N(0,\sigma^2)$ 分布。于是例 1 中数据有如下结构

$$\begin{cases} y_{ij}=b_0+bx_{ij}+\mu_i+\varepsilon_{ij} & (i=1,2,3;\ j=1,2,\cdots,8) \\ \varepsilon_{ij}\ \text{相互独立，且均服从}\ N(0,\sigma^2) \end{cases}$$

按惯例，取 α_i,μ，使

$$\mu+\alpha_i=b_0+\mu_i,\quad \sum_{i=1}^{3}\alpha_i=0$$

则例 1 的数学模型为

$$\begin{cases} y_{ij}=bx_{ij}+\mu+\alpha_i+\varepsilon_{ij} & (i=1,2,3;\ j=1,2,\cdots,8) \\ \varepsilon_{ij}\sim N(0,\sigma^2)\text{，且相互独立} \\ \sum_{i=1}^{3}\alpha_i=0 \end{cases}$$

二、单因素单协变量的协方差分析

为简单起见，只介绍单因素单协变量的协方差分析的理论和方法。

设因素 A 有 m 个水平，每个水平试验 r 次，单因素单协变量的协方差分析的数学模型为

$$\begin{cases} y_{ij}=bx_{ij}+\mu+\alpha_i+\varepsilon_{ij} & (i=1,2,\cdots,m;\ j=1,2,\cdots,r) \\ \varepsilon_{ij}\sim N(0,\sigma^2)\text{，且相互独立} \\ \sum_{i=1}^{m}\alpha_i=0 \end{cases}$$

为方便计，令 $b_i=\mu+\alpha_i$。为估计 b_i,b，可令

$$Q(b_i,b)=\sum_{i=1}^{m}\sum_{j=1}^{r}(y_{ij}-b_i-bx_{ij})^2 \tag{3.1}$$

则使 $Q(b_i,b)$ 达到最小的 b_i，b 即为所求。

求 $\dfrac{\partial Q}{\partial b_i},\dfrac{\partial Q}{\partial b}$，并令其为零，则得

$$\sum_{j=1}^{r}(y_{ij}-b_i-bx_{ij})=0\quad (i=1,2,\cdots,m) \tag{3.2}$$

$$\sum_{i=1}^{m}\sum_{j=1}^{r}(y_{ij}-b_i-bx_{ij})x_{ij}=0 \tag{3.3}$$

令
$$n=mr,\ \bar{y}_i=\frac{1}{r}\sum_{j=1}^{r}y_{ij},\ \bar{x}_i=\frac{1}{r}\sum_{j=1}^{r}x_{ij}$$

$$\bar{y}=\frac{1}{m}\sum_{i=1}^{m}\bar{y}_i=\frac{1}{n}\sum_{i=1}^{m}\sum_{j=1}^{r}y_{ij},\ \bar{x}=\frac{1}{n}\sum_{i=1}^{m}\sum_{j=1}^{r}x_{ij}$$

则由式(3.2)得

$$b_i=\bar{y}_i-b\bar{x}_i \quad (i=1,2,\cdots,m) \tag{3.4}$$

再由式(3.2)有

$$\sum_{j=1}^{r}(y_{ij}-b_i-bx_{ij})\bar{x}_i=0 \tag{3.5}$$

于是由式(3.3)、式(3.5)有

$$\sum_{i=1}^{m}\sum_{j=1}^{r}(y_{ij}-b_i-bx_{ij})(x_{ij}-\bar{x}_i)=0 \tag{3.6}$$

将式(3.4)代入式(3.6)得

$$\sum_{i=1}^{m}\sum_{j=1}^{r}(y_{ij}-\bar{y}_i+b\bar{x}_i-bx_{ij})(x_{ij}-\bar{x}_i)=0 \tag{3.7}$$

解得 b,b_i 的估计为

$$\hat{b}=\frac{\sum_{i=1}^{m}\sum_{j=1}^{r}(y_{ij}-\bar{y}_i)(x_{ij}-\bar{x}_i)}{\sum_{i=1}^{m}\sum_{j=1}^{r}(x_{ij}-\bar{x}_i)^2} \tag{3.8}$$

$$\hat{b}_i=\bar{y}_i-\hat{b}\bar{x}_i \quad (i=1,2,\cdots,m) \tag{3.9}$$

为了检验协变量是否显著，即检验

$$H_{01}:\ b=0$$

先求

$$r_1=\min Q(b_i,b)$$

上面已求得满足上述条件的 r_1 为

$$r_1=\sum_{i=1}^{m}\sum_{j=1}^{r}(y_{ij}-\hat{b}_i-\hat{b}x_{ij})^2$$

r_1 中有 n 个平方和，但有 $m+1$ 个参数 b_i，b_i 是由 y_{ij}，x_{ij} 算出，故 r_1 的自由度为 $n-(m+1)=n-m-1$ 再求当 H_{01} 成立（即 $b=0$）时，使

$$r_1{}'=\min\sum_{i=1}^{m}\sum_{j=1}^{r}(y_{ij}-b_i)^2$$

成立的 b_i，显然，$b_i=\bar{y}_i\,(i=1,2,\cdots,m)$，即

$$r_1{}'=\sum_{i=1}^{m}\sum_{j=1}^{r}(y_{ij}-\bar{y}_i)^2$$

r_1'中有n个平方和，但r_1'中有m个约束条件

$$\sum_{j=1}^{r}(y_{ij}-\bar{y}_i)=0 \qquad (i=1,2,\cdots,m)$$

所以r_1'的自由度为$n-m$。

因为
$$\begin{aligned}
&\sum_{i=1}^{m}\sum_{j=1}^{r}(y_{ij}-\bar{y}_i)^2\\
&=\sum_{i=1}^{m}\sum_{j=1}^{r}(y_{ij}-\hat{b}_i-\hat{b}x_{ij}+\hat{b}_i+\hat{b}x_{ij}-\bar{y}_i)^2\\
&=\sum_{i=1}^{m}\sum_{j=1}^{r}[(y_{ij}-\hat{b}_i-\hat{b}x_{ij})+\hat{b}(x_{ij}-\bar{x}_i)]^2\\
&=\sum_{i=1}^{m}\sum_{j=1}^{r}(y_{ij}-\hat{b}_i-\hat{b}x_{ij})^2+\hat{b}^2\sum_{i=1}^{m}\sum_{j=1}^{r}(x_{ij}-\bar{x}_i)^2\\
&=\sum_{i=1}^{m}\sum_{j=1}^{r}(y_{ij}-\hat{b}_i-\hat{b}x_{ij})^2+\frac{\left[\sum_{i=1}^{m}\sum_{j=1}^{r}(y_{ij}-\bar{y}_i)(x_{ij}-\bar{x}_i)\right]^2}{\sum_{i=1}^{m}\sum_{j=1}^{r}(x_{ij}-\bar{x}_i)^2}
\end{aligned}$$

所以

$$r_1'-r_1=\frac{\left[\sum_{i=1}^{m}\sum_{j=1}^{r}(y_{ij}-\bar{y}_i)(x_{ij}-\bar{x}_i)\right]^2}{\sum_{i=1}^{m}\sum_{j=1}^{r}(x_{ij}-\bar{x}_i)^2}$$

由上分解式知，上式右端项反映了协变量x对y的影响，称为回归平方和，记为$S_{回}$，其自由度为$n-m-(n-m-1)=1$；而r_1反映了用b_i+bx去拟合y_{ij}的误差，称为误差平方和，记为$S_{误}$，其自由度为$n-m-1$。

可以证明，当H_{01}成立时

$$S_{回}\Big|S_{误}/(n-m-1)\sim F(1,n-m-1)$$

由此即可检验H_{01}：$b=0$。

为检验H_{02}：$\alpha_i=0 \quad (i=1,2,\cdots,m)$

即$b_i=\mu(i=1,2,\cdots,m)$，仍先求

$$r_2=\min\sum_{i=1}^{m}\sum_{j=1}^{r}(y_{ij}-b_i-bx_{ij})^2$$

显然 $\qquad r_2=r_1=S_{误}$，其自由度为$n-m-1$

再求当H_{02}成立，即$b_i=\mu(i=1,2,\cdots,m)$时，选α，β使

$$r_2'=\min\sum_{i=1}^{m}\sum_{j=1}^{r}(y_{ij}-\alpha-\beta x_{ij})^2$$

这相当于将 n 个数据 (x_{ij}, y_{ij}) 作为一组数据，作一元线性回归。即选择 $\hat{\alpha}$，$\hat{\beta}$ 使

$$r_2' = \sum_{i=1}^{m}\sum_{j=1}^{r}(y_{ij} - \hat{\alpha} - \hat{\beta}x_{ij})^2$$

由一元线性回归理论知

$$r_2' = \sum_{i=1}^{m}\sum_{j=1}^{r}(y_{ij} - \bar{y})^2 + \frac{\left[\sum_{i=1}^{m}\sum_{j=1}^{r}(y_{ij} - \bar{y})(x_{ij} - \bar{x})\right]^2}{\sum_{i=1}^{m}\sum_{j=1}^{r}(x_{ij} - \bar{x})^2}$$

其自由度为 $n-2$。r_2' 中含有因素 A 的影响，故 A 的平方和

$$S_A = r_2' - S_{误}$$

其自由度为 $(n-2)-(n-m-1)=m-1$。

可以证明，当 H_{02} 成立时

$$\frac{S_A/(m-1)}{S_{误}/(n-m-1)} \sim F(m-1, n-m-1)$$

由此可以检验因素 A 是否显著。

这样，就得到单因素、单协变量的方差分析表 9-18。

表 9-18　单因素单协变量方差分析表

方差来源	平方和	自由度	均方	F 比
回归	$S_{回}$	1	$S_{回}$	$\frac{S_{回}(n-m-1)}{S_E}$
A	S_A	$m-1$	$S_A/(m-1)$	$\frac{S_A(n-m-1)}{S_E(m-1)}$
误差	$S_{误}$	$n-m-1$	$S_{误}/(n-m-1)$	

现在来解例 1。由例 1 的数据可得其方差分析表为表 9-19。

表 9-19　例 1 的方差分析表

方差来源	平方和	自由度	均　方	$F_{比}$	临界值
回归	1010.76	1	1010.76	88.8	$F_{0.01}=8.10$
A	707.218	2	353.609	31.07	$F_{0.01}=5.85$
误差	227.615	20	11.381		

从表 9-19 可以看出：协变量 x，即猪的初始重量与饲料的影响都是高度显著的。由于猪的增重与初始体重有关，为了判断哪种饲料较好，我们引进修正均值

$$\bar{y}_i^* = \bar{y}_i - \hat{b}(\bar{x}_i - \bar{x}) \qquad (i=1,2,3;\ \hat{b}=2.4016)$$

这样，就将吃三种不同饲料的猪的初重放在同一水平上，由上修正公式有

$$\bar{y}_1^* = 94.96,\ \bar{y}_2^* = 99.5,\ \bar{y}_3^* = 82.17$$

可见，第二种饲料平均增重最大，第一种饲料其次，第三种饲料最小。

本章附录

单因素方差分析中有关部分的理论推导如下。

(1) $E(S_E)=(n-m)\sigma^2$，$E(S_A)=(m-1)\sigma^2+\sum_{i=1}^{m} n_i\alpha_i{}^2$

由于 $S_E=\sum_{i=1}^{m}\sum_{j=1}^{n_i}(X_{ij}-\overline{X}_{i\cdot})^2$，$\overline{X}_{i\cdot}=\frac{1}{n_i}\sum_{j=1}^{n_i}X_{ij}$，注意到 $X_{i1},X_{i2},\cdots,X_{in_i}$ 是来自第 i 个总体 X_i 的容量为 n_i 的样本，故应有

$$\frac{\sum_{j=1}^{n_i}(X_{ij}-\overline{X}_{i\cdot})^2}{\sigma^2}\sim\chi^2(n_i-1)\qquad(i=1,2,\cdots,m)$$

所以 $E\left(\sum_{j=1}^{n_i}(X_{ij}-\overline{X}_{i\cdot})^2\right)=(n_i-1)\sigma^2(i=1,2,\cdots,m)$。又因为诸 X_{ij} 相互独立，对任意的 i，$\sum_{j=1}^{n_i}(X_{ij}-\overline{X}_{i\cdot})^2$ 相互独立，由 χ^2 分布的可加性知

$$\begin{aligned}\frac{S_E}{\sigma^2}&=\frac{1}{\sigma^2}\sum_{i=1}^{m}\sum_{j=1}^{n_i}(X_{ij}-\overline{X}_{i\cdot})^2\\&=\sum_{i=1}^{m}\sum_{j=1}^{n_i}(X_{ij}-\overline{X}_{i\cdot})^2/\sigma^2\sim\chi^2\left(\sum_{i=1}^{m}(n_i-1)\right)\end{aligned}$$

即 $S_E/\sigma^2\sim\chi^2(n-m)$ （$n=\sum_{i=1}^{m}n_i$ 为样本总容量）因而 $E(S_E/\sigma^2)=n-m$，即$E(S_E)=(n-m)\sigma^2$。

类似地，可求出 $ES_A=(m-1)\sigma^2+\sum_{i=1}^{m}n_i\alpha_i{}^2$。事实上

$$S_A=\sum_{i=1}^{m}n_i(\overline{X}_{i\cdot}-\overline{X})^2=\sum_{i=1}^{m}n_i\overline{X}_{i\cdot}{}^2-n\overline{X}^2$$

由于

$$\overline{X}_{i\cdot}\sim N(\mu_i,\sigma^2/n_i)\quad(i=1,2,\cdots,m)$$

$$\overline{X}\sim N(\mu,\sigma^2/n)$$

从而

$$\begin{aligned}ES_A&=E(\sum_{i=1}^{m}n_i\overline{X}_{i\cdot}^2-n\overline{X}^2)\\&=\sum_{i=1}^{m}n_iE\overline{X}_{i\cdot}^2-nE\overline{X}^2\\&=\sum_{i=1}^{m}n_i\left(\frac{\sigma^2}{n_i}+\mu_i^2\right)-n\left(\frac{\sigma^2}{n}+\mu^2\right)\\&=(m-1)\sigma^2+\sum_{i=1}^{m}n_i\mu_i^2-\sum_{i=1}^{m}n_i\mu^2\\&=(m-1)\sigma^2+\sum_{i=1}^{m}n_i(\mu_i-\mu)^2\\&=(m-1)\sigma^2+\sum_{i=1}^{m}n_i\alpha_i^2\end{aligned}$$

(2) 柯赫伦分解定理(Cochran)设 $X_1, X_2, \cdots, X_n$ 是 n 个相互独立的，标准正态变量。而 $Q=X_1^2+X_2^2+\cdots+X_n^2$ 是自由度为 n 的 χ^2 变量。若 Q 可以表示成

$$Q=Q_1+Q_2+\cdots+Q_s$$

其中 Q_i 是 $X_1, X_2, \cdots, X_n$ 的线性组合的平方和(即非负定二次型)，自由度为 f_i，则当 $\sum_{i=1}^{s} f_i=n$ 时，$Q_i(i=1,2,\cdots,s)$ 是相互独立且自由度为 f_i 的 χ^2 变量。

即 $Q_i \sim \chi^2(f_i)$，且相互独立。

当 H_0 为真时，$X_{ij}(i=1,2,\cdots,m;\ j=1,2,\cdots,n_i)$ 可以看作是来自同一正态总体 $N(\mu,\sigma^2)$ 的容量为 $n\left(=\sum_{i=1}^{m} n_i\right)$ 的样本，所以，S_T 可看成是同一总体样本方差的 $(n-1)$ 倍。因此

$$\frac{S_T}{\sigma^2}=\frac{\sum_{i=1}^{m}\sum_{j=1}^{n_i}(X_{ij}-\overline{X})^2}{\sigma^2}\sim\chi^2(n-1)$$

即 S_T 的自由度 $f_T=n-1$。

在上面(1)中，我们证明了，不管 H_0 是否成立，总有

$$\frac{S_E}{\sigma^2}\sim\chi^2(n-m)$$

即 S_E 的自由度为 $f_E=n-m$。而 $S_A=\sum_{i=1}^{m} n_i(\overline{X}_{i\cdot}-\overline{X})^2$ 中，由于它们之间存在一个线性约束条件。

$$\sum_{i=1}^{m} n_i(\overline{X}_{i\cdot}-\overline{X})=0$$

故 S_A 的自由度为 $f_A=m-1$。

因 $f_T=n-1=(n-m)+(m-1)=f_E+f_A$，故柯赫伦分解定理条件满足，即当 H_0 为真时

$$S_A/\sigma^2\sim\chi^2(m-1)$$

且 S_A 与 S_E 相互独立，从而，在 H_0 为真时

$$\text{统计量 } F=\frac{S_A/(m-1)\sigma^2}{S_E/(n-m)\sigma^2}=\frac{\overline{S}_A}{\overline{S}_E}\sim F(m-1,n-m)$$

习题九

1. 一实验室里有一批伏特计，它们经常被轮流用来测量电压。现取 4 只，每只伏特计用来测量电压为 100 伏的恒定电动势各 5 次，得下列结果

伏特计	测定值				
A	100.9	100.1	100.8	100.9	100.4
B	100.2	100.9	101.0	100.6	100.3
C	100.8	100.7	100.7	100.4	100.0
D	100.4	100.1	100.3	100.2	100.0

问这几只伏特计之间有无显著差异？($\alpha=0.05$)

2. 下表给出的是小白鼠在接种三种不同的菌型伤寒杆菌后的存活日数

菌型	鼠号										
	1	2	3	4	5	6	7	8	9	10	11
	存活日数										
Ⅰ	2	4	3	2	4	7	7	2	5	4	
Ⅱ	5	6	8	5	10	7	12	6	6		
Ⅲ	7	11	6	6	7	9	5	10	6	3	10

试问三种菌型的平均存活日数有无显著差异？

3. 今有某种型号的电池三批，它们分别是 A,B,C 三个工厂生产的，为评比质量，各随机抽取 5 只电池，经测试得其寿命（小时）如下：

A	40	48	38	42	45
B	26	34	30	28	32
C	39	40	43	50	50

试在 $\alpha=0.05$ 下检验电池的平均寿命有无显著差异？若差异是显著的，试求均值差 $\mu_A-\mu_B$，$\mu_A-\mu_C$ 及 $\mu_B-\mu_C$ 的置信度为 95%的置信区间，并求方差 σ^2 的无偏估计。（设各工厂所生产的电池的寿命服从同方差的正态分布）

4. 在 B_1，B_2，B_3，B_4 四台不同的纺织机器中，采用三种不同的加压水平 A_1，A_2，A_3。在每种加压水平和每台机器中各取一个试样测量，得纱支强度如下表：

机器	加压水平		
	A_1	A_2	A_3
B_1	1577	1535	1592
B_2	1692	1640	1652
B_3	1800	1783	1810
B_4	1642	1621	1663

问不同加压水平和不同机器之间纱支强度有无显著差异？（$\alpha=0.01$）

5. 将土质基本相同的一块耕地等分为 5 地块，每地块又等分成四小块。把 4 个不同品种的小麦甲、乙、丙、丁在每一地块内随机地分种于 4 个小块上，测得产量如下：

品种 B \ 地块 A	A_1	A_2	A_3	A_4	A_5
甲	64.6	68.0	69.4	72	71.0
乙	66.4	67.2	73.6	68.6	72.2
丙	61.6	68.8	64.6	71.6	65.6
丁	59	52.4	56.2	57.0	59.8

试分析地块和小麦品种对小麦产量有无显著影响？

6. 拉伸倍数 A 与收缩率 B 是影响合成纤维弹性的两个因素。为了选择好的工艺条件，A,B 各取四个水平做试验，每个因子水平搭配各重复做两次试验，试验结果如下：

因子B \ 因子A	A_1	A_2	A_3	A_4
B_1	71，73	72，73	75，73	77，73
B_2	73，75	76，74	78，77	74，74
B_3	76，73	79，77	74，75	74，73
B_4	75，73	73，72	70，71	69，69

试在 $\alpha=0.01$ 之下，检验不同收缩率，不同的拉伸倍数及它们间的交互作用对合成纤维的弹性有无显著影响？

7. 下表给出某种化工过程在三种浓度，四种温度下的得率数据

温度B/℃ \ 浓度A/%	2	4	6
10	14，10	9，7	5，11
24	11，11	10，8	13，14
38	13，9	7，11	12，13
52	10，12	6，10	14，10

试在显著性水平 $\alpha=0.05$ 下，检验各因素的效应与交互作用对得率的影响是否显著？

*第十章 正交设计

数理统计研究的内容大致可分为两大类：一类是如何合理有效地获得观察资料，即试验的设计和研究；另一类是如何利用一定资料对所关心的问题作出精确可靠的结论，即统计推断。本书数理统计部分前几章的内容就属于统计推断的范围。在生产和科学研究中，为了改革工艺或试制新产品，经常要做许多试验，这就存在着如何安排试验和如何分析试验结果的问题。如果试验安排得当，经过次数不多的试验，就能得到满意的结果；如果试验安排的不好，经过多次试验往往还得不到满意的结果。因此，必须合理地设计试验。

试验设计的方法很多。在随机试验法中，最常用的是**正交试验设计**（简称**正交设计**）。它主要是利用现成的规格化的表格——正交表来科学地挑选试验条件。合理地安排试验方案和分析试验结果。利用正交表安排试验，可以从众多的试验条件中，选出代表性强的少数几个试验，获得最好的或较好的试验条件或生产工艺。

本章将结合具体例子着重介绍用正交表安排试验的基本方法，并进行统计分析。而对正交表的构造原理不作讨论。

§1 正交设计的基本概念

一、因素与水平

在试验中，影响试验结果的因素很多，常用大写字母 $A,B,C,\cdots$ 表示。因素可以是定量的，也可以是定性的。因素对试验结果的影响主要表现在因素所处的状态发生变化时，试验结果也随之变化。试验中因素所处的状态称为**水平**。用大写字母加下角标表示。例如 A_1,A_2,A_3 等表示因素 A 的各个不同水平。在第九章中，方差分析是根据试验结果来判定各因素对试验结果的影响是否显著，正交试验则是要讨论如何设计各因素所处水平的合理搭配使得试验次数尽可能少，又便于分析试验结果。

【例 1】 碘化钠晶体降低应力退火工艺试验（应力越低越好）。

化工产品碘化钠晶体的应力可能与升温速度 A、恒温温度 B、恒温时间 C、降温速度 D 有关。为了寻找最优的生产条件，以降低碘化钠晶体应力，因此考虑对 A,B,C,D 这四个因素进行试验。根据以往经验，确定各个因素的 3 个不同水平，如表 10-1。

这里要说明的是有时为避免系统误差，对各因素各水平所对应的状态不按大小顺序排列，而作“随机化”处理。例如用抽签法，将 B_1 定为 600℃，B_2 定为 450℃，B_3 定为 500℃，对其他因素水平也如此。

表 10-1

因素 / 水平	A	B	C	D
	升温速度℃/小时	恒温温度℃	恒温时间小时	降温速度
1	30	600	6	1.5 安培
2	50	450	2	1.7 安培
3	100	500	4	15℃/小时

今后将试验需要考察的结果称为指标。本例中应力就是指标。

例 1 中有 4 个因素，每个因素各有 3 个水平，如何进行试验呢？若将所考虑的 4 种因素的所有水平作全面搭配，则这样的搭配共有 $3^4=81$ 种，如果对每种搭配做一次试验则要进行 81 次试验。但对因素、水平数多较复杂的情况，如 9 因素 4 水平的全面试验要做 $4^9=19683$ 次，试验次数太多，试验的时间、经费相当可观，是不可能做到的。因此希望只选其中的一小部分试验，并对这部分试验结果进行分析，就能了解全面搭配的试验情况，从而获得最好的或较好的试验条件。如何选择这一部分试验呢？可以借助于“正交表”来进行选择。

二、正交表

正交表是已经制作好的规格化的表格，是正交试验法的基本工具。正交表用符号 $L_n(r^k)$ 表示，其中 L 表示正交表；n 表示试验次数，在表中则表示行数；k 表示最多可安排的因素数，在表中则表示列数；r 表示水平数。

表 10-2 与表 10-3 中列出常用的 $L_8(2^7)$ 和 $L_9(3^4)$ 正交表，其他常用的正交表还有 $L_4(2^3)$，$L_{12}(2^{11})$，$L_{18}(3^7)$ 等，可参看本书附表。

表 10-2　$L_8(2^7)$

列号 / 水平 / 试验号	1	2	3	4	5	6	7
1	1	1	1	1	1	1	1
2	1	1	1	2	2	2	2
3	1	2	2	1	1	2	2
4	1	2	2	2	2	1	1
5	2	1	2	1	2	1	2
6	2	1	2	2	1	2	1
7	2	2	1	1	2	2	1
8	2	2	1	2	1	1	2

表 10-3 $L_9(3^4)$

试验号 \ 水平 \ 列号	1	2	3	4
1	1	1	1	1
2	1	2	2	2
3	1	3	3	3
4	2	1	2	3
5	2	2	3	1
6	2	3	1	2
7	3	1	3	2
8	3	2	1	3
9	3	3	2	1

正交表有如下性质。

(1) 表中任何一列，不同的数字出现的次数相等。如表 10-2 每列中数字 1,2 都出现 4 次，而 $L_9(3^4)$表每列中数字 1,2,3 都出现 3 次。

(2) 表中任意两列的横方向形成的字码对中，每种数对出现的次数相等。如表 10-2 中，数字 1 与 2 的可能数对为(1,1),(1,2),(2,1),(2,2),它所在任意两列中各出现 2 次，表示任意两列数字 1 与 2 搭配是均衡的。同样对 $L_9(3^4)$表任意两列中数字 1，2，3 搭配也是均衡的。

有时各个因素的水平不完全相同。这样的试验可选用混合正交表。常见的混合正交表有 $L_8(4^1\times2^4)$,$L_{12}(3^1\times2^4)$等(见附表)。

对其他常用的正交表也都具有“均衡搭配”的特性，这个特性叫“正交性”凡满足上述两个性质的表称为正交表。

此外，对正交表中任两行或任两列交换，将某一列中各数码作对换或轮换，它仍然是同一正交表。因而可能会出现各种正交表在表面上很不相同，但实质是一回事的情况，在使用时应该注意。有关正交表的构造原理，这里就不作进一步介绍了。

§2 正交设计的基本方法

一、安排试验

下面用例 1 来介绍如何用正交表安排试验。大致有以下几个步骤

1. 确定试验目的

本章§1 例 1 中要找出碘化钠晶体最低应力及其退火工艺条件，确定试验目的就是确定试验的指标是什么？最优条件是什么？本例中考核的试验指标是应力。有时一个试验有几项指标要考察，有时还要将这几项指标综合考虑，兼顾经济效益。

2. 定因素，选水平

挑选试验中可能影响指标的因素。应该要求这些因素是可调节控制的，否则无

法观察到因素对指标的作用。有的因素一时还看不清它对试验指标的作用，就不妨把它列上，因为对正交试验来讲不会像全面搭配试验那样增加很多工作量。相反，如果少考察一个有影响的因素，等发现后再补救，还得重做一批试验。本章§1例1中已列出四个因素。

结合试验目的和以往的经验对每个因素选择几个水平。选择各因素水平个数可以是相等的，也可以是不等的，例1中每个因素都选3个水平。有时对试验中的重要因素可多选几个水平。对各因素的水平数不等的试验可选用混合正交表。有时试验的某个因素的水平个数比其他因素的水平个数少，也可以将该因素的认为有必要的某个或某些水平重复选用，以选用统一水平的正交表。

3. 选正交表，确定试验方案

若试验中各因素的水平数均为 r，则选择正交表 $L_n(r^k)$，其中 k 应不小于试验要求的因素个数。例1中有4个因素，每个因素有3个水平，选用表 $L_9(3^4)$。对各因素的水平数不等的试验，可选用相应的混合正交表。

确定正交表后，将试验因素分别放在正交表表头的任意列上，并在此列上分别写上因素的记号。由于在选正交表时，表中列数不小于因素数，因此可能会空出几列没安排因素。在后面我们会看到这些空列可作为交互作用列或误差列来安排，而且将讨论如何较好地安排表头因素。

本章§1例1的因素有4个，依次排在 $L_9(3^4)$ 的表头上，没有空列。

把表头上各因素相应的水平任意给一个水平号，例1中的水平编号就采用表10-1的形式，将各因素的诸水平所表示的实际状态或条件代入正交表中。例如将因素 B（恒温温度）的第一水平600℃代入到此表中第二列的“1”字上，而将第二水平450℃代入到“2”字上，第三水平500℃代入到“3”字上等。这样 $L_9(3^4)$ 的每一横行就构成一试验方案，于是得到9个试验方案，如表10-4。

表 10-4

水平＼因素／列号＼试验号	A	B	C	D	应力（度）y_l
	1	2	3	4	
1	1(30)	1(600)	3(4)	2(1.7安)	$y_1=6$
2	2(50)	1	1(6)	1(1.5安)	$y_2=7$
3	3(100)	1	2(2)	3(15℃/小时)	$y_3=15$
4	1	2(450)	2	1	$y_4=8$
5	2	2	3	3	$y_5=0.5$
6	3	2	1	2	$y_6=7$
7	1	3(500)	1	3	$y_7=1$
8	2	3	2	2	$y_8=6$
9	3	3	3	1	$y_9=13$

从表10-4看出，第一行就是第一号试验，其试验条件是：升温速度为每小时30℃，恒温温度为600℃，恒温时间为4小时，降温速度为1.7安，记作 $A_1B_1C_3D_2$。第二号试验条件是：升温速度为每小时50℃，恒温温度为600℃，恒温时间为6小时，降温速度为1.5安，记作 $A_2B_1C_1D_1$。最后第九号试验条件

为 $A_3B_3C_3D_1$。

由此可见，因素和水平可以任意排，但一经排定，试验条件也就完全确定了。按正交试验表 10-4 安排试验。试验结果依次记于表 10-4 的试验方案右侧。

由于正交表所具有的均衡性，所确定的试验方案必有两个特点：

(1) 每个因素的不同水平，在九次试验中出现了相同次数（三次）；

(2) 每两个因素的各种不同水平搭配在九次试验中都出现了相同的次数（1 次）。

这就是说，九次试验无论从每个因素或每两个因素的搭配都具有**均衡搭配**的特性。它保证了这 9 个试验条件均衡地分散在全面搭配的 $3^4=81$ 个试验条件中，从而使之有较强的代表性。这些特点决定了按正交表安排的试验比较全面反应各因素各水平对试验结果的影响，因而可大大减少试验次数。

在实际实施试验时，并不一定按照试验号的次序去做，可以根据实际情况灵活变动先后次序。

二、试验结果的初步分析—极差分析法

正交设计的初步分析就是要通过计算，将各因素、水平对试验结果指标的影响大小，用图表形式表示出来，通过极差分析，综合比较，以确定最优试验方案的方法。所以有时也称为极差分析法或综合比较法。

本章§1 例 1 中试验结果为应力，按试验目的是要找出最低应力及其最优试验条件。从表 10-4 可以看出在九次试验中，以第 5 次试验的指标 0.5 为最低。其试验条件为 $A_2B_2C_3D_3$。由于全面搭配试验有 81 种，现在只做了九次。九次试验中最好的结果是否一定是全面搭配试验中的最好结果呢？这还得进一步分析研究。

1. 极差计算

在表 10-4 中代表因素 A 的为第 1 列，将这一列与水平“1”对应的第 1，4，7 号三个试验结果相加，记作 M_{11}，求得 $M_{11}=15$。同样，将第 1 列中与水平“2”对应的第 2，5，8 号三个试验结果相加，记作 M_{21}，求得 $M_{21}=13.5$。将第 1 列中与水平“3”对应的第 3，6，9 号三个试验结果相加，记作 M_{31}，求得 $M_{31}=35$。

一般的定义 M_{ij} 为表 10-4 的第 j 列中与水平 i 对应的各次试验结果之和($i=1,2,3$；$j=1,2,3,4$)。把计算出的各 M_{ij} 的结果列在表 10-4 下面，得到表 10-5。其中 T 表示九次试验结果的总和。显然 $\sum_{i=1}^{3} M_{ij}=T$，$j=1,2,3,4$。

M_{11} 的值是由因素 A 取“1”水平，因素 B 分别取“1”，“2”，“3”各一次的第 1，4，7 号试验结果相加而成。如果不计试验误差，可以认为 M_{11} 值大致反映了 A_1 的三次影响，而基本上不取决于因素 B 取哪个水平，因为因素 B 的三个水平均衡地各取了一次。同样理由也可以认为 M_{11} 也基本上不取决于因素 C，D 取哪个水平。这也是由正交表的均衡性所决定的。总体可以认为 M_{11} 大致反映了 A_1 的影响。

表 10-5

水平 因素 列号 试验号	A	B	C	D	应力（度）y_i
	1	2	3	4	
1	1(30)	1(600)	3(4)	2(1.7安)	6
2	2(50)	1	1(6)	1(1.5安)	7
3	3(100)	1	2(2)	3(15℃/小时)	15
4	1	2(450)	2	1	8
5	2	2	3	3	0.5
6	3	2	1	2	7
7	1	3(500)	1	3	1
8	2	3	2	2	6
9	3	3	3	1	13
M_{1j}	15	28	15	28	
M_{2j}	13.5	15.5	29	19	$T=63.5$
M_{3j}	35	20	19.5	16.5	
R_j	21.5	12.5	14	11.5	

同样 M_{21} 是由因素 A 取“2”水平三次而 B,C,D 中的三个水平均衡地各出现一次，如果不计试验的误差，M_{21} 应大致反映了 A_2 的影响。

同样 M_{31} 应大致反映了 A_3 的影响。

M_{12},M_{22},M_{32} 分别反映了 B_1,B_2,B_3 的影响。M_{13},M_{23},M_{33} 分别反映了 C_1，C_2,C_3 的影响。M_{14},M_{24},M_{34} 分别反映了 D_1,D_2,D_3 的影响。

第 j 列的三个 M_{ij} 值中最大值与最小值之差记作 R_j，称为**极差**，记在表 10-5 中 M_{ij} 的下端。

由于 R_j 是第 j 列中三个 M_{ij} 值的最大值与最小值之差，无论最大值还是最小值均反映了第 j 列上安排的因素的不同水平对指标的影响，而其他因素的水平的影响是均衡的，因此可以认为 R_j 反映了第 j 列上的因素对指标影响的大小。R_j 越大反映第 j 列上因素影响越大。

2. 极差分析

(1) 因素对指标的影响

根据极差大小顺序可排出因素的主次顺序，如§1例1中指标应力影响的主次顺序为主————————次

A；C，B，D

这里 R_j 值相近的两因素间用“,”号隔开，而 R_j 值相差较大的两因素间用“;”号隔开。

由此可以看出，因素 A 的极差最大，对指标的影响也最大，故在试验过程中要控制好因素 A。而 C,B,D 三因素的极差相差不大，因而对指标影响的大小基本相当。

(2) 较好的因素水平搭配

较好的因素水平搭配与所要求的指标有关。若要求指标越大越好，则应选取使指标大的水平。反之若希望指标越小越好，则应选取使指标小的水平。§1例1中

希望应力越小越好，所以应在第 1 列选最小的 $M_{21}=13.5$，即取水平 A_2，同理可选 B_2, C_1, D_3，所以§1 例 1 的较好因素水平搭配是 $A_2B_2C_1D_3$。具体就是升温速度取 50℃/小时，恒温温度取 450℃，恒温时间取 6 小时，降温速度取 15℃/小时时应力最小。

这种比较各因素的极差 R_j 的方法，叫**极差分析法**或**综合比较法**。

从以上计算分析得到 $A_2B_2C_1D_3$ 为最优试验条件，但在表 10-5 中并不存在 $A_2B_2C_1D_3$ 这个试验方案。估计如果按 $A_2B_2C_1D_3$ 的条件试验，得到的结果要比表 10-5 中应力最低的第 5 号试验结果 0.5 还要低一些。因第 5 号试验已由试验证实为好结果的试验条件，至少接近最优条件，故也应作为可供选择的最优试验条件。在应用到实际生产时，较好的因素水平搭配不等于真正实际生产时的最好条件，还得考虑经济效益等实际情况加以综合得到最好生产条件。有了因素的主次顺序关系。只要抓住主要因素就不难做到这一点。

（3）水平变化时指标变化的趋势

以每个因素的三个水平代表的实际状态（不是水平号码）为横坐标，以与这三个水平值对应的试验结果之和 M_{ij} 为纵坐标求得三个点，并将这三个点顺序连成一条折线。这样得到§1 例 1 中的三个因素 A，B，C 的各个水平及其相应 M_{ij} 的趋势图 10-1。至于降温速度 D，由于三个水平的量纲不同，不便统一比较，趋势图就不作了。

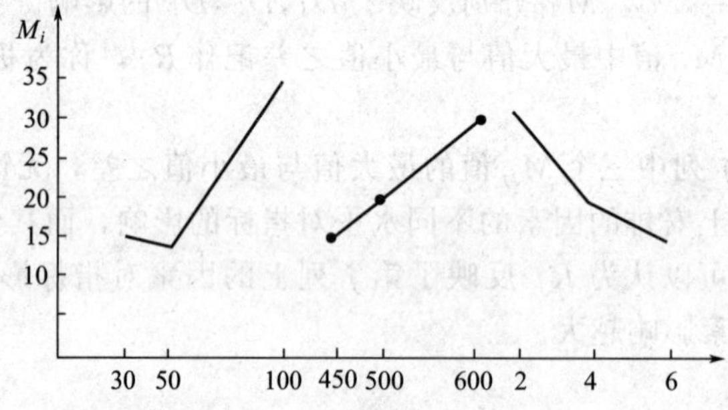

图 10-1

对于升温速度，从趋势图上看到 50℃/小时的速度接近 A 因素最佳状态。

对于恒温温度，趋势图接近逐渐上升的一条直线，一个合理的猜测是，如果温度继续下降，应力可能还会降低，下批试验还应降低恒温温度。因此展望的好水平不停留在 $B_2=450$℃，而应再取一个较低的温度水平。

对于恒温时间，趋势图上曲线逐步下降，表示时间长应力小。但考虑到过长的恒温时间，不利于节约电力和提高工效，而且第 5 号试验已表明，恒温时间 4 小时可使晶体应力降到 0.5 度，因此采用 4 小时是合适的。

（4）第二批正交试验

由上分析可知，升温速度采用 A_2（50℃/小时）接近最佳状态，所以第二批试验将升温速度固定在50℃/小时，恒温温度再取一个水平400℃，以考察应力是否还会降低。恒温时间控制在4小时左右，取两个水平。降温速度为观察加快降温对应力的影响，再取一个降温速度的水平25℃/小时。这样就得到第二批正交试验因素水平表如表10-6所示。

表 10-6

因素	A 恒温温度/℃	B 恒温时间/小时	C 降温速度/℃/小时
水平 1	450	3	15
水平 2	400	5	25

第二批正交试验使用$L_4(2^3)$正交表，试验方案及结果如表10-7所示。

表 10-7

因素 / 水平 / 列号 / 试验号	A 恒温温度/℃	B 恒温时间/小时	C 降温速度/(℃/小时)	应力/度
	1	2	3	
1	1 (450)	1 (3)	1 (15)	0
2	2 (400)	1	2 (25)	0.2
3	1	2 (5)	2	0.4
4	2	2	1	0
M_{1j}	0.4	0.2	0	
M_{2j}	0.2	0.4	0.6	
R_j	0.2	0.2	0.6	

由试验结果看出，这批四个试验基本上都消除了应力。

三、效应及工程平均

利用正交表安排试验不仅能定出因素的主次关系及可能的最优条件，经过简单计算还能定量地估计各个条件特别是最优条件下指标可能达到的数值，即所谓工程平均。

1. 效应

设全部试验次数为n，第i次试验数据为y_i，记$T=\sum\limits_{i=1}^{m} y_i$为数据总和，则总平均$\bar{y}=\dfrac{1}{n}\sum\limits_{i=1}^{n} y_i=\dfrac{T}{n}$。

设m_{ij}为第j列因素第i水平下试验数据的平均值。则定义

$$\beta_{ij}=m_{ij}-\bar{y} \tag{2.1}$$

为第j列因素i水平下的**效应**。它表示第j列因素i水平下试验数据的平均值与总平均偏离了多少。也就是此因素在i水平作用下对总平均做了多少“贡献”。有时为明确起见，也用表示因素的小写英文字母和表示水平的数字下标表示。如a_3表示A因素第三水平的效应。

2. 工程平均

由于效应表示一个因素在取定水平下对总平均的“贡献”。假设试验中的因素

都是单独作用，设有联合作用，于是若干个因素在各自水平下的“贡献”是可以相加的，即假设效应可以迭加，在估计某试验条件下指标可望达到的数值时，因为因素主次是由极差大小决定的，对于次要因素极差小，表示它的不同水平下指标的差异小，这种很小的差异可看作随机误差造成，对指标影响很小，因此在估计时不予考虑。而对于较主要因素，它的不同水平指标差异较大，是由水平变动造成的。将某试验条件下影响较大的因素相应水平的效应叠加表示这个试验条件对总平均的“贡献”，它与总平均之和可以用来估计这个试验条件下指标的数值。把它称之为“**工程平均**”。即某试验条件下的工程平均等于“总平均与主要因素在该条件下取定水平的效应之和”。

【例 1】 某橡胶厂注射模压鞋配方试验。现考虑三个因素对指标（胶料弯曲次数）的影响（弯曲次数越多越好）。其因素及水平选取如下

A：促进剂总量 $A_1=1.5$，$A_2=1.0$；

B：炭黑品种　B_1 为天津高耐磨，B_2 为天津高耐磨与长春硬炭黑合用；

C：硫磺加入量 $C_1=2.5$，$C_2=2.0$。用 $L_8(2^7)$表安排试验。A,B,C 三因素分别放在第 1,2,4 列。得胶料弯曲次数 y(万次)为：$y_1=1.5$，$y_2=2$，$y_3=2$，$y_4=1.5$，$y_5=2$，$y_6=3$，$y_7=2.5$，$y_8=2$。试确定最优条件及计算最优工程平均。

解 现将试验方案及计算分析列入表 10-8。

表 10-8

因素 / 水平 / 试验号	A	B		C				弯曲次数
	1	2	3	4	5	6	7	y_i（万次）
1	1	1	1	1	1	1	1	1.5
2	1	1	1	2	2	2	2	2
3	1	2	2	1	1	2	2	2
4	1	2	2	2	2	1	1	1.5
5	2	1	2	1	2	1	2	2
6	2	1	2	2	1	2	1	3
7	2	2	1	1	2	2	1	2.5
8	2	2	1	2	1	1	2	2
M_{1j}	7	8.5		8				
M_{2j}	9.5	8		8.5				$\bar{y}=\frac{16.5}{8}=2.0625$
R_j	2.5	0.5		0.5				

由 R_j 大小得因素主次顺序为

$$\text{主}\longrightarrow\text{次}$$
$$A;\ B,\ C$$

主要因素为 A，即促进剂总量。A 的各水平效应

$$a_1=\beta_{11}=m_{11}-\bar{y}=\frac{7}{4}-\frac{16.5}{8}=\frac{-2.5}{8}$$

$$a_2=\beta_{21}=m_{21}-\bar{y}=\frac{9.5}{4}-\frac{16.5}{8}=\frac{2.5}{8}$$

它们的含义是：A 取 1 水平使弯曲次数减少$\frac{2.5}{8}$万次。A 取 2 水平使弯曲次数增加$\frac{2.5}{8}$万次。

同样方法可算出 B 与 C 各水平的效应

$$b_1=\frac{8.5}{4}-\frac{16.5}{8}=\frac{0.5}{8},\ b_2=-\frac{0.5}{8},\ C_1=\frac{-0.5}{8},\ C_2=\frac{0.5}{8}$$

由于弯曲次数越多越好，所以 A 应取 2 水平，B 取 1 水平，C 取 2 水平。故较好的因素水平搭配为 $A_2B_1C_2$。因此最优试验条件为促进剂总量取 1，炭黑品种用天津高耐磨，硫磺加入量为 2。最优工程平均为 $\mu_{优}=\bar{y}+a_2=\frac{16.5}{8}+\frac{2.5}{8}=\frac{19}{8}$(万次)。

§3　有交互作用的正交设计

有些多因素试验中不仅各因素单独对指标有影响，而且因素间不同水平间搭配对指标也会产生影响，这种因素间不同水平间搭配产生的新的影响，称为因素间有交互作用。本节讨论如何用正交表安排有交互作用的试验。

一、用正交表安排有交互作用的试验

许多正交表都附有相应的交互作用列表（见附表）。它指出了任何两列间的交互作用所在的位置，便于考察两因素之间对指标的交互作用。以 $L_8(2^7)$ 表的“两列间交互作用列”表为例（表 10-9）来说明用法。

表 10-9　$L_8(2^7)$两列间交互作用列

列号＼列号	1	2	3	4	5	6	7
	(1)	3	2	5	4	7	6
		(2)	1	6	7	4	5
			(3)	7	6	5	4
				(4)	1	2	3
					(5)	3	2
						(6)	1
							(7)

表 10-9 中的所有数字都是表 $L_8(2^7)$ 的列号。将表中带括号的列号从左到右与不带括号的列号垂直向下，交点处的数字就是这两列的交互作用列的列号。如第 1 列与第 2 列的交互作用列为第 3 列，第 1 列与第 4 列的交互作用列是第 5 列，等等。对二水平的正交表，任何两列的交互作用仅占一列；而对三水平正交表，任何两列的交互作用列要占两列；一般地，r 水平正交表，任何两列的交互作用要占 $r-1$列。

当某些因素的交互作用不能忽略时，交互作用必须填在交互作用列表指定的列

上。如对 $L_8(2^7)$ 表，若第一列是 A 因素，第二列是 B，则第三列应该填交互作用 $A\times B$，不能排其他因子。

【例 1】 在§2 例 1 若考虑交互作用 $A\times B$，$A\times C$，$B\times C$，试选择最优条件。

解 仍用 $L_8(2^7)$ 表，查两列间交互列表，A,B 在第 1,2 列，则 $A\times B$ 在第 3 列，C 在第 4 列，则 $A\times C$，$B\times C$ 分别在第 5，6 列。这就叫表头设计。表头设计时，如果同一列上出现两个以上的因素或交互作用，则称为发生混杂。这是应该尽量避免的。

将表 10-8 的表头上依次补充 $A\times B,A\times C,B\times C$，并对 3,5,6 列也按§1 方法计算 M_{ij}，R_j，其结果如表 10-10。注意交互作用列的水平号对安排试验不起作用，只供分析试验结果用。

表 10-10

因素 / 水平 / 试验号	A	B	$A\times B$	C	$A\times C$	$B\times C$		弯曲次数 y_l（万次）
	1	2	3	4	5	6	7	
1	1	1	1	1	1	1	1	1.5
2	1	1	1	2	2	2	2	2
3	1	2	2	1	1	2	2	2
4	1	2	2	2	2	1	1	1.5
5	2	1	2	1	2	1	2	2
6	2	1	2	2	1	2	1	3
7	2	2	1	1	2	2	1	2.5
8	2	2	1	2	1	1	2	2
M_{1j}	7	8.5	8	8	8.5	7	8.5	$\bar{y}=\frac{16.5}{8}$
M_{2j}	9.5	8	8.5	8.5	8	9.5	8	
R_j	2.5	0.5	0.5	0.5	0.5	2.5	0.5	

试验结果的分析方法与前类似。交互作用列极差的大小，反映了该交互作用对指标影响的大小。比较各列极差大小，就能得出各因素和交互作用的主次顺序：

$$\text{主}\ \overline{A,B\times C;B,C,A\times B,A\times C}\ \text{次}$$

A 和 $B\times C$ 是主要因素，其他因素和交互作用相对较小，可认为误差引起，故可忽略。其中 A 是主要因素应取 A_2 水平。

交互作用 $B\times C$ 也是主要的，说明 B 和 C 的不同搭配对指标影响很大，所以选取 B,C 的水平就要看 B,C 哪种搭配好。为了挑选 $B\times C$ 的搭配水平，将它们的所有搭配一一列出，见表 10-11。

表 10-11

B \ C	C_1	C_2
B_1	$y_1+y_5=1.5+2=3.5$	$y_2+y_6=2+3=5$
B_2	$y_3+y_7=2+2.5=4.5$	$y_4+y_8=1.5+2=3.5$

这种搭配表称为二元表，由此表可看出 B 与 C 的最好搭配是 B_1C_2，综合考虑最好的试验条件应为 $A_2B_1C_2$。

二、交互效应

设 A_i 与 B_j 作用下的均值为 μ_{ij}，总平均为 μ，A_i 的效应为 a_i，B_j 的效应为 b_j，则若

$$\mu_{ij}=\mu+a_i+b_j$$

成立，它表示 A,B 对指标的影响由它们水平的效应叠加而成。这时就是简单的双因素问题。若 $\mu_{ij}\neq\mu+a_i+b_j$，表示因素 A,B 对指标的影响不是它们各自效应的简单迭加，还必须考虑 A,B 两因素间交互作用对指标的影响。称 $\mu_{ij}-\mu-a_i-b_j$ 为 A_i 与 B_j 的**交互效应**，记为 $(ab)_{ij}$，即

$$(ab)_{ij}=\mu_{ij}-\mu-a_i-b_j \tag{3.1}$$

则有

$$\mu_{ij}=\mu+a_i+b_j+(ab)_{ij} \tag{3.2}$$

如果 A_i,B_j 同时作用下的联合效应用 $[ab]_{ij}$ 表示，根据计算效应的式(3.1) 有

$$[ab]_{ij}=\mu_{ij}-\mu \tag{3.3}$$

由此得

$$\mu_{ij}=\mu+[ab]_{ij} \tag{3.4}$$

比较式(3.2) 和式(3.4)，易见

$$[ab]_{ij}=a_i+b_j+(ab)_{ij} \tag{3.5}$$

或

$$(ab)_{ij}=[ab]_{ij}-(a_i+b_j) \tag{3.6}$$

式(3.6) 表示，二因素某搭配下的交互作用效应等于二因素相应水平的联合效应减去二因素分别对应的水平效应之和。

【例 2】 计算本节例 1 注射模压鞋配方试验中交互作用 $B\times C$ 的交互效应，并计算有交互作用时最优条件的工程平均。

解 为计算$(bc)_{ij}$，先计算$[bc]_{ij}$。而 $[bc]_{ij}$ 的计算相当于 B_iC_j 条件下均值与总平均之差，对本例

$$[bc]_{11}=\mu_{11}-\bar{y}=\frac{3.5}{2}-\frac{16.5}{8}=\frac{-2.5}{8}$$ [1]

$$[bc]_{12}=\mu_{12}-\bar{y}=\frac{5}{2}-\frac{16.5}{8}=\frac{3.5}{8}$$

$$[bc]_{21}=\mu_{21}-\bar{y}=\frac{4.5}{2}-\frac{16.5}{8}=\frac{1.5}{8}$$

$$[bc]_{22}=\mu_{22}-\bar{y}=\frac{3.5}{2}-\frac{16.5}{8}=\frac{-2.5}{8}$$

再计算对应的交互效应，利用式(3.6)

---

[1] 实际计算中，μ_{ij} 用其估计值代替。

$$(bc)_{11}=[bc]_{11}-(b_1+c_1)=\frac{-2.5}{8}-\left(\frac{0.5}{8}+\frac{-0.5}{8}\right)=\frac{-2.5}{8}$$

（a_i，b_j 的值在§2例1中已经算出）

$$(bc)_{12}=[bc]_{12}-(b_1+c_2)=\frac{3.5}{8}-\left(\frac{0.5}{8}+\frac{0.5}{8}\right)=\frac{2.5}{8}$$

$$(bc)_{21}=[bc]_{21}-(b_2+c_1)=\frac{1.5}{8}-\left(\frac{-0.5}{8}+\frac{-0.5}{8}\right)=\frac{2.5}{8}$$

$$(bc)_{22}=[bc]_{22}-(b_2+c_2)=\frac{-2.5}{8}-\left(\frac{-0.5}{8}+\frac{0.5}{8}\right)=\frac{-2.5}{8}$$

最后计算有交互作用时最优条件的工程平均。对本例考虑交互作用时最优条件为 $A_2B_1C_2$，其中较主要的因素为 A 和 $B\times C$，计算工程平均时，A，B 间交互效应也应估计进去。因而前面计算的工程平均应修改为

$$\mu_{优}=\mu_{A_2B_1C_2}=\bar{y}+a_2+(bc)_{12}=\frac{16.5}{8}+\frac{2.5}{8}+\frac{2.5}{8}=\frac{21.5}{8}$$

§4 正交设计的方差分析

正交试验设计的极差分析简便易行，计算量小，也比较直观，但极差分析精度较差，判断因素的作用时缺乏一个定量的标准。例如，两因素的主次排序中，什么时候用“;”隔开？什么时候作用显著？等等。这些问题要用方差分析方法来解决。

一、无重复试验正交表的方差分析

对于第九章方差分析中的两个公式——总离差平方和与总自由度的分解公式，在正交设计中都是成立的。即

$$S_T=S_{因}+S_E \tag{4.1}$$

其中，$S_{因}$ 是所有因素离差平方和；S_E 是误差平方和。

$$f_T=f_{因}+f_E \tag{4.2}$$

其中，$f_{因}$ 是各因素自由度之和；f_E 是 S_E 的自由度。

设正交表的水平数为 r，每个水平有 t 次试验，总试验次数为 n，则 $n=r\times t$，y_l 表示各次试验结果($l=1,2,\cdots,n$)，$T=\sum\limits_{l=1}^{n}y_l$，$\bar{y}=\frac{1}{n}\sum\limits_{l=1}^{n}y_l=\frac{T}{n}$。

总离差平方和 $$S_T=\sum_{l=1}^{n}(y_l-\bar{y})^2=\sum_{l=1}^{n}y_l^2-\frac{1}{n}\left(\sum_{l=1}^{n}y_l\right)^2 \tag{4.3}$$

设正交表任一列的离差平方和用 S_j 表示，则可以证明

$$S_T=\sum_j S_j \tag{4.4}$$

于是，对于正交表填有因素的列，其离差平方和的总和就是所有因素离差平方和的和，即 $S_{因}$。比较式(4.1)与式(4.4)知，对于没有填因素的列，即所有空列，其离差平方和的总和就是误差平方和，即 $S_E=\sum S_{空}$。

设 m_{ij} 表示正交表第 j 列第 i 水平试验数据的平均值，对表上排有因素或交互作用的列 S_j 为

$$S_j = \sum_{i=1}^{r} t(m_{ij}-\bar{y})^2 = \sum_{i=1}^{r} tm_{ij}^2 - rt\bar{y}^2$$

$$= \frac{1}{t}\sum_{i=1}^{r} M_{ij}^2 - \frac{1}{n}T^2 \tag{4.5}$$

因为试验总次数为 n，S_T 受等式 $\sum_{l=1}^{n}(y_l-\bar{y})^2=0$ 的约束，因而 S_T 的自由度

$$f_T = n-1 \tag{4.6}$$

对各列 S_j，因受等式 $\sum_{i=1}^{r} t\ (m_{ij}-\bar{y})\ =0$ 的约束，因而各列 S_j 的自由度

$$f_j = r-1 \tag{4.7}$$

$$f_T = \sum f_j = n-1 \tag{4.8}$$

于是，对于填有因素的列的自由度 f_j 就是所填因素的自由度，所有填有因素列的自由度的和就是 $f_{因}$，比较式(4.2) 和式(4.8)，空列自由度之和就是误差的自由度 f_E，即 $f_E = \sum f_{空}$。

为分析某因素（如 A）的水平变化对指标影响的显著性，根据第九章，设 A 因素所在列的离差平方和为 S_A，自由度为 f_A，则 $\bar{S}_A=\frac{S_A}{f_A}$与$\bar{S}_E=\frac{S_E}{f_E}$之比服从自由度为$(f_A,f_E)$ 的 F 分布，即

$$F_A=\frac{\bar{S}_A}{\bar{S}_E}\sim F(f_A,f_E)$$

对给定检验水平 α，查自由度为（f_A,f_E）的 F 分布表，可得临界值 $F_\alpha(f_A,f_E)$，若 $F_A>F_\alpha(f_A,f_E)$，则以检验水平 α 判断 A 因素作用显著，若 $F_A<F_\alpha(f_A,f_E)$，则判断 A 因素作用不显著。

具体计算时，在作显著性检验之前，先把 $\bar{S}_j$ 与 $\bar{S}_E$ 进行比较，若 $\bar{S}_j$ 与 $\bar{S}_E$ 相当或比它还小，就将这些列的 S_j 当作误差平方和与 S_E 合并在一起，作为新的 $S_E^{\triangle}$，相应的 f_j 也并入 f_E 成为 $f_E^{\triangle}$，用$\frac{S_E^{\triangle}}{f_E^{\triangle}}$去对剩下的因素进行 F 检验（如对因素 A），即

$$F_A=\frac{S_A/f_A}{S_E^{\triangle}/f_E^{\triangle}}=\frac{\bar{S}_A}{\bar{S}_E^{\triangle}}\sim F(f_A,f_E^{\triangle})$$

当 $F_A>F_\alpha(f_A,f_E^{\triangle})$时，则以水平 α 判断 A 因素作用显著。

【例 1】 某试验被考察的因素有五个：A,B,C,D,E。每个因素有两个水平。选用正交表 $L_8(2^7)$，现分别把 A,B,C,D,E 安排在表 $L_8(2^7)$ 的第 1,2,4,5,7 列上，空出第 3，6 列。按方案试验，记下试验结果，再进行极差分析，最后得

到表 10-12。

表 10-12

因素 / 水平 / 列号 / 试验号	A	B		C	D		E	试验结果
	1	2	3	4	5	6	7	
1	1	1	1	1	1	1	1	14
2	1	1	1	2	2	2	2	13
3	1	2	2	1	1	2	2	17
4	1	2	2	2	2	1	1	17
5	2	1	2	1	2	1	2	8
6	2	1	2	2	1	2	1	10
7	2	2	1	1	2	2	1	11
8	2	2	1	2	1	1	2	15
M_{1j}	61	45	53	50	56	54	52	$T=105$
M_{2j}	44	60	52	55	49	51	53	
R_j	17	15	1	5	7	3	1	

试验目的是找出使试验结果最小的工艺条件，试作方差分析，计算最优条件下的工程平均。

解　先计算每列的离差平方和，用式(4.5)，但对二水平情形此公式有更简单形式($r=2$)

$$S_j=\frac{1}{t}\sum_{i=1}^{2}M_{ij}^2-\frac{1}{n}T^2=\frac{1}{t}(M_{1j}^2+M_{2j}^2)-\frac{1}{n}(M_{1j}+M_{2j})^2$$

$$=\frac{2}{n}(M_{1j}^2+M_{2j}^2)-\frac{1}{n}(M_{1j}^2+2M_{1j}M_{2j}+M_{2j}^2)$$

$$=\frac{1}{n}(M_{1j}-M_{2j})^2=\frac{1}{n}R_j^2 \tag{4.9}$$

$S_1=\frac{1}{8}\times 17^2=36.125$，$S_2=\frac{1}{8}\times 15^2=28.125$，$S_3=\frac{1}{8}=0.125$，$S_4=3.125$，

$S_5=6.125$，$S_6=1.125$，$S_7=\frac{1}{8}=0.125$。

因为 3，6 列为空列，因此 $S_E=S_3+S_6=1.25$。其自由度 $f_E=1+1=2$，$\overline{S}_E=\frac{S_E}{2}=0.625$，$S_7=0.125$，$\overline{S}_7=0.125/1=0.125$ 比 $\overline{S}_E$ 小，故将它并入误差。$S_E^{\triangle}=S_E+S_7=1.375$，$f_E^{\triangle}=3$，整理成方差分析表 10-13。

表 10-13

方差来源	S_j	f_j	$\overline{S}=S_j/f_j$	F
A	36.125	1	36.125	78.818
B	28.125	1	28.125	61.364
C	3.125	1	3.125	6.818
D	6.125	1	6.125	13.364
E	0.125	1	0.125	
e	1.125	2	0.625	
$e^{\triangle}$	1.375	3	0.45833	

由于 $F_{0.05}(1,3)=10.13$，$F_{0.01}(1,3)=34.12$，故因素 A，B 作用高度显著，因素 C 作用不显著，因素 D 作用显著。结合表 10-12 知最优工艺条件为 $A_2B_1C_1D_2E_1$。

为计算工程平均，先求出显著因子相应水平的效应。$a_2=m_{21}-\bar{y}=\frac{44}{4}-\frac{105}{8}=\frac{-17}{8}$，$b_1=\frac{45}{4}-\frac{105}{8}=\frac{-15}{8}$，$d_2=-\frac{7}{8}$，最优工程平均 $\mu_{优}=\bar{y}+a_2+b_1+d_2=\frac{66}{8}=8.25$。

读者不难发现，表 10-12 中因素的 R_j 大小与因素 S_j 的大小顺序是一致的，因此前面由 R_j 的大小判断因素的主次和本节用方差分析结果判断因素显著性，两者结论大体相同，从而使后者成为前面初步分析的理论根据。由于方差分析对数据作了进一步分析，因而结论更为准确。

有交互作用试验的方差分析，方法与上面类似，对交互作用的显著性检验与因素的显著性检验是一样的，填有因素的列的 S_j 就是该因素的离差平方和；填有交互作用的列的 S_j 就是该交互作用的离差平方和（当因素为二水平以上时，交互作用列占有几列，应将这几列的 S_j 相加）。交互作用的自由度，则是相应因素自由度的乘积。如 $f_{A\times B}=f_A\times f_B$。空列仍为误差列，所有空列 S_j 之和为误差平方和，检验方法与上面一样。

二、重复试验的方差分析

在正交表上安排试验时，往往会遇到下列两种情况。

(1) 正交表的各列已被因素或交互作用占满，没有空列，这时为了估计试验误差，一般除选用更大的正交表外，还可做重复试验，把重复试验误差作为试验误差。

(2) 有时试验误差较大，为提高统计分析的可靠性，在可能的条件下，可做重复试验。

所谓重复试验，就是将同一号试验重复几次，于是就得到同一条件下几次试验的数据。

重复试验的方差分析与无重复试验的情况基本相同，但有其特点，下面通过例题说明。

【例 2】 利用煤灰和煤矸石作原料制烟灰砖正交试验，考虑的因素水平如下：

A 成型水分(%) $A_1=9$，$A_2=10$，$A_3=11$；

B 砸压时间(分) $B_1=8$，$B_2=10$，$B_3=12$；

C 每盘料重(公斤) $C_1=330$，$C_2=360$，$C_3=400$。

用 $L_9(3^4)$ 表安排试验，每号试验条件所得的干坏抽取五块作扯断力检测，将所得结果减去 70 列于表 10-14 中，烟灰砖扯断力越大质量越好。不考虑交互作用，试作方差分析，确定最优条件及最优工程平均。

表 10-14

因素 / 水平 / 列号 / 试验号	A	B	C		y_{lk}（扯断力−70）					合计 $y_l=\sum\limits_{k=1}^{5}y_{lk}$
	1	2	3	4						
1	1	1	1	1	−3.2	−3.8	−1.7	−2.2	−4.5	−15.3
2	1	2	2	2	−3	−4.4	−1.8	5.3	−0.7	−4.6
3	1	3	3	3	−3.3	−2.3	−2.4	−2.6	−5.7	−16.3
4	2	1	2	3	−1.8	1.3	−1.4	−1.2	−7.9	−11
5	2	2	3	1	4.5	1	7.2	4.7	1	18.4
6	2	3	1	2	−2.9	−1.6	0.9	0.6	−1.9	−4.9
7	3	1	3	2	5.7	−0.7	3	18.6	−0.3	26.3
8	3	2	1	3	3.6	−4.8	−0.6	2	1.8	2
9	3	3	2	1	2	3.4	7	2.4	0.5	15.3
M_{1j}	−36.2	0	−18.2	18.4	$T=\sum\limits_{l=1}^{9}\sum\limits_{k=1}^{5}y_{lk}=9.9$					
M_{2j}	2.5	15.8	−0.3	16.8						
M_{3j}	43.6	−5.9	28.4	−25.3	$\sum\limits_{l=1}^{9}\sum\limits_{k=1}^{5}y_{lk}^2=858.47$					
R_j	79.8	21.7	46.6	43.7						
S_j	212.33	16.79	73.68	81.88	$\sum S_j=384.68$					

设试验结果 y_{lk} 表示第 l 号试验的第 k 次重复值；m 为每号试验重复次数；r 为水平数；t 为每水平试验次数；n 为试验条件个数；$n_{总}$ 表示试验数据个数，显然 $n_{总}=m\times n=m\times r\times t$。对本例 $m=5,r=3,t=3,n=9$，$n_{总}=45$。

重复试验和无重复试验在方差分析计算中有如下区别：

(1) 表中 M_{ij} 的计算用每号试验的合计值代入计算。如 $M_{12}=y_1+y_4+y_7=0$。

(2) 计算 S_j 的公式为 $S_j=\dfrac{1}{t\times m}\sum\limits_{i=1}^{r}M_{ij}^2-\dfrac{T^2}{n_{总}}$。其中 $T=\sum\limits_{l=1}^{n}\sum\limits_{k=1}^{m}y_{lk}$，如 $S_1=\dfrac{1}{3\times5}\sum\limits_{i=1}^{3}M_{i1}^2-\dfrac{1}{45}T^2=\dfrac{1}{15}[(-36.2)^2+(2.5)^2+(43.6)^2]-\dfrac{1}{45}\times9.9^2=212.33$，类似可算出 S_2,S_3,S_4，一并填入表 10-14 中。

(3) 重复试验的总试验误差 S_E 应包含空列误差 S_{E_1} 与重复试验误差 S_{E_2} 两部分，即

$$S_E=S_{E_1}+S_{E_2}\tag{4.10}$$

设第 l 号试验的 m 个数据平均值为 $\bar{y}_l=\dfrac{1}{m}\sum\limits_{k=1}^{m}y_{lk}$，则

$$S_{E_2}=\sum_{l=1}^{n}\sum_{k=1}^{m}(y_{lk}-\bar{y}_l)^2=\sum_{l=1}^{n}\sum_{k=1}^{m}y_{lk}^2-\frac{1}{m}\sum_{l=1}^{n}y_l^2$$

对本例

$$\begin{aligned}S_{E_2}&=(-3.2)^2+(-3.8)^2+\cdots+(0.5)^2\\&\quad-\frac{1}{5}[(-15.3)^2+\cdots+15.3^2]\\&=858.47-1934.29\div5=471.612\end{aligned}$$

$$S_{E_1}=S_4=81.88,\quad S_E=S_{E_1}+S_{E_2}=553.492$$

$$f_E = f_{E_1} + f_{E_2} = (r-1) + n(m-1) = 2 + 36 = 38$$

对于 S_{E_2} 的计算也可由式(4.1) 和式(4.10) 得 $S_T = S_因 + S_{E_1} + S_{E_2}$，而 $S_因 + S_{E_1} = \sum S_j$，因而有 $S_T = \sum S_j + S_{E_2}$，由此得 $S_{E_2} = S_T - \sum S_j$。

两种方法计算结果显然应该一致。

根据表 10-14 和以上计算可列出方差分析表 10-15。

表 10-15 方差分析表

方差来源	S	f	$\bar{S}=S/f$	F
A	212.33	2	106.165	7.44
B	16.79	2	8.395	
C	73.68	2	36.84	2.58
误	553.492	38	14.57	
误△	570.282	40	14.26	

表中 $\bar{S}_B = 8.395 < \bar{S}_误 = 14.57$，故将 S_B 并入 S_E 而得 $S_E^{\triangle} = S_E + S_B = 553.492 + 16.79 = 570.282$，$f_E^{\triangle} = f_E + f_B = 38 + 2 = 40$。查表得 $F_{0.05}(2,40) = 3.23$，$F_{0.01}(2,40) = 5.18$。故因素 A 高度显著，因素 B，C 不显著。由表 10-14 知最优条件为 $A_3B_2C_3$。因 B，C 均不显著，从经济效益出发也可取最优条件为 $A_3B_1C_1$。

由计算效应公式(2.1) 得 $a_3 = m_{31} - \bar{y} = 269$，从而 $\mu_优 = \bar{y} + a_3 = 2.91$，代回原数据为

$$70 + 2.91 = 72.91$$

习 题 十

1. 为了提高某种农药收率，用正交表安排试验，其因素水平如下：

A 反应温度 A_1 60℃，A_2 80℃；

B 反应时间 B_1 2.5 小时；B_2 3.5 小时；

C 配比（某两种原料之比） C_1 1.1/1；C_2 1.2/1；

D 真空度 D_1 500 毫米汞柱，D_2 600 毫米汞柱；

选用 $L_8(2^7)$ 正交表，其试验结果填入 1 题附表。试作直观分析，判别因素主次顺序，并确定最优条件使农药收率最高。

（1 题附表）

因素 / 水平 / 列号 / 试验号	A/℃	B/小时		C(配比)			D(毫米汞柱)	试验结果 y_i/%
	1	2	3	4	5	6	7	
1	1(60)	1(2.5)	1	1(1.1/1)	1	1	1(500)	86
2	1	1	1	2(1.2/1)	2	2	2(600)	95
3	1	2(3.5)	2	1	1	2	2	91
4	1	2	2	2	2	1	1	94
5	2(80)	1	2	1	2	1	2	91
6	2	1	2	2	1	2	1	96
7	2	2	1	1	2	2	1	83
8	2	2	1	2	1	1	2	88

2. 某厂为生产合格的三巨氰胺树脂，用正交表安排试验，选用因素水平如 2 题附表

（2 题附表）

水平 \ 因素	A 苯酐	B pH	C 丁醇加法
1	0.15	6	一次
2	0.20	6.5	二次

如果选用 $L_4(2^3)$ 正交表，试排出试验方案，如果把三个因素依次排在 $L_4(2^3)$ 的 1,2,3 列上，所得试验结果综合评分为 90,85,55,75,试分析试验结果，找出好的工艺条件。

3. 某厂为了考察铁损情况，选用以下因素水平表进行试验

（3 题附表）

水平 \ 因素	A 退火温度/℃	B 退火时间/小时	C 原料产地	D 轧程分配/mm
1	1000	10	甲地	0.3
2	1200	13	乙地	0.35

除要求考察四个因素外，还要考察交互作用 $A\times B, A\times C, B\times C$。

(1) 如果选用正交表 $L_8(2^7)$，试排出试验方案。

(2) 如果把 A,B,C,D 放在 $L_8(2^7)$ 表的第 1,2,4,7 列上，所得试验结果依次为：0.82，0.85，0.70，0.75，0.74，0.79，0.80，0.87。试分析试验结果，找出最优条件（试验指标越小越好）。

4. 轴承圈退火工艺试验以摸索硬度合格率，其因子水平表如下

（4 题附表）

水平 \ 因素	上升温度/℃ A	保温时间/小时 B	出炉温度/℃ C
1	800	6	400
2	820	8	500

用正交表 $L_4(2^3)$ 安排试验，各号试验的硬度合格率分别为 $y_1=96\%$，$y_2=45\%$，$y_3=85\%$，$y_4=70\%$。试确定最优条件及计算最优工程平均。

5. 提高收率试验，其因素水平如下表

（5 题附表）

水平 \ 因素	A 反应温度/℃	B 反应时间/分	C 催化剂种类
1	700	20	甲
2	750	25	乙
3	800	30	丙

用 $L_9(3^4)$ 表作正交试验，A，B，C 分别排在第 1，2，3 列上，得收率数据 $y(\%)$ 为：$y_1=71.0$，$y_2=80.7$，$y_3=83.0$，$y_4=78.0$，$y_5=87.6$，$y_6=68.6$，$y_7=95.0$，$y_8=78.3$，$y_9=90.0$。试作方差分析，确定最优条件及计算最优工程平均。

6. 合成氨最佳工艺条件试验。根据过去经验，考察因素水平如下表所示，考察指标为氨的产量（高者为优）

（6 题附表）

水平＼因素	A 反应温度/℃	B 反应压力/MPa	C 催化剂种类
1	460	25	甲
2	490	27	乙
3	520	30	丙

用 $L_9(3^4)$ 表作正交试验，A，B，C 分别排在第 1，2，3 列上。得氨产量数据 y_l（吨）为：$y_1=1.72$，$y_2=1.82$，$y_3=1.80$，$y_4=1.92$，$y_5=1.83$，$y_6=1.98$，$y_7=1.59$，$y_8=1.60$，$y_9=1.81$。试作方差分析，确定最优条件及计算最优工程平均。

7. 电解腐蚀试验，考察胶的种类（A）、酸的种类（B）、酸的浓度（C）和电流强度（D）四个因素，每个因素各取三个水平，根据经验可以忽略交互作用。指标为产品质量，采用综合评分法（满分为 100 分），每号试验重复三次，高分者为优。选用 $L_9(3^4)$ 表做试验，其结果如下表所示。

（7 题附表）

因素	A	B	C	D	试验数据 y_{lk}			合计
水平　列号／试验号	1	2	3	4				$y_l=\sum_{k=1}^{3} y_{lk}$
1	1	1	1	1	65	60	70	$y_1=195$
2	1	2	2	2	70	65	85	$y_2=220$
3	1	3	3	3	65	70	80	$y_3=215$
4	2	1	2	3	55	60	80	$y_4=195$
5	2	2	3	1	50	45	70	$y_5=165$
6	2	3	1	2	40	40	40	$y_6=120$
7	3	1	3	2	90	70	65	$y_7=225$
8	3	2	1	3	85	85	80	$y_8=250$
9	3	3	2	1	50	65	65	$y_9=180$

试作方差分析，确定最优条件和最优工程平均。

8. 在第 1 题中若考虑交互作用 $A\times B$，$A\times C$，$B\times C$，试作方差分析，确定最优条件及计算最优工程平均。

附　　表

附表 1　标准正态分布表

$$\Phi(x)=\int_{-\infty}^{x}\frac{1}{\sqrt{2\pi}}e^{-u^2/2}\,du$$

x	0	1	2	3	4	5	6	7	8	9
0.0	0.5000	0.5040	0.5080	0.5120	0.5160	0.5199	0.5239	0.5279	0.5319	0.5359
0.1	0.5398	0.5438	0.5478	0.5517	0.5557	0.5596	0.5636	0.5675	0.5714	0.5753
0.2	0.5793	0.5832	0.5871	0.5910	0.5948	0.5987	0.6026	0.6064	0.6103	0.6141
0.3	0.6179	0.6217	0.6255	0.6293	0.6331	0.6368	0.6406	0.6443	0.6480	0.6517
0.4	0.6554	0.6591	0.6628	0.6664	0.6700	0.6736	0.6772	0.6808	0.6844	0.6879
0.5	0.6915	0.6950	0.6985	0.7019	0.7054	0.7088	0.7123	0.7157	0.7190	0.7224
0.6	0.7257	0.7291	0.7324	0.7357	0.7389	0.7422	0.7454	0.7486	0.7517	0.7549
0.7	0.7580	0.7611	0.7642	0.7673	0.7703	0.7734	0.7764	0.7794	0.7823	0.7852
0.8	0.7881	0.7910	0.7939	0.7967	0.7995	0.8023	0.8051	0.8078	0.8106	0.8133
0.9	0.8159	0.8186	0.8212	0.8238	0.8264	0.8289	0.8315	0.8340	0.8365	0.8389
1.0	0.8413	0.8438	0.8461	0.8485	0.8508	0.8531	0.8554	0.8577	0.8599	0.8621
1.1	0.8643	0.8665	0.8686	0.8708	0.8729	0.8749	0.8770	0.8790	0.8810	0.8830
1.2	0.8849	0.8869	0.8888	0.8907	0.8925	0.8944	0.8962	0.8980	0.8997	0.9015
1.3	0.9032	0.9049	0.9066	0.9082	0.9099	0.9115	0.9131	0.9147	0.9162	0.9177
1.4	0.9192	0.9207	0.9222	0.9236	0.9251	0.9265	0.9278	0.9292	0.9306	0.9319
1.5	0.9332	0.9345	0.9357	0.9370	0.9382	0.9394	0.9406	0.9418	0.9430	0.9441
1.6	0.9452	0.9463	0.9474	0.9484	0.9495	0.9505	0.9515	0.9525	0.9535	0.9545
1.7	0.9554	0.9564	0.9573	0.9582	0.9591	0.9599	0.9608	0.9616	0.9625	0.9633
1.8	0.9641	0.9648	0.9656	0.9664	0.9671	0.9678	0.9686	0.9693	0.9700	0.9706
1.9	0.9713	0.9719	0.9726	0.9732	0.9738	0.9744	0.9750	0.9756	0.9762	0.9767
2.0	0.9772	0.9778	0.9783	0.9788	0.9793	0.9798	0.9803	0.9808	0.9812	0.9817
2.1	0.9821	0.9826	0.9830	0.9834	0.9838	0.9842	0.9846	0.9850	0.9854	0.9857
2.2	0.9861	0.9864	0.9868	0.9871	0.9874	0.9878	0.9881	0.9884	0.9887	0.9890
2.3	0.9893	0.9896	0.9898	0.9901	0.9904	0.9906	0.9909	0.9911	0.9913	0.9916
2.4	0.9918	0.9920	0.9922	0.9925	0.9927	0.9929	0.9931	0.9932	0.9934	0.9936
2.5	0.9938	0.9940	0.9941	0.9943	0.9945	0.9946	0.9948	0.9949	0.9951	0.9952
2.6	0.9953	0.9955	0.9956	0.9957	0.9959	0.9960	0.9961	0.9962	0.9963	0.9964
2.7	0.9965	0.9966	0.9967	0.9968	0.9969	0.9970	0.9971	0.9972	0.9973	0.9974
2.8	0.9974	0.9975	0.9976	0.9977	0.9977	0.9978	0.9979	0.9979	0.9980	0.9981
2.9	0.9981	0.9982	0.9982	0.9983	0.9984	0.9984	0.9985	0.9985	0.9986	0.9986
3.0	0.9987	0.9990	0.9993	0.9995	0.9997	0.9998	0.9998	0.9999	0.9999	1.0000

注：表中末行系函数值 $\Phi(3.0)$，$\Phi(3.1)$，…，$\Phi(3.9)$。

附表 2　泊松分布表

$$1-F(x-1)=\sum_{r=x}^{r=\infty}\frac{e^{-\lambda}\lambda^{r}}{r!}$$

x	$\lambda=0.2$	$\lambda=0.3$	$\lambda=0.4$	$\lambda=0.5$	$\lambda=0.6$	$\lambda=0.7$	$\lambda=0.8$
0	1.0000000	1.0000000	1.0000000	1.0000000	1.0000000	1.0000000	1.0000000
1	0.1812692	0.2591818	0.3296800	0.393469	0.451188	0.503415	0.550671
2	0.0175231	0.0369363	0.0615519	0.090204	0.121901	0.155805	0.191208
3	0.0011485	0.0035995	0.0079263	0.014388	0.023115	0.034142	0.047423
4	0.0000568	0.0002658	0.0007763	0.001752	0.003358	0.005753	0.009080
5	0.0000023	0.0000158	0.0000612	0.000172	0.000394	0.000786	0.001411
6	0.0000001	0.0000008	0.0000040	0.000014	0.000039	0.000090	0.000184
7			0.0000002	0.000001	0.000003	0.000009	0.000021
8						0.000001	0.000002

x	$\lambda=0.9$	$\lambda=1.0$	$\lambda=1.2$	$\lambda=1.4$	$\lambda=1.6$	$\lambda=1.8$
0	1.0000000	1.0000000	1.0000000	1.000000	1.000000	1.000000
1	0.593430	0.632121	0.698806	0.753403	0.798103	0.834701
2	0.227518	0.264241	0.337373	0.408167	0.475069	0.537163
3	0.062857	0.080301	0.120513	0.166502	0.216642	0.269379
4	0.013459	0.018988	0.033769	0.053725	0.078813	0.108708
5	0.002344	0.003660	0.007746	0.014253	0.023682	0.036407
6	0.000343	0.000594	0.001500	0.003201	0.006040	0.010378
7	0.000043	0.000083	0.000251	0.000622	0.001336	0.002569
8	0.000005	0.000010	0.000037	0.000107	0.000260	0.000562
9		0.000001	0.000005	0.000016	0.000045	0.000110
10			0.000001	0.000002	0.000007	0.000019
11					0.000001	0.000003

x	$\lambda=2.5$	$\lambda=3.0$	$\lambda=3.5$	$\lambda=4.0$	$\lambda=4.5$	$\lambda=5.0$
0	1.000000	1.000000	1.000000	1.000000	1.000000	1.000000
1	0.917915	0.950213	0.969803	0.981684	0.988891	0.993262
2	0.712703	0.800852	0.864112	0.908422	0.938901	0.959572
3	0.456187	0.576810	0.679153	0.761897	0.826422	0.875348
4	0.242424	0.352768	0.463367	0.566530	0.657704	0.734974
5	0.108822	0.184737	0.274555	0.371163	0.467896	0.559507
6	0.042021	0.083918	0.142386	0.214870	0.297070	0.384039
7	0.014187	0.033509	0.065288	0.110674	0.168949	0.237817
8	0.004247	0.011905	0.026739	0.051134	0.086586	0.133372
9	0.001140	0.003803	0.009874	0.021363	0.040257	0.068094
10	0.000277	0.001102	0.003315	0.008132	0.017093	0.031828
11	0.000062	0.000292	0.001019	0.002840	0.006669	0.013695
12	0.000013	0.000071	0.000289	0.000915	0.002404	0.005453
13	0.000002	0.000016	0.000076	0.000274	0.000805	0.002019
14		0.000003	0.000019	0.000076	0.000252	0.000698
15		0.000001	0.000004	0.000020	0.000074	0.000226
16			0.000001	0.000005	0.000020	0.000069
17				0.000001	0.000005	0.000020
18					0.000001	0.000005
19						0.000001

附表 3　t 分布表

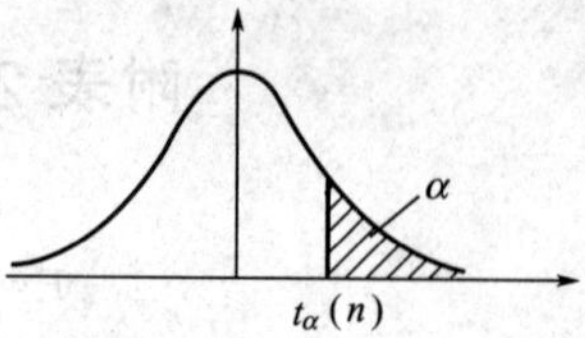

$$P\{t(n)>t_\alpha(n)\}=\alpha$$

n	$\alpha=0.25$	0.10	0.05	0.025	0.01	0.005
1	1.0000	3.0777	6.3138	12.7062	31.8207	63.6574
2	0.8165	1.8856	2.9200	4.3027	6.9646	9.9248
3	0.7649	1.6377	2.3534	3.1824	4.5407	5.8409
4	0.7407	1.5332	2.1318	2.7764	3.7469	4.6041
5	0.7267	1.4759	2.0150	2.5706	3.3649	4.0322
6	0.7176	1.4398	1.9432	2.4469	3.1427	3.7074
7	0.7111	1.4149	1.8946	2.3646	2.9980	3.4995
8	0.7064	1.3968	1.8595	2.3060	2.8965	3.3554
9	0.7027	1.3830	1.8331	2.2622	2.8214	3.2498
10	0.6998	1.3722	1.8125	2.2281	2.7638	3.1693
11	0.6974	1.3634	1.7959	2.2010	2.7181	3.1058
12	0.6955	1.3562	1.7823	2.1788	2.6810	3.0545
13	0.6938	1.3502	1.7709	2.1604	2.6503	3.0123
14	0.6924	1.3450	1.7613	2.1448	2.6245	2.9768
15	0.6912	1.3406	1.7531	2.1315	2.6025	2.9467
16	0.6901	1.3368	1.7459	2.1199	2.5835	2.9208
17	0.6892	1.3334	1.7396	2.1098	2.5669	2.8982
18	0.6884	1.3304	1.7341	2.1009	2.5524	2.8784
19	0.6876	1.3277	1.7291	2.0930	2.5395	2.8609
20	0.6870	1.3253	1.7247	2.0860	2.5280	2.8453
21	0.6864	1.3232	1.7207	2.0796	2.5177	2.8314
22	0.6858	1.3212	1.7171	2.0739	2.5083	2.8188
23	0.6853	1.3195	1.7139	2.0687	2.4999	2.8073
24	0.6848	1.3178	1.7109	2.0639	2.4922	2.7969
25	0.6844	1.3163	1.7081	2.0595	2.4851	2.7874
26	0.6840	1.3150	1.7056	2.0555	2.4786	2.7787
27	0.6837	1.3137	1.7033	2.0518	2.4727	2.7707
28	0.6834	1.3125	1.7011	2.0484	2.4671	2.7633
29	0.6830	1.3114	1.6991	2.0452	2.4620	2.7564
30	0.6828	1.3104	1.6973	2.0423	2.4573	2.7500
31	0.6825	1.3095	1.6955	2.0395	2.4528	2.7440
32	0.6822	1.3086	1.6939	2.0369	2.4487	2.7385
33	0.6820	1.3077	1.6924	2.0345	2.4448	2.7333
34	0.6818	1.3070	1.6909	2.0322	2.4411	2.7284
35	0.6816	1.3062	1.6896	2.0301	2.4377	2.7238
36	0.6814	1.3055	1.6883	2.0281	2.4345	2.7195
37	0.6812	1.3049	1.6871	2.0262	2.4314	2.7154
38	0.6810	1.3042	1.6860	2.0244	2.4286	2.7116
39	0.6808	1.3036	1.6849	2.0227	2.4258	2.7079
40	0.6807	1.3031	1.6839	2.0211	2.4233	2.7045
41	0.6805	1.3025	1.6829	2.0195	2.4208	2.7012
42	0.6804	1.3020	1.6820	2.0181	2.4185	2.6981
43	0.6802	1.3016	1.6811	2.0167	2.4163	2.6951
44	0.6801	1.3011	1.6802	2.0154	2.4141	2.6923
45	0.6800	1.3006	1.6794	2.0141	2.4121	2.6896

附表 4　χ^2 分布表

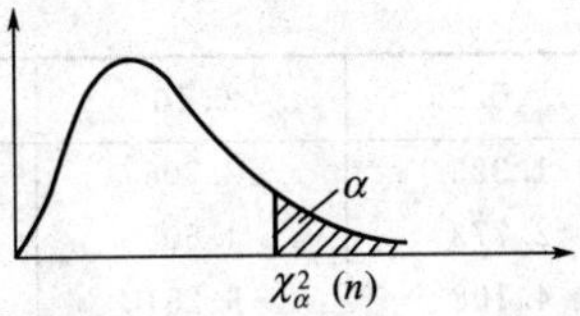

$$P\{\chi^2(n)>\chi_\alpha^2(n)\}=\alpha$$

n	$\alpha=0.995$	0.99	0.975	0.95	0.90	0.75
1	—	—	0.001	0.004	0.016	0.102
2	0.010	0.020	0.051	0.103	0.211	0.575
3	0.072	0.115	0.216	0.352	0.584	1.213
4	0.207	0.297	0.484	0.711	1.064	1.923
5	0.412	0.554	0.831	1.145	1.610	2.675
6	0.676	0.872	1.237	1.635	2.204	3.455
7	0.989	1.239	1.690	2.167	2.833	4.255
8	1.344	1.646	2.180	2.733	3.490	5.071
9	1.735	2.088	2.700	3.325	4.168	5.899
10	2.156	2.558	3.247	3.940	4.865	6.737
11	2.603	3.053	3.816	4.575	5.578	7.584
12	3.074	3.571	4.404	5.226	6.304	8.438
13	3.565	4.107	5.009	5.892	7.042	9.299
14	4.075	4.660	5.629	6.571	7.790	10.165
15	4.601	5.229	6.262	7.261	8.547	11.037
16	5.142	5.812	6.908	7.962	9.312	11.912
17	5.697	6.408	7.564	8.672	10.085	12.792
18	6.265	7.015	8.231	9.390	10.865	13.675
19	6.844	7.633	8.907	10.117	11.651	14.562
20	7.434	8.260	9.591	10.851	12.443	15.452
21	8.034	8.897	10.283	11.591	13.240	16.344
22	8.643	9.542	10.982	12.338	14.042	17.240
23	9.260	10.196	11.689	13.091	14.848	18.137
24	9.886	10.856	12.401	13.848	15.659	19.037
25	10.520	11.524	13.120	14.611	16.473	19.939
26	11.160	12.198	13.844	15.379	17.292	20.843
27	11.808	12.879	14.573	16.151	18.114	21.749
28	12.461	13.565	15.308	16.928	18.939	22.657
29	13.121	14.257	16.047	17.708	19.768	23.567
30	13.787	14.954	16.791	18.493	20.599	24.478
31	14.458	15.655	17.539	19.281	21.434	25.390
32	15.134	16.362	18.291	20.072	22.271	26.304
33	15.815	17.074	19.047	20.867	23.110	27.219
34	16.501	17.789	19.806	21.664	23.952	28.136
35	17.192	18.509	20.569	22.465	24.797	29.054
36	17.887	19.233	21.336	23.269	25.643	29.973
37	18.586	19.960	22.106	24.075	26.492	30.893
38	19.289	20.691	22.878	24.884	27.343	31.815
39	19.996	21.426	23.654	25.695	28.196	32.737
40	20.707	22.164	24.433	26.509	29.051	33.660
41	21.421	22.906	25.215	27.326	29.907	34.585
42	22.138	23.650	25.999	28.144	30.765	35.510
43	22.859	24.398	26.785	28.965	31.625	36.436
44	23.584	25.148	27.575	29.787	32.487	37.363
45	24.311	25.901	28.366	30.612	33.350	38.291

附表 4（续）

n	α=0.25	0.10	0.05	0.025	0.01	0.005
1	1.323	2.706	3.841	5.024	6.635	7.879
2	2.773	4.605	5.991	7.378	9.210	10.597
3	4.108	6.251	7.815	9.348	11.345	12.838
4	5.385	7.779	9.488	11.143	13.277	14.860
5	6.626	9.236	11.071	12.833	15.086	16.750
6	7.841	10.645	12.592	14.449	16.812	18.548
7	9.037	12.017	14.067	16.013	18.475	20.278
8	10.219	13.362	15.507	17.535	20.090	21.955
9	11.389	14.684	16.919	19.023	21.666	23.589
10	12.549	15.987	18.307	20.483	23.209	25.188
11	13.701	17.275	19.675	21.920	24.725	26.757
12	14.845	18.549	21.026	23.337	26.217	28.299
13	15.984	19.812	22.362	24.736	27.688	29.819
14	17.117	21.064	23.685	26.119	29.141	31.319
15	18.245	22.307	24.996	27.488	30.578	32.801
16	19.369	23.542	26.296	28.845	32.000	34.267
17	20.489	24.769	27.587	30.191	33.409	35.718
18	21.605	25.989	28.869	31.526	34.805	37.156
19	22.718	27.204	30.144	32.852	36.191	38.582
20	23.828	28.412	31.410	34.170	37.566	39.997
21	24.935	29.615	32.671	35.479	38.932	41.401
22	26.039	30.813	33.924	36.781	40.289	42.796
23	27.141	32.007	35.172	38.076	41.638	44.181
24	28.241	33.196	36.415	39.364	42.980	45.559
25	29.339	34.382	37.652	40.646	44.314	46.928
26	30.435	35.563	38.885	41.923	45.642	48.290
27	31.528	36.741	40.113	43.194	46.963	49.645
28	32.620	37.916	41.337	44.461	48.278	50.993
29	33.711	39.087	42.557	45.722	49.588	52.336
30	34.800	40.256	43.773	46.979	50.892	53.672
31	35.887	41.422	44.985	48.232	52.191	55.003
32	36.973	42.585	46.194	49.480	53.486	56.328
33	38.058	43.745	47.400	50.725	54.776	57.648
34	39.141	44.903	48.602	51.966	56.061	58.964
35	40.223	46.059	49.802	53.203	57.342	60.275
36	41.304	47.212	50.998	54.437	58.619	61.581
37	42.383	48.363	52.192	55.668	59.892	62.883
38	43.462	49.513	53.384	56.896	61.162	64.181
39	44.539	50.660	54.572	58.120	62.428	65.476
40	45.616	51.805	55.758	59.342	63.691	66.766
41	46.692	52.949	56.942	60.561	64.950	68.053
42	47.766	54.090	58.124	61.777	66.206	69.336
43	48.840	55.230	59.304	62.990	67.459	70.616
44	49.913	56.369	60.481	64.201	68.710	71.893
45	50.985	57.505	61.656	65.410	69.957	73.166

附表 5 F 分布表

$$P\{F(n_1,n_2)>F_\alpha(n_1,n_2)\}=\alpha$$

$$\alpha=0.10$$

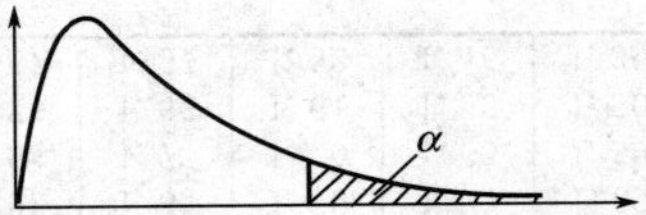

n_2 \ n_1	1	2	3	4	5	6	7	8	9	10	12	15	20	24	30	40	60	120	∞
1	39.86	49.50	53.59	55.83	57.24	58.20	58.91	59.44	59.86	60.19	60.71	61.22	61.74	62.00	62.26	62.53	62.79	63.06	63.33
2	8.53	9.00	9.16	9.24	9.29	9.33	9.35	9.37	9.38	9.39	9.41	9.42	9.44	9.45	9.46	9.47	9.47	9.48	9.49
3	5.54	5.46	5.39	5.34	5.31	5.28	5.27	5.25	5.24	5.23	5.22	5.20	5.18	5.18	5.17	5.16	5.15	5.14	5.13
4	4.54	4.32	4.19	4.11	4.05	4.01	3.98	3.95	3.94	3.92	3.90	3.87	3.84	3.83	3.82	3.80	3.79	3.78	4.76
5	4.06	3.78	3.62	3.52	3.45	3.40	3.37	3.34	3.32	3.30	3.27	3.24	3.21	3.19	3.17	3.16	3.14	3.12	3.10
6	3.78	3.46	3.29	3.18	3.11	3.05	3.01	2.98	2.96	2.94	2.90	2.87	2.84	2.82	2.80	2.78	2.76	2.74	2.72
7	3.59	3.26	3.07	2.96	2.88	2.83	2.78	2.75	2.72	2.70	2.67	2.63	2.59	2.58	2.56	2.54	2.51	2.49	2.47
8	3.46	3.11	2.92	2.81	2.73	2.67	2.62	2.59	2.56	2.54	2.50	2.46	2.42	2.40	2.38	2.36	2.34	2.32	2.29
9	3.36	3.01	2.81	2.69	2.61	2.55	2.51	2.47	2.44	2.42	2.38	2.34	2.30	2.28	2.25	2.23	2.21	2.18	2.16
10	3.29	2.92	2.73	2.61	2.52	2.46	2.41	2.38	2.35	2.32	2.28	2.24	2.20	2.18	2.16	2.13	2.11	2.08	2.06
11	3.23	2.86	2.66	2.54	2.45	2.39	2.34	2.30	2.27	2.25	2.21	2.17	2.12	2.10	2.08	2.05	2.03	2.00	1.97
12	3.18	2.81	2.61	2.48	2.39	2.33	2.28	2.24	2.21	2.19	2.15	2.10	2.06	2.04	2.01	1.99	1.96	1.93	1.90
13	3.14	2.76	2.56	2.43	2.35	2.28	2.23	2.20	2.16	2.14	2.10	2.05	2.01	1.98	1.96	1.93	1.90	1.88	1.85
14	3.10	2.73	2.52	2.39	2.31	2.24	2.19	2.15	2.12	2.10	2.05	2.01	1.96	1.94	1.91	1.89	1.86	1.83	1.80
15	3.07	2.70	2.49	2.36	2.27	2.21	2.16	2.12	2.09	2.06	2.02	1.97	1.92	1.90	1.87	1.85	1.82	1.79	1.76
16	3.05	2.67	2.46	2.33	2.24	2.18	2.13	2.09	2.06	2.03	1.99	1.94	1.89	1.87	1.84	1.81	1.78	1.75	1.72
17	3.03	2.64	2.44	2.31	2.22	2.15	2.10	2.06	2.03	2.00	1.96	1.91	1.86	1.84	1.81	1.78	1.75	1.72	1.69
18	3.01	2.62	2.42	2.29	2.20	2.13	2.08	2.04	2.00	1.98	1.93	1.89	1.84	1.81	1.78	1.75	1.72	1.69	1.66
19	2.99	2.61	2.40	2.27	2.18	2.11	2.06	2.02	1.98	1.96	1.91	1.86	1.81	1.79	1.76	1.73	1.70	1.67	1.63
20	2.97	2.59	2.38	2.25	2.16	2.09	2.04	2.00	1.96	1.94	1.89	1.84	1.79	1.77	1.74	1.71	1.68	1.64	1.61
21	2.96	2.57	2.36	2.23	2.14	2.08	2.02	1.98	1.95	1.92	1.87	1.83	1.78	1.75	1.72	1.69	1.66	1.62	1.59
22	2.95	2.56	2.35	2.22	2.13	2.06	2.01	1.97	1.93	1.90	1.86	1.81	1.76	1.73	1.70	1.67	1.64	1.60	1.57
23	2.94	2.55	2.34	2.21	2.11	2.05	1.99	1.95	1.92	1.89	1.84	1.80	1.74	1.72	1.69	1.66	1.62	1.59	1.55
24	2.93	2.54	2.33	2.19	2.10	2.04	1.98	1.94	1.91	1.88	1.83	1.78	1.73	1.70	1.67	1.64	1.61	1.57	1.53
25	2.92	2.53	2.32	2.18	2.09	2.02	1.97	1.93	1.89	1.87	1.82	1.77	1.72	1.69	1.66	1.63	1.59	1.56	1.52
26	2.91	2.52	2.31	2.17	2.08	2.01	1.96	1.92	1.88	1.86	1.81	1.76	1.71	1.68	1.65	1.61	1.58	1.54	1.50
27	2.90	2.51	2.30	2.17	2.07	2.00	1.95	1.91	1.87	1.85	1.80	1.75	1.70	1.67	1.64	1.60	1.57	1.53	1.49
28	2.89	2.50	2.29	2.16	2.06	2.00	1.94	1.90	1.87	1.84	1.79	1.74	1.69	1.66	1.63	1.59	1.56	1.52	1.48
29	2.89	2.50	2.28	2.15	2.06	1.99	1.93	1.89	1.86	1.83	1.78	1.73	1.68	1.65	1.62	1.58	1.55	1.51	1.47
30	2.88	2.49	2.28	2.14	2.05	1.98	1.93	1.88	1.85	1.82	1.77	1.72	1.67	1.64	1.61	1.57	1.54	1.50	1.46
40	2.84	2.44	2.23	2.09	2.00	1.93	1.87	1.83	1.79	1.76	1.71	1.66	1.61	1.57	1.54	1.51	1.47	1.42	1.38
60	2.79	2.39	2.18	2.04	1.95	1.87	1.82	1.77	1.74	1.71	1.66	1.60	1.54	1.51	1.48	1.44	1.40	1.35	1.29
120	2.75	2.35	2.13	1.99	1.90	1.82	1.77	1.72	1.68	1.65	1.60	1.55	1.48	1.45	1.41	1.37	1.32	1.26	1.19
∞	2.71	2.30	2.08	1.94	1.85	1.77	1.72	1.67	1.63	1.60	1.55	1.49	1.42	1.38	1.34	1.30	1.24	1.17	1.00

附表 5（续）

$\alpha=0.05$

n_2 \ n_1	1	2	3	4	5	6	7	8	9	10	12	15	20	24	30	40	60	120	∞
1	161.4	199.5	215.7	224.6	230.2	234.0	236.8	238.9	240.5	241.9	243.9	245.9	248.0	249.1	250.1	251.1	252.2	253.3	254.3
2	18.51	19.00	19.16	19.25	19.30	19.33	19.35	19.37	19.38	19.40	19.41	19.43	19.45	19.45	19.46	19.47	19.48	19.49	19.50
3	10.13	9.55	9.28	9.12	9.01	8.94	8.89	8.85	8.81	8.79	8.74	8.70	8.66	8.64	8.62	8.59	8.57	8.55	8.53
4	7.71	6.94	6.59	6.39	6.26	6.16	6.09	6.04	6.00	5.96	5.91	5.86	5.80	5.77	5.75	5.72	5.69	5.66	5.63
5	6.61	5.79	5.41	5.19	5.05	4.95	4.88	4.82	4.77	4.74	4.68	4.62	4.56	4.53	4.50	4.46	4.43	4.40	4.36
6	5.99	5.14	4.76	4.53	4.39	4.28	4.21	4.15	4.10	4.06	4.00	3.94	3.87	3.84	3.81	3.77	3.74	3.70	3.67
7	5.59	4.74	4.35	4.12	3.97	3.87	3.79	3.73	3.68	3.64	3.57	3.51	3.44	3.41	3.38	3.34	3.30	3.27	3.23
8	5.32	4.46	4.07	3.84	3.69	3.58	3.50	3.44	3.39	3.35	3.28	3.22	3.15	3.12	3.08	3.04	3.01	2.97	2.93
9	5.12	4.26	3.86	3.63	3.48	3.37	3.29	3.23	3.18	3.14	3.07	3.01	2.94	2.90	2.86	2.83	2.79	2.75	2.71
10	4.96	4.10	3.71	3.48	3.33	3.22	3.14	3.07	3.02	2.98	2.91	2.85	2.77	2.74	2.70	2.66	2.62	2.58	2.54
11	4.84	3.98	3.59	3.36	3.20	3.09	3.01	2.95	2.90	2.85	2.79	2.72	2.65	2.61	2.57	2.53	2.49	2.45	2.40
12	4.75	3.89	3.49	3.26	3.11	3.00	2.91	2.85	2.80	2.75	2.69	2.62	2.54	2.51	2.47	2.43	2.38	2.34	2.30
13	4.67	3.81	3.41	3.18	3.03	2.92	2.83	2.77	2.71	2.67	2.60	2.53	2.46	2.42	2.38	2.34	2.30	2.25	2.21
14	4.60	3.74	3.34	3.11	2.96	2.85	2.76	2.70	2.65	2.60	2.53	2.46	2.39	2.35	2.31	2.27	2.22	2.18	2.13
15	4.54	3.68	3.29	3.06	2.90	2.79	2.71	2.64	2.59	2.54	2.48	2.40	2.33	2.29	2.25	2.20	2.16	2.11	2.07
16	4.49	3.63	3.24	3.01	2.85	2.74	2.66	2.59	2.54	2.49	2.42	2.35	2.28	2.24	2.19	2.15	2.11	2.06	2.01
17	4.45	3.59	3.20	2.96	2.81	2.70	2.61	2.55	2.49	2.45	2.38	2.31	2.23	2.19	2.15	2.10	2.06	2.01	1.96
18	4.41	3.55	3.16	2.93	2.77	2.66	2.58	2.51	2.46	2.41	2.34	2.27	2.19	2.15	2.11	2.06	2.02	1.97	1.92
19	4.38	3.52	3.13	2.90	2.74	2.63	2.54	2.48	2.42	2.38	2.31	2.23	2.16	2.11	2.07	2.03	1.98	1.93	1.88
20	4.35	3.49	3.10	2.87	2.71	2.60	2.51	2.45	2.39	2.35	2.28	2.20	2.12	2.08	2.04	1.99	1.95	1.90	1.84
21	4.32	3.47	3.07	2.84	2.68	2.57	2.49	2.42	2.37	2.32	2.25	2.18	2.10	2.05	2.01	1.96	1.92	1.87	1.81
22	4.30	3.44	3.05	2.82	2.66	2.55	2.46	2.40	2.34	2.30	2.23	2.15	2.07	2.03	1.98	1.94	1.89	1.84	1.78
23	4.28	3.42	3.03	2.80	2.64	2.53	2.44	2.37	2.32	2.27	2.20	2.13	2.05	2.01	1.96	1.91	1.86	1.81	1.76
24	4.26	3.40	3.01	2.78	2.62	2.51	2.42	2.36	2.30	2.25	2.18	2.11	2.03	1.98	1.94	1.89	1.84	1.79	1.73
25	4.24	3.39	2.99	2.76	2.60	2.49	2.40	2.34	2.28	2.24	2.16	2.09	2.01	1.96	1.92	1.87	1.82	1.77	1.71
26	4.23	3.37	2.98	2.74	2.59	2.47	2.39	2.32	2.27	2.22	2.15	2.07	1.99	1.95	1.90	1.85	1.80	1.75	1.69
27	4.21	3.35	2.96	2.73	2.57	2.46	2.37	2.31	2.25	2.20	2.13	2.06	1.97	1.93	1.88	1.84	1.79	1.73	1.67
28	4.20	3.34	2.95	2.71	2.56	2.45	2.36	2.29	2.24	2.19	2.12	2.04	1.96	1.91	1.87	1.82	1.77	1.71	1.65
29	4.18	3.33	2.93	2.70	2.55	2.43	2.35	2.28	2.22	2.18	2.10	2.03	1.94	1.90	1.85	1.81	1.75	1.70	1.64
30	4.17	3.32	2.92	2.69	2.53	2.42	2.33	2.27	2.21	2.16	2.09	2.01	1.93	1.89	1.84	1.79	1.74	1.68	1.62
40	4.08	3.23	2.84	2.61	2.45	2.34	2.25	2.18	2.12	2.08	2.00	1.92	1.84	1.79	1.74	1.69	1.64	1.58	1.51
60	4.00	3.15	2.76	2.53	2.37	2.25	2.17	2.10	2.04	1.99	1.92	1.84	1.75	1.70	1.65	1.59	1.53	1.47	1.39
120	3.92	3.07	2.68	2.45	2.29	2.17	2.09	2.02	1.96	1.91	1.83	1.75	1.66	1.61	1.55	1.50	1.43	1.35	1.25
∞	3.84	3.00	2.60	2.37	2.21	2.10	2.01	1.94	1.88	1.83	1.75	1.67	1.57	1.52	1.46	1.39	1.32	1.22	1.00

附表 5（续）

$\alpha = 0.025$

n_2 \ n_1	1	2	3	4	5	6	7	8	9	10	12	15	20	24	30	40	60	120	∞
1	647.8	799.5	864.2	899.6	921.8	937.1	948.2	956.7	963.3	368.6	976.7	984.9	993.1	997.2	1001	1006	1010	1014	1018
2	38.51	39.00	39.17	39.25	39.30	39.33	39.36	39.37	39.39	39.40	39.41	39.43	39.45	39.46	39.46	39.47	39.48	39.49	39.50
3	17.44	16.04	15.44	15.10	14.88	14.73	14.62	14.54	14.47	14.42	14.34	14.25	14.17	14.12	14.08	14.04	13.99	13.95	13.90
4	12.22	10.65	9.98	9.60	9.36	9.20	9.07	8.98	8.90	8.84	8.75	8.66	8.56	8.51	8.46	8.41	8.36	8.31	8.26
5	10.01	8.43	7.76	7.39	7.15	6.98	6.85	6.76	6.68	6.62	6.52	6.43	6.33	6.28	6.23	6.18	6.12	6.07	6.02
6	8.81	7.26	6.60	6.23	5.99	5.82	5.70	5.60	5.52	5.46	5.37	5.27	5.17	5.12	5.07	5.01	4.96	4.90	4.85
7	8.07	6.54	5.89	5.52	5.29	5.12	4.99	4.90	4.82	4.76	4.67	4.57	4.47	4.42	4.36	4.31	4.25	4.20	4.14
8	7.57	6.06	5.42	5.05	4.82	4.65	4.53	4.43	4.36	4.30	4.20	4.10	4.00	3.95	3.89	3.84	3.78	3.73	3.67
9	7.21	5.71	5.08	4.72	4.48	4.23	4.20	4.10	4.03	3.96	3.87	3.77	3.67	3.61	3.56	3.51	3.45	3.39	3.33
10	6.94	5.46	4.83	4.47	4.24	4.07	3.95	3.85	3.78	3.72	3.62	3.52	3.42	3.37	3.31	3.26	3.20	3.14	3.08
11	6.72	5.26	4.63	4.28	4.04	3.88	3.76	3.66	3.59	3.53	3.43	3.33	3.23	3.17	3.12	3.06	3.00	2.94	2.88
12	6.55	5.10	4.47	4.12	3.89	3.73	3.61	3.51	3.44	3.37	3.28	3.18	3.07	3.02	2.96	2.91	2.85	2.79	2.72
13	6.41	4.97	4.35	4.00	3.77	3.60	3.48	3.39	3.31	3.25	3.15	3.05	2.95	2.89	2.84	2.78	2.72	2.66	2.60
14	6.30	4.86	4.24	3.89	3.66	3.50	3.38	3.29	3.21	3.15	3.05	2.95	2.84	2.79	2.73	2.67	2.61	2.55	2.49
15	6.20	4.77	4.15	3.80	3.58	3.41	3.29	3.20	3.12	3.06	2.96	2.86	2.76	2.70	2.64	2.59	2.52	2.46	2.40
16	6.12	4.69	4.08	3.73	3.50	3.34	3.22	3.12	3.05	2.99	2.89	2.79	2.68	2.63	2.57	2.51	2.45	2.38	2.32
17	6.04	4.62	4.01	3.66	3.44	3.28	3.16	3.06	2.98	2.92	2.82	2.72	2.62	2.56	2.50	2.44	2.38	2.32	2.25
18	5.98	4.56	3.95	3.61	3.38	3.22	3.10	3.01	2.93	2.87	2.77	2.67	2.56	2.50	2.44	2.38	2.32	2.26	2.19
19	5.92	4.51	3.90	3.56	3.33	3.17	3.05	2.96	2.88	2.82	2.72	2.62	2.51	2.45	2.39	2.33	2.27	2.20	2.13
20	5.87	4.46	3.86	3.51	3.29	3.13	3.01	2.91	2.84	2.77	2.68	2.57	2.46	2.41	2.35	2.29	2.22	2.16	2.09
21	5.83	4.42	3.82	3.48	3.25	3.09	2.97	2.87	2.80	2.73	2.64	2.53	2.42	2.37	2.31	2.25	2.18	2.11	2.04
22	5.79	4.38	3.78	3.44	3.22	3.05	2.93	2.84	2.76	2.70	2.60	2.50	2.39	2.33	2.27	2.21	2.14	2.08	2.00
23	5.75	4.35	3.75	3.41	3.18	3.02	2.90	2.81	2.73	2.67	2.57	2.47	2.36	2.30	2.24	2.18	2.11	2.04	1.97
24	5.72	4.32	3.72	3.38	3.15	2.99	2.87	2.78	2.70	2.64	2.54	2.44	2.33	2.27	2.21	2.15	2.08	2.01	1.94
25	5.69	4.29	3.69	3.35	3.13	2.97	2.85	2.75	2.68	2.61	2.51	2.41	2.30	2.24	2.18	2.12	2.05	1.98	1.91
26	5.66	4.27	3.67	3.33	3.10	2.94	2.82	2.73	2.65	2.59	2.49	2.39	2.28	2.22	2.16	2.09	2.03	1.95	1.88
27	5.63	4.24	3.65	3.31	3.08	2.92	2.80	2.71	2.63	2.57	2.47	2.36	2.25	2.19	2.13	2.07	2.00	1.93	1.85
28	5.61	4.22	3.63	3.29	3.06	2.90	2.78	2.69	2.61	2.55	2.45	2.34	2.23	2.17	2.11	2.05	1.98	1.91	1.83
29	5.59	4.20	3.61	3.27	3.04	2.88	2.76	2.67	2.59	2.53	2.43	2.32	2.21	2.15	2.09	2.03	1.96	1.89	1.81
30	5.57	4.18	3.59	3.25	3.03	2.87	2.75	2.65	2.57	2.51	2.41	2.31	2.20	2.14	2.07	2.01	1.94	1.87	1.79
40	5.42	4.05	3.46	3.13	2.90	2.74	2.62	2.53	2.45	2.39	2.29	2.18	2.07	2.01	1.94	1.88	1.80	1.72	1.64
60	5.29	3.93	3.34	3.01	2.79	2.63	2.51	2.41	2.33	2.27	2.17	2.06	1.94	1.88	1.82	1.74	1.67	1.58	1.48
120	5.15	3.80	3.23	2.89	2.67	2.52	2.39	2.30	2.22	2.16	2.05	1.94	1.82	1.76	1.69	1.61	1.53	1.43	1.31
∞	5.02	3.69	3.12	2.79	2.57	2.41	2.29	2.19	2.11	2.05	1.94	1.83	1.71	1.64	1.57	1.48	1.39	1.27	1.00

附表 5（续）

$\alpha=0.01$

n_2 \ n_1	1	2	3	4	5	6	7	8	9	10	12	15	20	24	30	40	60	120	∞
1	4052	4999.5	5403	5625	5764	5859	5928	5982	6022	6056	6106	6157	6209	6235	6261	6287	6313	6339	6366
2	98.50	99.00	99.17	99.25	99.30	99.33	99.36	99.37	99.39	99.40	99.42	99.43	99.45	99.46	99.47	99.47	99.48	99.49	99.50
3	34.12	30.82	29.46	28.71	28.24	27.91	27.67	27.49	27.35	27.23	27.05	26.87	26.69	26.60	26.50	26.41	26.32	26.22	26.13
4	21.20	18.00	16.69	15.98	15.52	15.21	14.98	14.80	14.66	14.55	14.37	14.20	14.02	13.93	13.84	13.75	13.65	13.56	13.46
5	16.26	13.27	12.06	11.39	10.97	10.67	10.46	10.29	10.16	10.05	9.89	9.72	9.55	9.47	9.38	9.29	9.20	9.11	9.02
6	13.75	10.92	9.78	9.15	8.75	8.47	8.26	8.10	7.98	7.87	7.72	7.56	7.40	7.31	7.23	7.14	7.06	6.97	6.88
7	12.25	9.55	8.45	7.85	7.46	7.19	6.99	6.84	6.72	6.62	6.47	6.31	6.16	6.07	5.99	5.91	5.82	5.74	5.65
8	11.26	8.65	7.59	7.01	6.63	6.37	6.18	6.03	5.91	5.81	5.67	5.52	5.36	5.28	5.20	5.12	5.03	4.95	4.86
9	10.56	8.02	6.99	6.42	6.06	5.80	5.61	5.47	5.35	5.26	5.11	4.96	4.81	4.73	4.65	4.57	4.48	4.40	4.31
10	10.04	7.56	6.55	5.99	5.64	5.39	5.20	5.06	4.94	4.85	4.71	4.56	4.41	4.33	4.25	4.17	4.08	4.00	3.91
11	9.65	7.21	6.22	5.67	5.32	5.07	4.89	4.74	4.63	4.54	4.40	4.25	4.10	4.02	3.94	3.86	3.78	3.69	3.60
12	9.33	6.93	5.95	5.41	5.06	4.82	4.64	4.50	4.39	4.30	4.16	4.01	3.86	3.78	3.70	3.62	3.54	3.45	3.36
13	9.07	6.70	5.74	5.21	4.86	4.62	4.44	4.30	4.19	3.10	3.96	3.82	3.66	3.59	3.51	3.43	3.34	3.25	3.17
14	8.86	6.51	5.56	5.04	4.69	4.46	4.28	4.14	4.03	3.94	3.80	3.66	3.51	3.43	3.35	3.27	3.18	3.09	3.00
15	8.68	6.36	5.42	4.89	4.56	4.32	4.14	4.00	3.89	3.80	3.67	3.52	3.37	3.29	3.21	3.13	3.05	2.96	2.87
16	8.53	6.23	5.29	4.77	4.44	4.20	4.03	3.89	3.78	3.69	3.55	3.41	3.26	3.18	3.10	3.02	2.93	2.84	2.75
17	8.40	6.11	5.18	4.67	4.34	4.10	3.93	3.79	3.68	3.59	3.46	3.31	3.16	3.08	3.00	2.92	2.83	2.75	2.65
18	8.29	6.01	5.09	4.58	4.25	4.01	3.84	3.71	3.60	3.51	3.37	3.23	3.08	3.00	2.92	2.84	2.75	2.66	2.57
19	8.18	5.93	5.01	4.50	4.17	3.94	3.77	3.63	3.52	3.43	3.30	3.15	3.00	2.92	2.84	2.76	2.67	2.58	2.49
20	8.10	5.85	4.94	4.43	4.10	3.87	3.70	3.56	3.46	3.37	3.23	3.09	2.94	2.86	2.78	2.69	2.61	2.52	2.42
21	8.02	5.78	4.87	4.37	4.04	3.81	3.64	3.51	3.40	3.31	3.17	3.03	2.88	2.80	2.72	2.64	2.55	2.46	2.36
22	7.95	5.72	4.82	4.31	3.99	3.76	3.59	3.45	3.35	3.26	3.12	2.98	2.83	2.75	2.67	2.58	2.50	2.40	2.31
23	7.88	5.66	4.76	4.26	3.94	3.71	3.54	3.41	3.30	3.21	3.07	2.93	2.78	2.70	2.62	2.54	2.45	2.35	2.26
24	7.82	5.61	4.72	4.22	3.90	3.67	3.50	3.36	3.26	3.17	3.03	2.89	2.74	2.66	2.58	2.49	2.40	2.31	2.21
25	7.77	5.57	4.68	4.18	3.85	3.63	3.46	3.32	3.22	3.13	2.99	2.85	2.70	2.62	2.54	2.45	2.36	2.27	2.17
26	7.72	5.53	4.64	4.14	3.82	3.59	3.42	3.29	3.18	3.09	2.96	2.81	2.66	2.58	2.50	5.42	2.33	2.23	2.13
27	7.68	5.49	4.60	4.11	3.78	3.56	3.39	3.26	3.15	3.06	2.93	2.78	2.63	2.55	2.47	2.38	2.29	2.20	2.10
28	7.64	5.45	4.57	4.07	3.75	3.53	3.36	3.23	3.12	3.03	2.90	2.75	2.60	2.52	2.44	2.35	2.26	2.17	2.06
29	7.60	5.42	4.54	4.04	3.73	3.50	3.33	3.20	3.09	3.00	2.87	2.73	2.57	2.49	2.41	2.33	2.23	2.14	2.03
30	7.56	5.39	4.51	4.02	3.70	3.47	3.30	3.17	3.07	2.98	2.84	2.70	2.55	2.47	2.39	2.30	2.21	2.11	2.01
40	7.31	5.18	4.31	3.83	3.51	3.29	3.12	2.99	2.89	2.80	2.66	2.52	2.37	2.29	2.20	2.11	2.02	1.92	1.80
60	7.08	4.98	4.13	3.65	3.34	3.12	2.95	2.82	2.72	2.63	2.50	2.35	2.20	2.12	2.03	1.94	1.84	1.73	1.60
120	6.85	4.79	3.95	3.48	3.17	2.96	2.79	2.66	2.56	2.47	2.34	2.19	2.03	1.95	1.86	1.76	1.66	1.53	1.38
∞	6.63	4.61	3.78	3.32	3.02	2.80	2.64	2.51	2.41	2.32	2.18	2.04	1.88	1.79	1.70	1.59	1.47	1.32	1.00

附表 6　秩和检验表

$$P(T_1 < T < T_2) = 1 - \alpha$$

n_1	n_2	$\alpha=0.025$ T_1	$\alpha=0.025$ T_2	$\alpha=0.05$ T_1	$\alpha=0.05$ T_2	n_1	n_2	$\alpha=0.025$ T_1	$\alpha=0.025$ T_2	$\alpha=0.05$ T_1	$\alpha=0.05$ T_2
2	4			3	11	5	5	18	37	19	36
	5			3	13		6	19	41	20	40
	6	3	15	4	14		7	20	45	22	43
	7	3	17	4	16		8	21	49	23	47
	8	3	19	4	18		9	22	53	25	50
	9	3	21	4	20		10	24	56	26	54
	10	4	22	5	21	6	6	26	52	28	50
3	3			6	15		7	28	56	30	54
	4	6	18	7	17		8	29	61	32	58
	5	6	21	7	20		9	31	65	33	63
	6	7	23	8	22		10	33	69	35	67
	7	8	25	9	24	7	7	37	68	39	66
	8	8	28	9	27		8	39	73	41	71
	9	9	30	10	20		9	41	78	43	76
	10	9	33	11	31		10	43	83	46	80
4	4	11	25	12	24	8	8	49	87	52	84
	5	12	28	13	27		9	51	93	54	90
	6	12	32	14	30		10	54	93	57	95
	7	13	35	15	33	9	9	63	108	66	105
	8	14	38	16	36		10	66	114	69	111
	9	15	41	17	39						
	10	16	44	18	42	10	10	79	131	83	127

附表 7　相关系数检验表

$n-2$ \ α	0.05	0.01	$n-2$ \ α	0.05	0.01
1	0.997	1.000	9	0.602	0.735
2	0.950	0.990	10	0.576	0.708
3	0.878	0.959	11	0.553	0.684
4	0.811	0.917	12	0.532	0.661
5	0.754	0.874	13	0.514	0.641
6	0.707	0.834	14	0.497	0.623
7	0.666	0.798	15	0.482	0.606
8	0.632	0.765	16	0.468	0.590

附表 7(续)

α / $n-2$	0.05	0.01	α / $n-2$	0.05	0.01
17	0.456	0.575	29	0.355	0.456
18	0.444	0.551	30	0.349	0.449
19	0.433	0.549	35	0.325	0.418
20	0.423	0.537	40	0.304	0.393
21	0.413	0.526	45	0.288	0.372
22	0.404	0.515	50	0.273	0.354
23	0.396	0.505	60	0.250	0.325
24	0.388	0.496	70	0.232	0.302
25	0.381	0.487	80	0.217	0.283
26	0.374	0.478	90	0.205	0.267
27	0.367	0.470	100	0.195	0.254
28	0.361	0.463	220	0.138	0.181

附表 8 正交表

附表 8-1 $L_4(2^3)$

列号 / 试验号	1	2	3
1	1	1	1
2	1	2	2
3	2	1	2
4	2	2	1

注：任意二列间的交互作用出现于另一列。

附表 8-2 $L_8(2^7)$

列号 / 试验号	1	2	3	4	5	6	7
1	1	1	1	1	1	1	1
2	1	1	1	2	2	2	2
3	1	2	2	1	1	2	2
4	1	2	2	2	2	1	1
5	2	1	2	1	2	1	2
6	2	1	2	2	1	2	1
7	2	2	1	1	2	2	1
8	2	2	1	2	1	1	2

$L_8(2^7)$二列间的交互作用表

列号＼列号	1	2	3	4	5	6	7
	(1)	3	2	5	4	7	6
		(2)	1	6	7	4	5
			(3)	7	6	5	4
				(4)	1	2	3
					(5)	3	2
						(6)	1

附表 8-3　$L_{12}(2^{11})$

试验号＼列号	1	2	3	4	5	6	7	8	9	10	11
1	1	1	1	1	1	1	1	1	1	1	1
2	1	1	1	1	1	2	2	2	2	2	2
3	1	1	2	2	2	1	1	1	2	2	2
4	1	2	1	2	2	1	2	2	1	1	2
5	1	2	2	1	2	2	1	2	1	2	1
6	1	2	2	2	1	2	2	1	2	1	1
7	2	1	2	2	1	1	2	2	1	2	1
8	2	1	2	1	2	2	2	1	1	1	2
9	2	1	1	2	2	2	1	2	2	1	1
10	2	2	2	1	1	1	1	2	2	1	2
11	2	2	1	2	1	2	1	1	1	2	2
12	2	2	1	1	2	1	2	1	2	2	1

附表 8-4　$L_{16}(2^{15})$

试验号＼列号	1	2	3	4	5	6	7	8	9	10	11	12	13	14	15
1	1	1	1	1	1	1	1	1	1	1	1	1	1	1	1
2	1	1	1	1	1	1	1	2	2	2	2	2	2	2	2
3	1	1	1	2	2	2	2	1	1	1	1	2	2	2	2
4	1	1	1	2	2	2	2	2	2	2	2	1	1	1	1
5	1	2	2	1	1	2	2	1	1	2	2	1	1	2	2
6	1	2	2	1	1	2	2	2	2	1	1	2	2	1	1
7	1	2	2	2	2	1	1	1	1	2	2	2	2	1	1
8	1	2	2	2	2	1	1	2	2	1	1	1	1	2	2
9	2	1	2	1	2	2	2	1	2	1	2	1	2	1	2
10	2	1	2	1	2	2	2	2	1	2	1	2	1	1	1
11	2	1	2	2	1	2	1	1	2	1	2	2	1	1	1
12	2	1	2	2	1	2	1	2	1	2	1	1	2	2	2
13	2	2	1	1	2	2	1	1	2	2	1	1	2	2	1
14	2	2	1	1	2	2	1	2	1	1	2	2	1	1	2
15	2	2	1	2	1	1	2	1	2	2	1	2	1	1	2
16	2	2	1	2	1	1	2	2	1	1	2	1	2	2	1

$L_{16}(2^{15})$ 二列间的交互作用表

列号 \ 列号	1	2	3	4	5	6	7	8	9	10	11	12	13	14	15
	(1)	3	2	5	4	7	6	9	8	11	10	13	12	15	14
		(2)	1	6	7	4	5	10	11	8	9	14	15	12	13
			(3)	7	6	5	4	11	10	9	8	15	14	13	12
				(4)	1	2	3	12	13	14	15	8	9	10	11
					(5)	3	2	13	12	15	14	9	8	11	10
						(6)	1	14	15	12	13	10	11	8	9
							(7)	15	14	13	12	11	10	9	8
								(8)	1	2	3	4	5	6	7
									(9)	3	2	5	4	7	6
										(10)	1	6	7	4	5
											(11)	7	6	5	4
												(12)	1	2	3
													(13)	3	2
														(14)	1

附表 8-5 $L_9(3^4)$

试验号 \ 列号	1	2	3	4
1	1	1	1	1
2	1	2	2	2
3	1	3	3	3
4	2	1	2	3
5	2	2	3	1
6	2	3	1	2
7	3	1	3	2
8	3	2	1	3
9	3	3	2	1

注：任意二列间的交互作用出现于另外二列。

附表 8-6 $L_{18}(3^7)$

试验号 \ 列号	1	2	3	4	5	6	7	1′
1	1	1	1	1	1	1	1	1
2	1	2	2	2	2	2	2	1
3	1	3	3	3	3	3	3	1
4	2	1	1	2	2	3	3	1
5	2	2	2	3	3	1	1	1
6	2	3	3	1	1	2	2	1
7	3	1	2	1	3	2	3	1
8	3	2	3	2	1	3	1	1
9	3	3	1	3	2	1	2	1

附表 8-6(续)

试验号＼列号	1	2	3	4	5	6	7	1′
10	1	1	3	3	2	2	1	2
11	1	2	1	1	3	3	2	2
12	1	3	2	2	1	1	3	2
13	2	1	2	3	1	3	2	2
14	2	2	3	1	2	1	3	2
15	2	3	1	2	3	2	1	2
16	3	1	3	2	3	1	2	2
17	3	2	1	3	1	2	3	2
18	3	3	2	1	2	3	1	2

注：把两水平的列 1′排进 $L_{18}(2^7)$，便得混合型 $L_{18}(2^1\times3^7)$。交互作用 $1'\times1$ 可从两列的二元表求出。在 $L_{18}(2^1\times3^7)$ 中把列 1′和列 1 的水平组合 11，12，13，21，22，23 分别换成 1，2，3，4，5，6，便得混合型 $L_{18}(6^1\times3^6)$。

附表 8-7 $L_{27}(3^{13})$

试验号＼列号	1	2	3	4	5	6	7	8	9	10	11	12	13
1	1	1	1	1	1	1	1	1	1	1	1	1	1
2	1	1	1	1	2	2	2	2	2	2	2	2	2
3	1	1	1	1	3	3	3	3	3	3	3	3	3
4	1	2	2	2	1	1	1	2	2	2	3	3	3
5	1	2	2	2	2	2	2	3	3	3	1	1	1
6	1	2	2	2	3	3	3	1	1	1	2	2	2
7	1	3	3	3	1	1	1	3	3	3	2	2	2
8	1	3	3	3	2	2	2	1	1	1	3	3	3
9	1	3	3	3	3	3	3	2	2	2	1	1	1
10	2	1	2	3	1	2	3	1	2	3	1	2	3
11	2	1	2	3	2	3	1	2	3	1	2	3	1
12	2	1	2	3	3	1	2	3	1	2	3	1	2
13	2	2	3	1	1	2	3	2	3	1	3	1	2
14	2	2	3	1	2	3	1	3	1	2	1	2	3
15	2	2	3	1	3	1	2	1	2	3	2	3	1
16	2	3	1	2	1	2	3	3	1	2	2	3	1
17	2	3	1	2	2	3	1	1	2	3	3	1	2
18	2	3	1	2	3	1	2	2	3	1	1	2	3
19	3	1	3	2	1	3	2	1	3	2	1	3	2
20	3	1	3	2	2	1	3	2	1	3	2	1	3
21	3	1	3	2	3	2	1	3	2	1	3	2	1
22	3	2	1	3	1	3	2	2	1	3	3	2	1
23	3	2	1	3	2	1	3	3	2	1	1	3	2
24	3	2	1	3	3	2	1	1	3	2	2	1	3
25	3	3	2	1	1	3	2	3	2	1	2	1	3
26	3	3	2	1	2	1	3	1	3	2	3	2	1
27	3	3	2	1	3	2	1	2	1	3	1	3	2

$L_{27}(3^{13})$二列间的交互作用表

列号＼列号	1	2	3	4	5	6	7	8	9	10	11	12	13
(1)		3	2	2	6	5	5	9	8	8	12	11	11
		1	4	3	7	7	6	10	10	9	13	13	12
(2)			1	1	8	9	10	5	6	7	5	6	7
			4	3	11	12	13	11	12	13	8	9	10
(3)				1	9	10	8	7	5	6	6	7	5
				2	13	11	12	12	13	11	10	8	9
(4)					10	8	9	6	7	5	7	5	6
					12	13	11	13	11	12	9	10	8
(5)						1	1	2	3	4	2	4	3
						7	6	11	13	12	8	10	9
(6)							1	4	2	3	3	2	4
							5	13	12	11	10	9	8
(7)								3	4	2	4	3	2
								12	11	13	9	8	10
(8)									1	1	2	3	4
									10	9	5	7	6
(9)										1	4	2	3
										8	7	6	5
(10)											3	4	2
											6	5	7
(11)												1	1
												13	12
(12)													1
													11

附表 8-8 $L_{18}(6^1\times3^6)$

试验号＼列号	1	2	3	4	5	6	7
1	1	1	3	2	2	1	2
2	1	2	1	1	1	2	1
3	1	3	2	3	3	3	3
4	2	1	2	1	2	3	1
5	2	2	3	3	1	1	3
6	2	3	1	2	3	2	2
7	3	1	1	3	1	3	2
8	3	2	2	2	3	1	1
9	3	3	3	1	2	2	3
10	4	1	1	1	3	1	3
11	4	2	2	3	2	2	2
12	4	3	3	2	1	3	1
13	5	1	3	3	3	2	1
14	5	2	1	2	2	3	3
15	5	3	2	1	1	1	2
16	6	1	2	2	1	2	3
17	6	2	3	1	3	3	2
18	6	3	1	3	2	1	1

附表 8-9　$L_{18}(2^1 \times 3^7)$

试验号 \ 列号	1	2	3	4	5	6	7	8
1	1	1	1	3	2	2	1	2
2	1	2	1	1	1	1	2	1
3	1	3	1	2	3	3	3	3
4	1	1	2	2	1	2	3	1
5	1	2	2	3	3	1	1	3
6	1	3	2	1	2	3	2	2
7	1	1	3	1	3	1	3	2
8	1	2	3	2	2	3	1	1
9	1	3	3	3	1	2	2	3
10	2	1	1	1	1	3	1	3
11	2	2	1	2	3	2	2	2
12	2	3	1	3	2	1	3	1
13	2	1	2	3	3	3	2	1
14	2	2	2	1	2	2	3	3
15	2	3	2	2	1	1	1	2
16	2	1	3	2	2	1	2	3
17	2	2	3	3	1	3	3	2
18	2	3	3	1	3	2	1	1

附表 8-10　$L_8(4^1 \times 2^4)$

试验号 \ 列号	1	2	3	4	5
1	1	1	2	2	1
2	3	2	2	1	1
3	2	2	2	2	2
4	4	1	2	1	2
5	1	2	1	1	2
6	3	1	1	2	2
7	2	1	1	1	1
8	4	2	1	2	1

附表 8-11　$L_{16}(4^5)$

试验号 \ 列号	1	2	3	4	5
1	1	2	3	2	3
2	3	4	1	2	2
3	2	4	3	3	4
4	4	2	1	3	1
5	1	3	1	4	4
6	3	1	3	4	1
7	2	1	1	1	3
8	4	3	3	1	2
9	1	1	4	3	2
10	3	3	2	3	3
11	2	3	4	2	1
12	4	1	2	2	1
13	1	4	2	1	1
14	3	2	4	1	4
15	2	2	2	4	2
16	4	4	4	4	3

附表 9　本书知识点与习题（例题）对照表

<table>
<tr><th>章节</th><th>知识点</th><th colspan="2">习题(例题)</th></tr>
<tr><td rowspan="9">第一章</td><td>随机事件间的关系与运算</td><td colspan="2">习题一:1～5</td></tr>
<tr><td>古典概率</td><td colspan="2">习题一:6～9</td></tr>
<tr><td>加法公式</td><td colspan="2">习题一:10,11,12</td></tr>
<tr><td>减法公式</td><td colspan="2">性质 4,例 8</td></tr>
<tr><td>条件概率</td><td colspan="2">习题一:15,21,30</td></tr>
<tr><td>乘法公式</td><td colspan="2">习题一:16,22</td></tr>
<tr><td>全概率公式与贝叶斯公式</td><td colspan="2">习题一:17～20,23,24,26</td></tr>
<tr><td>独立性</td><td colspan="2">习题一: 25,27～29,31</td></tr>
<tr><td>贝努利概型(独立重复试验),</td><td colspan="2">习题一:32</td></tr>
<tr><td rowspan="16">第二章</td><td>离散型随机变量及其概率分布</td><td colspan="2">习题二:1,2,5,7</td></tr>
<tr><td>常用离散型随机变量及其概率分布;两点分布;二项分布;泊松分布</td><td colspan="2">习题二:3,4,6,8,10,16(2)(3)</td></tr>
<tr><td>连续型随机变量及其概率密度函数</td><td colspan="2">习题二:9,11,12</td></tr>
<tr><td>常用连续型随机变量及其概率密度函数</td><td colspan="2">习题二:13～17</td></tr>
<tr><td>随机变量函数的分布</td><td colspan="2">习题二:34～39</td></tr>
<tr><td>联合分布函数,边缘分布函数,条件概率</td><td colspan="2"></td></tr>
<tr><td>二维离散随机变量及其分布</td><td colspan="2">习题二:19,20,24,28</td></tr>
<tr><td>二维连续随机变量及其密度、分布函数</td><td colspan="2">习题二:21～23,25,31</td></tr>
<tr><td>常用的二维连续随机变量及其联合密度</td><td colspan="2">习题二:26,27,30,32;</td></tr>
<tr><td>随机变量的独立性</td><td colspan="2">习题二:29,30,31</td></tr>
<tr><td rowspan="5">二维随机变量函数的分布</td><td>离散变量函数</td><td>习题二:50</td></tr>
<tr><td>变量和 $X+Y$</td><td>习题二:40,41</td></tr>
<tr><td>路离分布</td><td>习题二:45</td></tr>
<tr><td>数值分布</td><td>习题二:47,48</td></tr>
<tr><td>一般函数形式</td><td>习题二:42,46</td></tr>
<tr><td>具有可加性的常用分布</td><td colspan="2">例 6、例 7;习题二:43,44,49</td></tr>
<tr><td rowspan="6">第三章</td><td>数学期望的定义与计算公式:
离散型
连续性</td><td colspan="2">
习题三:1～4,7,9
习题三:5,6,8</td></tr>
<tr><td>数学期望的性质</td><td colspan="2">习题三:10</td></tr>
<tr><td>随机变量函数的数学期望:
一维
二维</td><td colspan="2">
习题三:11,20
习题三:12～14,18</td></tr>
<tr><td>方差的定义与计算公式</td><td colspan="2">习题三:5,8,16</td></tr>
<tr><td>方差的性质</td><td colspan="2">习题三: 15</td></tr>
<tr><td>矩、协方差和相关系数</td><td colspan="2">习题三:15,16,17,19</td></tr>
<tr><td rowspan="3">第四章</td><td>大数定律</td><td colspan="2"></td></tr>
<tr><td>切比雪夫不等式</td><td colspan="2">习题四:1～4</td></tr>
<tr><td>中心极限定理</td><td colspan="2">习题四:5～8</td></tr>
<tr><td rowspan="4">第五章</td><td>统计量概念,样本均值,样本方差</td><td colspan="2">习题五:14;</td></tr>
<tr><td>样本的性质,样本均值分布</td><td colspan="2">习题五:2,3</td></tr>
<tr><td>数理统计中常用的三个抽样分布及其性质</td><td colspan="2">习题五:4,5,7～9</td></tr>
<tr><td>上侧 α 分位数</td><td colspan="2">习题五:11～13</td></tr>
</table>

续表

章节	知识点	习题(例题)
第六章	参数的点估计： 矩估计 极大似然估计	 习题六:3,6,7 习题六:4,6～13
	评选估计量的标准， 无偏性 有效性 线性约束下的最小方差线性无偏估计 Cramer— Rao 不等式	 习题六:14～17 习题六:21,22 习题六:18,19,20 习题六:23
	参数的区间估计： 置信区间 置信区间长度与样本量的关系 置信限	 习题六:26，24～33 习题六:26 习题六:34～37
第七章	假设检验的概念与步骤	
	单个正态总体均值的假设检验	习题七:1～6
	单个正态总体方差的假设检验	习题七:7～9
	两个正态总体均值的假设检验	习题七:10,11,13～16
	两个正态总体方差的假设检验	习题七:12,14
	拟合优度检验	习题七:17,18
第八章	一元线性回归	习题八:1～3
	可线性化的一元非线性回归	习题八:4,5
	多元线性正态回归分析	习题八:6～8
第九章	单因素方差分析	习题九:1～3
	双因素方差分析	习题九:4～7

部分习题参考答案

习 题 一

1. (1) $A\overline{B}\overline{C}$；(2) $AB\overline{C}$；(3) ABC；(4) $A\cup B\cup C$；(5) $\overline{A}\overline{B}\cup\overline{B}\overline{C}\cup\overline{A}\,\overline{C}$；(6) $\overline{A}\,\overline{B}\,\overline{C}$；(7) $\overline{A}\cup\overline{B}\cup\overline{C}$（或$\overline{ABC}$）；(8) $AB\cup AC\cup BC$。

2. (1) A 包含在 B 中；(2) B 包含在 A 中。

3. (1) {5}；(2) {1，3，4，5，6，7，8，9，10}；(3) {2，3，4，5}；(4) {1，5，6，7，8，9，10}；(5) {1，2，5，6，7，8，9，10}。

4. (1) $A_1A_2A_3A_4$；　(2) $\overline{A}_1\cup\overline{A}_2\cup\overline{A}_3\cup\overline{A}_4$（或$\overline{A_1A_2A_3A_4}$）；　(3) $\overline{A}_1A_2A_3A_4\cup A_1\overline{A}_2A_3A_4\cup A_1A_2\overline{A}_3A_4\cup A_1A_2A_3\overline{A}_4$；(4) $A_1A_2A_3\cup A_1A_2A_4\cup A_1A_3A_4\cup A_2A_3A_4$（或$\overline{A}_1A_2A_3A_4\cup A_1\overline{A}_2A_3A_4\cup A_1A_2\overline{A}_3A_4\cup A_1A_2A_3\overline{A}_4\cup A_1A_2A_3A_4$）。

5. (1)，(4) (5)，(6)，(7) 成立；(2)，(3) 不成立。　6. $\frac{99}{392}$。

7. (1) $\frac{25}{49}$；(2) $\frac{10}{49}$；(3) $\frac{20}{49}$；(4) $\frac{5}{7}$。　8. $\frac{5}{12}$。　9. $\frac{41}{96}$。　10. 0.3。　12. 11 $\frac{5}{8}$，(2) $\frac{3}{8}$。

13. 0.504。　14. $\frac{1}{4}$，0.375。　15. $\frac{4}{7}$，$\frac{2}{3}$。　16. 0.0084。　17. 0.089。　18. $\frac{19}{28}$。

19. 0.973。　20. (1) 0.52；(2) $\frac{12}{13}$。　21. (1) 0.988；(2) 0.829。　23. 0.6。

24. 0.458。　25. 0.504，0.496。　26. 0.9。

27. 11。　28. 0.104。　29. $\frac{1}{27}$，$\frac{1}{9}$，$\frac{2}{9}$，$\frac{8}{9}$，$\frac{8}{27}$，$\frac{1}{27}$，$\frac{5}{9}$。　30. $\frac{3}{8}$。

32. (1) $(0.94)^n$；(2) 0.06；(3) $1-(0.94)^n-C_n^1(0.06)(0.94)^{n-1}$。

习 题 二

1. (3)，(4) 可作为分布律，其余不行。

2.

X	0	1	2	3
p_k	$\frac{1}{12}$	$\frac{5}{12}$	$\frac{5}{12}$	$\frac{1}{12}$

3. $k=\begin{cases}[(n+1)p]，(n+1)p\text{ 不是整数}\\(n+1)p,(n+1)p-1，(n+1)p\text{ 是整数}\end{cases}$

4. $\lambda=\sqrt{12}$。　5. (1) $a=e^{-\lambda}$，(2) $k=\begin{cases}[\lambda]，\lambda\text{ 不是整数}\\\lambda，\lambda-1，\lambda\text{ 是整数}\end{cases}$

6.

X	1	2	…	n	…
p_k	$\frac{3}{4}$	$\frac{3}{4}\times\frac{1}{4}$	…	$\frac{3}{4}\left(\frac{1}{4}\right)^{n-1}$	…

7.

X	3	4	5
p_k	$\frac{1}{10}$	$\frac{3}{10}$	$\frac{6}{10}$

8. 0.0047。 9. $a=\frac{1}{2}$，$F(x)=\begin{cases}0, & x\leqslant -\frac{\pi}{2}\\ \frac{\sin x+1}{2}, & -\frac{\pi}{2}<x\leqslant\frac{\pi}{2}\\ 1, & x>\frac{\pi}{2}\end{cases}$

10. $1-3e^{-2}$。 11. (1) $A=1$，(2) $P\left\{-\frac{1}{2}\leqslant X\leqslant\frac{1}{2}\right\}=\frac{1}{4}$，(3) $f(x)=\begin{cases}2x, & 0<x<1\\ 0, & \text{其他}\end{cases}$。

12. (3)，(5)，(6) 可作为密度函数，其余的不行。

13. (1)，(4)，(5) 正确，其余的错误。

14. (1) $a=\frac{1}{\sqrt{\pi}}$，(2) $\mu=-1$，$\sigma=\sqrt{\frac{1}{2}}$。

15. (1) 0.5328；(2) 0.9996；(3) 0.6977；(4) 0.4987；(5) $c=3$。

16. (1) 0.4931；(2) 0.8698；(3) 0.38。

17. 车门至少高为 188cm。

18. $-P\{X<0\}$

19.

(1)

$X\backslash Y$	1	2	3	$p_{\cdot j}$
1	$\frac{1}{16}$	$\frac{1}{8}$	$\frac{1}{16}$	$\frac{1}{4}$
2	$\frac{1}{8}$	$\frac{1}{4}$	$\frac{1}{8}$	$\frac{1}{2}$
3	$\frac{1}{16}$	$\frac{1}{8}$	$\frac{1}{16}$	$\frac{1}{4}$
$p_{i\cdot}$	$\frac{1}{4}$	$\frac{1}{2}$	$\frac{1}{4}$	

$Y=k\mid X=2$	1	2	3
p_k	$\frac{1}{4}$	$\frac{1}{2}$	$\frac{1}{4}$

(2)

$X\backslash Y$	1	2	3	$p_{\cdot j}$
1	0	$\frac{1}{6}$	$\frac{1}{12}$	$\frac{1}{4}$
2	$\frac{1}{6}$	$\frac{1}{6}$	$\frac{1}{6}$	$\frac{1}{2}$
3	$\frac{1}{12}$	$\frac{1}{6}$	0	$\frac{1}{4}$
$p_{i\cdot}$	$\frac{1}{4}$	$\frac{1}{2}$	$\frac{1}{4}$	

$Y=k\mid X=2$	1	2	3
p_k	$\frac{1}{3}$	$\frac{1}{3}$	$\frac{1}{3}$

20.

X \ Y	0	1
0	0.12	0.28
1	0.18	0.42

$P\{X=Y\}=0.54$

$P\{X>Y\}=0.18$

21. 当 $b\leqslant 4$ 时，$\frac{b}{12}$；当 $b>4$ 时，$1-\frac{4}{3\sqrt{b}}$。 22. $\frac{2a}{\pi l}$。

23. $$F(x,y)=\begin{cases}0, & x\leqslant -1 \text{ 或 } y<0\\ y(2x-y+2), & -1<x\leqslant 0,\ 0<y<x+1\\ (x+1)^2, & -1<x\leqslant 0,\ y\geqslant x+1\\ y(2-y), & x>0,\ 0\leqslant y<1\\ 1, & x>0,\ y>1\end{cases}$$

$$f_X(x)=\begin{cases}2(x+1), & -1<x<0\\ 0, & \text{其他}\end{cases};\quad f_Y(y)=\begin{cases}2(1-y), & 0<y<1\\ 0, & \text{其他}\end{cases}$$

当 $-1<x<0$ 时，$f_{Y|X}(y|x)=\begin{cases}\frac{1}{x+1}, & 0<y<x+1\\ 0, & y \text{ 取其他值}\end{cases}$

当 $0<y<1$ 时，$f_{X|Y}(x|y)=\begin{cases}\frac{1}{1-y}, & y-1<x<0\\ 0, & x \text{ 取其他值}\end{cases}$

X,Y 不独立。

24.

X \ Y	0	1	2	3	$p_{i\cdot}$
0	0	0	0	$\frac{1}{8}$	$\frac{1}{8}$
1	0	$\frac{3}{8}$	0	0	$\frac{3}{8}$
2	0	$\frac{3}{8}$	0	0	$\frac{3}{8}$
3	0	0	0	$\frac{1}{8}$	$\frac{1}{8}$
$p_{\cdot j}$	0	$\frac{3}{4}$	0	$\frac{1}{4}$	

25. $A=\frac{1}{\pi^2}$，$B=\frac{\pi}{2}$，$C=\frac{\pi}{2}$，$f(x,y)=\frac{6}{\pi^2(4+x^2)(9+y^2)}$。

26. (1) $f_X(x)=\begin{cases}2x, & 0<x<1\\ 0, & \text{其他}\end{cases}$，$f_Y(y)=\begin{cases}1+y, & -1<y\leqslant 0\\ 1-y, & 0<y<1\\ 0, & \text{其他}\end{cases}$

(2) 当 $0<x<1$ 时，$f_{Y|X}(y|x)=\begin{cases}\frac{1}{2x}, & -x<y<x\\ 0, & y \text{ 取其他值}\end{cases}$

当 $|y|<1$ 时，$f_{X|Y}(x|y)=\begin{cases}\frac{1}{1-|y|}, & |y|<x<1\\ 0, & x \text{ 取其他值}\end{cases}$

(3) $\frac{3}{4}$。 27. $\frac{1}{2}$。

28.

F \ d	1	2	3	4	$p_{\cdot j}$
0	$\frac{1}{10}$	0	0	0	$\frac{1}{10}$
1	0	$\frac{4}{10}$	$\frac{2}{10}$	$\frac{1}{10}$	$\frac{7}{10}$
2	0	0	0	$\frac{2}{10}$	$\frac{2}{10}$
$p_{i\cdot}$	$\frac{1}{10}$	$\frac{4}{10}$	$\frac{2}{10}$	$\frac{3}{10}$	

$F=y\mid d=2$	0	1	2
p_k	0	1	0

29. $a=\frac{9}{2}$，$b=9$

X	1	2
$p_{i\cdot}$	$\frac{1}{3}$	$\frac{2}{3}$

Y	1	2	3
$p_{\cdot j}$	$\frac{1}{2}$	$\frac{1}{3}$	$\frac{1}{6}$

30. X，Y 不独立。

当$-1<x<1$时，$f_{Y\mid X}(y\mid x)=\begin{cases}\dfrac{1}{2\sqrt{1-x^2}}, & \mid y\mid<\sqrt{1-x^2}\\ 0, & y \text{ 取其他值}\end{cases}$

当$-1<y<1$时，$f_{X\mid Y}(x\mid y)=\begin{cases}\dfrac{1}{2\sqrt{1-y^2}}, & \mid x\mid<\sqrt{1-y^2}\\ 0, & x \text{ 取其他值}\end{cases}$

31. $c=6$。 32. $\frac{1}{4}$。

33. (1) $P\{X=n\}=\dfrac{14^n}{n!}\mathrm{e}^{-14}(n=0,1,2,\cdots)$，

$P\{Y=m\}=\dfrac{7.14^m}{m!}\mathrm{e}^{-7.14}(m=0,1,2,\cdots)$；

(2)当 $m=0,1,2,\cdots$

$P\{X=n\mid Y=m\}=\dfrac{6.86^{n-m}}{(n-m)!}\mathrm{e}^{-6.86}(n=m,m+1,\cdots)$；

当 $n=0,1,2,\cdots$

$P\{Y=m\mid X=n\}=\mathrm{C}_n^m(0.51)^m(0.49)^{n-m},(m=0,1,2,\cdots,n)$；

(3)$P\{Y=m\mid X=20\}=\mathrm{C}_{20}^m(0.51)^m(0.49)^{20-m}(m=0,1,2,\cdots,20)$。

34. (1) $Y=1-X$，

Y	−1	0	1	2	3
p_k	$\frac{11}{30}$	$\frac{1}{15}$	$\frac{1}{5}$	$\frac{1}{6}$	$\frac{1}{5}$

(2) $Y=X^2$，

Y	0	1	4
p_k	$\frac{1}{5}$	$\frac{7}{30}$	$\frac{17}{30}$

35. (1) $f_Y(y)=\begin{cases}2(1-y), & 0<y<1\\ 0, & \text{其他}\end{cases}$；(2) $f_Y(y)=\begin{cases}1, & 0<y<1\\ 0, & \text{其他}\end{cases}$

36. (1) $f_Y(y)=\begin{cases}\dfrac{1}{y}, & 1<y<\mathrm{e}\\ 0, & \text{其他}\end{cases}$；(2) $f_Y(y)=\begin{cases}\dfrac{1}{2}\mathrm{e}^{-\frac{y}{2}}, & y\geqslant 0\\ 0, & \text{其他}\end{cases}$

37. (1) $f_Y(y)=\begin{cases}\dfrac{1}{y\sqrt{2\pi}}\mathrm{e}\left(-\frac{\ln 2\, y}{2}\right), & y>0\\ 0, & \text{其他}\end{cases}$

(2) $f_Y(y)=\begin{cases}\sqrt{\dfrac{2}{\pi}}\,\mathrm{e}^{\frac{-y^2}{2}}, & y>0\\ 0, & \text{其他}\end{cases}$

38. $f_Y(y)=\begin{cases}\dfrac{1}{2\sqrt{y}}\mathrm{e}^{-\sqrt{y}}, & y>0\\ 0, & \text{其他}\end{cases}$

39. $f_Y(y)=\begin{cases}\dfrac{2}{\pi\sqrt{1-y^2}}, & 0<y<1\\ 0, & \text{其他}\end{cases}$

40. $f_Z(z)=\begin{cases}z\mathrm{e}^{-z}, & z>0\\ 0, & \text{其他}\end{cases}$

41. $f_Z(z)=\dfrac{1}{2\pi}\left[F_{0,1}\left(\dfrac{z+\pi-\mu}{\sigma}\right)-F_{0,1}\left(\dfrac{z-\pi-\mu}{\sigma}\right)\right]$。

42. $f_Z(z)=\begin{cases}(1-\mathrm{e}^{-1})\,\mathrm{e}^{z}, & z<0\\ 1-\mathrm{e}^{z-1}, & 0\leqslant z<1\\ 0, & z\geqslant 1\end{cases}$

43. $X+Y\sim P\ (\lambda_1+\lambda_2)$。

44. $X+Y\sim B\ (n_1+n_2,\ p)$。

45. $f_Z(z)=\begin{cases}2z\mathrm{e}^{-z^2}, & z>0\\ 0, & z\leqslant 0\end{cases}$

46. $f_Z(z)=\begin{cases}0, & z\leqslant 0\\ \dfrac{1}{2}, & 0<z\leqslant 1\\ \dfrac{1}{2z^2}, & z>1\end{cases}$

47. (1)

Z	0	1
p_k	$(1-p)^2$	$2p-p^2$

；(2)

Z	0	1
p_k	$1-p^2$	p^2

。

48.

X \ Y	1	2	3
1	$\frac{1}{9}$	0	0
2	$\frac{2}{9}$	$\frac{1}{9}$	0
3	$\frac{2}{9}$	$\frac{2}{9}$	$\frac{1}{9}$

49. 由第二章§4例4、例7推广可证。

50. $Z=ZX$ 与 $Z=X+Y$ 的分布律不同。

$2X$	0	1
p_k	$1-p$	p

$X+Y$	0	1	2
p_k	$(1-p)^2$	$2p(1-p)$	p^2

习 题 三

1. $\frac{1}{3}$，$\frac{2}{3}$，$\frac{35}{24}$。 2. 0.7。 3. 18.4。 4. 8，0.2。 5. 0，2，2。

6. $\frac{\pi}{24}(b+a)(b^2+a^2)$。 7. 1.0557。

8. (1) $\frac{1}{\sigma^2}$；(2) $\sqrt{\frac{\pi}{2}}\sigma$；(3) $e^{-\frac{\pi}{4}}$；(4) $(2-\frac{\pi}{2})\sigma^2$。

9. (1) $P\{X=k\}=p(1-p)^{k-1}(k=1,2,\cdots)$；(2) $\frac{1}{p}$，$\frac{1-p}{p^2}$。

11. 2，$\frac{1}{3}$。12. $-\frac{1}{3}$，$\frac{1}{3}$，$\frac{1}{12}$。13. $\frac{3}{4}\sqrt{\pi}$。14. 4。16. $\frac{7}{6}$，$\frac{7}{6}$，$\frac{11}{36}$，$\frac{11}{36}$，$-\frac{11}{36}$，$-\frac{1}{11}$。

17. $\frac{1}{36}$，$\frac{1}{2}$。 18. (1) 2，0；(2) $-\frac{1}{15}$；(3) 5；(4) 不独立。

19. (1) 0；(2) 不独立。 20. 5.216 万元。

习 题 四

1. $P\{|X-2|>3\}\leqslant\frac{4}{9}$。 2. $P\{|X-2|<1\}>\frac{2}{3}$。

3. $P\{|X-2|<2\}>\frac{101}{200}$。 4. 可以断定。 5. 0.3483。

6. $1-F_{0.1}(x)$，$\frac{1}{2}$。 7. 0.9838。 8. 0.9977。

习 题 五

1. 近似服从正态分布。 2. 0.9916。

3. (1) 0.2636；(2) 0.2923；(3) 0.5785。 4. 0.6716。

5. 0.1。 7. (1) 0.99；(2) $\frac{2}{15}\sigma^4$。 8. $t(9)$。 9. $a=\frac{1}{20}$，$b=\frac{1}{100}$，2。

11. (1) 1.237；(2) 20.09；(3) −2.015；(4) 2.5706。

13. 2.47，3.23，0.169，0.295。 14. λ，$\frac{\lambda}{n}$，λ。

习 题 六

1. $\hat{\mu}=74.002$。$\hat{\sigma}^2=6\times10^{-6}$，$S^2=6.86\times10^{-6}$。

2. $\hat{\mu}=1.2$，$\hat{\sigma}^2=0.407$，$\hat{\beta}=2.4$。

3. (1) $\hat{\theta}=\overline{X}/(\overline{X}+c)$；(2) $\hat{\theta}=\left(\frac{\overline{X}}{1-\overline{X}}\right)^2$；(3) $\hat{\theta}=\sqrt{\frac{2}{\pi}}\overline{X}$；

(4) $\hat{\mu}=\overline{X}-\sqrt{\frac{1}{n}\sum_{i=1}^{n}(X_i-\overline{X})^2}$，$\hat{\theta}=\sqrt{\frac{1}{n}\sum_{i=1}^{n}(X_i-\overline{X})^2}$；(5) $\hat{p}=\frac{\overline{X}}{m}$。

4. (1) $\hat{\theta}=\frac{n}{\sum_{i=1}^{n}\ln X_i-n\ln C}$；(2) $\hat{\theta}=\frac{n^2}{\left(\sum_{i=1}^{n}\ln X_i\right)^2}$；

(3) $\hat{\sigma}=\sqrt{\sum_{i=1}^{n}X_i^2/2n}$；(4) $\hat{\mu}=X_{(1)}$，$\hat{\theta}=\overline{X}-X_{(1)}$；(5) $\hat{p}=\overline{X}/m$。

5. 矩估计量 $\hat{\theta}=\frac{\overline{X}}{1-\overline{X}}$，极大似然估计量 $\hat{\theta}=-\frac{n}{\sum_{i=1}^{n}\ln X_i}$。

6. 矩估计量 $\hat{p}=1/\overline{X}$，也是 p 的极大似然估计量。

7. 矩估计量为 $\hat{\lambda}=\overline{X}$。

8. (1) $\hat{p}\{X=0\}=e^{-\overline{X}}$，提示：极大似然估计的性质。(2) 0.3253。

9. $\hat{\sigma}=\frac{1}{n}\sum_{i=1}^{n}|X_i|$。　10. $\hat{\sigma}=\frac{1}{n}\sum_{i=1}^{n}X_i^2$。

11. (2) $\widehat{EX}=e^{\left\{\hat{\mu}+\frac{\hat{\sigma}^2}{2}\right\}}$，其中 $\hat{\mu}=\frac{1}{n}\sum_{i=1}^{n}\ln x_i$，$\hat{\sigma}^2=\frac{1}{n}\sum_{i=1}^{n}(\ln x_i-\hat{\mu})^2$。

12. $\hat{\theta}=X_{(n)}=\max\{X_1,X_2,\cdots,X_n\}$。　13. 0.499。　15. $C=\frac{1}{2(n-1)}$。

18. $a=n_1/(n_1+n_2)$，$b=n_2/(n_1+n_2)$。

19. $a=(n_1-1)/(n_1+n_2-2)$，$b=(n_2-1)/(n_1+n_2-2)$。

20. 记 $\frac{1}{\sigma_o}=\sum_{i=1}^{k}\frac{1}{\sigma_i^2}$，$a_i=\frac{\sigma_o^2}{\sigma_i^2}(i=1,2,\cdots,k)$。

21. $\hat{\mu}_2$ 最好。　22. $\hat{\mu}_3$ 方差最小。

24. (1399.8，1547.0)($\alpha=0.1$)，(1385.7，1561.1)($\alpha=0.05$)。

25. (2.690，2.720)。　26. $n\geqslant 15.37\sigma^2/L^2$。

27. $\left(\frac{\sum_{i=1}^{n}(X_i-\mu)^2}{\chi^2_{\frac{\alpha}{2}}(n)},\frac{\sum_{i=1}^{n}(X_i-\mu)^2}{\chi^2_{1-\frac{\alpha}{2}}(n)}\right)$。

28. (1) μ：(6.675，6.681)，σ^2：(6.8×10^{-6}，6.5×10^{-5})；(2) μ：(6.661，6.667)，σ^2：(3.8×10^{-6}，5.06×10^{-5})。

29. (0.010，0.018)。　30. (7.43，21.07)。　31. (−0.002，0.006)。

32. (0.222，3.601)。　33. (−6.04，−5.96)。

34. $\left(\frac{n_2}{n_1}\frac{\sum_{i=1}^{n_1}(X_i-\mu_1)^2}{\sum_{j=1}^{n_2}(Y_j-\mu_2)^2}F_{1-\frac{\alpha}{2}}(n_2,n_1),\frac{n_2}{n_1}\frac{\sum_{i=1}^{n_1}(X_i-\mu_1)^2}{\sum_{j=1}^{n_2}(Y_j-\mu_2)^2}F_{\frac{\alpha}{2}}(n_2,n_1)\right)$。

35. （1）-0.0013；（2）2.84。 36. 1065。 37. （2）$\dfrac{2n\overline{X}}{\chi_{\alpha}^{2}(2n)}$；（3）3764.7。

* 38. $\dfrac{n-1}{n-2}a$。提示：θ的后验分布

$$\pi(\theta|X)=\frac{(1-n)a^{n-1}}{\theta^{n}}\quad(0<\theta<a)$$

其中$X=(X_1,X_2,\cdots,X_n)$。

* 39. $\hat{\theta}=x$。提示：θ的后验分布

$$m(\theta|x)=\frac{e^{\theta-x}}{\pi\cdot m(x)(1+\theta^2)}\quad(-\infty<\theta<x)$$

其中$m(x)$是(θ,x)的联合分布的边缘分布。

习题七

1. $C=1.47$。 2. 生产正常。

3. 不能认为某日生产的垫圈的平均厚度为0.13mm。 4. 显著大于10。

5. 符合规定标准。 6. 无显著差异。 7. 正常。

8. 不能认为钢丝折断力的方差为20。 9. 可认为偏大。 10. 有显著差异。

11. 认为新法炼钢提高了钢的得率。 12. 接受H_0。

13. 甲车床生产中的精度不如乙车床的好。

14. （1）无显著差异；（2）无显著差异。

15. （1）无显著差异；（2）甲肥料优于乙肥料。

16. 有差异（枪弹甲的速度较快）。

17. 不服从泊松分布。 18. 服从正态分布。 * 19. 无显著差异。

习题八

1. $\hat{y}=67.5078+0.8706x$，$r=0.99895$，显著。

2. $\hat{y}=5.344+0.3043x$，$r=0.982$，显著，y的预测值为35.778，预测区间（29.993，41.563）。

3. $\hat{y}=9.121+0.223x$，$r=0.991$，回归效果显著，y的预测值为18.487，预测区间（17.253，19.721）。

4. $\hat{y}=1.729e^{-\frac{0.1459}{x}}$。

5. $\hat{y}=21.0057+19.5282\ln x$。

6. $\hat{y}=-15.98+0.522x_1+0.474x_2$。

7. $\hat{y}=19.03293+1.00857x-0.02038x^2$。

8. $\hat{y}=43.65+1.7853x_1-0.0833x_2+0.1610x_3$，回归方程高度显著，$x_1$，$x_3$显著，$x_2$不

显著，$\hat{y}=41.4794+1.7374x_1+0.1548x_3$。

习题九

1. 无显著差异。 2. 有显著差异。

3. 有高度显著差异。$\mu_A-\mu_B$ 的置信区间为（6.75，18.45）；$\mu_A-\mu_C$ 的置信区间为（−7.65，4.05）；$\mu_B-\mu_C$ 的置信区间为（−20.25，−8.55）。

4. 有高度显著差异。

5. 地块对小麦产量无显著差异；小麦品种对小麦产量有高度显著影响。

6. 收缩率对合成纤维弹性影响高度显著；拉伸倍数对合成纤维弹性影响不显著；因素 A，B 的交互作用对合成纤维弹性影响显著。

7. 浓度效应显著，温度效应和交互作用不显著。

习题十

1. 因素主次顺序为主$\xrightarrow[C\quad B\quad A\quad D]{}$次最优条件为 $A_1B_1C_2D_1$。

2. $A_1B_2C_1$ 为好的工艺条件。

3. （1）试验方案为

因素 / 水平 / 试验号	A	B	$A\times B$	C	$A\times C$	$B\times C$	D
列号	1	2	3	4	5	6	7
1	1	1	1	1	1	1	1
2	1	1	1	2	2	2	2
3	1	2	2	1	1	2	2
4	1	2	2	2	2	1	1
5	2	1	2	1	2	1	2
6	2	1	2	2	1	2	1
7	2	2	1	1	2	2	1
8	2	2	1	2	1	1	2

（2）最优条件为 $A_1B_2C_1D_2$。

4. 最优条件为 $A_2B_1C_1$，$\mu_{优}=99.5$。 5. 最优条件为 $A_3B_2C_3$，$\mu_{优}=94.9$。

6. 最优条件为 $A_2B_3C_2$，$\mu_{优}=2.051$。 7. 最优条件为 $A_3B_2C_3D_3$，$\mu_{优}=85.9$。

8. 最优条件为 $A_2B_1C_2D_2$，$\mu_{优}=95.75$。